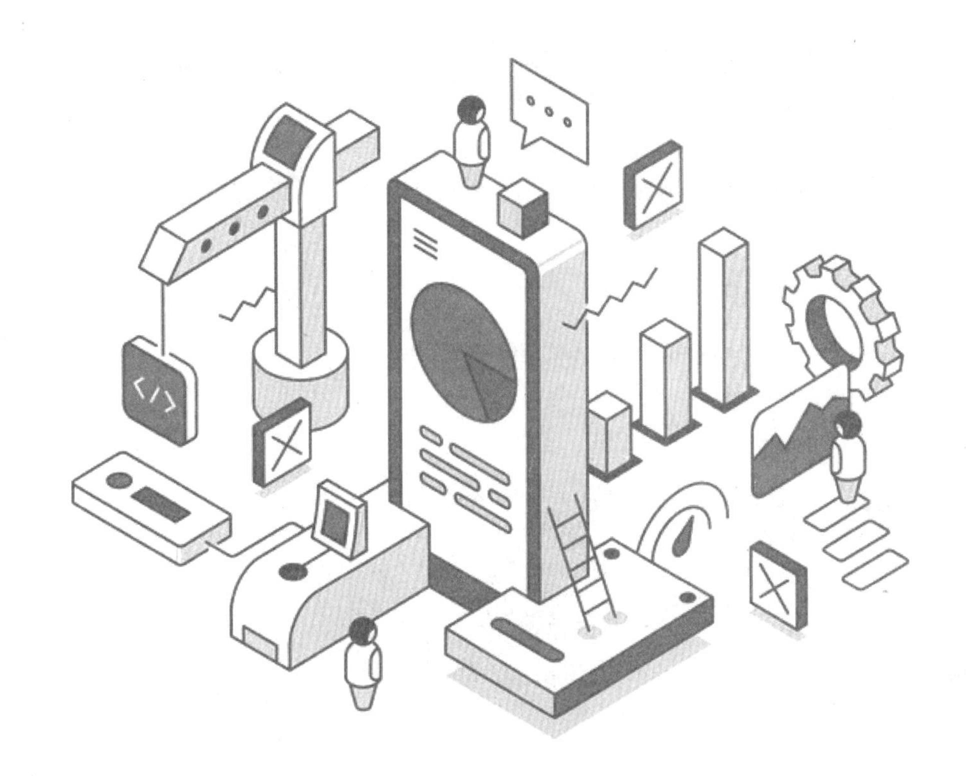

Django开发入门与项目实战

牟文斌 编著

電子工業出版社
Publishing House of Electronics Industry
北京•BEIJING

内 容 简 介

本书重点阐述了 Python Web 开发框架 Django 在企业开发中的应用，从 Web 基础知识的铺垫，到 Django 框架的基本使用，以及与 Web 相关的各种功能组件的使用，书中都进行了全面的讲解，再配合项目实战，让读者全面学习并掌握 Django 框架各个方面的细节操作，并能在第一时间上手企业项目开发。

本书适合编程新手、有一定经验的开发人员以及资深开发人员使用。对于编程新手来说，这是一本不可多得的教程，深入浅出的讲解能让你以最快的速度了解并上手 Django 框架并参与到项目开发中；对于有经验的开发人员以及资深开发人员来说，这是一本操作手册，能最大限度地辅助你进行开发，提高开发效率。

图书在版编目（CIP）数据

Django 开发入门与项目实战 / 牟文斌编著. —北京：电子工业出版社，2021.2
ISBN 978-7-121-40426-9

Ⅰ. ①D… Ⅱ. ①牟… Ⅲ. ①软件工具—程序设计 Ⅳ. ①TP311.561

中国版本图书馆 CIP 数据核字（2021）第 012467 号

责任编辑：张月萍
印　　刷：北京京师印务有限公司
装　　订：北京京师印务有限公司
出版发行：电子工业出版社
　　　　　北京市海淀区万寿路 173 信箱　　邮编：100036
开　　本：787×1092　1/16　印张：29.75　字数：742 千字
版　　次：2021 年 2 月第 1 版
印　　次：2021 年 2 月第 1 次印刷
定　　价：118.00 元

凡所购买电子工业出版社图书有缺损问题，请向购买书店调换。若书店售缺，请与本社发行部联系，联系及邮购电话：（010）88254888，88258888。

质量投诉请发邮件至 zlts@phei.com.cn，盗版侵权举报请发邮件至 dbqq@phei.com.cn。

本书咨询联系方式：010-51260888-819　faq@phei.com.cn。

前　言

为什么要写这本书

随着 2016 年围棋大赛中 AlphaGo 战胜人类职业围棋棋手，人工智能开始在全球范围内火爆起来，随之而来的是 Python 语言的崛起，各大主流公司开始关注 Python 语言在各个方向的使用情况，从传统的运维方向，到数据爬虫、科学计算以及 Web 开发等，都能见到 Python 的身影，尤其是在 Web 软件开发中 Python 有着自己的优势。开发人员使用 Python Web 开发框架 Django 能非常高效地完成 Web 软件架构以及功能的快速开发，大大缩短开发周期，所以它深受各大软件公司的青睐，成为时下 Web 软件开发的首选框架。

目前，市场上关于 Python Django 开发及框架整合的书籍相对较少，使用 Django 2.x 版本的框架实现 Web 开发的书籍更少，能结合企业项目深入浅出地讲解基础技术和实际应用的书籍更加匮乏，使得大量想学习或者想充实自己的 Python Web 开发人员头疼不已，本书就是针对这种现状编写而成的。书中详尽介绍了 Django 框架各个组件的详细配置以及 API，对于软件开发人员来说，这是一本不可多得的参考手册。本书的目的就是让读者全面、深入并且透彻地理解 Django 框架的开发理念和开发过程，提高自己的开发水平和项目实战能力。

本书有何特色

1. 技术贯穿案例，讲解深入浅出、通俗易懂

为了使读者能快速掌握书中介绍的技术内容，理解企业项目开发的标准规范和步骤，本书每一章都配有实际开发案例，讲解深入浅出、通俗易懂，可帮助读者学习和掌握技术。

2. 细节操作贯穿每个组件，是一本不错的参考手册

本书不仅在项目案例上进行了精细的筛选，而且对应用技术本身也进行了详尽的阐述，对

技术的描述细致而又全面，是读者在进行项目开发时不错的参考手册，能随时辅助读者解决在项目开发过程中遇到的一些技术细节上关于功能完善的问题。

3. 项目实战切合企业标准，读者可从中快速了解软件生命周期

本书专门选取了一些在不同场景下，采用不同开发模式的实战项目，从项目的需求分析、详细设计以及项目开发，到后期的功能重构、项目部署，都进行了详细的讲解，能让读者第一时间了解软件开发的完整步骤，快速熟悉并从事 Web 开发工作。

4. 随书提供源代码，参考资源详尽、周到

本书大部分章节都提供了源代码，并详尽记录了开发过程，读者可以结合代码快速学习项目案例，快速掌握书中讲解的技术内容。

本书内容及知识体系

第 1 篇　开发工具及框架概述（第 1～4 章）

本篇介绍了 Django 用于 Web 应用软件开发的各大基础组件，结合每个组件中各种选项的细节处理及配置进行了详细的阐述。这部分内容涵盖了企业项目开发中的大部分功能和技术，通过学习，既可以快速了解并掌握 Django 框架用于 Web 应用软件开发的基础技术，也可以将其作为完善项目功能细节时的参考。

第 2 篇　典型模块开发（第 5～9 章）

本篇介绍了 Django 框架在 Web 领域中的各种扩展功能，讲解了 Django 框架内建的后端管理系统的使用、第三方管理系统 Xadmin 的详细配置及构建过程、对项目性能提升最重要的缓存功能配置和操作、基于 Memcached 和 Redis 的缓存配置，以及项目中必不可少的日志组件的使用、Ajax 异步数据交互、网站邮件收发、身份认证和权限管理、数据分页、站点地图的建设等，最后对时下较为流行的 Django rest_framework 框架进行了阐述。细致的讲解和切合实际的项目案例，使读者第一时间掌握 Web 扩展功能，为项目开发提供详尽的参考。

第 3 篇　项目实战（第 10~11 章）

本篇主要介绍了前后端耦合、前后端分离两种架构模式下的软件开发流程，从需求分析到项目开发，以及可能出现的需求变动引起的项目重构，都进行了案例分析和整理，在项目定型和技术选型上结合书中讲解的技术，使读者达到学以致用的目的，通过项目实战快速掌握企业项目开发的步骤及规范的流程。

适合阅读本书的读者

- 想全面学习 Web 开发技术的人员。
- 广大 Web 开发程序员。
- Python Django Web 开发工程师。
- 希望提高项目开发水平的人员。
- 专业培训机构的学员。
- 软件开发项目经理。
- 需要一本案头必备查询手册的人员。

阅读本书的建议

- 没有 Python 基础的编程新手，需要掌握一定的 Python 程序开发基础知识。
- 有一定使用 Django 框架基础的读者，可以根据实际情况选择阅读各个模块和项目案例。
- 对于每一个模块和项目案例，先自己思考实现的思路，然后再阅读，学习效果更好。

提示：从博文视点官网（http://www.broadview.com.cn/40426）下载本书相关代码。

目　　录

第 1 篇　开发工具及框架概述

第 2 篇　典型模块开发

第3篇　项目实战

第1篇

开发工具及框架概述

第1章 Django概述

Django是基于MVT架构模式的Web开发框架，使用Python语言编写，并遵循BSD协议开源，鼓励快速高效地开发。它的核心组件主要如下。

- 完善的ORM：对象关系映射。
- 灵活的路由：路径和访问资源的关联。
- 成熟的模板：网页界面和数据的无缝融合。
- 高效的缓存：提升Web性能的核心组件之一。
- 封装的表单：对数据进行增删改查的交互模式。

通过本章的学习，我们将了解Web的发展历程、网络数据交互的实现理论，以及通过Django框架进行Web应用软件开发的步骤、常见的操作命令等。

1.1 Web基础

Web是互联网的代名词，它从出现至今，经历了从Web 1.0到Web 3.0的发展过程，经过从信息检索和整合，到以商业化、产业化为中心的企业信息展示，再到以个人信息为中心的网络社交，逐渐成为人们日常生活中必不可少的组成部分之一。

1.1.1 Web发展

Web 1.0时代：要追溯到20世纪90年代，网络第一次出现在人们的视野中，让人们对信息的需求变得非常迫切。Web 1.0的出现，其以HTTP、HTML和URL为核心的主要组成部分，解决了人们对信息检索和整合的需求。

Web 2.0时代：这是一个相对于Web 1.0的概念，也是针对Web 1.0中以HTML为核心造成的交互性较差的缺陷进行的改进，同时生活在Web时代的人们对网络的定义进行了新的探索：基于网络的社交，用户不光是网络信息的观众，也可以参与到网络信息建设中，和网络服务器进行交互，发表自己的文章或者其他信息，同时技术面（Web 规范、CSS+XHTML 等）的提升也让 Web 2.0 更能满足人们对交互性的迫切需求。

Web 3.0 时代：对于 Web 3.0 的概念，其实是一个非常有争议的话题。在某种程度上，Web 3.0 被描述成可以通过标准规则（包含人工智能范畴）定义的一种网络通信规范，是一套和人工智能交互的可进化的标准规范。

总体来说，Web 的发展过程跌宕起伏，同时它也是计算机整个领域发展的见证者，此后不论计算机网络技术如何发展，新的标准规范只会越来越精确，并能更加有效地解决人们所面临的问题。

1.1.2　网络协议架构

伴随着 Web 的发展，它的基础组件网络协议也成长并成熟起来。网络协议也称为通信协议，主要是指通过互联的两个或者多个物理介质进行信息传播和交互的标准规范。一个完善的通信协议必须能够保证数据在传输过程中的正确性，当在不同的物理介质中传输数据时，网络协议必须通过其自身的语法、语义、同步传输规则、错误检测和纠正完成数据的有效通信。

网络传输协议（Internet Communication Protocal）主要是由 IETF（互联网工程任务组）负责制定、IEEE（电气和电子工程师学会）负责有线/无线数据传输、ISO（国际标准化组织）负责协议规范、ITU-T（国际电信联盟电信标准分局）负责电信通信和公共交互电话网的实现，共同完成的一项数据传输标准规范。

随着 Web 的兴起，在计算机网络和软件相关领域，主要核心是制定数据传输协议规范和标准，ISO 针对该情况制定了 OSI/RM（开放系统互连参考模型）来规范和定义网络数据在不同场景下的传输协议标准，实现了在开放系统环境中计算机网络的互联性、互操作性和应用的可移植性。

在 IT 网络行业发展过程中，在系统层面也将 OSI 七层参考模型封装为网络协议四层参考模型，如表 1.1 所示。

表 1.1　OSI 参考模型与网络协议参考模型

OSI 参考模型	网络协议参考模型	常见的网络协议
应用层（Application Layer）	应用层	FTP/TFTP/NFS/HTTP
表示层（Presentation Layer）		Telnet/SNMP
会话层（Session Layer）		SMTP/DNS
传输层（Transport Layer）	传输层	TCP/UDP
网络层（Network Layer）	网络层	IP/ICMP/ARP/UUCP
数据链路层（Data Link Layer）	网络接口层	FDDI/Ethernet
物理层（Physical Layer）		IEEE 802.2

- **应用层：**网络通信双方之间的操作接口，根据用户操作内容的差异化需求，提供专用的

程序和具体的数据协议进行处理。

- **表示层**：工作在应用层和会话层之间，为应用层提供基本的数据操作服务，主要关注数据发送和接收的语法、语义，完成数据的编码格式转换，提供数据压缩/解压缩、加密/解密、图形数据转换等各种服务。
- **会话层**：与表示层、应用层共同维护软件最高层的数据通信工作，数据主要以数据报为统一格式，数据统称为报文。会话层的主要职责是进行连接访问验证和会话管理，并建立和维护应用之间的数据通信。
- **传输层**：构建在网络层和会话层之间，是 OSI 七层参考模型中最关键的一层。数据单元是由数据组成的数据段，主要作用是发送和接收正确的数据块分组序列，获取网络层地址，封装构建传输层数据，进行虚拟信道和逻辑信道的数据传输调度；同时，为会话层提供无差错、有顺序的报文序列，提供传输连接和流量控制等功能。
- **网络层**：控制通信子网的操作，是通信子网与资源子网的接口，将数据链路层发送的数据帧封装成数据包，在数据包中封装了网络层包头，包含逻辑地址信息源站点和目标站点网络地址，并选择合适的网间路由和交换节点，确保数据的正确传输。
- **数据链路层**：建立在物理层之上，将物理层传输数据比特流封装成数据帧，主要提供在物理层之上建立、撤销和标识逻辑连接以及差错校验等各种功能。
- **物理层**：建立在物理传输媒介基础上，是 OSI 参考模型中最重要的也是最基础的一层，是创建和维护网络连接的实际执行层。

网络通信协议已经成为所有计算机销售商都必须遵循并实现的标准，解决了在网络时代大量私有网络模型带来的网络数据交互困难和低效操作的问题。有人将这七层参考模型组织起来合成了一句话：All People Seem To Need Data Processing，每一个单词的首字母和七层参考模型每一层英文名称的首字母是对应的。

1.1.3 应用软件架构

如果说 Web 的发展是全民网络时代的一个大话题，那么作为软件开发人员，其工作重心就在 Web 软件的开发流程上。Web 发展的重点在于通用规范的制定，而开发的重点在于提高开发效率，尤其是在以企业团队为核心的开发模式下，开发效率的提升就是公司效益的提升。对于应用软件来说，提高软件开发效率的核心就在于软件架构模式的更新和团队开发迭代方式的处理。

一个成熟、完整的应用软件主要由三大组成部分和两种数据交互构成，如图 1.1 所示。

图 1.1 应用软件架构示意图

软件界面主要是指与自然用户交互的可视化 UI，通过软件界面用户可以直接观察软件中的各项展示信息，也可以使用鼠标或者键盘直接操作软件中的各项功能。

数据处理部分则是工作在软件后端，主要通过编程语言对用户操作的数据进行处理的核心组件，主要功能是读取软件界面上用户输入的数据或者对数据处理后返回界面进行展示，同时可以在底层通过数据存储对数据进行持久化操作。

数据存储的核心作用就是数据持久化，防止软件在操作过程中由于停止、重启等操作出现数据丢失的情况。

根据软件运行是否需要联网使用数据，分为两种软件。

（1）单机软件。软件在打开、使用过程中不需要联网，软件的所有功能和数据都包含在软件安装包中，打开软件即可使用，如画图软件、计算器软件、离线的办公软件等。

（2）网络软件。软件在使用过程中必须联网获取并加载数据才能使用其核心功能，伴随着网络的发展，这样的软件也是未来的趋势。

对于网络软件，其主要分为两种结构。

- C/S 结构软件：其组成部分主要是两大组件，即 Client（客户端）和 Server（服务器）。客户端需要下载安装包并安装才能正常使用软件，如 QQ。该结构软件运行稳定，但是使用时要下载安装包，每次更新功能时也都需要下载安装包，同时对客户端 PC 的配置有一定的要求。
- B/S 结构软件：其组成部分同样是两大组件，即 Browser（浏览器）和 Server（服务器）。客户端只需要有一个可用的浏览器软件，就可以通过 URL 地址打开指定的软件并正常使用软件中的各项功能，如淘宝、京东这样的电商网站。B/S 结构软件对本地 PC 的配置要求并不是很高，在网络快速发展的今天，这是用户使用软件的一个趋势，也是本书中讲解的主要内容。

对于 B/S 结构软件，根据软件的开发分工和开发模式不同，主要分为两种开发模式。

（1）前后端耦合开发模式

在传统的软件开发模型中，开发人员的职责会涉及上述软件的各个组成部分，项目组成员一般是按照业务功能层次进行分工的。比如同事 A 被分配开发用户模块，在开发过程中用户信息录入业务就会涉及录入网页制作、录入业务处理、录入信息整理与整合等各方面的工作。

在理想情况下，在这样的开发模式下出现功能性问题的概率是最小的，因为某个业务的所有功能流程都是由一个人负责处理的，上下层代码之间的调用和交互变得非常直观和顺利，所以这种开发模式流行起来，现在很多企业还在使用。

但是在前后端耦合开发模式下，前端开发的界面渲染使用的代码，大部分需要依赖后端的语言环境，这样就造成了前端界面和后端程序之间耦合度高的问题，如果要更换软件界面，对于软件重构是一个非常大的挑战。

同时，项目组中每个成员的开发能力和技术侧重点也不一样，精通后端开发的人员可能对前端开发不是很精通，所以在项目开发实践中，导致项目出现延期的情况。

另外，项目组在开发人员的分工上也会出现不均衡，导致一部分开发人员任务繁重，另一部分开发人员完成任务的速度较快，从而使项目出现拖延情况。

（2）前后端分离开发模式

相对于前后端耦合开发模式，出现了一种新型的开发模式，即前后端分离开发模式。2013 年前后随着移动端的流行，在软件开发中对软件界面的需求变得越发重要，在常规软件的前端开发中出现了 UI 美工、前端开发工程师等专业岗位，后端开发工程师的工作任务更多的是专注于业务流程的开发实现，此时前端界面和后端程序之间的数据交互主要通过 Ajax 实现。

这样前后端的开发任务就变得比较明确了，前端开发人员使用 HTML/CSS/JavaScript 完成界面开发和数据接口的调用并渲染数据；后端开发人员开发业务处理函数，对外提供数据访问接口。

在企业中前端开发人员和后端开发人员分属于不同的小组，前后端开发不需要同步，前后端开发完成后，合并代码即可完成整个项目的开发，使得项目开发效率有了一定的提高。

同时，由于前端是独立于后端开发的，按照代码分层开发原理，上层代码不会过分依赖下层代码，它们只是数据调用的关系，如果要更换软件界面，只需要按照规范直接开发可以调用接口的上层代码，即可完成无缝切换。在保证项目开发效率的前提下，项目功能的扩展性也得到了很好的提升。

1.1.4 第一个 Web 程序

在了解了 Web 基础理论知识、网络协议架构和应用软件的基本架构模式之后，我们可以通过编程方式设计开发满足 Web 网络架构的应用软件。本书中主要通过 Python 编程语言进行 Web 程序的设计开发。

在 Python 编程语言中，默认标准库 wsgiref 提供了基于 WSGI 协议的 Web 开发支持。最基本的 Web 应用实现代码如下：

```
# coding:utf-8
# 引入依赖的模块
from wsgiref.simple_server import make_server
def app(env, response):
    '''接口函数'''
    # 定义响应头，标注返回数据的类型和编码
    response('200 OK', [('Content-type', 'text/html; charset=utf-8')])
    # 返回数据
    return ['<h1>hello web!</h1>'.encode("utf-8")]
if __name__ == "__main__":
    # 构建 Web 服务器，工作在当前主机 IP 地址的 8000 端口，绑定访问的接口函数
    http = make_server('', 8000, app)
```

```
# 启动服务器，在浏览器中打开 http://localhost:8000 即可访问
http.serve_forever()
```

直接运行上述程序，就会在本地 PC 中启动一个基于 WSGI 协议实现的简单 Web 服务器，打开浏览器并输入 http://localhost:8000，就能访问该服务器绑定的接口函数 app()返回的数据了，效果如图 1.2 所示。

图 1.2 浏览器访问效果

从程序中可以看出，对函数的调用执行不是通过函数名称操作的，而是通过一个绑定的 URL 地址实现的，在浏览器中可以看到返回的数据结果，这就是 Web 软件的雏形。当后端程序中有大量的数据接口函数，并且每个函数返回不同的处理数据时，一个丰富多彩的网站就诞生了。网站数据处理组件如图 1.3 所示。

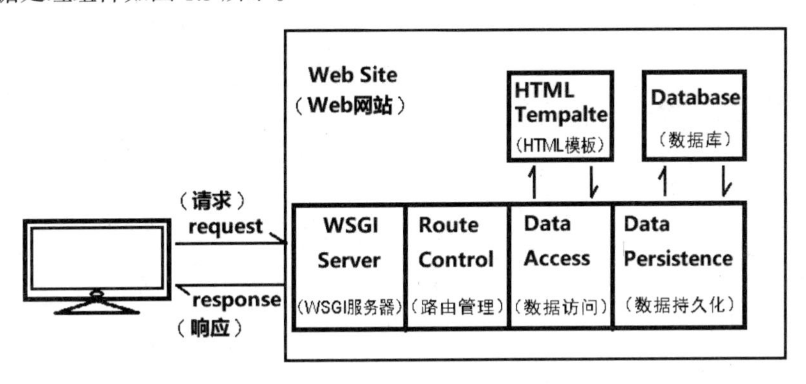

图 1.3 网站数据处理组件

上述开发步骤有点烦琐，同时实现的功能过于简单，如果要达到企业级软件开发要求，封装底层功能操作代码就是一个非常复杂的过程，项目组不会要求开发人员将大量的精力浪费在技术探索上，而是期望能将旺盛的精力投入到业务功能流程的完善上。

因此出现了大量的 Web 框架，如 Django、Tornado、Flask、Sanic、WebPy 等，每个框架都有自己的特性。在企业项目开发过程中，比如 Django 对 WSGI 协议进行了底层封装，并对大量的 Web 基础功能进行了封装，大大提高了开发效率，成为当下企业 Web 网站建设的首选技术。

1.2 Django 简介

Django 是一个使用 Python 开发并具有高并发性、高可用性的 Web 应用框架，它基于 BSD 协议开源，在传统 MVC 软件架构模式的基础上，对数据传输和视图绑定的过程进行了封装，

并提供了 MVT 新型架构模式，在一定程度上提高了软件开发效率。

Django 诞生于美国堪萨斯州的劳伦斯出版集团，最初目的是为了管理该集团开发的内容管理系统（CMS），它于 2005 年 7 月基于 BSD 协议开源发布，至今已有 15 年的发展历程。

Django 作为最流行的 Web 应用软件开发框架之一，其核心是通过对底层功能代码的封装实现大量的 Web 基础功能，通过多进程、多线程的方式完成高并发操作，是一个非常优秀的 Web 框架。

在企业软件开发过程中，使用最广泛的是 Django 1.11/2.0 及以上版本。Django 官方版本维护时序如图 1.4 所示。

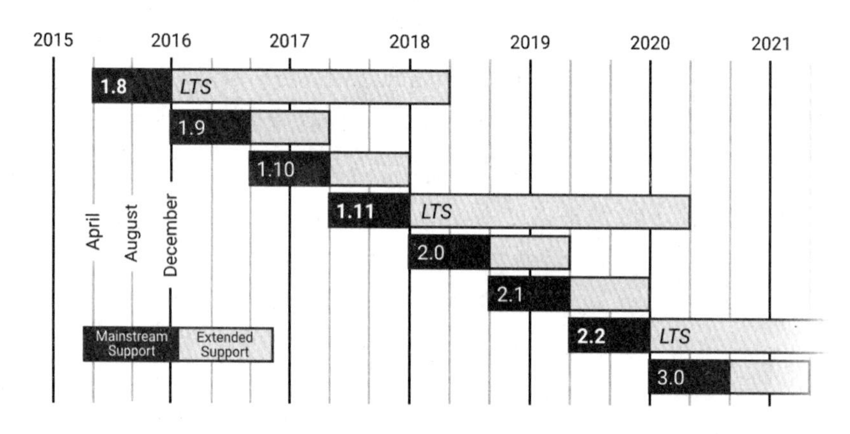

图 1.4 Django 官方版本维护时序

1.2.1 MVC 和 MVT

长久以来，MVC 架构模式一直是传统 Web 应用软件开发的核心思想，其通过对数据模型进行封装，完成数据和数据业务模型的整合，以及软件中数据资源的定义，同时对视图进行封装，实现模块化构建，在此基础上通过控制器完成数据业务模型和视图之间的数据传输，共同完善软件中业务处理流程。MVC 处理模型示意图如图 1.5 所示。

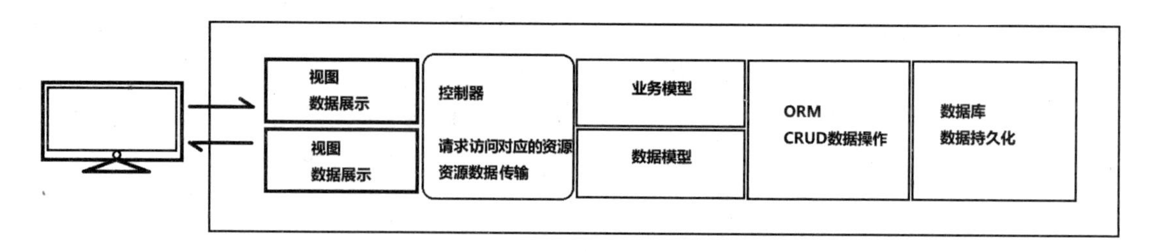

图 1.5 MVC 处理模型示意图

图 1.5 中每个部分都是独立的模块，在开发或者运维过程中，模块和模块之间的耦合度并不是特别高，在进行项目升级时可以替换模块，而不会影响整体业务的运行。

对 MVC 解释如下。

- **M**：Model，模型，包含数据模型（Data Model）和业务模型（Business Model）。数据模型是封装软件中处理的核心数据的部分；业务模型是结合实际业务流程，在业务流程中完成数据操作的部分。在传统开发模式中属于后端开发或者服务端程序开发。
- **V**：View，视图，在传统 Web 应用软件中主要是指和用户交互的界面，在界面中可以展示软件信息，并且可以接收用户输入的数据。在传统开发模式中属于前端开发。
- **C**：Controller，控制器，是软件中界面和模型之间的桥梁。在传统开发模式下，控制器主要有三个作用，一是将用户的不同请求分发给后端对应的业务处理模型，起到请求分发的作用；二是对用户传输给后端的数据进行逻辑正确性验证，确保传输数据的正确性；三是对后端的数据进行逻辑验证后，绑定对应的视图页面响应给客户端进行渲染展示。

MVC 处理流程如图 1.6 所示。

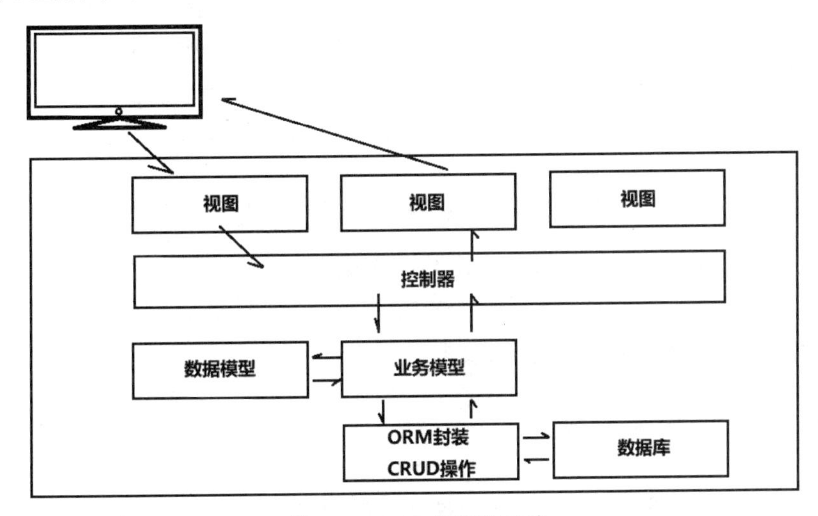

图 1.6　MVC 处理流程图

在 MVC 处理流程中，对于控制器的作用有很大的争议，尤其是涉及逻辑验证步骤时。在实际项目开发中，对逻辑正确性和业务数据正确性的界定并不是非常明确的，在设计软件架构过程中，为了方便开发人员更加友好地使用 Django 框架，对于这样的意义和作用不是非常明确的组件或者模块都会进行高度封装，给开发人员提供一个简单明了的开发环境。

MVT 架构模式，就是在这样的基础上衍生并封装的一种新的架构模式。在这种架构模式下，将传统 MVC 架构模式中的功能性控制器封装成可配置实现的路由（Router），对与业务流程相关的模型、视图和模板单独进行了封装。

- **M**：Model，模型，包含数据模型和业务模型。同 MVC 中的“M”，主要封装在程序中处理的数据和业务流程处理过程。
- **V**：View，视图，这里主要包含两个部分，即视图处理模块和视图展示页面。在视图处理模块中，一旦处理完某个业务，就会直接指定要渲染的视图页面，这是一个整体。

- **T：**Template，模板，这里同样包含两个部分，即数据和模板语法。通过固定的模板语法，在网页视图中对数据进行渲染展示。

MVT 模块化组件及处理流程如图 1.7 所示。

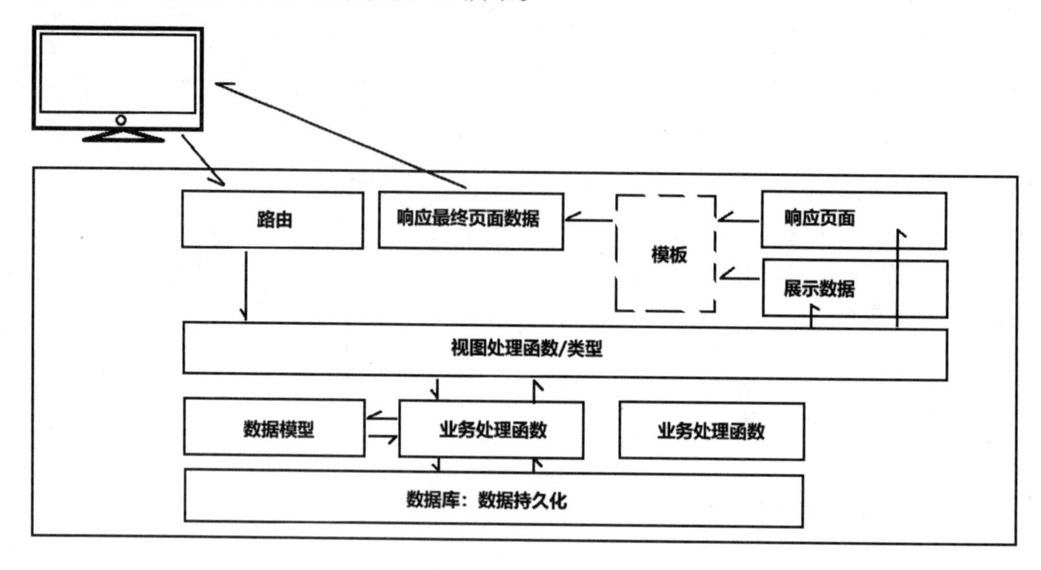

图 1.7 MVT 模块化组件及处理流程图

和 MVC 相比较而言，在 MVT 架构模式下处理流程变得复杂了，但是业务操作的细分更加精确，开发人员需要更多关注的是每一个模块中与业务流程相关的处理操作，在不影响软件架构的健壮性和扩展性的基础上，在一定程度上提高了软件开发效率。

1.2.2 Django 2.x 新特性

在 Django 1.x 版本快速发展完善并在企业中大量使用的前提下，Django 2.x 版本于 2017 年 12 月发布。与 1.x 版本相比，2.x 版本技术更加完善和成熟，是 Web 应用软件开发的技术趋势。

下面综合 Django 2.x 的技术更新进行简单介绍。

1. Django 2.x 不再支持 Python 2 版本

Django 1.11 是最后一个支持 Python 2 开发环境的版本，其对 Python 2 开发环境支持到 2020 年。与 Python 相关的第三方模块和软件都相继发表声明，在 2019 年前后完全支持 Python 3，不再支持 Python 2 版本。

2. Django 2.x 简化了路由对象

在 Django 1.x 版本中路由对象 django.conf.urls.url 的操作方式较为烦琐，在 Django 2.x 版本中重新定义了 django.urls.path 对象，简化了路由操作方式，同时提供了 django.urls.re_path 可以向下兼容 Django 1.x 版本的语法操作。

3. 完善了内置的后台管理系统

适配移动端开发是近年来软件开发的一个趋势，在 Django 2.x 版本中针对移动端的适配性能，在后台管理系统中进行了大量的优化操作，让移动端界面的展示更加友好。

4. Django 内置用户认证模块的密码加密 PBKDF2 迭代次数增加至 100 000 次

在 Django 1.x 版本中，django.contrib.auth 模块的 PBKDF2 密码哈希迭代次数默认是 36 000 次，为了提升安全性，在 Django 2.x 版本中增加至 100 000 次。

5. PostgreSQL 数据库更新

GistIndex 类型允许在数据库中创建 GiST 索引，ArrayAgg 增加了 distinct 参数，新增了 RandomUUID 函数，inspectdb 可以自检 JSONField 和 RangeField 等。

6. 缓存更加完善

更新了本地缓存淘汰策略，最近最少使用的淘汰策略不再采用伪随机的操作方式，同时在低级缓存 API 中新增了 touch()处理缓存超时。

Django 2.x 在很多细节方面都进行了补充和完善，不过这些补充和完善都是向后兼容实现的，关于更多的细节内容请参考官方文档。在框架完善过程中，还有一些向后不兼容的处理方式，列举如下：

- 遵循 PEP 249 规范，数据库不支持将某个功能的错误从 NotImplementError 更改为 NotSupportedError，在排查错误过程中需要注意。
- DatabaseOperations.distinct_sql()更新参数，需要传递 params 参数并返回一个 SQL 字符串和参数元组，不再直接返回一个 SQL 字符串。
- Django.contrib.gis 删除了对 SpatiaLite 4.0 版本的支持。
- 支持 MySQL 5.6 及以上版本。
- 删除了对 PostgreSQL 9.3 版本的支持，支持 PostgreSQL 9.4 及以上版本。
- 将 BcryptPasswordHasher 从默认的 PASSWORD_HASHERS 设置中删除。
- 对 mysqlclient 的支持从 1.3.3 版本增加到 1.3.7 版本。
- 不再支持 SQLite 3.7.15 及以下版本。
- 在 Django 2.x 版本中弃用了很多原本在 1.x 版本中使用较多的函数，如弃用了 django.contrib.auth.views.login()、django.contrib.auth.views.logout()等函数，建议使用 django.contrib.auth 模块中的 login()、logout()等函数。这些改动和更新需要开发人员在操作过程中注意，避免因为版本升级出现重大 Bug。

1.2.3 Django 的安装

安装 Django 有以下几种方式。

1. 以命令方式安装

Django 是使用 Python 语言开发的一个模块，所以其安装方式与普通模块的安装方式类似，在安装之前先执行如下命令，确保系统中的开发环境已经初始化完成：

```
python  -V  # 3.5+，本书主要以 Python 3.5 及以上版本为开发环境
pip  -V     # 10.0+，pip 包管理模块的版本，要求为 10.0 及以上版本
```

执行如下命令，将 Django 安装到开发环境中：

```
pip install Django
```

或者，执行如下命令完成安装：

```
easy_install Django
```

注意 1：在默认情况下安装的是该框架的最新版本，如果要安装指定版本，如安装 Django 1.11 版本，则可以执行 pip install django==1.11 命令。

注意 2：在不同的操作系统下 Python 和 pip 不一定要同时安装，如果发现 pip 缺失（Linux/UNIX），则可以执行对应操作系统上的安装命令进行安装，如对于 Ubuntu 系统，可以执行 apt-get install python3-pip 命令；对于 CentOS 系统，可以执行 yum install python3-pip 命令，完成对应 pip 模块的安装。

注意 3：在安装过程中必须联网。

2. 以离线方式安装

在离线环境下，我们可以通过下载好的离线安装包来完成 Django 的安装。离线安装包的下载与安装有两种操作方式。

（1）下载 Django 源码包并安装

从 GitHub 网站的 Django 页面上下载 Django 源码包，如图 1.8 所示。

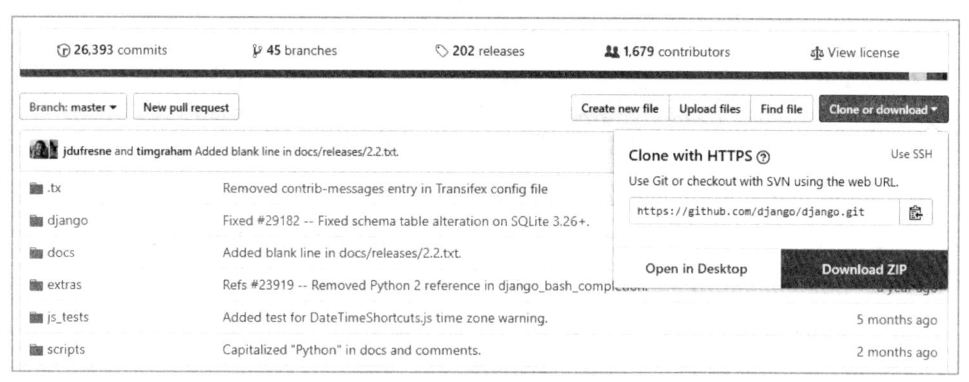

图 1.8　下载 Django 源码包

也可以通过 git 命令克隆项目到本地（本地 PC 中安装了 git 版本管理软件）：

```
git clone https://github.com/django/django.git
```

下载好 Django 源码包之后，将 Django 安装到本地开发环境中。

然后进入 Django 解压缩后的目录中，执行如下命令：

```
python setup.py install
```

（2）下载 Django wheel 发布包并安装

在浏览器中打开 PyPI 官方网站，搜索 Django，并在打开的页面中查找到下载选项，如图 1.9 所示。

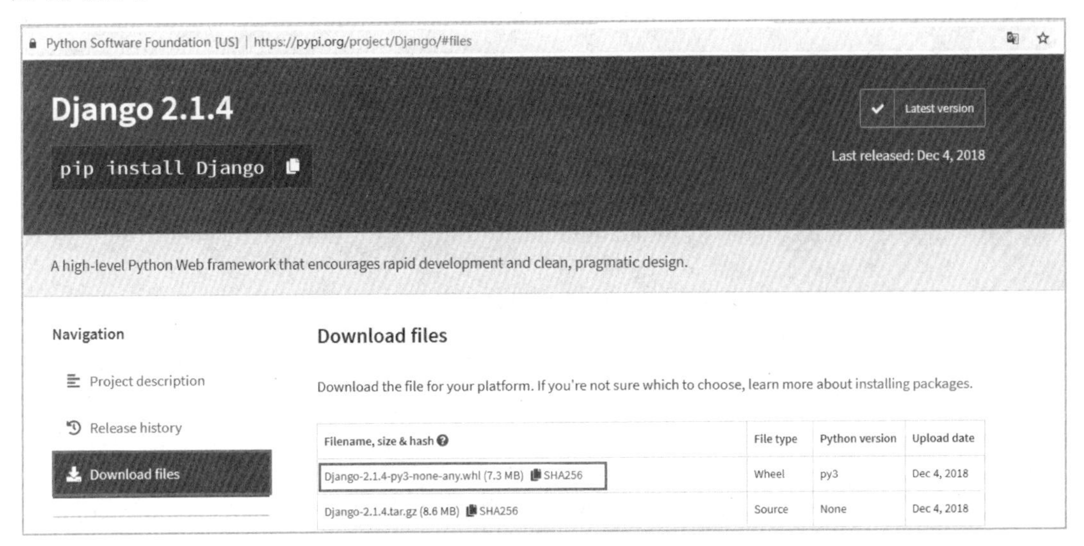

图 1.9　下载 Django wheel 发布包

下载完成后，在文件所在的目录执行如下安装命令，即可完成 Django 的安装操作：

```
pip install Django-2.1.4-py3-none-any.whl
```

1.2.4　安装验证

当 Django 安装完成之后，打开系统命令行窗口，执行如下命令验证安装结果：

```
$ django-admin --version
2.1.4
```

如果正常显示版本号，就说明 Django 已经被成功安装到系统开发环境中了。

注意： 每个人使用的操作系统可能不一样，如果提及打开命令行窗口、终端窗口或者 Shell 窗口，表述的其实都是要打开当前操作系统的命令操作窗口。

1.3　入门程序开发

在安装并配置好开发环境之后，接下来我们就通过一个项目来进行实际操作，熟悉基于

Django 框架开发 Web 应用软件的步骤和各个组件，以及在操作过程中使用的各种操作命令和关键术语，为之后的学习奠定基础。

1.3.1 创建项目

我们通过 Django 来创建项目。首先创建工作目录，如 E:/WORKSPACE，以后开发的项目源代码都会被保存在这个工作目录下。

执行如下命令，创建第一个 Django 项目：

```
django-admin startproject myproject1
```

执行命令完成后，会自动在项目中创建 Django 标准项目文件结构：

```
|-- myproject1/              # 项目主目录
    |-- myproject1/          # 项目的根目录：根管理项目
        |-- __init__.py      # 包声明模块
        |-- settings.py      # 项目配置模块
        |-- urls.py          # 路由配置模块
        |-- wsgi.py          # 基于 WSGI 协议的实现模块
    |-- manage.py            # 命令操作支持模块，Django 项目的命令行操作都依赖该模块
```

1.3.2 数据库同步

在项目创建完成后，Django 项目中就已经包含了大量的业务处理流程，同时也就包含了相应的常规数据类，所以需要将 Django 内建的模块同步到数据库中，同时也需要用户自定义类型同步到数据库中并创建对应的数据表。传统的做法是通过编写 SQL 语句进行处理，而现在 Django 对此进行了封装，通过简单的几条命令即可完成数据库同步。

在命令行窗口中，进入项目主目录，执行如下命令，同步所有类型并应用到数据库中：

```
python manage.py migrate
```

我们会看到如下输出结果，表明创建了哪些数据模块并被同步：

```
Apply all migrations: admin, auth, contenttypes, sessions   # 所有待同步的模块
Running migrations:                                          # 开始执行同步任务
  Applying contenttypes.0001_initial... OK
  Applying auth.0001_initial... OK
  Applying admin.0001_initial... OK
  Applying admin.0002_logentry_remove_auto_add... OK
  Applying admin.0003_logentry_add_action_flag_choices... OK
  Applying contenttypes.0002_remove_content_type_name... OK
  Applying auth.0002_alter_permission_name_max_length... OK
  Applying auth.0003_alter_user_email_max_length... OK
  Applying auth.0004_alter_user_username_opts... OK
  Applying auth.0005_alter_user_last_login_null... OK
  Applying auth.0006_require_contenttypes_0002... OK
  Applying auth.0007_alter_validators_add_error_messages... OK
```

```
  Applying auth.0008_alter_user_username_max_length... OK
  Applying auth.0009_alter_user_last_name_max_length... OK
  Applying sessions.0001_initial... OK
```

执行命令完成后，在项目主目录下会自动生成一个 db.sqlite3 文件，它是 Django 内置的 SQLite 数据库生成的数据文件。

注意： Django 默认封装了 SQLite 3 数据库，主要用于开发测试。如果要使用其他数据库，请阅读 2.2 节，其中有详细的说明和配置操作。

1.3.3　创建管理用户

通过上面的操作，我们创建了一个 Django 项目，并且创建和同步了对应的数据库存储文件。接下来，进入项目主目录，执行如下命令，为项目创建一个管理用户：

```
python manage.py createsuperuser
```

出现如下提示信息，按照提示输入即可：

```
Username (leave blank to use 'damu'): damu      # 输入用户名
Email address: damu@163.com                     # 输入用户使用的邮箱
Password:                                       # 输入密码，密码不会显示在屏幕上
Password (again):                               # 确认密码
Superuser created successfully.                 # 管理用户创建成功
```

至此，第一个 Django 项目就创建完成了。

1.3.4　访问测试

现在进行项目功能测试，执行如下命令启动 Web 服务器：

```
python manage.py runserver
```

在控制台窗口中出现如下提示信息，说明 Web 服务器启动成功：

```
Performing system checks...
System check identified no issues (0 silenced).
December 11, 2018 - 10:36:44
Django version 2.1.4, using settings 'myproject1.settings'
Starting development server at http://127.0.0.1:8000/
Quit the server with CTRL-BREAK.
```

注意： 执行 python manage.py runserver 命令默认启动的是 Django 内置的开发服务器，用于在开发过程中进行功能可用性测试。如果要将项目部署到生产环境中，则需要单独部署成熟稳定的 Web 服务器，如 Nginx、Apache 等，该命令会启动并绑定本机主机地址和 8000 端口。

打开浏览器，访问地址：http://127.0.0.1:8000，结果如图 1.10 所示。

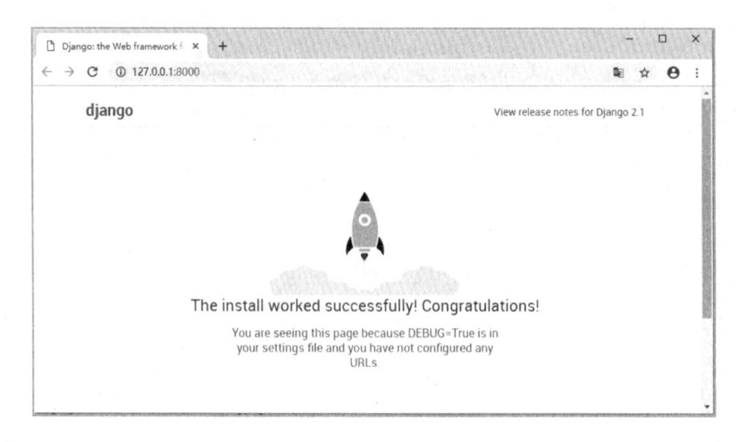

图 1.10 浏览器访问测试

在浏览器中再次输入地址：http://127.0.0.1:8000/admin/，访问 Django 内置的管理平台，系统会跳转到管理平台登录界面，如图 1.11 所示。

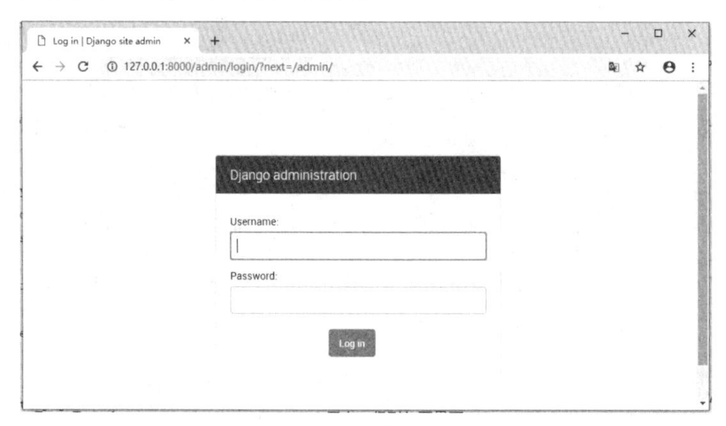

图 1.11 Django 项目管理平台登录界面

在登录界面中输入我们之前创建好的用户名和密码，点击“Log in”（登录）按钮，即可进入 Django 项目后台管理系统，如图 1.12 所示。

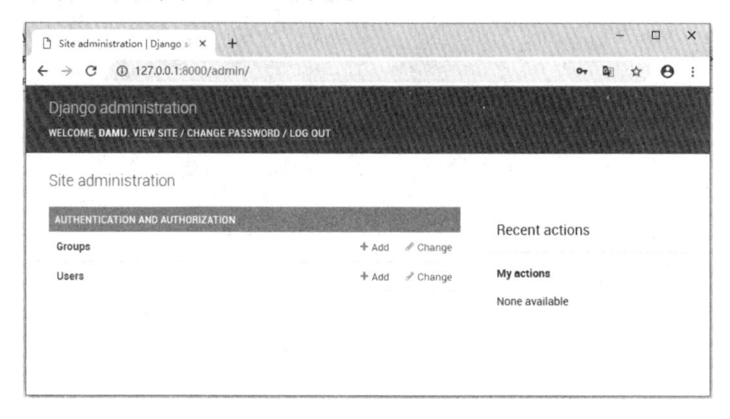

图 1.12 Django 项目后台管理系统

1.4 项目实战：博客开发

通过前面章节的学习，我们已经掌握了创建项目、启动项目、访问测试项目的各个环节和步骤。本节主要通过博客项目——用户模块的开发，让大家快速掌握 Django 框架中的各个组件和数据对象的简单处理方式，以及 URL 地址和访问资源的对应关系，对 Django Web 应用程序有一个宏观的了解。

1.4.1 项目概述

开发企业项目，首先要明确项目需求以及各项功能的业务描述，然后根据实际开发需要，确定开发平台和技术选型。

本项目的需求如下。

- 开发博客项目。
- 用户模块：注册、登录、个人信息维护、登录密码修改、头像上传或更新等功能。
- 文章模块：发表文章、修改文章、删除文章等功能。
- 评论模块、留言板模块、私信模块、相册模块等相关功能。

项目开发环境技术选型如下。

- 操作系统：Windows 10
- 开发平台：Python 3.5 及以上版本、Django 2.x
- 数据库：SQLite 3（用于测试功能，在后续开发过程中将迁移到 MySQL）。
- 其他技术：HTML、CSS、JavaScript、jQuery、Bootstrap 等。

注意： 本节我们将创建一个基于 Django 的 Web 项目，并以用户模块为例来讲解开发功能，项目中的其他功能会在之后的章节中进行介绍。

1.4.2 项目创建初始化

根据需求分析，对项目及其各个模块进行如下划分：

```
|-- 项目主目录                  personal_blog
    |-- 根管理项目（自动创建）  personal_blog
    |-- 用户模块                author
    |-- 文章模块                article
    |-- 评论模块                comment
    |-- 相册模块                album
    |-- 留言板模块|私信模块     message
```

执行如下命令创建项目：

```
django-admin startproject personal_blog
```

进入项目主目录，创建各个模块：

```
django-admin startapp author
django-admin startapp article
django-admin startapp comment
django-admin startapp album
django-admin startapp message
```

这里创建的应用程序，是 Django 项目中实际执行业务处理的模块。以用户模块为例，其文件结构如下：

```
|-- personal_blog/
    |-- personal_blog /              # 根管理项目
    |-- author/                      # 用户模块
        |-- __init__.py              # 包声明模块
        |-- admin.py                 # 后台管理数据配置模块
        |-- app.py                   # 应用项目信息定义模块
        |-- models.py                # 数据模型模块
        |-- tests.py                 # 功能测试模块
        |-- views.py                 # 视图处理模块
```

注意： 在 Django 中是通过根管理项目来管理所有接入的每个独立的业务模块的，在根管理项目中会配置访问资源的路由对象，来访问各个业务模块中的实际资源数据。在后续的项目开发中，我们会逐步带大家熟悉 Django 项目开发的每个环节和步骤。

在创建好业务模块之后，需要将业务模块注册给根管理项目，Django 才能管理这些业务模块中包含的数据。打开根管理项目中的配置文件 settings.py，找到并修改如下配置：

```
INSTALLED_APPS = [
    'django.contrib.admin',
    'django.contrib.auth',
    'django.contrib.contenttypes',
    'django.contrib.sessions',
    'django.contrib.messages',
    'django.contrib.staticfiles',
    'author',
    'article',
    'comment',
    'album',
    'message',
]
```

1.4.3 数据模型定义

任何项目都离不开用户这个主体，作为博客项目，其核心的操作用户是作者对象。编辑项目中的用户模块，根据需求在用户模块中定义 Author 类型。

打开用户模块（author 目录）下的数据模型模块 models.py，定义 Author 类型如下：

```
from django.db import models
class Author(models.Model):
    '''用户类型：博客作者'''
    # 作者编号
    id = models.AutoField(primary_key=True, verbose_name='作者编号')
    # 登录账号
    username = models.CharField(max_length=50, verbose_name='登录账号')
    # 登录密码
    password = models.CharField(max_length=50, verbose_name='登录密码')
    # 真实姓名
    realname = models.CharField(max_length=20, verbose_name='作者姓名')
    class Meta:
        # 后台管理系统中的名称
        verbose_name_plural = '作者'
    def __str__(self):
        return self.realname
```

注意： 这里先开发基础功能，在后续章节中再进行重构和完善。在 Django 中定义的数据类型必须继承自 django.db.models.Model 类型，类型中的属性字段必须通过内置的 models 模块中的函数进行创建，这样才能让通过当前类型创建的对象和属性数据被 Django 框架纳入管理中。

1.4.4　数据库同步配置

在定义了用户模块中的 Author 类型之后，我们需要在数据库中创建数据表完成对应关系的映射，才能继续操作该类型的对象数据。在 Django 中对这样的映射关系进行了封装，可以通过执行命令完成数据库同步。

执行如下命令，创建用户模块中 Author 类型的 DDL SQL 语句：

```
python manage.py makemigrations author
```

执行结果如下，说明 DDL 语句已经创建完成：

```
Migrations for 'author':
  author\migrations\0001_initial.py
    - Create model Author
```

执行如下命令，将数据同步至数据库：

```
python manage.py migrate
```

执行结果如下，说明 Author 类型在数据库中对应的数据表已经同步并创建完成。

```
Operations to perform:
  Apply all migrations: admin, auth, author, contenttypes, sessions
Running migrations:
  Applying author.0001_initial... OK
```

1.4.5 后台管理配置

项目开发到现在，还没有任何与用户操作相关的页面，但是强大的 Django 已经完成了用户模块的自动封装，并提供了一套完整的后台数据管理操作流程，供我们开发时测试使用。

打开用户模块（author 目录）中的 admin.py 模块，将 Author 类型注册给后台管理模块，代码如下：

```
from django.contrib import admin
from .models import Author        # 引入我们自定义的 Author 类型
admin.site.register(Author)       # 在后台管理系统中注册要管理的数据类型
```

运行项目，打开后台管理系统，可以看到 Author 类型已经出现在后台管理功能中，我们可以在管理界面中直接对 Author 数据进行增删改查操作。

如图 1.13 所示，在后台管理系统中有了对 Author 数据的处理选项。

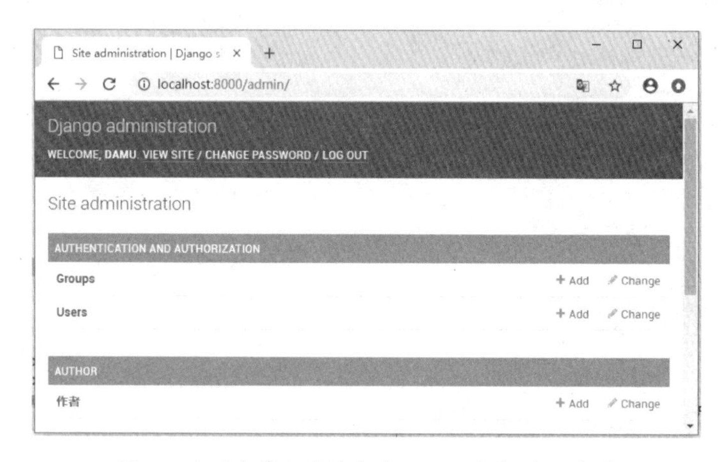

图 1.13 后台管理系统中的 Author 数据处理选项

点击“AUTHOR”链接，进入 Author 数据管理界面，如图 1.14 所示。

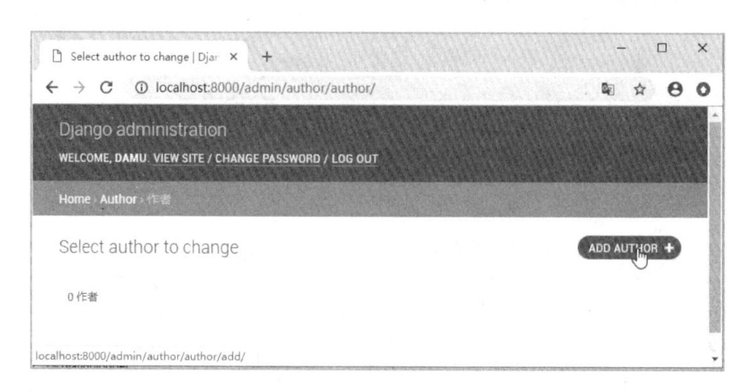

图 1.14 Author 数据管理界面

点击“ADD AUTHOR”按钮，增加 Author 数据，如图 1.15 所示。

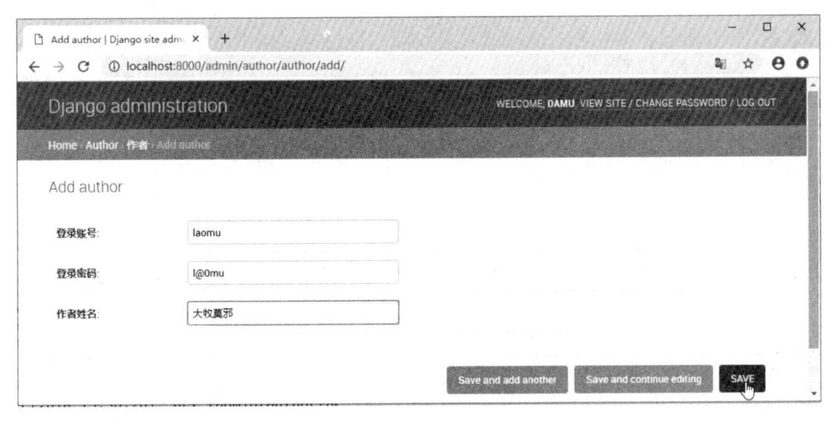

图 1.15　增加 Author 数据

在增加了几条 Author 数据之后，回到管理界面，就可以看到所增加的作者信息了，如图 1.16 所示。

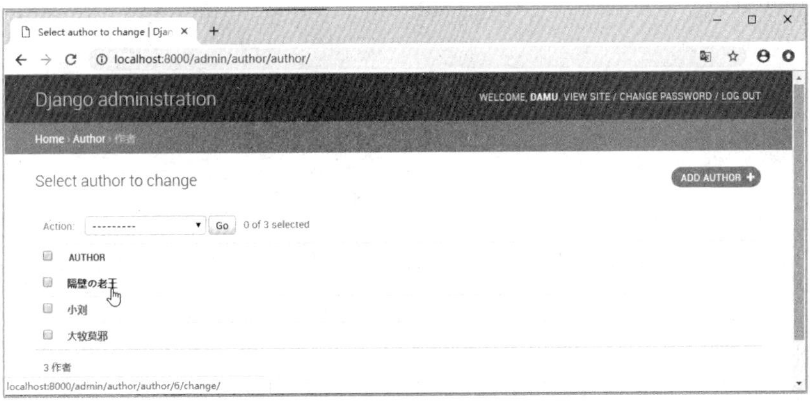

图 1.16　增加的作者信息

点击某个作者名，可以修改或者删除该作者的信息，如图 1.17 所示。

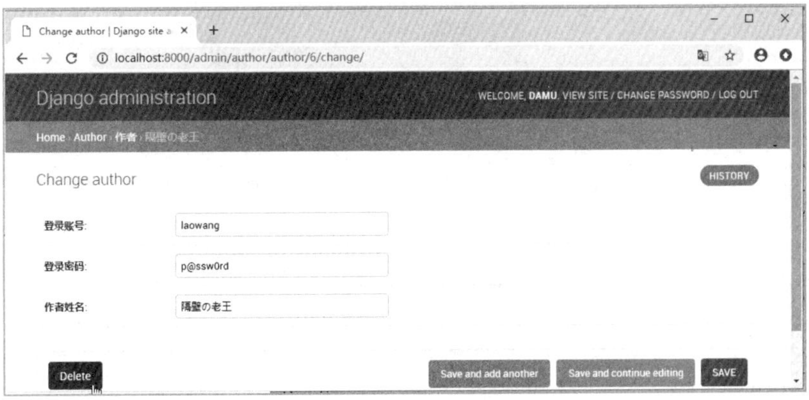

图 1.17　修改或删除作者信息

1.4.6 项目基本配置

本节将针对以下问题进行介绍。

- 前面操作修改了配置文件 settings.py，在这个文件中具体都有哪些配置呢？
- 后台管理系统非常强大，但都是英文界面，能不能进行修改呢？
- 项目启动后，只能是当前计算机本地访问，并且必须是 8000 端口吗？

下面我们先来认识一下配置文件 settings.py 中的一些常规配置。

```
# 项目在当前计算机中的路径，在其他配置中可以直接使用，在开发过程中不需要更改
BASE_DIR = os.path.dirname(os.path.dirname(os.path.abspath(__file__)))
# 安全密钥，作为内置认证模块中的混淆码使用，在开发过程中不需要更改
SECRET_KEY = 'o$6hsx#6*te-eg-23j$+!_t&oe8_d1j78l#ua$^!0bv*cfw18g'
# 调试模式，在开发过程中不需要更改。如果要部署到生产环境中，则需要将其修改为 False
DEBUG = True
# 允许访问主机列表，在开发过程中不需要更改。如果需要更改 IP 地址段，则可以修改这个选项
ALLOWED_HOSTS = []
# Django 框架管理的所有模块，通过 startapp 创建的应用模块需要被添加到这个配置中
INSTALLED_APPS = [
    'django.contrib.admin',
    'django.contrib.auth',
    'django.contrib.contenttypes',
    'django.contrib.sessions',
    'django.contrib.messages',
    'django.contrib.staticfiles',
    'author',
]
# 中间件配置，如果需要在处理流程中添加额外的功能，则可以在这里操作
MIDDLEWARE = [
    'django.middleware.security.SecurityMiddleware',
    'django.contrib.sessions.middleware.SessionMiddleware',
    'django.middleware.common.CommonMiddleware',
    'django.middleware.csrf.CsrfViewMiddleware',
    'django.contrib.auth.middleware.AuthenticationMiddleware',
    'django.contrib.messages.middleware.MessageMiddleware',
    'django.middleware.clickjacking.XFrameOptionsMiddleware',
]
# 根路由定义，在项目部署之后接受的 URL 路径，它首先会被 ROOT_URLCONF 定义的模块处理
ROOT_URLCONF = 'personal_blog.urls'
# 上下文模板路径配置，对公共静态页面进行处理，需要改动这里的配置
TEMPLATES = [
    {
        'BACKEND': 'django.template.backends.django.DjangoTemplates',
        'DIRS': [],
        'APP_DIRS': True,
```

```
        'OPTIONS': {
            'context_processors': [
                'django.template.context_processors.debug',
                'django.template.context_processors.request',
                'django.contrib.auth.context_processors.auth',
                'django.contrib.messages.context_processors.messages',
            ],
        },
    },
]
# WSGI 协议配置，在开发过程中不需要更改
WSGI_APPLICATION = 'myproject1.wsgi.application'
# 数据库连接配置，默认连接内置的 SQLite 3 数据库
DATABASES = {
    'default': {
        'ENGINE': 'django.db.backends.sqlite3',
        'NAME': os.path.join(BASE_DIR, 'db.sqlite3'),
    }
}

# 身份认证配置，在开发过程中不需要更改
AUTH_PASSWORD_VALIDATORS = [
    {
        'NAME': 'django.contrib.auth.password_validation.UserAttributeSimilarityValidator',
    },
    {
        'NAME': 'django.contrib.auth.password_validation.MinimumLengthValidator',
    },
    {
        'NAME': 'django.contrib.auth.password_validation.CommonPasswordValidator',
    },
    {
        'NAME': 'django.contrib.auth.password_validation.NumericPasswordValidator',
    },
]
# 语言环境配置，如果让网站默认显示中文界面，则可以将 LANGUAGE_CODE 修改为“zh-Hans”
LANGUAGE_CODE = 'en-us'
# 时间时区配置，如果要正常显示中国时间，则可以将 TIME_ZONE 修改为“Asia/Shanghai”
TIME_ZONE = 'UTC'
USE_I18N = True                    # 国际化配置
USE_L10N = True                    # 表单国际化配置
USE_TZ = True                      # 默认启用时区配置
STATIC_URL = '/static/'            # 静态资源默认文件夹配置
```

在项目中，修改 LANGUAGE_CODE 配置选项为“zh-Hans”，然后重新启动项目，打开浏览器访问后台管理系统，可以看到如图 1.18 所示的界面。

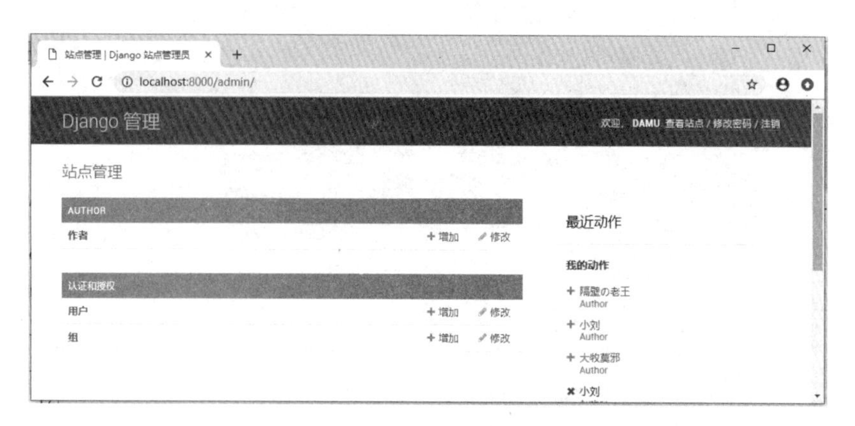

图 1.18　汉化后的后台管理系统界面

1.4.7　添加网页模板

在 Django 内置的后台管理系统中，利用项目中定义的数据模型，已经可以对作者对象数据进行增删改查操作了。接下来将加入对应的业务处理逻辑，让项目更加符合实际操作情况。

首先在用户模块中创建 templates 文件夹，并在其中创建一个子文件夹，子文件夹名称和模块名称一致，主要用于隔离网页路径；然后在该文件夹中创建 HTML 网页文件（login.html、register.html、index.html）。此时项目文件结构如下：

```
|-- personal_blog/
    |-- personal_blog/
    |-- author/
        |-- templates/                  # 存放与用户模块相关的网页文件的文件夹
            |-- author/                 # 用于进行 URL 路径隔离的文件夹
                |-- index.html          # 用户信息首页
                |-- login.html          # 用户登录页面
                |-- register.html       # 用户注册页面
        |-- __init__.py
        |-- admin.py
        |-- app.py
        |-- ......
```

开发用户注册页面，代码如下：

```
<!DOCTYPE html>
<html lang="en">
<head>
    <meta charset="UTF-8">
    <title>用户注册</title>
</head>
<body>
<h2>新用户注册</h2>
<h3 class="error_msg">
    <!-- 展示注册错误信息（模板语法） -->
    {{msg_info}}
```

```
</h3>
<form action="#" method="POST">
    <!-- 用户令牌认证（模板标签） -->
    {% csrf_token %}
    <label for="username">账号:</label>
    <input type="text" name="username" id="username"><br />
    <label for="password">密码:</label>
    <input type="password" name="password" id="password"><br />
    <label for="realname">姓名:</label>
    <input type="text" name="realname" id="realname"><br />
    <input type="submit" value="立即注册">
</form>
</body>
</html>
```

开发用户登录页面，代码如下：

```
<!DOCTYPE html>
<html lang="en">
<head>
    <meta charset="UTF-8">
    <title>用户登录</title>
</head>
<body>
<h2>用户登录</h2>
<h3 class="error_msg">
    <!-- 展示登录错误信息（模板语法） -->
    {{msg_info}}
</h3>
<form action="#" method="POST">
    <!-- 用户令牌认证（模板标签） -->
    {% csrf_token %}
    <label for="username">账号:</label>
    <input type="text" name="username" id="username"><br />
    <label for="password">密码:</label>
    <input type="password" name="password" id="password"><br />
    <input type="submit" value="登录">
</form>
</body>
</html>
```

开发用户信息首页，代码如下：

```
<!DOCTYPE html>
<html lang="en">
<head>
    <meta charset="UTF-8">
    <title>用户首页</title>
</head>
<body>
    <h2>用户信息展示</h2>
```

```
    <div>
        <h3>当前登录用户账号：{{request.session.author.username}}</h3>
        <h3>当前登录用户姓名：{{request.session.author.realname}}</h3>
    </div>
</body>
</html>
```

注意：在代码中主要使用了 HTML 来开发基本网页界面，对这一部分不熟悉的读者可以查阅相关学习资料。另外，还使用了 Django 的模板语法，关于模板语法的介绍见后续章节内容。

1.4.8 视图处理函数

用户模块最基本的功能，即大部分 Web 项目的入口功能，就是对注册和登录两个业务进行处理。通过操作项目用户模块中的视图处理模块，添加对应的视图处理函数，就可以完成对注册和登录两个业务的处理。

打开视图处理模块 personal_blog/author/views.py，添加注册和登录视图处理函数，代码如下：

```
from django.shortcuts import render
from .models import Author
def author_register(request):
    '''作者注册'''
    # 判断请求方式
    if request.method == "GET":
        return render(request, 'author/register.html', {})
    elif request.method == "POST":
        # 获取前端页面传递的数据
        username = request.POST.get('username')
        password = request.POST.get('password')
        realname = request.POST.get('realname')
        # 判断账号是否已经注册过
        authors = Author.objects.filter(username=username)
        if len(authors) >=0:
            return render(request,
                          'author/register.html',
                          {'msg_code': 0, 'msg_info': '账号已经存在，请使用其他账号注册'})
        # 创建作者对象
        author = Author(username=username, password=password, realname=realname)
        # 保存作者对象
        author.save()
        # 返回登录页面
        return render(request,
                      'author/login.html',
                      {'msg_code': 0, 'msg_info': '账号注册成功'})
def author_login(request):
```

```
    '''作者登录'''
    # 判断请求方式
    if request.method == "GET":
        return render(request, 'author/login.html', {})
    else:
        # 获取前端页面返回的数据
        username = request.POST.get('username')
        password = request.POST.get('password')
        # 查询是否存在对应的用户
        try:
            author = Author.objects.get(username=username, password=password)
            # 登录成功，记录登录用户状态
            request.session['author'] = author
            # 跳转到首页
            return render(request,
                          'author/index.html',
                          {'msg_code': 0, 'msg_info': '登录成功'})
        except:
            # 登录失败
            return render(request,
                          'author/login.html',
                          {'msg_code': -1, 'msg_info': '账号或者密码有误，请重新登录'})
```

因为在处理登录业务时使用了基于 Session 的状态保持技术，所以需要在配置文件中添加 SESSION_SERIALIZER 配置，使得在 Session 中可以添加对象数据。打开项目的配置文件 settings.py，在文件末尾添加如下配置代码：

```
SESSION_SERIALIZER='django.contrib.sessions.serializers.PicleSerializer'
```

注意： 在代码中使用了视图处理函数、请求对象处理、页面跳转处理、状态保持等技术，这里旨在让大家对这些技术有一个简单的了解，在后续章节中会针对每一部分进行详细讲解。

1.4.9 路由配置关联

到目前为止，我们已经准备好了用于存储数据的数据库、用于业务处理的视图处理函数、用于与用户交互的 HTML 网页界面，并且在视图处理函数中通过数据模型中定义的类型可以直接操作数据库中的数据，接下来只需要添加网页和视图处理函数之间的映射关系，用户注册和用户登录就可以正常执行了。

在 Django 中，为了方便协同开发和维护大量的请求映射，特将 URL 请求和视图处理函数之间的映射封装成路由，并且按照上下级的方式进行路径匹配管理，如图 1.19 所示。

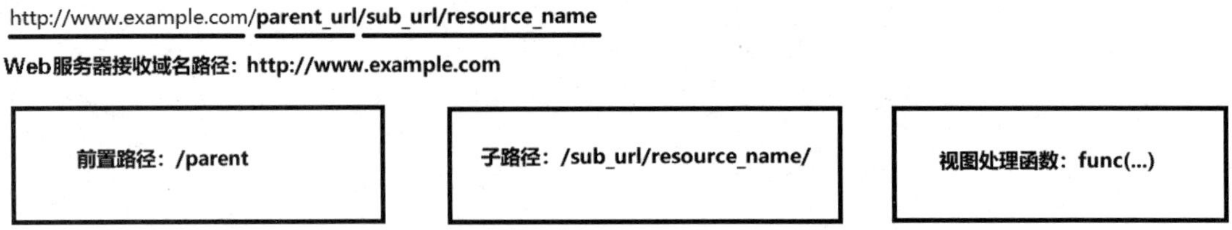

http://www.example.com/parent_url/sub_url/resource_name

Web服务器接收域名路径：http://www.example.com

前置路径：/parent

子路径：/sub_url/resource_name/

视图处理函数：func(...)

图 1.19　Django 中路由管理结构示意图

接下来，在项目中通过配置的方式实现路径 URL 和视图处理函数之间的映射关系。

首先打开根管理项目中的路由模块 personal_blog/personal_blog/urls.py，添加如下配置代码：

```
from django.contrib import admin
from django.urls import path, include          # 引入 include 路由包含模块
urlpatterns = [
    path('admin/', admin.site.urls),
    path('author/', include('author.urls')),    # 添加用户模块的主路由映射关联信息
]
```

然后在用户模块中创建一个路由模块 urls.py，编辑代码如下：

```
__author__ = '大牧莫邪'
__version__ = 'V1.0.0'
# 引入依赖的模块
from django.urls import path, include
from . import views
# 路由模块名称
app_name = 'author'
# 添加路由配置
urlpatterns = [
    path('register/', views.author_register, name='register'),
    path('login/', views.author_login, name='login'),
]
```

至此，URL 请求地址和对应的视图处理函数之间的映射关系就配置完成了。接下来将配置的路由信息添加到网页视图的表单中，就可以启动项目进行业务测试了。

打开 author/templates/author/login.html，完善代码如下：

```
<!-- 将表单提交到 author 路由模块的 login 路由对象中 -->
<form action="{% url author:login %}" method="POST">
    <!-- 用户令牌认证（模板标签） -->
    {% csrf_token %}
    <label for="username">账号:</label>
    <input type="text" name="username" id="username"><br />
    <label for="password">密码:</label>
    <input type="password" name="password" id="password"><br />
    <input type="submit" value="登录">
</form>
```

打开 author/templates/author/register.html，完善代码如下：

```
<!-- 将表单提交到 author 路由模块的 register 路由对象中 -->
<form action="{% url author:register %}" method="POST">
    <!-- 用户令牌认证（模板标签） -->
    {% csrf_token %}
    <label for="username">账号:</label>
    <input type="text" name="username" id="username"><br />
    <label for="password">密码:</label>
    <input type="password" name="password" id="password"><br />
    <label for="realname">姓名:</label>
    <input type="text" name="realname" id="realname"><br />
    <input type="submit" value="立即注册">
</form>
```

注意： Django 2.x 中的路由通过 django.urls.path 实现，Django 1.x 中的路由通过 django.conf.urls.url 实现，相较 1.x 版本中的路由操作，2.x 版本中的路由功能更加强大，并且易于开发和维护。

1.4.10 软件运行测试

进入项目主目录，执行如下命令，启动 Django 开发服务器：

```
python manage.py runserver
```

在浏览器中访问注册页面：http://127.0.0.1:8000/author/register/，可以看到如图 1.20 所示的用户注册界面。

在表单中填写注册信息，然后点击“立即注册”按钮，账号注册成功后，显示用户登录界面，如图 1.21 所示。

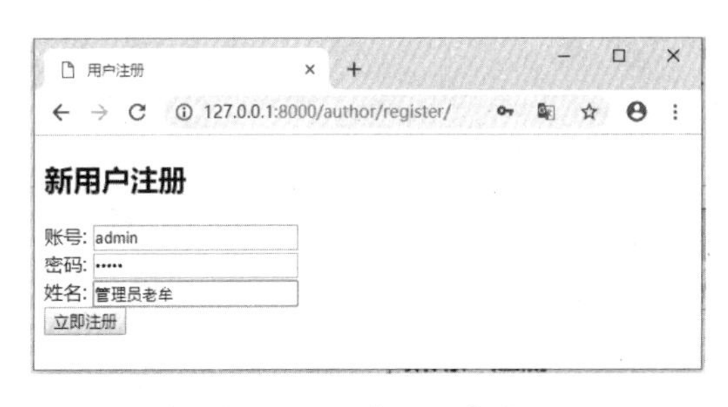

图 1.20 用户注册界面

图 1.21 注册成功后的用户登录界面

如果注册的账号已经存在，则会出现如图 1.22 所示的提示信息，需要使用其他账号进行注册。

输入注册的账号和密码，执行登录操作，登录成功后用户信息展示如图 1.23 所示。

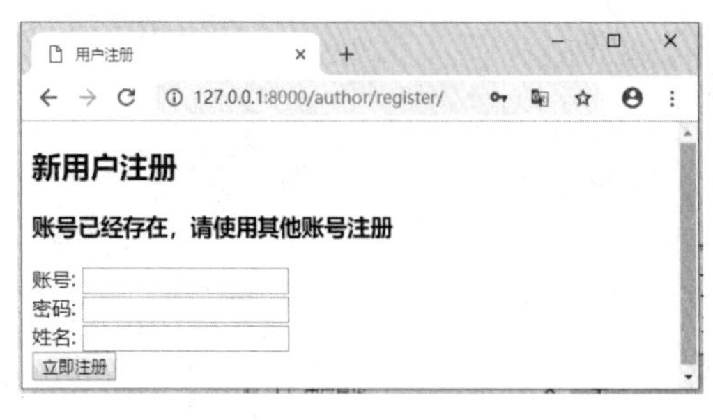

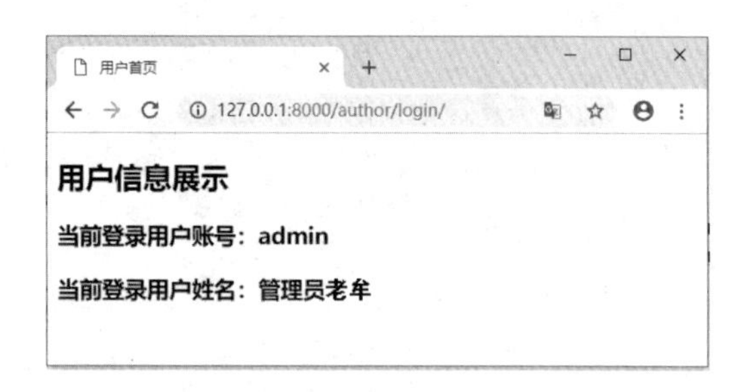

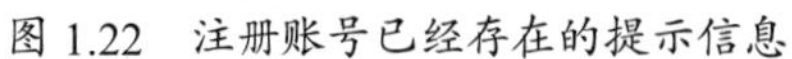

图 1.22　注册账号已经存在的提示信息　　　　图 1.23　登录成功后用户信息展示

同样，在登录过程中，如果账号或者密码输入有误，则会出现如图 1.24 所示的提示信息。

图 1.24　账号或者密码错误的提示信息

1.5　本章小结

通过本章的学习，我们了解了软件开发所需的 Web 基础理论知识，也了解了 Django 的发展历程。通过开发入门程序，我们掌握了 Django 项目的创建步骤，认识了 Django 项目的后台管理系统。最后通过开发一个实战项目的用户模块业务功能，我们对 Django 框架及其组件有了一个全局的宏观认识。在后续章节中，我们将针对这些组件在项目中的应用，以及在实际操作时需要注意的问题进行详细讲解。

第 2 章　Django 数据模型与数据库

数据模型是软件项目中业务处理的核心要素，本章将对 Django 中数据模型的定义和创建方式、属性操作类型、关联操作关系以及数据查询处理进行详细介绍，读者会学习到以下内容：

- 模型类的声明和定义。
- 数据库连接配置。
- 数据模型关联查询。
- 数据库视图管理。

同时辅以项目实战中的代码操作，让读者对 Django 中的数据模型有一个完整的认知，在项目开发中真正做到学以致用。

2.1　项目中的数据模型

Django 作为一个成熟的 Web 框架，其本身封装了大量与数据模型对象处理相关的功能，但是只有按照 Django 提供的数据模型定义方式，才能使用这些功能来处理通过数据模型创建的数据对象。

2.1.1　模型类

在 Django 框架中对于数据模型的定义和封装，有如下一些操作要求：

- 必须继承 django.db.models.Model 类型。
- 必须使用 Django 内置函数创建属性。
- 对对象数据的增删改查操作，可以直接使用 Django 封装的函数处理。

还是以博客项目为例，如下为初步完善后的用户模块中的作者类型定义，通过代码就能知道继承的父类以及属性的定义方式。

```
from django.db import models
class Author(models.Model):
    '''用户类型：博客作者'''
```

```
GENDER = {
    '0': '女',
    '1': '男',
}
STATUS = {
    '0': '正常',
    '1': '锁定',
    '2': '删除'
}
# 作者编号
id = models.AutoField(primary_key=True, verbose_name='作者编号')
# 登录账号
username = models.CharField(max_length=50, verbose_name='登录账号')
# 登录密码
password = models.CharField(max_length=50, verbose_name='登录密码')
# 真实姓名
realname = models.CharField(max_length=20, verbose_name='作者姓名')
# 年龄
age = models.IntegerField(default=0, verbose_name='作者年龄')
# 性别
gender = models.CharField(max_length=1, choices=GENDER, verbose_name='性别')
# 邮箱
email = models.CharField (verbose_name='联系邮箱')
# 电话
phone = models.CharField(max_length=20, verbose_name='联系电话')
# 用户状态
status = models.CharField(max_length=5, choices=STATUS, verbose_name='用户状态')
# 个人介绍
intro = models.TextField(verbose_name='个人介绍')
# 备注信息
remark = models.TextField(verbose_name='备注信息')
class Meta:
    # 后台管理系统中的名称
    verbose_name_plural = '作者'
def __str__(self):
    return self.realname
```

在上面的代码中，大量使用了 Django 封装的方法和字段限定规则，在后面的属性字段类型部分将会详细介绍每一种字段类型和限定规则的使用方式——只有通过这样的方式添加的限定处理规则，才能让 Django 封装的工具类型的功能作用在当前数据类型的属性和所创建的对象上，如图 2.1 所示。

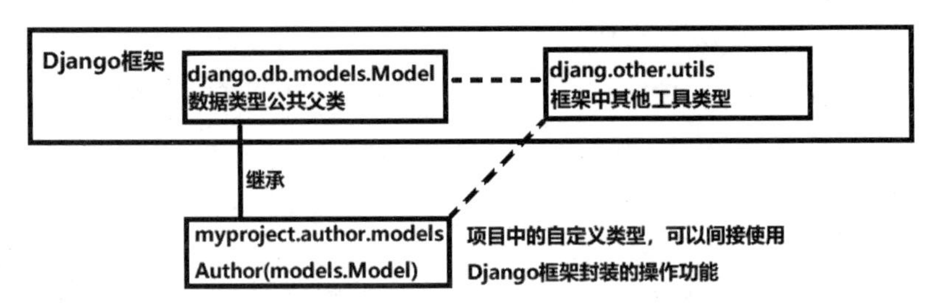

图 2.1　Django 父类、工具类型、自定义类型之间的关联

2.1.2 字段限定规则

有了 Django 提供的语法规则，我们就可以很方便地创建 Django 中的模型类了。在定义模型类中的属性字段时，为了优化每个字段的数据格式，制定了字段限定规则。本节就对字段限定规则进行详细介绍，以方便大家在项目开发过程中根据规则定义选型。

Django 2.x 默认提供了 17 种字段限定规则，分别是 null、blank、choices、db_column、db_index、db_tablespace、default、editable、error_message、help_text、primary_key、unique、unique_for_date、unique_for_month、unique_for_year、verbose_name、validators。不同的限定规则定义了不同的数据格式，使用在不同的应用场景中。

1. null

赋值 True/False。模型类中的属性对应的数据表中的字段是否允许存储空值。无论是字符类型还是其他任意数据类型字段，如果有必要，在数据库中都可以设置字段存储 null 值。

需要注意的是，在使用 null=True 的情况下，不要为该字段同时添加唯一性约束，否则会造成数据唯一性冲突。代码如下：

```
name = models.IntegerField(default=0, null=True)
```

2. blank

赋值 True/False。blank 只针对表单数据校验，如果表单中的某个输入框允许输入空值，那么这个空值并不是 null 值，而是空字符串，无法通过表单数据校验，所以需要给可以为空字符串的字段添加允许空白的约束。代码如下：

```
nickname = models.CharField(max_length=20, null=True, blank=True)
```

3. choices

赋值一个可迭代的元组（tuple）或者列表（list）。在项目开发中，表单中总有一些数据可以通过选择来使用，如性别、地址中的省份等，在 Django 封装的字符类型中，允许接受一个可迭代数据来实现表单的这种功能。代码如下：

```
# 初始数据
GENDER = (
    ('0', '女'),
    ('1', '男'),
)
# 性别
gender = models.CharField(max_length=1, choices=GENDER, verbose_name='性别')
```

4. db_column

赋值一个变量名称。在默认情况下，db_column 的值就是当前属性的名称。在数据表中创建与当前属性名称相同的字段，是大部分项目组的项目规范。

当然，如果不想让模型类和数据表使用相同名称的字段（不推荐这样做），或者所定义的属性名称在数据表中是一个关键字（代码设计出了问题），则可以通过 db_column 手工指定数据表中该字段的名称。代码如下：

```
email = models.EmailField(verbose_name='联系邮箱', db_column='user_email')
```

5. db_index

赋值 True/False。对于在模型类中定义的属性，指定在创建对应的数据表时是否自动添加索引支持。对于改查较多、增删较少的表，通常会为用于条件查询的字段添加索引支持。代码如下：

```
username = models.CharField(max_length=50, verbose_name='登录账号', db_index=True)
```

6. db_tablespace

如果已经为模型类中的某个属性添加了索引支持，那么通过 db_tablespace 可以指定索引操作所使用的表空间，默认是项目的 DFAULT_INDEX_TABLESPACE 表空间。在项目中该规则用得不多。

7. default

指定属性的默认值可以是一个数值或者可调用的函数。需要注意的是，如果是默认值操作，则暂时不支持 Lambda 表达式。代码如下：

```
def contact_default():          # 数据定义函数
return {"email": "to1@example.com"}
contact_info = models.JSONField("ContactInfo", default=contact_default)
                                                            # 定义联系信息属性
age = models.IntegerField(default=0)                        # 定义年龄属性
```

8. editable

赋值 True/False。指定属性字段是否可编辑，默认值为 True，表示可以在表单和管理员界面中对该属性字段进行编辑。如果设置为 False，则表示在任何操作界面中该属性数据都不会显示。在项目中该规则较少使用。代码如下：

```
# 用户状态
status = models.CharField(max_length=5, choices=STATUS,
                          verbose_name='用户状态', editable=False)
```

9. error_message

赋值一个字典，字典中的 Key 值是一个限定规则的名称，Value 值是对应的限定规则。如果验证失败，则需要展示消息内容，主要在封装表单时使用。代码如下：

```
# 用户联系邮箱
email = forms.EmailField(error_messages={'required':u'邮箱不能为空'})
```

10. help_text

赋值字符串数据，主要用于显示帮助信息。指定该属性，会在进行表单操作时显示自定义的属性字段的提示信息，以辅助用户输入数据。代码如下：

```
# 用户状态
status = models.CharField(max_length=5, choices=STATUS,
                          verbose_name='用户状态', help_text='必须选择其中一个状态')
```

11. primary_key

赋值 True/False，用于为模型类设置主键约束。如果在定义模型类时没有指定主键，Django 默认为模型类自动添加一个 AutoField 字段并设置为主键。代码如下：

```
# 作者编号
id = models.AutoField(primary_key=True, verbose_name='作者编号')
```

另外，在项目开发中还存在一种特殊的情况，就是需要为多个字段设置联合主键。在 Django 中并没有通过 primary_key 进行设置，而是通过元数据来设置联合主键，其实就是通过为多个属性添加唯一性约束来实现的。代码如下：

```
# 作者编号
id = models.AutoField(primary_key=True, verbose_name='作者编号')
# 登录账号
username = models.CharField(max_length=50, verbose_name='登录账号')
…
class Meta:
    # 为多个属性添加唯一性约束：联合主键
    unique_together = ('id', 'username')
```

12. unique

赋值 True/False，设置属性字段的唯一性约束。代码如下：

```
# 用户昵称
nickname = models.CharField(max_length=20, verbose_name='作者昵称', unique=True)
```

13. unique_for_date

赋值 True/False，设置日期属性 DateField/DateTimeField 不会出现重复数据。

14. unique_for_month

赋值 True/False，设置某个日期属性的月份不会出现重复数据。

15. unique_for_year

赋值 True/False，设置某个日期属性的年份不会出现重复数据。

16. verbose_name

赋值字符串数据，设置当前属性在后台管理系统中的展示名称。

17. validators

一般情况下，用于对当前模型类中的属性数据进行详细验证。代码如下：

```
# 验证数字是否为偶数的函数
```

```
def validate_even(value):
if value % 2 != 0:
        # 如果数字不是偶数，则抛出异常信息
        raise ValidationError(
            _('%(value)s is not an even number'),
            params={'value': value},
        )
class MyModel(models.Model):
    # 属性字段，添加 validators 验证，验证赋值数据是否为偶数
    even_field = models.IntegerField(validators=[validate_even])
```

2.1.3 属性字段类型

上一节介绍了字段限定规则，本节将针对定义的模型类中的属性字段进行详细的说明和操作。属性是模型类中封装数据最直接的操作手段，属性的数据类型决定了属性中存放的数据格式，指定合适的数据类型和数据空间在一定程度上能优化程序的处理效率和空间利用率。

Django 2.x 中一共定义了 26 种表示不同数据的字段类型，下面就对它们进行详细介绍。

1. AutoField

自动增长类型，用于设置可以存储整数数据，并且根据数据表中的数据记录自动增长的属性字段，在中小型项目中经常用于定义数据表中的主键字段。通常在定义模型类时不需要指定主键字段，主键字段会被自动添加到模型类对应的数据表中。

在项目开发中按照如下方式进行设置。下面声明的两个模型类都会创建 AutoField 字段。

```
class Musician(models.Model):
    id = models.AutoField(primary_key=True)
    first_name = models.CharField(max_length=50)
    last_name = models.CharField(max_length=50)

class Album(models.Model):
    name = models.CharField(max_length=100)
    release_date = models.DateField()
```

2. BigAutoField

自动增长类型。普通的 AutoField 存储数据范围太小，无法满足大量数据操作，因此补充了 BigAutoField 字段类型，它可以存储 64 位整数数据，存储数据范围为 1 ~ 9 223 372 036 854 775 807。如果要指定一个 BigAutoField 字段，则直接指定对应的属性即可。代码如下：

```
# 编号
id = models.BigAutoField(primary_key=True)
```

3. BigIntegerField

大整数数据类型，用于设置一个可以存储大整数数据的属性字段。该属性字段可以存储

的整数数据范围为-9 223 372 036 854 775 808 ~ 9 223 372 036 854 775 807。代码如下：

```
# 历史操作记录计数
history_operations = BigIntegerField(default=0, verbose_name='历史操作记录计数')
```

4. BinaryField

二进制数据类型，存储数据单位可以为 bytes、bytearray、memoryview。在默认情况下，该字段类型的 editable 值为 False，二进制数据是不会直接显示在任何表单数据中的。在企业项目开发中，只有特殊的数据才会选择使用该字段类型；在常规项目开发中，应避免将二进制数据直接存储入库的操作行为。

官方文档中提示，将二进制数据直接存储入库是一种非常不好的设计，该字段类型并不是为处理二进制静态文件而设计的。如果要定义字段存储二进制数据，代码如下：

```
# 用户头像
header_img = models.BinaryField(max_lenth=20000)
```

注意： 对于 BinaryField 字段类型，在 Django 1.x 中默认 editable 值为 False 且不能修改，在 Django 2.1 中可以修改该字段类型为可配置。

5. BooleanField

布尔类型，该类型的属性字段只能存储 True/False 数据。官方文档中提示，在需要添加只有这两种状态的数据属性时，可以优先选择使用 BooleanField，同时在 Django 2.0 及以上版本中不建议再使用 NullBooleanField 字段。代码如下：

```
# 是否是管理员
is_manager = models.BooleanField(default=False)
```

6. CharField

字符类型，用于创建包含字符串描述的属性字段，对应数据库中的变长字符串数据类型，比如在 MySQL 数据库中对应的是 varchar 类型，在 Oracle 数据库中对应的是 varchar2 类型。在使用 CharField 时必须指定 max_length。代码如下：

```
# 用户账号
username = models.CharField(max_length=50)
```

7. DateField

日期类型，用于创建只包含年、月、日数据的属性字段。在项目开发中，如果要设置默认值，则可以使用如下方式进行处理：

```
# 账号创建时间，可以使用 datetime.date.today 设置默认时间
create_time = models.DateField(default=datetime.date.today)
# 可以使用 django.utils.timezone.now 设置默认时间
create_time = models.DateField(default=django.utils.timezone.now)
# 建议使用 auto_now_add 和 auto_now 限定规则参数
create_time = models.DateField(auto_now_add=True)
```

该数据类型有两个比较重要的特殊限定规则参数，即 auto_now_add 和 auto_now，其中 auto_now_add 指定第一次创建属性所属模型类的对象时赋值为当前系统时间，并且在之后的任何操作中该对象的这个时间值都不允许修改（默认 editable=False）；auto_now 指定所属对象在每次更新保存时，当前属性都会被更新为当前系统默认时间。代码如下：

```
# 账号创建时间
create_time = models.DateField(auto_now_add=True)
# 最后修改时间
update_time = models.DateField(auto_now=True)
```

注意： auto_now_add、auto_now 和 default 是互斥的，不能被同时包含在一个属性字段的限定规则中。

8. DateTimeField

日期时间类型，用于创建包含日期和时间数据的属性字段。它可以包含 auto_now_add、auto_now、default 等，在项目中设置 default 属性数据，代码如下：

```
# 最后修改时间，可以使用 datetime.datetime.now 设置默认时间
update_time = models.DateField(default=datetime.datetime.now)
# 也可以使用 django.utils.timezone.now 设置默认时间
update_time = models.DateField(default=django.utils.timezone.now)
# 建议使用 auto_now_add 和 auto_now 限定规则参数
```

9. DecimalField

固定精度的数字类型，通过两个特有的限定规则参数 max_digits 和 decimal_places 来指定要表示的数据，其中 max_digits 指定所允许的最大位数，decimal_palces 指定要保留的小数位数。代码如下：

```
# 存储大约 10 亿的数字，保留 10 位小数
models.DecimalField(..., max_digits=19, decimal_places=10)
```

10. DurationField

时间段类型，封装两个时间之间的差值计算，这样的算术操作在 PostgreSQL 数据库中得到了非常友好的支持，但是在其他数据库中并不是很理想，因此不建议使用。如果有类似的功能需求，可以在程序中完成时间段的计算处理后存储到数据库中。

11. EmailField

邮箱类型，底层通过 CharField 实现，同时进行了邮箱格式验证。代码如下：

```
# 用户邮箱
email = models.EmailField()
```

12. FileField

文件类型，在文件上传时用于接收表单数据。在项目开发中，实际上文件被存储在该类型的 upload_to 限定规则参数指定的文件夹中，在数据表的对应字段中存储的是文件的路径字符串。

同时可以直接通过 max_length 来限定上传文件的大小。代码如下：

```
# 内容附件
content_attachment = models.FileField(upload_to='upload/files/')
# 在路径中可以直接包含时间符号，如%Y 会被自动替换成当前年份
content_attachment = models.FileField(upload_to='upload/files/%Y/%m/%d/')
```

13. FilePathField

文件检索类型，用于在指定路径中查询匹配的文件数据，在项目中使用得较少。它有三个重要的限定规则参数需要了解：path，指定要检索的文件路径，是必选参数；match，指定在 path 路径下检索文件的正则表达式；recursive，指定路径查询是否包含子目录。代码如下：

```
FilePathField(path="/home/images", match="foo.*", recursive=True)
```

14. FloatField

浮点数类型，用于描述存储浮点数的属性，底层通过基本类型 float 封装实现。代码如下：

```
# 设置用户等级进度比例
user_level = models.FloatField(default=0)
```

15. ImageField

图像类型，用于描述存储图像的属性。该数据类型继承自 FileField，在父类的基础上增加了图像验证功能。代码如下：

```
# 用户头像
header_img = models.image_field(upload_to='upload/files/headers/')
```

16. IntegerField

整数类型，用于指定存储整数数据的属性。代码如下：

```
# 用户年龄
age = models.IntegerField(default=0)
```

17. GenericIPAddressField

IP 地址类型，可以存储 IPv4 或者 IPv6 类型的 IP 地址数据，例如 192.0.2.30 或 2a02:42fe::4。它有两个限定规则参数，即 protocal 和 unpack_ipv4，其中 protocal 指定数据格式，可以取值为 IPv4、IPv6 或 both（默认），参数数据不区分大小写；unpack_ipv4 指定在 protocal 为 both 的情况下，可以将 IPv6 地址自动转换成 IPv4 地址。代码如下：

```
# 远程主机 IP 地址
remote_ip = models.GenericIPAddressField()
```

18. NullBooleanField

布尔类型，用于描述一个可以存储 None、False 或 True 数据的属性。在 Django 2.0 及以上版本中建议使用 BooleanField 替代 NullBooleanField。

19. PositiveIntegerField

正整数类型，底层通过继承 IntegerField 实现，取值范围为 0 ~ 2147483647，在项目中可以根据实际需求酌情使用。代码如下：

```
# 通话数据记录
chat_log_id = models.PositiveIntegerField(default=0)
```

20. PositiveSmallIntegerField

正整数类型，其作用同 PositiveIntegerField，取值范围为 0 ~ 32767。代码如下：

```
# 员工人数
employ = models.PositiveSmallIntegerField(default=0)
```

21. SlugField

短标签类型，底层通过继承 CharField 实现。其只能包含字母、数字、下画线或者连字符，通常用作 URL 地址的限定规则。代码如下：

```
# 个人主页
personal_page = models.SlugField()
```

22. SmallIntegerField

小整数类型，底层通过继承 IntegerField 实现，取值范围为-32768 ~ 32767。代码如下：

```
# 员工打卡计数（打卡+1，未打卡-1）
card_login = models.SmallIntegerField(default=0)
```

23. TextField

长字符串类型，如果需要在项目中存储大量的文本数据，则可以优先考虑选择该类型来描述对象的属性字段。代码如下：

```
# 文章内容
content = models.TextField()
```

24. TimeField

时间类型，用于描述记录时、分、秒数据的属性。如果指定默认值，则可以通过 Django 框架内置的工具模块 django.utils.timezone.now 来设置，但是在开发中很少这样使用，还是推荐使用 auto_now_add 和 auto_now 限定规则参数来处理时间数据。代码如下：

```
# 最后修改时间，可以使用 django.utils.timezone.now 设置默认时间
update_time = models.TimeField(default= django.utils.timezone.now)
# 建议使用 auto_now_add 和 auto_now 限定规则参数
update_time = models.DateField(auto_now=True)
```

25. URLField

URL 类型，底层通过继承 CharField 实现，并添加了 URL 验证机制的字符串字段。如果需要存储 URL 地址的属性，则可以指定使用该字段类型。代码如下：

```
# 个人主页
personal_page = models.URLField()
```

26. UUIDField

唯一标识符类型，在实际项目开发中，主键会使用唯一标识字符串进行处理，Django 封装的 UUIDField 就是 AutoField 字段的一个非常优秀的类型。代码如下：

```
# 作者类型主键
# id = models.AutoField(primary_key=True)
# 作者类型主键（推荐）：auto_create 表示自动构建主键，default 指定构建规则
id = models.UUIDField(primary_key=True, auto_create=True, default=uuid.uuid4)
```

通过上面对属性字段类型的介绍，我们对 Django 中常见的属性可以设置的字段类型有了一定的认知，下面对在第 1 章中开发的博客项目中的作者类型进行重构，代码如下：

```
from datetime import datetime
from uuid import uuid4
from django.db import models
class Author(models.Model):
    '''用户类型：博客作者'''
    GENDER = (
        ('0', '女'),
        ('1', '男'),
    )
    STATUS = {
        ('0', '正常'),
        ('1', '锁定'),
        ('2', '删除'),
    }
    # 作者编号
    # id = models.AutoField(primary_key=True, verbose_name='作者编号')
    id = models.UUIDField(primary_key=True, verbose_name='作者编号',
                          auto_created=True,default=uuid4)
    # 登录账号
    username = models.CharField(max_length=50, verbose_name='登录账号',
                                unique=True, db_index=True)
    # 登录密码
    password = models.CharField(max_length=50, verbose_name='登录密码')
    # 真实姓名
    realname = models.CharField(max_length=20, verbose_name='作者姓名',
                          default='待完善', null=True, blank=True, db_index=True)
    # 用户昵称
    nickname = models.CharField(max_length=20, verbose_name='作者昵称',
                              unique=True, null=True,  blank=True, db_index=True)
    # 年龄
    age = models.IntegerField(default=0, verbose_name='作者年龄')
    # 性别
    gender = models.CharField(max_length=1, choices=GENDER,
                              verbose_name='性别', null=True,  blank=True)
    # 邮箱
```

```
    email = models.EmailField(verbose_name='联系邮箱', null=True, blank=True, db_index=True)
    # 电话
    phone = models.CharField(max_length=20, verbose_name='联系电话',
                             db_index=True, null=True,  blank=True)
    # 用户状态
    status = models.CharField(max_length=5, choices=STATUS,
                         verbose_name='用户状态', help_text='必须选择其中一个状态')
    # 账号注册时间
    create_time = models.DateTimeField(auto_now_add=True, verbose_name='注册时间')
    # 最后修改时间
    update_time = models.DateTimeField(auto_now=True, verbose_name='修改时间')
    # 个人主页
    personal_page = models.URLField(verbose_name='个人主页', null=True, blank=True)
    # 个人介绍
    intro = models.TextField(verbose_name='个人介绍', null=True, blank=True)
    # 备注信息
    remark = models.TextField(verbose_name='备注信息', null=True, blank=True)
    class Meta:
        # 后台管理系统中的名称
        verbose_name_plural = '作者'
    def __str__(self):
        return "账号: {};昵称: {};姓名: {}".format(self.username, self.nickname, self.realname)
```

2.1.4 索引操作

在 Web 项目开发中，可以通过为数据表字段添加索引支持来提升数据的读取和修改性能。在 Django 中对数据模型已经进行了高度封装，所以可以直接通过代码进行操作。

在 Django 中通过限定规则参数 db_index 和 db_tablespace 来管理模型类中属性索引功能的操作，其中 db_index 指定是否支持索引，值为 True/False；db_tablespace 指定在支持表空间的数据库中，存放索引的表空间名称。

在博客项目中，作者类型数据中的账号、姓名、昵称、邮箱和电话经常会被用于进行数据检索查询，因此可以为这些字段添加索引支持。代码如下：

```
# 登录账号
username = models.CharField(max_length=50, verbose_name='登录账号', unique=True,
                            db_index=True)
……
# 真实姓名
realname = models.CharField(max_length=20, verbose_name='作者姓名', default='待完善',
                            null=True, blank=True, db_index=True)
# 用户昵称
nickname = models.CharField(max_length=20, verbose_name='作者昵称', unique=True,
                            null=True, blank=True, db_index=True)
……
# 邮箱
email = models.EmailField(verbose_name='联系邮箱', null=True, blank=True, db_index=True)
# 电话
```

```
phone = models.CharField(max_length=20, verbose_name='联系电话', db_index=True)
……
```

注意：添加索引支持是对数据表中的数据进行读取优化，但是在进行数据的增加和删除操作时，会额外增加操作索引的资源消耗，所以并不是索引添加得越多越好，而是要考虑对数据表的查询操作是否较多，同时考虑查询时哪些字段作为条件使用得较多，只有这样的数据表和数据字段才可以酌情添加索引支持。

2.1.5　元数据选项

数据模型是项目中功能操作的核心，对于数据操作的基本功能，在 Django 中是通过 Meta 类封装的属性提供友好支持的，这些属性被称为模型类的元数据，它是区别于普通属性的数据。目前 Django 封装了 24 个元数据选项用于管理数据模型。

1. abstract

元数据抽象。设置 abstract=True，可以让当前所属类型为抽象类型。在 Django 中抽象类型最大的特点是不会同步生成数据表，在项目中主要做继承使用，用于提高代码的复用性和功能的可扩展性。代码如下：

```
class BaseModel:
# 公共属性数据
pass
    ……
class Meta:
        # 定义当前所属类型：抽象类型
        abstract = True
```

2. app_label

模型所属 App 的声明标记。如果创建的模块 App 没有在根管理项目的 INSTALLED_APPS 中注册，则必须通过 app_label 声明它属于哪个 App。

3. base_manager_name

模型管理器名称。模型管理器是 Django 提供给模型类的 API 操作接口。

4. db_table

自定义在数据库中创建的当前类型对应的数据表的名称。在默认情况下，数据表的名称是“当前类型的模块名称_类型名称”。

5. db_tablespace

自定义当前类型对应的数据库表存储的表空间，默认通过 DEFAULT_TABLESPACE 设置指定。

6. default_manager_name

自定义默认的模型管理器的名称。

7. default_related_name

自定义关联模型类对象的查询名称。在项目中，如果一个类型被其他类型引用，使得多个类型之间具有关联关系，那么可以通过该类型的名称全部小写的语法访问关联的对象数据。通过修改 default_related_name 选项，可以将默认的访问关联对象的名称修改为简写形式。代码如下：

```
class Author(models.Model):
    pass
class Article(models.Model):
    author = models.ForeignKey(Author, on_delete=models.CASCADE)
    ……
    class Meta:
        # 设置关联模型类对象的查询名称
        default_related_name = 'art'
```

在交互命令行下查询，得到如下结果：

```
>>> author = Author.objects.get(pk=1)
>>> article = Article.objects.get(author=author)
ERROR（错误）……以前的操作方式不能直接使用了
>>> article = Article.objects.get(art=author)
<Article: 3> 使用自定义关联的元数据名称即可完成查询操作
```

注意：上面代码中使用了关于数据关联的操作方式，本章 2.3 节会对此进行详细介绍。

在自定义关联查询时，一个类型被关联类型访问时，访问名称默认是当前类型的名称。

8. get_latest_by

自定义数据排序规则，配合 Django 提供的 latest()/earliest()方法使用。通过该选项指定了模型类的排序字段之后，就可以直接使用 latest()/earliest()获取最新的/最早的一条数据。代码如下：

```
get_latest_by = 'create_time'
```

9. managed

模型类管理功能开关，默认值为 True，表示 Django 会自动根据当前模型类来管理数据类型以及数据表的生命周期。如果将其设置为 False，Django 将不会自动创建数据表等。这个选项在项目开发中使用得较少。

10. order_with_respect_to

指定关联模型的排序字段，主要用在关联模型上，Django 会在指定该选项之后自动提供获取排序后的关联数据的 API：get_<related>_order()和 set_<related>_order()，可以通过该函数获取或者设置关联的数据对象。代码如下：

```
class Author(models.Model):
    pass
class Article(models.Model):
    author = models.ForeignKey(Author, on_delete=models.CASCADE)
    ......
    class Meta:
      # 关联 author 模型类的属性字段
      order_with_respect_to = 'author'
```

在交互命令行下查询，得到如下结果：

```
>>> author = Author.objects.get(pk=1)
>>> author.get_article_order()
[1,2,3,4,5,6]
```

在得到关联对象之后，关联对象也会自动获得两个 API，即 get_previous_in_order()和 get_next_in_order()，分别用于获取前一条数据和后一条数据。代码如下：

```
>>> article = Article.objects.get(pk=3)
>>> article.get_previous_in_order()
<Article: 2>
>>> article.get_next_in_order()
<Article: 4>
```

注意：上面代码中使用了关于数据关联的操作方式，本章 2.3 节会对此进行详细介绍。

11. ordering

指定当前模型的排序字段，主要是一个由当前类型的属性名称组成的元组或者列表，默认按照指定字段升序排列，可以在属性名称前添加“-”符号改变为降序排列。代码如下：

```
# 按照创建时间降序排列
ordering = ['-create_time']
# 按照账号升序排列
ordering = ['username']
# 先按照创建时间降序排列，再按照账号升序排列
ordering = ['-create_time', 'username']
```

12. permissions

权限分配元数据，可以赋值一个由权限码和权限描述组成的元组或者列表，用于指定模型类的对象在创建时就添加自定义的操作权限。代码如下：

```
permissions = (('comment_publish', '发表评论权限'))
```

13. default_permissions

设置当前类型的默认权限。在不指定该选项的情况下，Django 默认提供了 add、change 和 delete 三个权限；如果需要自定义类型的权限，则可以通过指定该选项来赋予权限。

14. proxy

指定代理模式的模型继承方式。

15. required_db_features

声明模型依赖的数据库功能，比如['gis_enabled']声明创建模型需要依赖 GIS 功能。

16. required_db_vendor

声明模型支持的数据库。Django 默认支持 SQLite、PostgreSQL、MySQL 和 Oralce 数据库。

17. select_on_save

指定是否使用 Django 1.6 版本之前的 django.db.models.Model.save()函数存储数据。对于老版本中一些方法的兼容处理方式，在现在的项目中不再推荐使用该选项。

18. indexes

为当前模型类添加索引的属性列表，代码如下：

```
indexes = [
    models.Index(fields=['username', 'realname', 'nickname'])
]
```

19. unique_together

指定联合主键的元数据字段，该选项在项目中使用得较多。代码如下：

```
unique_together=('realname', 'nickname')
```

20. index_together

过时的元数据选项，目前使用 indexes 替代。

21. verbose_name

指定模型的展示名称，通常用于在后台管理系统界面中展示当前模型类对象的名称。代码如下：

```
verbose_name = 'author'
verbose_name = '作者'
```

22. verbose_name_plural

指定模型的展示名称，主要针对英文名称的复数形式。如果需要使用中文名称进行展示，则使用该选项替代 verbose_name 即可。

```
verbose_name_plural = 'authors'
verbose_name_plural = '作者'
```

23. label

只读元数据，用于获取当前模块名称。label 等同于 author.Author。

24. label_lower

功能同 label，用于获取小写的模块名称。label_lower 等同于 author.author。

2.2　数据库处理

数据存储离不开数据库操作，在常规 Web 项目开发中，通常由架构师根据需求设计好数据库结构；在基于 Django 框架的 Web 项目开发中，封装数据操作命令可以实现数据模型的无缝迁移。Django 对 SQLite、PostgreSQL、MySQL 和 Oracle 数据库的支持都非常友好，同时也支持第三方数据库连接模块的注册，以方便使用其他数据库的项目环境。

2.2.1　数据库连接

应用软件和数据库之间的交互过程，就是建立连接和数据交互的过程。本节将对数据库的连接和交互过程进行详细介绍。

1. 数据库连接配置

在项目的配置文件 settings.py 中，DATABASES 就是用于数据库连接配置的核心选项。以 MySQL 数据库为例，配置连接代码如下：

```
# 引入 MySQL 操作模块
import pymysql
# Django 底层使用 MySQLdb 操作数据库，这里做一个方法转换
pymysql.install_as_MySQLdb()
# 数据库连接核心配置
DATABASES = {
    'default': {
        # 数据库连接引擎
        'ENGINE': 'django.db.backends.mysql',
        # 要连接的数据库名称
        'NAME': 'backpy20181212',
        # 数据库登录账号
        'USER': 'root',
        # 数据库登录密码
        'PASSWORD': 'root'
    }
}
```

注意： 由于 Django 底层封装的 ORM 操作是基于 MySQLdb 的处理方式，但目前 MySQLdb 不支持最新的 Python 环境和 MySQL 数据库，所以一般都使用 pymysql 模块进行替换。因此，需要执行引入 pymysql 和替换函数 install_as_MySQLdb() 的操作。

DATABASES 是字典格式的配置项，其中 default 是默认的数据库连接配置，也可以在项目中添加多个数据库连接配置。代码如下：

```
DATABASES = {
    'default': {
        # 数据库连接引擎
        ……
    },
    'dev': {
        # 开发数据库连接引擎
        ……
     },
     'product': {
        # 生产数据库连接引擎
        ……
     },
}
```

在使用过程中可以指定数据库来完成业务操作，代码如下：

```
# 查询 dev 数据库中的作者数据
>>> authors = Author.objects.using('dev').all()
[<Author:1>, <Author:2>]
# 查询 project 数据库中的作者数据
>>> authors = Author.objects.using('product').all()
[<Author:1>, <Author:2>, <Author: 3>]
# 将一个对象存储到数据库中
>>> author.save(using='dev')
# 从数据库中删除一个对象
>>> author.delete(using='project')
```

2. 数据库配置选项

- ENGINE：配置要使用的数据库连接引擎，内置的数据库连接引擎有 django.db.backends.postgresql、django.db.backends.mysql、django.db.backends.sqlite3 和 django.db.backends.oracle。默认值为空字符串。
- HOST：配置要连接的数据库所在主机的 IP 地址。默认值为空字符串，表示连接本机地址 Localhost。注意，它不能与 SQLite 一起使用。

  使用该选项，既可以配置目标主机 IP 地址，也可以配置 UNIX 套接字。代码如下：

```
"HOST": '192.168.1.100'        # 数据库连接主机配置
"HOST": '/var/run/mysql'       # 数据库连接主机套接字配置
```

- PORT：配置连接数据库使用的端口号，会根据所使用的后端引擎自动进行适配。默认值为空字符串。注意，它不能与 SQLite 一起使用。

```
"PORT": 3306    # 数据库连接端口配置
```

- NAME：默认值为空字符串。如果连接的是 SQLite 数据库，则配置的是数据文件的完整路径；如果连接的是关系数据库，则配置的是数据库名称。代码如下：

```
"NAME": '/User/data/mysite/sqlite3.db'     # 连接 SQLite 数据库配置
"NAME": 'mydatabase'                       # 连接 MySQL 数据库配置
```

- USER：配置连接数据库使用的账号，默认值为空字符串。注意，它不能与 SQLite 一起使用。
- PASSWORD：配置连接数据库使用的密码，默认值为空字符串。注意，它不能与 SQLite 一起使用。

```
"USER": 'root',              # 登录账号
"PASSWORD": 'root'           # 登录密码
```

- CHARSET：配置连接数据库使用的字符集编码，需要和所连接的数据库的字符集编码一致。默认值为 None。
- CONN_MAX_AGE：配置数据库连接对象的生命周期，单位为秒（s）。默认值为 0，表示请求结束时就关闭数据库连接；如果设置为 None，则表示持久连接，即一旦创建连接，在项目运行期间就不会关闭该连接。

  可以根据项目的实际使用场景来设置该选项，如果在项目中需要频繁地访问数据库，则可以设置连接的保持时间；如果在项目中需要间歇性地访问数据库，则可以设置一个较小的数值；如果在项目中更多地依赖缓存数据的处理，对数据库的访问较少，则可以不使用该选项或者将其设置为 0 即可。

- AUTOCOMMIT：默认值为 True。如果在项目中不需要 Django 内建的事务管理，而是需要编码实现自定义事务管理，则可以使用该选项并设置为 False。

3. 项目中的数据库配置

经过前面的学习，我们了解了数据库的常规操作，现在修改博客项目的数据库配置如下：

```
DATABASES = {
    'default': {
        'ENGINE': 'django.db.backends.mysql',        # 数据库连接引擎
        'NAME': 'backpy20181212',                    # 连接数据库名称
        'USER': 'root',                              # 数据库登录账号
        'PASSWORD': 'root'                           # 数据库登录密码
    }
}
```

注意： 在开发初期，通常只需要进行最基本的数据库连接配置，其他配置全部使用默认值。在对项目进行进一步的迭代开发时，可以根据需要对数据库操作细节进行配置，如配置数据库的访问频率、数据持久化的编码字符、数据库连接的生命周期等，在开发过程中逐步添加配置选项并完善操作手册。

2.2.2 模型数据操作命令

项目成功连接数据库后，接下来的任务就是让项目中的数据模型和数据库中的数据表进行对接。Django 封装的核心命令如下。

1. makemigrations

该命令用于根据当前项目中的数据模型，自动创建目标数据库的同步脚本。执行命令如下：

```
python manage.py makemigrations
```

在命令执行过程中，将数据模型信息同步回显在控制台。执行过程如下：

```
# 执行数据库同步命令
$ python manage.py makemigrations
# 正在生成 author 应用数据库脚本
Migrations for 'author':
  # 在对应的目录下生成 0001 初始化迁移脚本
  author\migrations\0001_initial.py
    # 创建 Author 数据模型的迁移脚本
    - Create model Author
```

2. sqlmigrate

该命令用于查看生成的数据库同步脚本，开发人员可以有针对性地进行数据模型的修正。执行命令如下：

```
# app_name 指定要查看的模块名称；sql_no 指定查看同步脚本的编号
python manage.py sqlmigrate <app_name> <sql_no>
```

在命令执行过程中，将对应数据库的同步脚本信息回显在控制台，开发人员可以将 SQL 语句格式化后查看具体内容。执行过程如下：

```
$ python manage.py sqlmigrate author 0001
BEGIN;
--
-- Create model Author
--
CREATE TABLE `author_author` (`id` char(32) NOT NULL PRIMARY KEY, `username` varchar(50) NOT NULL UNIQUE, `password` varchar(50) NOT NULL, `realname` varchar(20) NULL, `nickname` varchar(20) NULL UNIQUE, `age` integer NOT NULL, `gender` varchar(1) NOT NULL, `email` varchar(254) NULL, `phone` varchar(20) NOT NULL, `status` varchar(5) NOT NULL, `create_time` datetime(6) NOT NULL, `update_time` datetime(6) NOT NULL, `personal_page` varchar(200) NULL, `intro` longtext NULL, `remark` longtext NULL);
CREATE INDEX `author_author_realname_1386c622` ON `author_author` (`realname`);
```

```
CREATE INDEX `author_author_email_a3ebd156` ON `author_author` (`email`);
CREATE INDEX `author_author_phone_5383ce06` ON `author_author` (`phone`);
COMMIT;
```

3. migrate

该命令用于将 SQL 脚本同步到指定的数据库中。需要注意的是，在执行这个命令前要创建好对应的数据库。执行命令及执行过程如下：

```
$ python manage.py migrate
Operations to perform:
  Apply all migrations: admin, article, auth, author, contenttypes, sessions
Running migrations:
  Applying contenttypes.0001_initial... OK
  Applying auth.0001_initial... OK
  Applying admin.0001_initial... OK
  Applying admin.0002_logentry_remove_auto_add... OK
  Applying admin.0003_logentry_add_action_flag_choices... OK
  Applying contenttypes.0002_remove_content_type_name... OK
  Applying auth.0002_alter_permission_name_max_length... OK
  Applying auth.0003_alter_user_email_max_length... OK
  Applying auth.0004_alter_user_username_opts... OK
  Applying auth.0005_alter_user_last_login_null... OK
  Applying auth.0006_require_contenttypes_0002... OK
  Applying auth.0007_alter_validators_add_error_messages... OK
  Applying auth.0008_alter_user_username_max_length... OK
  Applying auth.0009_alter_user_last_name_max_length... OK
  Applying author.0001_initial... OK
  Applying sessions.0001_initial... OK
```

注意： 第一次执行该命令时，会自动同步 Django 内建的数据模型对应的数据表，如 Auth 模块、Sessions 模块等，和项目中自定义模型的同步过程不会产生冲突。

4. sqlflush

如果要清空数据库，使用 sqlflush 命令可以查看清空数据库脚本的具体代码，避免误删数据库中的数据。执行命令及执行过程如下：

```
$ python manage.py sqlflush
BEGIN;
SET FOREIGN_KEY_CHECKS = 0;
TRUNCATE `django_session`;
TRUNCATE `auth_user_groups`;
TRUNCATE `auth_group`;
TRUNCATE `auth_group_permissions`;
TRUNCATE `django_content_type`;
TRUNCATE `django_admin_log`;
TRUNCATE `auth_user_user_permissions`;
TRUNCATE `author_author`;
TRUNCATE `auth_user`;
TRUNCATE `auth_permission`;
```

```
SET FOREIGN_KEY_CHECKS = 1;
COMMIT;
```

5. flush

该命令用于执行清空数据库的操作。注意，只是清空数据库，不会删除所创建的数据表。如果希望清空数据库中的所有迁移数据，则应该删除并重新创建数据库，重新执行 migrate 命令完成迁移操作。执行命令及执行过程如下：

```
$ python manage.py flush
You have requested a flush of the database.
This will IRREVERSIBLY DESTROY all data currently in the 'backpy20181212' database,
and return each table to an empty state.
Are you sure you want to do this?
    Type 'yes' to continue, or 'no' to cancel: yes
```

6. dumpdata

该命令用于执行数据的导出操作。该命令的重点在于数据的迁移，最大优点在于兼容支持所有的数据库，比如从 SQLite 中导出的数据，可以无缝导入 MySQL 或者 Oracle 数据库中。dumpdata 是项目数据库迁移使用较多的命令。

执行数据的导出操作，命令如下：

```
python manage.py dumpdata > data.json
```

执行数据的导入操作，命令如下：

```
python manage.py dumpdata loaddata data.json
```

7. dbshell

该命令用于进入项目的数据库交互模式之后，可以直接通过 SQL 语句执行增删改查操作。执行命令如下：

```
python manage.py dbshell
```

执行完成后，可以直接操作项目数据库，代码如下：

```
$ python manage.py dbshell
Welcome to the MariaDB monitor.  Commands end with ; or \g.
Your MariaDB connection id is 19
Server version: 10.3.9-MariaDB mariadb.org binary distribution
Copyright (c) 2000, 2018, Oracle, MariaDB Corporation Ab and others.
Type 'help;' or '\h' for help. Type '\c' to clear the current input statement.
MariaDB [backpy20181212]> select * from author_author;
Empty set (0.000 sec)
```

8. shell

该命令用于进入 Django 单元测试的交互模式，可以完整地使用 Django 封装的各种操作功能，如用户数据的交互等。执行命令及执行过程如下：

```
# 执行命令，进入交互模式
$ python manage.py shell
Python 3.7.0 (default, Jun 28 2018, 08:04:48) [MSC v.1912 64 bit (AMD64)]
Type 'copyright', 'credits' or 'license' for more information
IPython 6.5.0 -- An enhanced Interactive Python. Type '?' for help.
# 导入 author 中的数据模型 Author
In [1]: from author.models import Author
# 指定数据创建一个 Author 对象
In [2]: author = Author(username='damu', password='p@ssw0rd')
# 将对象数据存储到数据库中
In [3]: author.save()
```

可以执行 dbshell 命令或者直接打开数据库界面操作工具，使用 SQL 语句查询数据库中的数据，如下所示。

```
$ python manage.py dbshell
Welcome to the MariaDB monitor.  Commands end with ; or \g.
Your MariaDB connection id is 32
Server version: 10.3.9-MariaDB mariadb.org binary distribution
Copyright (c) 2000, 2018, Oracle, MariaDB Corporation Ab and others.
Type 'help;' or '\h' for help. Type '\c' to clear the current input statement.
# 执行 SQL 语句查询指定表中的数据
MariaDB [backpy20181212]> select username, password, create_time from author_author;
+----------+----------+----------------------------+
| username | password | create_time                |
+----------+----------+----------------------------+
| damu     | p@ssw0rd | 2018-12-19 09:01:29.016395 |
+----------+----------+----------------------------+
2 rows in set (0.000 sec)
```

2.2.3　数据库同步问题简述

在项目迭代开发过程中，数据模型可能会随着需求的变化而发生变化，因此在数据同步时需要注意如下几个问题。

在开发过程中，对于非必需字段，可以设置 null=True 和 blank=True，或者为当前字段设置 default 限定规则，添加默认值。

```
    # 用户模型新增属性，设置 null 和 blank 限定规则
    techfav = models.CharField(max_length=200, verbose_name='个人兴趣', null=True,
blank=True)
    # 用户模型新增属性，设置 default 限定规则
    techfav = models.CharField(max_length=200, verbose_name='个人兴趣', default='待完
善')
```

对于要添加的重要的非空字段，要求是不设置默认值，此时在开发过程中同步数据库数据时需要手动设置默认值，以便和数据库中已有的数据兼容对接。

```
python manage.py makemigrations
# 你正在试图向 author 类型中添加一个非空的并且没有默认值的属性 job_info，我们无法继续执
```

```
行数据库同步（因为数据库中已经存在数据，如果要添加一个字段，不确定要给这个字段赋值什么数据）
    You are trying to add a non-nullable field 'job_info' to author without a default;
we can't do that (the database needs something to populate existing rows).
    # 可以选择如下一种方式进行优化
    Please select a fix:
     # 提供一次性的默认值（这样的操作会为所有已经存在的数据行上的新增字段存储 null 值）
     1) Provide a one-off default now (will be set on all existing rows with a null value
for this column)
     # 退出，在代码中手动添加默认值
     2) Quit, and let me add a default in models.py
    # 请输入选项
    Select an option:
```

在没有必要删除数据库的情况下，可以保留数据库脚本的迭代记录和数据库中的测试数据，为后续单元测试做好数据准备。

如果需求变化涉及数据模型的大面积改动，同时数据库中的测试数据并非重要数据时，则可以删除并重新创建数据库，重新完成数据模型的迁移工作。这是相对节省开发重构时间的一种方法。

如果所有模型类都发生了变化，则可以直接执行 python manage.py makemkigrations 命令，生成更新脚本，然后执行 python manage.py migrate 命令，将更新脚本的数据同步并迁移至数据库中，完成模型类对应的数据库的更新。

2.2.4 数据模型增删改查

开发好项目需要的模型类之后，就可以通过 Django 封装的数据模型操作函数，完成数据的增删改查基本操作了。以 author.models.Author 数据模型为例，对 Author 类型的对象分别完成数据存储、数据查询、数据更新、数据删除的操作，以方便后续代码的测试以及更多高级功能的学习。首先执行 python manage.py shell 命令进入终端窗口。

```
python manage.py shell
Python 3.7.0 (default, Jun 28 2018, 08:04:48) [MSC v.1912 64 bit (AMD64)]
Type 'copyright', 'credits' or 'license' for more information
IPython 6.5.0 -- An enhanced Interactive Python. Type '?' for help.
In [1]:
```

然后执行如下命令引入需要操作的数据模型，使用绝对路径的方式。

```
In [1]: from author.models import Author
```

1. 数据存储

首先要完成数据模型对象的创建和存储。在 Django 中通过关键字赋值的形式来创建对象，这在很大程度上能避免数据和属性之间由于映射不对导致的错误。创建 Author 类型对象的代码如下：

```
In [2]: author = Author(username='damu', password='p@ssw0rd')
```

对象创建成功，接下来进行持久化操作，代码如下：

```
# 定义 SQL 语句
insert_sql = 'insert into author_author(username, password)
                           values(author.username, author.password)'
# 获取数据库连接并执行 SQL 语句
conn.execute(insert_sql)
# 提交数据
conn.commit()
```

Django 中的封装省去了开发人员对简单 SQL 语句的开发和存储流程，框架本身为对象提供了 save()方法，可以完成上述所有操作。代码如下：

```
# 将 author 对象存储到数据库中
In [3]: author.save()
```

查询数据库，可以看到新增的作者数据已经被存储到数据库中，如图 2.2 所示。

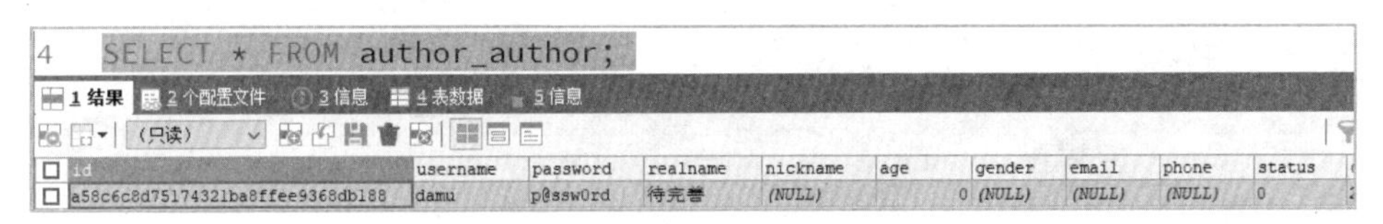

图 2.2　数据库中新增的作者数据

2. 数据查询

对象通过内建函数 save()被存储到数据库中，我们不再使用自定义查询 SQL 语句的方式进行数据查询，而是直接使用封装的内建函数。比如查询账号为 damu 的作者数据，可以使用内建函数 get()，代码如下：

```
In [5]: author = Author.objects.get(username='damu')
In [6]: author
Out[6]: <Author: 账号：damu;昵称：None;姓名：待完善>
```

另外，系统还封装了另一个函数 filter()，也可以用于进行类似的查询，代码如下：

```
In [7]: author = Author.objects.filter(username='damu')
In [8]: author
Out[8]: <QuerySet [<Author: 账号：damu;昵称：None;姓名：待完善>]>
```

在上面的两种查询操作中，get()的查询结果只能是一条有效的数据，查询结果为空或者是多条数据都会直接抛出错误；filter()的查询结果可以是零条或者多条有效的数据。

3. 数据更新

数据更新操作，一般是查询和存储两种操作的结合，代码如下：

```
# 查询账号为 damu 的作者对象
In [9]: author = Author.objects.get(username='damu')
In [10]: print(author)
账号：damu;昵称：None;姓名：待完善
# 修改对象数据并存储数据
```

```
In [11]: author.realname='大牧'
In [12]: author.save()
# 重新查询对象数据
In [13]: author = Author.objects.get(username='damu')
In [14]: author
Out[14]: <Author: 账号：damu;昵称：None;姓名：大牧>
# 直接查询并修改数据，适合批量数据的修改操作
In [13]: author = Author.objects.filter(username='damu').update(realname='大牧莫邪')
```

4. 数据删除

使用 Django 封装的 delete()函数可以直接删除数据，代码如下：

```
In [15]: author = Author.objects.get(username='damu')
In [16]: author.delete()
Out[16]: (1, {'article.Article': 0, 'author.Author': 1})
```

查询数据库，可以看到作者数据已经被删除，如图 2.3 所示。

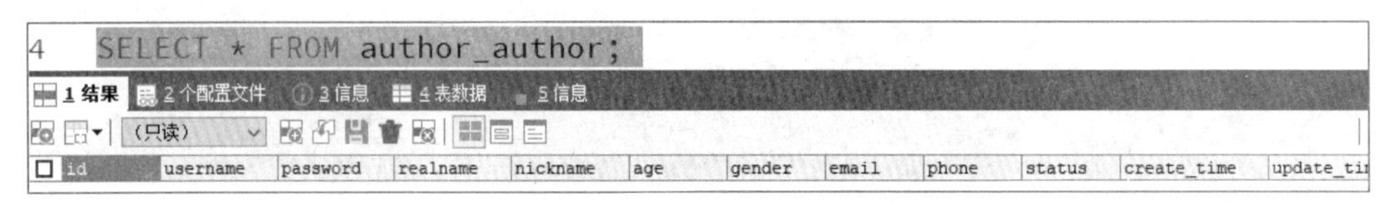

图 2.3 数据库中的作者数据已经被删除

通过上述操作我们看到，Django 对数据模型的 ORM 操作进行了封装，并且提供了面向对象的方法供开发人员使用，在一定程度上使用更加友好。使用 Django 框架开发 Web 项目，开发效率可以得到显著提高。

2.3 数据模型关联处理

在 Web 项目开发中，涉及的数据模型有很多，并且不同的数据模型之间存在关联。比如在博客项目中，一个作者可以发表多篇文章，一篇文章只能属于一个作者，那么 Author（作者）类型和 Article（文章）类型之间就存在关联。

2.3.1 什么是模型关联

模型关联就是指不同的模型类之间具有依赖关系，这种依赖关系也被称为引用关系或者关联关系。通过模型类之间的关联关系，就可以很方便地实现从一个模型类对象查询与其关联的其他模型类对象的数据。这样的关联关系主要分为如下几种：

- 一对多或者多对一关联。
- 一对一关联。
- 多对多关联。

- 自关联（一种特殊关联）。

在传统项目开发中，在数据库中就可以完成不同数据表之间的关联——主要通过外键或者中间表来实现两个表或者多个表的关联，通过关联可以最大程度地减少数据库中垃圾数据的遗留。SQL 语句如下：

```
# 作者表
CREATE TABLE author(
    id INT AUTO_INCREMENT PRIMARY KEY COMMENT '作者编号',
    ......
);
# 文章表
CREATE TABLE article(
    id INT AUTO_INCREMENT PRIMARY KEY COMMENT '文章编号',
    aid INT NOT NULL COMMENT '作者编号',
    ......
);
# 修改文章表，为文章表中的 aid 字段添加一个外键约束，关联作者表中的 id 字段
ALTER TABLE article
    ADD CONSTRAINT aid_article FOREIGN KEY(aid)
        REFERENCES author(id);
```

在 Django 项目中，数据库数据可以直接通过命令进行迁移，所以模型类之间的关联关系可以直接通过数据模型中的属性进行定义。核心操作函数如下。

- models.ForeignKey(to, on_delete, **options)：一对多或者多对一关联关系的属性定义函数，必须将该属性定义在一对多关联关系中“多”的一方。
- models.OneToOneField(to, on_delete, parent_link=None, **options)：一对一关联关系的属性定义函数，可以将该属性定义在任意一方。
- models.ManyToManyField(to, **options)：多对多关联关系的属性定义函数，可以将该属性定义在任意一方。

自关联操作，可以使用上述任意一种方式，通过 self 语法关联自身类型即可完成。

2.3.2　一对多关联

完成数据模型之间的一对多关联，核心 API 是 models.ForeignKey(to, on_delete, **options)。该函数的参数含义如下。

- to：要关联的模型类，必须指定，可以是具体导入的模型类，也可以是在项目中定义的模型的字符串描述。
- on_delete：关联级别，在删除数据时，被关联的模型类对象要执行的相应操作。其选项及处理结果如表 2.1 所示。

表 2.1 on_delete 级联删除选项

选项	描述
models.CASCADE	在删除数据时，同步删除关联数据
models.PROTECT	在删除数据时，如果存在关联数据，则阻止删除并抛出 ProtectedError 错误
models.SET_NULL	在删除数据时，如果关联数据的外键设置了 null=True，则删除当前数据并将关联数据的外键字段赋值为 Null
models.SET_DEFAULT	在删除数据时，如果关联数据设置了 default 约束，则删除当前数据之后，将关联数据的外键字段赋值为默认值
models.DO_NOTHING	在删除数据时，对关联数据无操作
models.SET()	在删除数据时，执行指定的函数

打开博客项目的文章模块，在其数据模型模块中定义文章类型，在文章类型中关联用户类型。代码如下：

```
from uuid import uuid4
from django.db import models
class Article(models.Model):
    '''文章类型'''
    ARTICLE_STATUS = (
        ('0', '正常'),
        ('1', '删除')
    )
    # 编号
    id = models.UUIDField(verbose_name='文章编号', auto_created=True,
                          default=uuid4,  primary_key=True)
    # 标题
    title = models.CharField(verbose_name='文章标题', max_length=200)
    # 内容
    content = models.TextField(verbose_name='文章内容')
    # 发布时间
    pub_time = models.DateTimeField(verbose_name='发布时间', auto_now_add=True)
    # 阅读次数
    readed_count = models.IntegerField(verbose_name='阅读次数', default=0)
    # 点赞次数
    admired_count = models.IntegerField(verbose_name='点赞次数', default=0)
    # 喜欢次数
    liked_count = models.IntegerField(verbose_name='喜欢次数', default=0)
    # 收藏次数
    collected_count = models.IntegerField(verbose_name='收藏次数', default=0)
    # 评论次数
    commented_count = models.IntegerField(verbose_name='评论次数', default=0)
    # 修改时间
    up_time = models.DateTimeField(verbose_name='上次修改时间', auto_now=True)
    # 操作状态
    status = models.CharField(verbose_name='当前状态',
```

```
                            choices=ARTICLE_STATUS, default='0')
    # 文章作者
    author = models.ForeignKey('author.Author', on_delete=models.CASCADE)
    class Meta:
        # 数据排序
        ordering = ['-pub_time', 'id']

    def __str__(self):
        return "文章标题：{}，文章内容：{}".format(self.title, self.content)
```

在上面的代码中，我们定义了文章的基本信息，核心代码是通过 ForeignKey()完成外键约束，同时添加级联删除的限定规则为级联删除方式。

接下来进入 Django 项目的 Shell 交互模式，完成作者类型对象和用户类型对象的操作。首先执行如下命令并导入项目中依赖的模块：

```
$ python manage.py shell
Python 3.7.0 (default, Jun 28 2018, 08:04:48) [MSC v.1912 64 bit (AMD64)]
Type 'copyright', 'credits' or 'license' for more information
IPython 6.5.0 -- An enhanced Interactive Python. Type '?' for help.
# 导入作者类型
In [1]: from author.models import Author
# 导入文章类型
In [2]: from article.models import Article
```

然后创建作者对象和文章对象，再关联作者对象和文章对象并持久化存储到数据库中。代码如下：

```
# 创建一个作者对象
In [3]: author = Author(username='damu', password='123456')
# 持久化对象，调用 Django 框架内置的 save()方法，将对象存储到数据库中
In [4]: author.save()
# 创建一个文章对象，使文章作者属性关联具体的作者
In [5]: article = Article(title='文章 1', content='文章 1 内容', author=author)
# 将文章对象存储到数据库中
In [6]: article.save()
# 再创建一个文章对象，使文章作者属性同样关联具体的作者
In [7]: article2 = Article(title='文章 2', content='文章 2 内容', author=author)
# 将文章对象存储到数据库中
In [8]: article2.save()
```

注意： 在 Django 项目中，由于 Django 对存储对象到数据库中的 ORM 操作进行了封装，因此不需要自定义 SQL 语句，直接调用指定的函数即可完成数据的增删改查。

执行 SQL 语句，查询数据库中的 author_author 表和 article_article 表，可以看到数据已经被存储到数据库中。

在使用 Django 框架进行数据查询时，如果查询的模型类对象中包含了一对多关联关系，则会自动添加检索关联模型类对象的方法。代码如下：

```
# 1. 通过作者查询该作者的所有文章：一对多关联关系，通过一方查询多方数据
# 使用类型的 objects 属性的 get()方法，查询 username 属性值为 damu 的作者对象
In [4]: author = Author.objects.get(username='damu')
# 查看作者对象的数据
In [5]: author
Out[5]: <Author: 账号：damu;昵称：None;姓名：待完善>
# 因为存在关联关系，直接通过框架提供的<related>_set.all()查询所有的关联数据
In [6]: author.article_set.all()
Out[6]: <QuerySet [<Article: 文章标题：文章 2，文章内容：文章 2 内容>, <Article: 文章
标题：文章 1，文章内容：文章 1 内容>]>
# 2. 通过文章查询该作者的所有文章：一对多关联关系，通过多方查询一方数据
In [11]: article = Article.objects.get(title='文章 1')
In [12]: article.author
Out[12]: <Author: 账号：damu;昵称：None;姓名：待完善>
```

Django 框架对数据模型的底层操作进行了封装，一旦添加了关联关系，就会在关联的基础上为对应的类型增加处理函数，如图 2.4 所示。

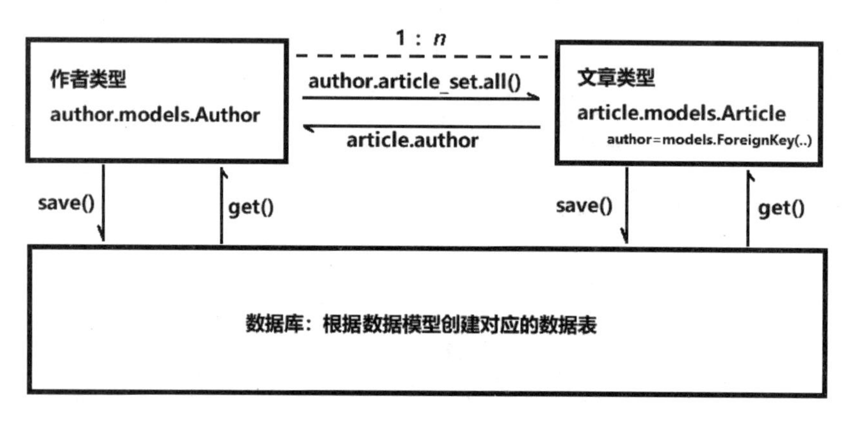

图 2.4 数据模型之间一对多关联操作示意图

2.3.3 一对一关联

数据模型之间的一对一关联是一种特殊的一对多关联，在传统项目中只需要在多的一方添加唯一性约束，即可完成一对一关联。在 Django 中单独封装了 models.OneToOneField(to, on_delete)函数来完成数据模型之间的一对一关联。该函数的参数含义同 ForeignKey()函数，唯一不同的是该函数修饰的属性有唯一性约束，该属性可以被定义在关联的任意模型类中。

在博客项目的用户模块下，作者类型的属性字段不足以描述一个完整的作者数据，所以为作者类型添加一个特殊的关联字段：扩展资料，通过扩展资料扩展作者类型的功能。修改 author.models 模块，添加 AuthorProfile 类型，代码如下：

```
class AuthorProfile(models.Model):
    '''用户扩展资料'''
    # 资料编号
    id = models.UUIDField(verbose_name='扩展资料编号', primary_key=True,
                          auto_created=True,  default=uuid4)
```

```
    fans_count = models.IntegerField(verbose_name='粉丝数量', default=0) # 粉丝数量
    visited_count = models.IntegerField(verbose_name='访问次数', default=0)
                                                              # 访问数量
    words_count = models.IntegerField(verbose_name='文章字数', default=0)
                                                              # 文章字数
    article_count = models.IntegerField(verbose_name='文章篇数', default=0)
                                                              # 文章篇数
    collected_count = models.IntegerField(verbose_name='收藏总数', default=0)
                                                              # 收藏总数量
    liked_count = models.IntegerField(verbose_name='喜欢总数', default=0)
                                                              # 喜欢总数量
    admired_count = models.IntegerField(verbose_name='点赞总数', default=0)
                                                              # 点赞总数量
    author = models.OneToOneField(Author, on_delete=models.CASCADE)  # 关联用户
```

在上述代码中，我们添加了一个一对一关联属性 author，用于 AuthorProfile 对象和唯一一个 Author 对象之间关联关系的定义。在定义好数据模型之后，使用 makemigrations 和 migrate 命令将新定义的模型类同步到数据库中。

有了这样的关联关系之后，就可以通过 Shell 窗口完成对关联模型类的操作了。代码如下：

```
$ python manage.py shell
Python 3.7.0 (default, Jun 28 2018, 08:04:48) [MSC v.1912 64 bit (AMD64)]
Type 'copyright', 'credits' or 'license' for more information
IPython 6.5.0 -- An enhanced Interactive Python. Type '?' for help.
# 引入依赖的模块
In [1]: from author.models import Author, AuthorProfile
# 查询作者对象
In [2]: author = Author.objects.get(username='damu')
# 创建扩展资料 1 对象，关联 username=damu 的用户
In [3]: ap1 = AuthorProfile(author=author)
# 创建扩展资料 2 对象，关联 username=damu 的用户
In [4]: ap2 = AuthorProfile(author=author)
# 存储扩展资料 1 对象，成功
In [5]: ap1.save()
# 存储扩展资料 2 对象，失败，唯一性约束字段出现了重复数据
In [6]: ap2.save()
IntegrityError: (1062, "Duplicate entry '91505a67bc5e4050a61acc7a295f6ad9' for key
'author_id'")
```

有了一对一关联关系之后，就可以通过关联属性直接查询关联数据了。代码如下：

```
# 通过作者查询关联的扩展资料（这里的扩展资料类型和关联属性全部小写）
In [7]: author.authorprofile
Out[7]: <AuthorProfile: AuthorProfile object (934092b5-ba64-4f42-bbe4-2261056f307c)>
# 通过扩展资料查询作者
In [8]: ap1.author
Out[8]: <Author: 账号：damu;昵称：None;姓名：待完善>
```

数据模型之间一对一关联操作和一对多关联操作类似，使用框架提供的内建函数不仅可

以完成模型类和数据库的交互，还可以完成模型类和关联模型类之间的操作，如图 2.5 所示。

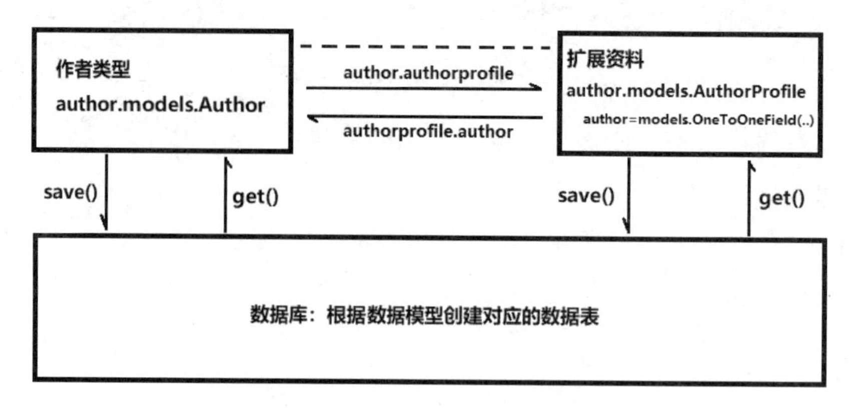

图 2.5 数据模型之间一对一关联操作示意图

2.3.4 多对多关联

数据模型之间的多对多关联也是项目中较为常见的功能之一，项目中一般通过中间表的形式在两个或者多个模型类之间建立多对多关联关系，Django 中通过在模型类中添加多对多关联字段的方式，完成多个模型类之间的关联操作。其核心 API 是 models.ManyToManyField(to, related_name)，该函数用于定义一个和其他模型类之间建立多对多关联关系的属性字段，其中参数 to 用于指定关联类型，related_name 用于指定关联名称，该名称在一个类型中是唯一的。

比如在博客项目中一个用户可以收藏、喜欢多篇文章，一篇文章可以被多个用户收藏、喜欢，所以收藏文章和用户之间具有多对多关联关系，喜欢文章和用户之间也具有多对多关联关系。我们修改博客项目中的用户扩展资料类型 author.models.AuthorProfile，添加收藏多篇文章和喜欢多篇文章的属性字段。代码如下：

```
class AuthorProfile:
    ……
    # 喜欢的文章
    articles_liked = models.ManyToManyField('article.Article',
                        related_name='articleliked')
    # 收藏的文章
    articles_collected = models.ManyToManyField('article.Article',
                        related_name='articlecollected')
```

多对多关联关系，在关联的双方模型类中，在任意一方定义关联字段都可以完成关联。接下来通过 makemigrations 和 migrate 完成数据库迁移，就可以看到在数据库中已经自动创建了中间表用于作者和文章之间的多对多关联操作，如图 2.6 所示。

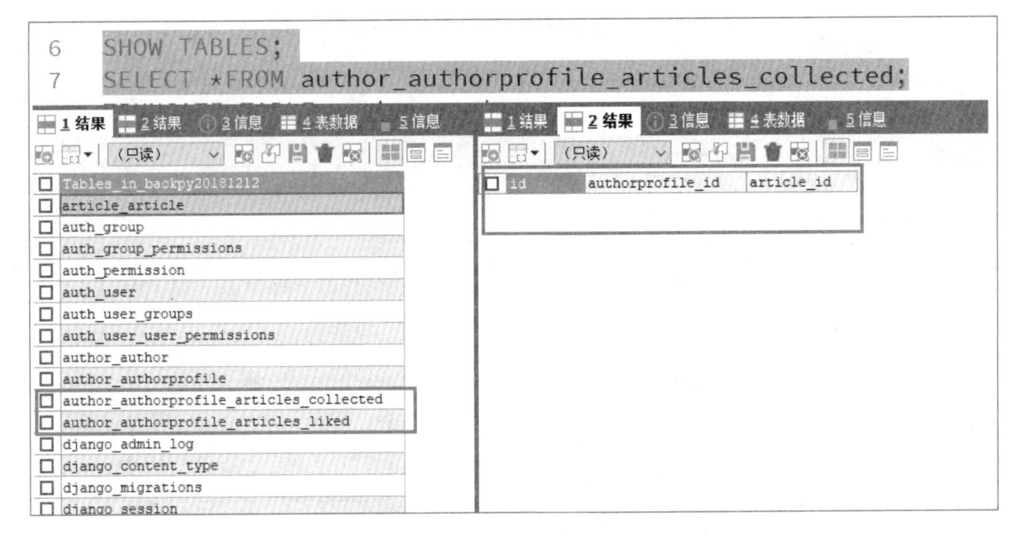

图 2.6　数据库中的中间表以及表中的字段

完成关联操作之后，进入 Shell 交互模式，执行用户收藏多篇文章的业务操作，代码如下：

```
# 新增一个测试用户：username='mumu'
In [3]: author = Author(username='mumu', password='#JWQ!~@')
In [4]: author.save()
# 添加关联的扩展资料
In [7]: ap = AuthorProfile()
In [8]: ap.author = author
In [9]: ap.save()
# 查询所有文章
In [10]: article = Article.objects.all()
In [11]: article
Out[11]: <QuerySet [<Article: 文章标题：文章 2，文章内容：文章 2 内容>, <Article: 文章标题：文章 1，文章内容：文章 1 内容>]>
# 在扩展资料中添加多篇喜欢的文章，并保存数据
In [14]: ap.articles_liked.set(article)
In [15]: ap.save()
# 查询作者喜欢的所有文章。首先从数据库中查询一个作者
In [23]: author = Author.objects.get(username='mumu')
In [24]: author.authorprofile.articles_liked.all()
Out[24]: <QuerySet [<Article: 文章标题：文章 2，文章内容：文章 2 内容>, <Article: 文章标题：文章 1，文章内容：文章 1 内容>]>
# 查询文章被哪些人喜欢。首先从数据库中查询一篇文章
In [30]: article = Article.objects.get(title='文章 1')
# 查询所有喜欢当前文章的扩展资料，注意这里的关联字段就是前面定义的 related_name
In [31]: aps = article.articleliked.all()
# 查询每个扩展资料对应的用户
In [32]: for ap in aps:
    ...:     print(ap.author)
    ...:
# 喜欢文章/从喜欢文章中移除，单独操作。首先查询一篇文章
In [36]: article = Article.objects.get(title='文章 3')
```

```
# 喜欢某篇文章，使用 add()函数增加一篇喜欢的文章，添加关联关系
In [38]: author.authorprofile.articles_liked.add(article)
In [39]: author.authorprofile.save()
# 去关联操作，将一篇文章从喜欢中移除。首先查询得到这篇文章
In [40]: article2 = Article.objects.get(title='文章 2')
# 使用 remove()函数，将该文章从喜欢中移除，删除两个对象之间的关联关系
In [41]: author.authorprofile.articles_liked.remove(article2)
```

数据模型之间的多对多关联操作，遵循 Django 一贯以简单为主的原则，最大程度地简化封装的处理方式和步骤，如图 2.7 所示。

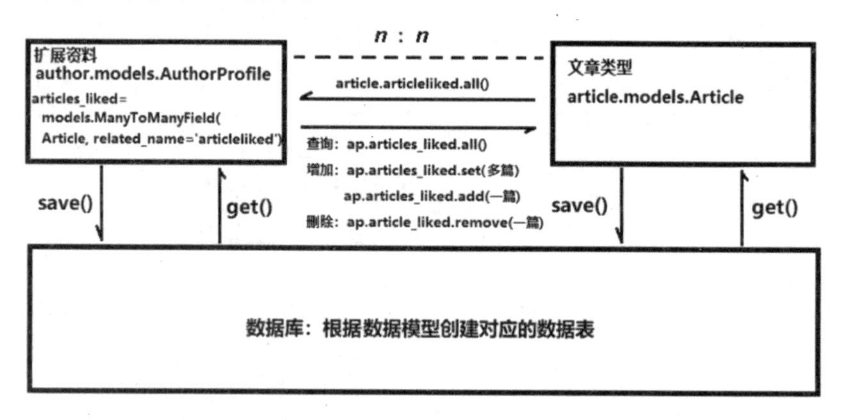

图 2.7　数据模型之间多对多关联操作示意图

2.3.5　自关联

在程序设计过程中有一种特殊的关联操作，在一对多/一对一/多对多关联的基础上，关联的双方都是当前模型类，这样的关联称为自关联。

在博客项目中，根据业务需要，一个作者可以关注多个作者，同样地，一个作者也可以被多个作者关注，所以必须通过多对多关联关系添加关联条件。又因为不同的作者对象属于同一个类型，所以也可以进行自关联操作。

修改博客项目的用户模块中的作者类型，为作者类型 author.models.Author 添加自关联属性，也就是关注作者的属性。代码如下：

```
class Author(models.Model):
    ……
    ## 关注的作者
    authors_liked = models.ManyToManyField('self', related_name='author')
    ## 特别关注的作者
    author_liked = models.OneToOneField('self', on_delete=models.SET_NULL,
                                        null=True, blank=True)
```

接下来进入 Shell 交互模式，为作者添加特别关注的作者和关注的作者，看看它们是如何添加和查询的。代码如下：

```
# 引入依赖的类型，并新增一个作者对象
```

```
In [1]: from author.models import Author
In [2]: author = Author(username='xiaoli', password='123456')
In [3]: author.save()
# 查询得到数据库中存储的两个作者对象
In [4]: author2 = Author.objects.get(username='damu')
In [5]: author3 = Author.objects.get(username='mumu')
# 添加关注的作者：xiaoli 关注了 damu 和 mumu 两个作者
In [6]: author.authors_liked.add(author2)
In [7]: author.authors_liked.add(author3)
In [8]: author.save()
# 添加特别关注的作者：xiaoli 特别关注了 damu 作者
In [9]: author.author_liked = author2
In [10]: author.save()
# 查看 xiaoli 关注的所有作者对象
In [11]: author.authors_liked.all()
Out[11]: <QuerySet [<Author: 账号：mumu;昵称：None;姓名：待完善>, <Author: 账号：damu;
昵称：None;姓名：待完善>]>
# 查看 xiaoli 特别关注的作者对象
In [3]: author.author_liked
Out[3]: <Author: 账号：damu;昵称：None;姓名：待完善>
# damu 查看自己被谁关注了
In [8]: author2.authors_liked.all()
Out[8]: <QuerySet [<Author: 账号：xiaoli;昵称：None;姓名：待完善>]>
# damu 查看自己被谁特别关注了
In [7]: author2.author
Out[7]: <Author: 账号：xiaoli;昵称：None;姓名：待完善>
```

2.4 数据查询操作

到目前为止，我们已经定义了数据模型并完成了数据迁移工作，同时基于各种关联关系也可以实现多个数据类型之间的导向查询。在实际项目中，数据处理会更加复杂，条件处理也会更加抽象，本节将针对常用的数据查询操作进行详细介绍，以方便结合需求进行业务开发。

2.4.1 模型数据基本查询

在数据模型处理中，数据查询是最基本的也是最复杂的操作，本节将对模型数据的基本查询进行介绍。

1. 多条数据查询

查询多条数据，主要有如下一些 API，它们可以用于查询指定类型的数据，也可以通过链式查询操作查询指定的关联数据。

- all()：查询指定类型的所有数据。
- filter([condition])：根据条件查询指定类型的数据，返回一个结果集。

- exclude([condition])：查询不满足指定条件的所有数据，返回一个结果集。
- order_by([field])：根据条件查询并返回排序好的数据结果集。
- values()：查询并返回对象的标准 JSON 格式数据。

具体操作代码如下：

```
python manage.py shell
Python 3.7.0 (default, Jun 28 2018, 08:04:48) [MSC v.1912 64 bit (AMD64)]
Type 'copyright', 'credits' or 'license' for more information
IPython 6.5.0 -- An enhanced Interactive Python. Type '?' for help.
In [1]: from article.models import Article
In [2]: Article.objects.all()
Out[2]: <QuerySet [<Article: 文章标题：文章 3，文章内容：内容 3>, <Article: 文章标题：
文章 2，文章内容：文章 2 内容>, <Article: 文章标题：文章 1，文章内容：文章 1 内容>]>
In [3]: Article.objects.get(title='文章 1')
Out[3]: <Article: 文章标题：文章 1，文章内容：文章 1 内容>
In [4]: Article.objects.filter(title='文章 1')
Out[4]: <QuerySet [<Article: 文章标题：文章 1，文章内容：文章 1 内容>]>
In [5]: Article.objects.exclude(title='文章 1')
Out[5]: <QuerySet [<Article: 文章标题：文章 3，文章内容：内容 3>, <Article: 文章标题：
文章 2，文章内容：文章 2 内容>]>
In [6]: Article.objects.order_by('title')
Out[6]: <QuerySet [<Article: 文章标题：文章 1，文章内容：文章 1 内容>, <Article: 文章
标题：文章 2，文章内容：文章 2 内容>, <Article: 文章标题：文章 3，文章内容：内容 3>]>
In [7]: Article.objects.values()
Out[7]: <QuerySet [{'id': UUID('3d34eeb8-d869-4afa-9cbd-2ed4197ac154'), 'title':
'文章 3', 'content': '内容 3', 'pub_time': datetime.datetime(2018, 12, 24, 2, 55, 49,
886540, tzinfo=<UTC>), 'readed_count': 0, 'admired_count': 0, 'liked_count': 0,
'collected_count': 0, 'commented_count': 0, 'up_time': datetime.datetime(2018, 12, 24,
2, 55, 49, 886540, tzinfo=<UTC>), 'status': '0', 'author_id':
UUID('91505a67-bc5e-4050-a61a-cc7a295f6ad9')},
{'id': UUID('6a1e7904-4272-4850-8ade-a193cb8ba5be'), 'title': '文章 2', 'content':
'文章 2 内容', 'pub_time': datetime.datetime(2018, 12, 24, 1, 47, 24, 246725,
tzinfo=<UTC>), 'readed_count': 0, 'admired_count': 0, 'liked_count': 0,
'collected_count': 0, 'commented_count': 0, 'up_time': datetime.datetime(2018, 12, 24,
1, 47, 24, 246725, tzinfo=<UTC>), 'status': '0', 'author_id':
UUID('91505a67-bc5e-4050-a61a-cc7a295f6ad9')},
{'id': UUID('ab840775-750a-4a6e-b453-e8e52d4902fa'), 'title': '文章 1', 'content':
'文章 1 内容', 'pub_time': datetime.datetime(2018, 12, 24, 1, 47, 15, 374664,
tzinfo=<UTC>), 'readed_count': 0, 'admired_count': 0, 'liked_count': 0,
'collected_count': 0, 'commented_count': 0, 'up_time': datetime.datetime(2018, 12, 24,
1, 47, 15, 374664, tzinfo=<UTC>), 'status': '0', 'author_id':
UUID('91505a67-bc5e-4050-a61a-cc7a295f6ad9')}]>
In [16]: Article.objects.filter(title='文章 1').values()
Out[16]: <QuerySet [{'id': UUID('ab840775-750a-4a6e-b453-e8e52d4902fa'), 'title':
'文章 1', 'content': '文章 1 内容', 'pub_time': datetime.datetime(2018, 12, 24, 1, 47,
15, 374664, tzinfo=<UTC>), 'readed_count': 0, 'admired_count': 0, 'liked_count': 0,
'collected_count': 0, 'commented_count': 0, 'up_time': datetime.datetime(2018, 12, 24,
1, 47,15, 374664, tzinfo=<UTC>), 'status': '0', 'author_id':
UUID('91505a67-bc5e-4050-a61a-cc7a295f6ad9')}]>
```

2. 单条数据查询

查询单条数据，主要有如下一些 API。

- get([condition])：根据条件查询一条数据，如果查询不到或者查询到多条数据则抛出错误。
- count()：返回查询结果的总条数。
- first()：返回查询结果集中的第一条数据。
- last()：返回查询结果集中的最后一条数据。
- exists()：测试查询结果集中是否包含数据，是则返回 True，否则返回 False。

具体操作代码如下：

```
# 查询 title 属性为“文章 1”的文章对象
In [19]: Article.objects.get(title='文章 1')
Out[19]: <Article: 文章标题：文章 1，文章内容：文章 1 内容>
# 查询 Article 类型对象在数据库中的总记录数
In [20]: Article.objects.count()
Out[20]: 3
# 查询 Article 类型对象在数据库中的第一条数据（默认排序）
In [21]: Article.objects.first()
Out[21]: <Article: 文章标题：文章 3，文章内容：内容 3>
# 查询 Article 类型对象在数据库中的最后一条数据（默认排序）
In [22]: Article.objects.last()
Out[22]: <Article: 文章标题：文章 1，文章内容：文章 1 内容>
# 测试查询结果集中是否包含数据
In [23]: Article.objects.all().exists()
Out[23]: True
# 查询函数可以嵌套使用
In [24]: Article.objects.order_by('title').first()
Out[24]: <Article: 文章标题：文章 1，文章内容：文章 1 内容>
```

2.4.2　模型数据条件查询

在基本查询操作中，使用最频繁的是条件查询，Django 提供了三种不同的包含查询条件的操作方式，以满足在开发中使用条件查询的需求。

将条件添加到 filter()函数中作为其参数，查询得到结果集数据。

基本条件查询，条件表达式为 filter(condition=value)，代码如下：

```
In [xx]: Article.objects.filter(title='文章 1')
Out[xx]: <QuerySet [<Article: 文章标题：文章 1，文章内容：文章测试>]>
```

多条件链式查询，条件表达式为 filter([condition]).filter([condition])，代码如下：

```
# 链式添加多个条件
In [xx]: Article.objects.filter(title='文章 1').filter(content='文章测试')
Out[xx]: <QuerySet [<Article: 文章标题：文章 1，文章内容：文章测试>]>
# 在一个函数中添加多个条件
```

```
In [xx]: Article.objects.filter(title='文章 1', content='文章测试')
Out[xx]: <QuerySet [<Article: 文章标题: 文章 1, 文章内容: 文章测试>]>
```

模糊查询，条件表达式为 filter(condition__contains=value)，代码如下：

```
In [xx]: Article.objects.filter(title__contains='章')
Out[xx]: <QuerySet [<Article: 文章标题: 文章 1, 文章内容: 文章测试>, <Article: 文章标题: 文章 2, 文章内容: 文章 2 内容>, <Article: 文章标题: 文章 3, 文章内容: 文章 3 内容测试>]>
```

是否为空值查询，条件表达式为 filter(condition__isnull=True/False)，代码如下：

```
In [xx]: Article.objects.filter(title__isnull=False)
Out[xx]: <QuerySet [<Article: 文章标题: 文章 1, 文章内容: 文章测试>, <Article: 文章标题: 文章 2, 文章内容: 文章 2 内容>, <Article: 文章标题: 文章 3, 文章内容: 文章 3 内容测试>]>
```

范围查询，条件表达式为 filter(condition__in=[values like list])，代码如下：

```
In [xx]: Article.objects.filter(title__in = ['文章 1', '文章 2'])
Out[xx]: <QuerySet [<Article: 文章标题: 文章 1, 文章内容: 文章测试>, <Article: 文章标题: 文章 2, 文章内容: 文章 2 内容>]>
```

关系查询，条件表达式为 filter(condition__eq=value)，代码如下：

```
# 查询并修改标题为“文章 1”的点赞次数为 10
In [xx]: Article.objects.filter(title='文章 1').update(admired_count=10)
Out[xx]: 1
# 在查询数据时添加关系运算
# 关系运算支持: gt, 大于; gte, 大于或等于; lt, 小于; lte: 小于或等于
In [xx]: Article.objects.filter(liked_count__lt=10)
Out[xx]: <QuerySet [<Article: 文章标题: 文章 2, 文章内容: 文章 2 内容>, <Article: 文章标题: 文章 3, 文章内容: 文章 3 内容测试>]>
```

日期查询，支持的表达式包含 year、month、day、week_day、hour、minute、second，条件表达式为 filter (condition__year='2018')，代码如下：

```
In [82]: Article.objects.filter(pub_time__year=2018)
Out[82]: <QuerySet [<Article: 文章标题: 文章 1, 文章内容: 文章测试>, <Article: 文章标题: 文章 2, 文章内容: 文章 2 内容>, <Article: 文章标题: 文章 3, 文章内容: 文章 3 内容测试>]>
```

2.4.3 Q、F 对象

在条件查询中，查询条件和查询数据是最重要的参与对象，Django 针对查询条件和查询数据进行了特殊的封装，分别封装成表示查询条件的对象 Q 和表示查询数据的对象 F。

1. 条件对象 Q

如果要更加精细地控制多条件查询操作，可以选择将查询条件封装成对象，Django 中提供了 django.db.models.Q 类型用于将查询条件封装成对象 Q，并使用 Q 对象完成查询操作。首先引入 Django 中的 Q 类型：

```
# 引入条件查询类型: Q
In [xx]: from django.db.models import Q
```

基本查询，将查询条件直接包含在 Q 对象中，代码如下：

```
In [xx]: Article.objects.filter(Q(title='文章 1'))
Out[xx]: <QuerySet [<Article: 文章标题: 文章 1, 文章内容: 文章测试>]>
```

多个 Q 对象之间的“并”查询，可以通过 and 关键字将两个条件关联起来，代码如下：

```
# 包装了查询对象后的 and 查询
In [xx]: Article.objects.filter(Q(title='文章 1') and Q(content='文章测试'))
# 等价于
In [xx]: Article.objects.filter(Q(title='文章 1') & Q(content='文章测试'))
Out[xx]: <QuerySet [<Article: 文章标题: 文章 1, 文章内容: 文章测试>]>
```

多个 Q 对象之间的“或”查询，可以通过 or 关键字将两个条件关联起来，代码如下：

```
# 包装了查询对象后的 or 查询
In [xx]: Article.objects.filter(Q(title='文章 1') or Q(title='文章 2'))
# 等价于
In [xx]: Article.objects.filter(Q(title='文章 1') | Q(title='文章 2'))
Out[xx]: <QuerySet [<Article: 文章标题: 文章 1, 文章内容: 文章测试>]>
```

针对条件对象 Q 进行取反查询，代码如下：

```
# 包装了查询对象后的取反查询
In [xx]: Article.objects.filter(~Q(title='文章 1'))
Out[xx]: <QuerySet [<Article: 文章标题: 文章 2, 文章内容: 文章 2 内容>, <Article: 文章标题: 文章 3, 文章内容: 文章 3 内容测试>]>
```

2. 原始值对象 F

在项目需求中会包含一种特殊的操作方式，就是通过查询操作已经得到数据表中的数据，我们姑且称这些数据为原始数据，然后在原始数据的基础上进行数据更新。比如更新文章的阅读次数，常规操作是在查询得到文章数据后更新文章的阅读次数，然后存储文章数据。代码如下：

```
# 查询得到 title 为“文章 1”的文章对象
In [xx]: article = Article.objects.get(Q(title='文章 1'))
# 更新阅读次数
In [xx]: article.readed_count += 1
# 将数据存储到数据库中
In [xx]: article.save()
In [xx]: article.readed_count
Out[xx]: 1
```

这种操作方式较为烦琐，而使用 Django 中封装的原始值对象 F 可以简化该操作，代码如下：

```
# 根据条件对象 Q，查询得到文章对象，直接获取查询得到的 readed_count 数据进行更新
In [xx]: article = Article.objects.filter(Q(title='文章 1')).update(readed_count=F('readed_count')+1)
```

这种操作方式较为简单，可以根据项目的实际需求来使用。

2.4.4 模型操作关联查询

Django 中的数据模型可以通过封装的特定函数完成关联，关联后的数据查询主要有两种方式：一种是通过模型类的属性直接查询；另一种是将模型类对象作为条件指定给另一个查询。

通过属性直接查询，对于三种不同的关联关系查询方式各不相同，代码如下：

```
# 一对一，通过属性直接查询
# 查询作者对象
In [5]: author = Author.objects.get(Q(username='damu'))
# 一对一，通过作者对象查询扩展资料对象
In [6]: author.authorprofile
Out[6]: <AuthorProfile: AuthorProfile object (57196228-fffe-4e9e-89f6-12f92f9afd84)>
# 查询扩展资料对象
In [7]: ap = AuthorProfile.objects.get(pk='57196228-fffe-4e9e-89f6-12f92f9afd84')
# 一对一，通过扩展资料对象查询作者对象
In [8]: ap.author
Out[8]: <Author: 账号：damu;昵称：None;姓名：待完善>
# 一对多，通过属性直接查询
# 一对多，通过作者对象查询所有文章对象
In [9]: author.article_set.all()
Out[9]: <QuerySet [<Article: 文章标题：文章 1，文章内容：文章测试>, <Article: 文章标题：文章 2，文章内容：文章 2 内容>, <Article: 文章标题：文章 3，文章内容：文章 3 内容测试>]>
# 一对多，通过文章对象查询所属的作者对象
In [10]: article = Article.objects.get(Q(title='文章 1'))
In [11]: article.author
Out[11]: <Author: 账号：damu;昵称：None;姓名：待完善>
# 多对多，通过属性直接查询
# 多对多，查询作者对应的扩展资料所关联的喜欢的文章
In [16]: author.authorprofile.articles_liked.all()
Out[16]: <QuerySet [<Article: 文章标题：文章 1，文章内容：文章测试>, <Article: 文章标题：文章 3，文章内容：文章 3 内容测试>]>
# 多对多，查询文章被喜欢的作者的扩展资料
In [17]: article.articleliked.all()
Out[17]: <QuerySet [<AuthorProfile: AuthorProfile object
(910b00e9-0154-49f5-a579-9f1121db3d70)>]>
```

除了通过属性直接查询，还可以将查询得到的对象作为条件，和 Django 封装的 ORM 条件查询语法结合，完成数据的查询操作。代码如下：

```
# 查询 username='damu'的作者对象
In [19]: author = Author.objects.get(username='damu')
# 查询该作者发表的所有文章对象
In [20]: articles = Article.objects.filter(author=author)
In [21]: articles
Out[21]: <QuerySet [<Article: 文章标题：文章 1，文章内容：文章测试>, <Article: 文章标题：文章 2，文章内容：文章 2 内容>, <Article: 文章标题：文章 3，文章内容：文章 3 内容测试>]>
# 查询 title='文章 1'的文章对象
In [22]: article = Article.objects.get(title='文章 1')
# 将文章对象作为条件，查询对应的作者对象
```

```
In [23]: author = Author.objects.get(article=article)
In [24]: author
Out[24]: <Author: 账号：damu;昵称：None;姓名：待完善>
```

2.4.5　自定义 SQL 语句查询

在不同的项目开发场景下，查询可能会涉及比较复杂的操作，如果只是一味地使用 Django 封装的查询，则不一定能满足性能要求，此时就需要开发人员自己编写 SQL 语句来完成数据的查询操作。

1. 基本查询方式

执行自定义的 SQL 语句，可以使用 django.db.models.Manager.raw()函数，该函数会返回 RawQuerySet 对象，它是前面查询结果集对象的子集数据。代码如下：

```
# 执行查询语句
In [38]: authors = Author.objects.raw('select * from author_author')
# 遍历展示查询得到的数据
In [39]: for author in authors:
    ...:     print(author)
    ...:
账号：mumu;昵称：None;姓名：待完善
账号：damu;昵称：None;姓名：待完善
```

可以使用 type()查看自定义 SQL 语句查询得到的对象，代码如下：

```
In [40]: type(authors)
Out[40]: django.db.models.query.RawQuerySet
```

结果集中包含的数据，是直接封装好的 Author 类型，代码如下：

```
In [41]: type(authors[0])
Out[41]: author.models.Author
```

2. 附带参数的查询

在 SQL 语句查询中，如果附带参数，一定要预防由于 SQL 语句和参数拼接导致的 SQL 注入漏洞，在 Manager.raw()函数中可以直接通过占位符的形式来处理。代码如下：

```
# 定义查询参数
In [42]: username = 'damu'
In [43]: password = 'p@ssw0rd'
# 执行自定义的 SQL 语句，将参数列表作为第二个参数
In [44]: author = Author.objects.raw('select * from author_author where username
= %s and password = %s', [username, password])
# 查询得到的结果集对象
In [45]: author
Out[45]: <RawQuerySet: select * from author_author where username = damu and password
= p@ssw0rd>
# 按照索引查询数据
```

```
In [46]: author[0]
Out[46]: <Author: 账号: damu;昵称: None;姓名: 待完善>
```

3. 底层操作封装

在 Django 框架中，底层封装的是 MySQLdb 库的处理操作，框架为这一部分代码提供了操作接口，如果框架本身提供的 ORM 操作不能满足项目需求，则可以通过这些接口直接编写操作底层 ORM 的代码。

Django 提供的 django.db.connection 封装的就是与数据库连接的对象，通过连接对象获得操作游标，就可以直接完成对数据库的增删改查操作。如果项目有这方面的需求，则可以尝试重写 SQL 语句操作方式。自定义 SQL 语句查询示例如下：

```
# 引入数据库连接类型
In [47]: from django.db import connection
# 获取当前与数据库连接的对象，并获取游标对象
In [48]: cursor = connection.cursor()
# 自定义 SQL 语句
In [49]: sql = "select * from author_author where username = %s and password = %s"
# 执行自定义的 SQL 语句，username 和 password 使用上一部分代码中定义的变量
In [50]: res = cursor.execute(sql, [username, password])
# 查询结果集中包含 1 行有效数据
In [51]: res
Out[51]: 1
# 从游标中抓取数据
In [52]: cursor.fetchone()
Out[52]: ('damu', '待完善')
```

2.5 数据库事务管理

在传统的 Web 项目开发过程中，和数据库交互的过程会涉及一个重要的概念——事务管理。使用 Django 框架开发 Web 项目，对数据库事务的管理方式也进行了封装并且提供了自定义事务管理的接口，方便开发人员根据需求调整事务管理的控制粒度，让事务管理更好地服务于项目。

2.5.1 Django 中的事务管理

Django 中默认的事务管理采用自动提交模式，除非我们主动设置了事务需要独立管理，否则执行任何 SQL 语句都会立即提交到数据库中。PEP 249 规范（Python 数据库 API 规范 v2.0）中要求程序和数据库之间的交互，关闭事务自动管理并提交。Django 框架中的规范覆盖了 PEP 249 规范，默认启用了自动提交模式，并且自动启用了事务保存点来保证 ORM 中多条 SQL 语句执行后的数据完整性。

当然，Django 也提供了定制化事务管理方式，开放底层的视图 API。如果开发人员测试项目的事务管理操作无法满足需求，则可以通过项目中的 AUTOCOMMIT 配置来关闭事务自动管理，此时就可以将数据库底层 API 提供给开发人员使用并自行管理事务控制的行为。但是官方

和大部分项目组不推荐关闭事务管理的自动配置功能。Django 中的两种事务管理方式如图 2.8 所示。

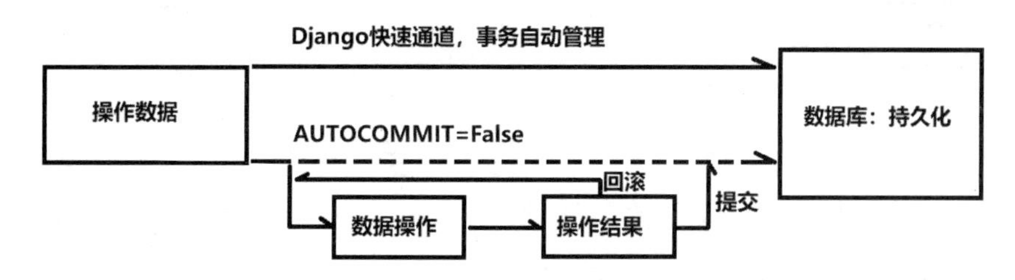

图 2.8　Django 中的两种事务管理方式示意图

2.5.2　事务管理操作

如果要实现特有的事务管理操作，则需要关闭事务自动提交，并配置自己的事务管理行为。下面我们来了解 Django 中提供了哪些 API 供开发人员进行事务管理。

1. 关闭事务管理自动配置

打开项目的配置文件 myproject2/myproject2/settings.py，添加如下配置：

```
AUTOCOMMIT = False
```

2. 事务提交的回调函数

执行事务提交成功后，可能还需要进行一些资源管理或者回收等操作，可以通过事务回调函数来执行该操作。Django 框架中提供了一个回调函数专门用于执行此操作，代码如下：

```
from django.db import transaction
def do_something():
    # 事务提交后执行的回调函数，如发送邮件、清理缓存数据、执行异步任务等
    pass
# 添加事务管理
transaction.on_commit(do_something)
```

3. 事务保存点设置

对事务的管理行为都是基于数据保存点设置的，有了保存点才能完整地控制事务中操作的数据是否安全。Django 框架中封装了 atomic()函数专门用于进行事务保存点的处理操作，结合 with 语句块可以完成事务的完整处理。代码如下：

```
# 开启一个事务，with 语句块中的代码执行完成，自动提交；如果出现异常，则自动回滚代码
with transaction.atomic():
# 事务中执行的代码
pass
    # 事务执行完成后，执行回调函数 foo
    transaction.on_commit(foo)
    # 开启另一个事务，同样自动设置保存点，根据执行结果执行提交或者回滚操作
with transaction.atomic():
# 事务中执行的代码
```

```
pass
    # 事务执行完成后，执行回调函数 bar
    transaction.on_commit(bar)
```

其实 atomic()函数的处理是已经经过封装的操作，如果要进行更底层的处理，则可以通过 Django 框架封装的底层 API 来完成。Django 框架提供的 API 如下。

- savepoint(using=None)：创建保存点。using 参数指定要连接的数据库，如果没有指定该参数，则默认连接 default 配置的数据库。
- savepoint_commit(sid, using=None)：提交保存点 sid 的数据。
- savepoint_rollback(sid, using=None)：回滚保存点 sid 的数据。
- clean_savepoint(using=None)：重置/清空保存点。

```
from django.db import transaction
# 开启一个事务，管理注解的函数
@transaction.atomic
def viewfunc(request):
    # 在事务管理中执行 save()函数
    a.save()
    # 创建一个事务保存点对象
    sid = transaction.savepoint()
    # 在事务中同时管理 a.save()和 b.save()函数的操作
    b.save()
    if want_to_keep_b:
        # 这里提交事务保存点，在事务中还是同时管理 a.save()和 b.save()函数的操作
        transaction.savepoint_commit(sid)
    else:
        # 此时在事务管理中，由于回滚，只包含了对 a.save()的事务管理行为
        transaction.savepoint_rollback(sid)
```

针对常规项目，在 Django 框架中进行事务操作，并不推荐自行处理的方式，但是根据不同项目组的实际需求，可以按照自己的需要封装事务管理组件，以组件的形式提供特有的事务管理功能。

2.6 本章小结

本章主要针对 Django 中的数据模型相关操作进行了详细的讲解，让读者对 Django 项目中数据模型的定义、数据模型中属性字段的创建、属性字段数据验证的限定规则，以及对数据模型有一定辅助作用的元数据有了一定的了解，同时对数据模型和数据库之间的交互方式有了一定的认知。

结合本章介绍的开发技术完成数据模型的增删改查操作，为后续项目的进一步迭代开发做好了扎实的基础铺垫。下一章将结合网页视图完成网页界面的数据处理操作，彼时一个完整的软件架构就会呈现在读者的面前。

第 3 章　视图模板

Django 是一个基于 MVT 处理模式的用于开发 Web 应用软件的框架，本章主要针对 View（视图）和 Template（模板）部分进行详细的讲解，结合前面的 Model（模型）部分，就可以搭建完整的软件架构，处理完整的业务流程。

本章内容是 Django 的核心，直接关系到是否能够正常构建完整的软件能力，主要包括：

- 对视图模板整体的认识。
- 路由和基础配置。
- 文章子项目的视图处理函数的定义和操作。
- 关于数据的正确展示。
- 静态文件的自定义处理。

3.1　视图模板概述

Django 的视图模板分为两个核心部分，即：视图（View）和模板（Template）。视图主要包含路由映射、内置视图处理组件、视图处理函数等组成部分；模板主要包含变量数据的展示、数据展示流程控制、数据展示格式化过滤转换等内容。同时在处理过程中，视图和模板的交互通过网页将数据呈现给用户，如图 3.1 所示。

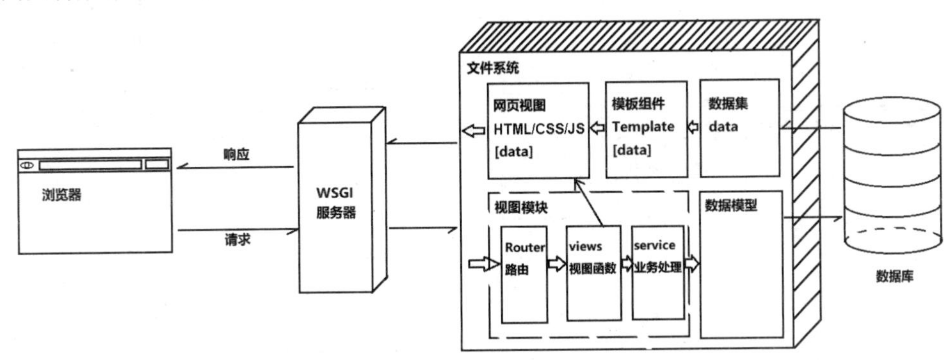

图 3.1　Django MVT 数据转换流程图

3.2 路由

项目中一个完整的业务处理流程，是从用户在操作界面上发起 URL 请求开始的，不同的 URL 请求调用执行不同的视图处理组件，完成不同业务的处理过程。而正确地设计 URL 请求和视图处理组件的映射关系，是一个成熟的 Web 框架必须具备的功能。

3.2.1 路由概述

Web 框架中的路由设计及配置，参考了生活中路由器针对请求 IP 地址和计算机之间绑定关系的映射关联——向 IP 地址发送一段数据，就类似于用户发起了一个业务 URL 请求，数据经过路由器时，在路由器中配置的映射关系将数据转发给对应的计算机进行处理，如图 3.2 所示。

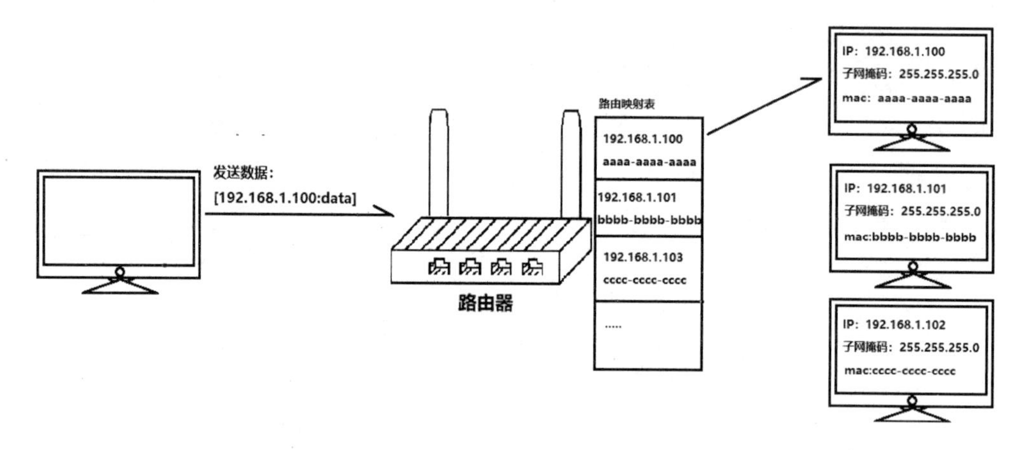

图 3.2 路由器数据映射转发示意图

Django 中的路由处理参考了生活中路由器的处理过程，在路由管理上，主路由模块管理并分配不同模块的请求路径给子路由，子路由模块将不同业务的请求路由到不同的视图处理组件，如图 3.3 所示。

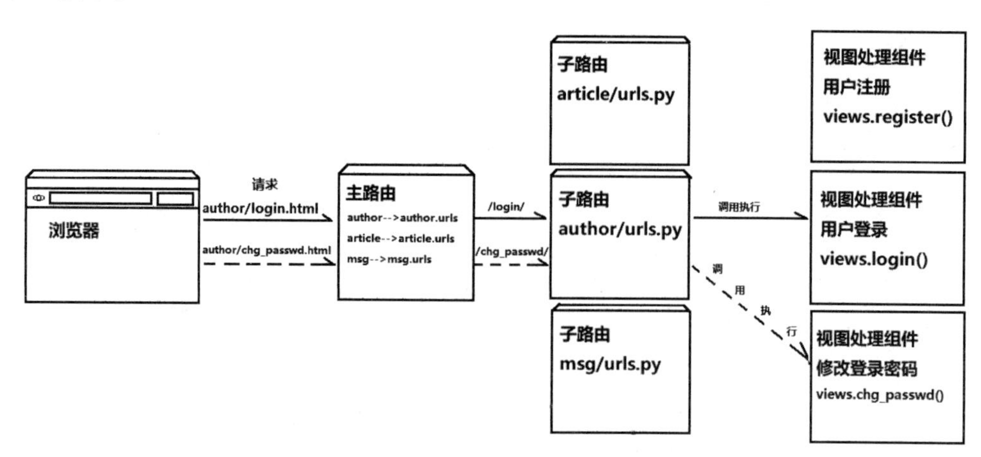

图 3.3 业务请求路由访问示意图

Django 中的用户请求处理流程，是通过框架内置的处理算法进行匹配映射的，具体的流程如下：

（1）启动项目，Django 项目会加载配置文件 settings.py 中的路由配置选项 ROOT_URLCONF 来定位主路由模块。

（2）接收用户传入的请求对象 HttpRequest，在请求对象中拆分 URL 得到访问路径，在主路由模块中查找变量 urlpatterns，该变量的值是列表数据，包含了所有定义的路由映射对象。在 Django 2.x 中路由对象是 django.urls.path()实例或者 django.urls.re_path()实例，在 Django 1.x 中是 django.conf.urls.url()实例。

（3）Django 按照主路由、子路由的匹配方式进行路径的匹配，并且在匹配到第一个成功的映射关系后，调用执行该映射关系指定的视图处理组件。

（4）如果所有的路径匹配都失败或者出现异常，Django 就会根据匹配结果调用适当的错误处理视图展示给用户。

3.2.2 路由对象

在 Django 2.x 中核心的路由处理组件主要有两个。

- django.urls.path：常规路径的路由处理组件。
- django.urls.re_path：附带正则匹配的路由处理组件，兼容 Django 1.x 中的路由组件 django.conf.urls.url 的使用方式。

在博客项目中，我们主要通过根管理项目来管理用户模块、文章模块、评论模块、私信/留言板模块以及相册模块，下面针对项目本身对路由进行重构。

首先在各个子项目中分别创建子路由模块 urls.py，在子路由模块中添加如下代码：

```
# 引入依赖的路由模块
from django.urls import path
# 引入视图处理模块
from . import views
# 定义路由映射组件
urlpatterns = [
    ……
]
```

然后重构主路由，修改主路由模块 myproject3/myproject3/urls.py，代码如下：

```
from django.contrib import admin
from django.urls import path, include
urlpatterns = [
    path('admin/', admin.site.urls),
    path('', include('author.urls')),   # 用户模块
    path('', include('article.urls')), # 文章模块
    path('', include('comment.urls')), # 评论模块
```

```
    path('', include('album.urls')),    # 相册模块
    path('', include('message.urls')),  # 私信/留言板模块
]
```

在用户模块中用户的注册和登录功能已经开发好，现在重构子路由，修改子路由模块 myproject3/author/urls.py，代码如下：

```
__author__ = '大牧莫邪'
__version__ = 'V1.0.0'
# 引入依赖的模块
from django.urls import path, include
from . import views
# 路由模块的名称
app_name = 'author'
# 添加路由配置
urlpatterns = [
    path('author/register/', views.author_register, name='register'),  # 用户注册
    path('author/login/', views.author_login, name='login'),           # 用户登录
]
```

注意：在实际项目中重构结束后必须进行单元测试，测试项目功能的正确性。

3.2.3 路由级联包含

对路由进行重构之后，已经可以通过路由映射关系，将用户的请求 URL 地址关联映射到具体的视图处理组件上，完成业务的处理过程。

但是 3.2.2 节中的路由重构也存在问题，就是在访问路径中出现了路由冗余。为了解决这个问题，在 Django 2.x 框架中针对路由进行了嵌套功能的封装，路由嵌套代码如下：

```
from django.urls import include, path
from . import views
urlpatterns = [
    path('<page_slug>-<page_id>/', include([              # 外层 URL 访问路径
        path('history/', views.history),                   # 内层 URL 访问路径
        path('edit/', views.edit),
        path('discuss/', views.discuss),
        path('permissions/', views.permissions),
    ])),
]
```

在上面的代码中，通过嵌套的路由前缀完成一组路由的定义，用户访问路径和调用执行视图处理组件的关系如下。

- 请求 URL 地址：http://www.example.com/<page_slug>-<page_id>/history/，调用执行 views.history 视图处理组件。
- 请求 URL 地址：http://www.example.com/<page_slug>-<page_id>/edit/，调用执行 views.edit 视图处理组件。

其他访问路径与之类似。有了这样的路由嵌套方式，我们就可以对前面的路由进行重构，去除路由冗余。对用户模块的子路由进行重构，修改 author/urls.py，代码如下：

```
__author__ = '大牧莫邪'
__version__ = 'V1.0.0'
# 引入依赖的模块
from django.urls import path, include
from . import views
# 路由模块的名称
app_name = 'author'
# 添加路由配置
urlpatterns = [
    path('author/', include([
        path('register/', views.author_register, name='register'),    # 用户注册
        path('login/', views.author_login, name='login'),              # 用户登录
    ]))
]
```

3.2.4　路由中的正则匹配

相比于 Django 1.x 中的路由对象，可以通过强大的正则表达式匹配路径的功能，在 Django 2.x 中同样也提供了 django.urls.re_path(..)实例，专门用于对正则表达式提供支持。

重构博客项目中的文章模块，添加与文章相关的各项功能，如查询所有文章、查询指定年份的文章、查询指定编号的文章等。编辑 article/urls.py，代码如下：

```
from django.urls import path, include, re_path
from . import views
app_name = 'article'
urlpatterns = [
    re_path('^article/(?P<year>\d{4})/$', views.articles_year, name='articles_year'),
    re_path('^articles_month/(?P<year>\d{4})/(?P<month>\d{2})/$',
    views.articles_month, name='articles_month'),
    re_path('^article_detail/(?P<article_id>\S{10,}) $/', views.article_detail,
name='article_detail'),
]
```

这里的路由可以接受符合正则表达式匹配的路径作为映射关系，如^article/(?P<year>\d{4})/$，该路由表达式表示可以接受以 article/开头，后面紧跟 4 位整数数据的路径，如 http://www.example.com/article/2018/，该 URL 地址中的/article/2018/部分就是匹配该路径的资源数据请求。

同时在路由路径中包含了正则表达式的命名分组（?P<year>\d{4}），会将匹配的 4 位整数数据存储在变量 year 中，并将之传递给视图处理函数。所以，在重构了文章模块的路由之后，需要重构视图处理模块 article/views.py，代码如下：

```
"""
@version: v1.0
@author: damumoye
@license: MIT Licence
```

```
@contact: 1007821300@qq.com
@software: PyCharm
@file: views.py
@desc: 在博客项目中与文章相关的视图处理模块
"""
from django.shortcuts import render
def articles_year(request, year):
    '''查询指定年份的文章；year 变量会接受路由中传递的数据'''
    print("查询指定年份的文章............")
    pass
def articles_month(request, year, month):
    '''查询指定月份的文章；year 和 month 变量会接受路由中传递的数据'''
    print("查询指定月份的文章............")
    pass
def article_detail(request, article_id):
    '''查询指定编号的文章；article_id 会自动接受路由中传递的数据'''
    print("查询指定编号的文章............")
    pass
```

3.2.5 路由传递位置参数

3.2.4 节介绍的路由配置操作，已经可以实现将请求 URL 地址路由映射到具体的视图处理组件，并传递指定的数据。在项目业务的处理过程中，还有一种操作方式，是将请求参数通过 URL 地址传递给视图处理函数进行处理。Django 中封装的路由地址可以传递位置参数，代码如下：

```
from django.urls import path                        # 引入依赖的路由模块
from . import views                                 # 引入视图处理模块
# 路由定义
urlpatterns = [
    path('articles_list/', views.articles_list),          # 查询所有文章列表
    path('articles/<int:year>/', views.articles_year),   # 查询指定年份的所有文章
    path('articles/<int:year>/<int:month>/', views.articles_month),
                                                     # 查询指定年份、月份的所有文章
    path('articles/<int:article_id>/', views.article_detail), # 根据编号查询指定文章
]
```

在上面的路由配置文件中，包含处理参数的请求的处理过程如下。

- 请求 URL 地址：http://www.example.com/articles_list/，直接访问执行 views 模块中的 articles_list()函数。
- 请求 URL 地址：http://www.example.com/articles/2018/，直接访问执行 views 模块中的 articles_year(request, year)函数，查询 2018 年的所有文章，此时 year 变量值为 2018。
- 请求 URL 地址：http://www.example.com/articles/2017/，访问执行 views 模块中的 articles_year(request, year)函数，查询 2017 年的所有文章，此时 year 变量值为 2017。

其他请求操作方式及传递数据的行为与之类似，我们分别通过路由参数类型和路由模块完成用户请求的处理。

1. 路由参数类型

路由参数类型，也称为路由路径转换器，在 Django 框架中主要封装的路由路径转换器如下。

- str：可以匹配除路径分隔符之外的任何非空字符串。
- int：可以匹配 0 或者任意正整数。
- slug：可以匹配任意一个由 ASCII 字母或者数字组成的字符串。
- uuid：可以匹配格式化的 UUID，防止多个 URL 地址被映射到同一个页面。
- path：可以匹配任意非空字符串，包括路径分隔符 "/"，其功能比 str 更加强大，可以匹配完整的 URL 路径。

2. 路由模块

在博客项目中，对文章模块的子路由进行代码重构。首先在文章子项目中修改数据模型模块 myproject3/author/models.py，添加查询所有文章、查询指定作者的所有文章、查询指定作者喜欢的所有文章、查询指定作者收藏的所有文章和查询指定编号的文章的处理函数。代码如下：

```
"""
@version: v1.0
@author: damumoye
@license: MIT Licence
@contact: 1007821300@qq.com
@software: PyCharm
@file: views.py
@desc: 在博客项目中与文章相关的视图处理模块
"""
from django.shortcuts import render
def articles_list(request):
    '''查询系统中的所有文章'''
    print("查询所有文章............")
    pass
def articles_author(request, author_id):
    '''查询指定作者的所有文章，可以直接接受路由中传递的 author_id 数据'''
    print("查询指定作者的所有文章............")
    pass
def articles_liked(request, author_id):
    '''查询指定作者喜欢的所有文章，可以直接接受路由中传递的 author_id 数据'''
    print("查询指定作者喜欢的所有文章............")
    pass
def articles_collected(request, author_id):
    '''查询指定作者收藏的所有文章，可以直接接受路由中传递的 author_id 数据'''
    print("查询指定作者收藏的所有文章............")
    pass
def articles_year(request, year):
    '''查询指定年份的文章；year 变量会接受路由中传递的数据'''
    print("查询指定年份的文章............")
    pass
```

```
    def articles_month(request, year, month):
        '''查询指定月份的文章；year 和 month 变量会接受路由中传递的数据'''
        print("查询指定月份的文章............")
        pass
    def article_detail(request, article_id):
        '''查询指定编号的文章，可以接受路由中传递的 article_id 数据'''
        print("查询指定编号的文章............")
        pass
```

重构文章模块的子路由，添加对应的视图处理路由映射关系，代码如下：

```
    # 引入依赖的路由模块
    from django.urls import path, include
    # 引入当前目录中的视图处理模块
    from . import views
    # 当前路由模块的名称
    app_name = 'article'
    # 路由匹配映射
    urlpatterns = [
        path('article/', include([
            # 查询所有文章
            path('', views.articles_list, name='articles_list'),
            # 查询指定年份的所有文章
            path('/<int:year>/', views.articles_year),
            # 查询指定年份、月份的所有文章
            path('/<int:year>/<int:month>/', views.articles_month),
            # 查询指定作者的文章
            path('<uuid:author_id>/', views.articles_author, name='articles_author'),
            # 查询指定作者喜欢的文章
            path('<uuid:author_id>/liked/', views.articles_liked, name='articles_liked'),
            # 查询指定作者收藏的文章
            path('<uuid:author_id>/collected/', views.articles_collected,
name='articles_collected'),
            # 查询指定编号的文章
            path('<uuid:article_id>/detail/', views.article_detail, name='articles_detail'),
        ])),
    ]
```

3.2.6 路由路径转换器

通过 3.2.5 节中的代码，已经可以实现项目中的路由映射功能，但是在实际执行时会考虑精确匹配是否会影响性能的问题。比如路由中<int:year>的参数匹配规则，只是在业务上要求匹配一个年份，但是在逻辑上只需接收一个正整数即可完成路由的调用，对年份的匹配就需要过滤无效数据。此时要精确匹配年份，则需要自定义路由参数来实现。

在博客根管理项目中添加一个路由路径转换模块 route_converter.py（myproject3/myproject3/route_converter.py），在该模块中添加自定义的路径转换器，代码如下：

```
"""
@version: v1.0
@author: damumoye
@license: MIT Licence
@contact: 1007821300@qq.com
@software: PyCharm
@file: route_converter.py
@desc: 路由路径转换器类型定义模块
"""
class RouteYearConverter:
    '''自定义年份类型转换器'''
    regex = '[0-9]{4}'
    def to_python(self, value):
        return int(value)
    def to_url(self, value):
        return '%04d' % value
```

注意： 在自定义的路由路径转换器中，主要包含一个属性和两个函数——regex 属性是一个用字符串表示的正则表达式；to_python(self, value)函数用于将接收到的数据进行转换并传递给绑定的视图处理函数处理，如果数据转换失败，则会抛出 ValueError 错误；to_url(self, value)函数用于将 Python 中对应类型的数据转换成字符串，用作 URL。

在定义好路由路径转换器之后，还需要将转换器注册到路由组件中才能正常使用。打开项目主路由模块 myproject3/myproject3/urls.py，添加注册代码如下：

```
from django.contrib import admin
from django.urls import path, include, register_converter
# 导入路由路径转换器
from .route_converter import RouteYearConverter
# 注册年份类型转换器
register_converter(RouteYearConverter, 'yyyy')
urlpatterns = [
  ......
]
```

打开文章子项目的子路由模块 author/urls.py，重构子路由，将年份参数的转换代码修改如下：

```
......
urlpatterns = [
    path('article/', include([
        path('', views.articles_list, name='articles_list'),# 查询所有文章
        path('<yyyy:year>/', views.articles_year, name='articles_year'),
                                                              # 查询指定年份的文章
        ......
    ])),
]
```

运行项目，测试路由访问，不符合 4 位整数的年份已经不能正常进行路由匹配关联了，避免了非法年份路径的错误访问。在项目中与业务有关的其他特定路由参数，也可以按照上述方

式来定义和使用路由路径转换器。

3.2.7 路由反向解析

在第 1 章的入门项目中，使用视图处理函数处理完业务数据后，返回视图页面使用的是 django.shortcuts.render(request, path, **kwargs)，其中 path 参数指定的路径是 HTML 网页文件的相对路径，通过该相对路径可以直接查询得到具体的网页视图。

在项目处理过程中，不可避免地会出现多个视图处理函数按照一定顺序调用执行共同完成一项业务的情况，如发表文章业务，流程如下：

（1）用户在网页界面中填写文章数据，点击“发表文章”按钮。

（2）路由模块接收到用户请求路径和数据参数，调用映射的视图处理函数。

（3）“发表”视图处理函数负责将文章数据存储到数据库中。

（4）“查看”视图处理函数负责重新查询数据库中已经存在的文章。

（5）查询到发表的文章数据，返回网页展示文章详细信息。

在该流程中，出现了两个视图处理函数相互调用的情况。为了降低视图处理函数之间的耦合，我们将视图处理函数之间的调用执行提升到通过路由路径调用指定的视图处理函数，这样就可以在视图处理函数中直接访问路由信息了。

Django 中提供了一种路由反向解析技术，其核心是通过路由对象的 app_name.name 属性查询得到它的访问路径和对应的视图处理函数。

路由反向解析主要分两种情况：在网页视图中反向解析和在视图处理函数中反向解析。在项目的后续开发过程中，我们会尽可能使用路由反向解析查询路径的方式来完成业务功能的连接。

在网页视图中，重构网页中的请求路由，修改 myproject3/author/templates/author/login.html，代码如下：

```
    ……
    <!-- 这里使用路由反向解析得到路径的方式 -->
    <!-- 登录提交地址本来是：/author/login/ -->
    <!-- 登录地址的路由是：app_name='author'; path('author/login/', views.login,
name='login') -->
    <!-- 重构请求路由使用模板 url 标签：{% url 'author:login'%},
    表明解析 app_name=author 的路由模块中 name=login 的路由对象，查询其请求路径和处理函数 -->
    <form action="{% url 'author:login' %}" method="POST">
        <!-- 用户令牌认证（模板标签）-->
        {% csrf_token %}
        <label for="username">账号:</label>
        <input type="text" name="username" id="username"><br />
        <label for="password">密码:</label>
        <input type="password" name="password" id="password"><br />
        <input type="submit" value="登录">
```

```
</form>
……
```

在视图处理函数中，我们可以通过 django.urls.reverse 模块完成路由反向解析过程，参考代码如下：

```
def article_publish(request):
    # 执行发表文章的代码
    # new_article = 持久化文章数据
    # 直接反向解析，将请求转发到 app_name=article 的路由模块中 name=article_detail 的路由对象
    return render(reverse('article:article_detail'), args=(new_articls.id, ))
```

对于 Web 应用软件的开发来说，路由反向解析并没有取得技术上的突破，而是针对软件的迭代升级和后期维护进行的一项功能优化。

3.2.8　路由指定错误页面

在 Web 应用软件开发完成并发布之后，用户就可以在客户端浏览器中通过 URL 地址请求网站上的数据，实现网站数据资源共享。但是在 URL 地址请求处理过程中，会不可避免地出现不能正常处理请求的情况。

比如 404（网页资源查询不到）、403（禁止访问）、500（服务器内部错误）等错误状态码，Django 中的路由模块对常见的错误状态也进行了封装。对于通用的错误状态，Django 路由模块中的默认配置如下：

```
# 对常见的不同请求状态的默认处理，并返回内置的默认错误页面
handler400 = defaults.bad_request
handler403 = defaults.permission_denied
handler404 = defaults.page_not_found
handler500 = defaults.server_error
```

如果在开发过程中自定义错误页面，则需要在路由中重新指定错误配置处理器，绑定相应的视图处理函数完成错误页面的自定义处理。

首先要关闭项目调试模式，因为在调试模式下自定义错误页面不会生效。打开系统配置文件 myproject3/myproject3/settings.py，修改如下：

```
DEBUG=False
ALLOWED_HOSTS = ['*',]
```

然后在项目根目录下创建 html 文件夹，专门用于存放各种静态网页文件，并在配置文件中添加该文件夹的查询路径。修改系统配置文件 myproject3/myproject3/settings.py，代码如下：

```
TEMPLATES = [
    {
        'BACKEND': 'django.template.backends.django.DjangoTemplates',
        'DIRS': [os.path.join(BASE_DIR, 'html'),],
        'APP_DIRS': True,
        'OPTIONS': {
            'context_processors': [
```

```
                'django.template.context_processors.debug',
                'django.template.context_processors.request',
                'django.contrib.auth.context_processors.auth',
                'django.contrib.messages.context_processors.messages',
            ],
        },
    },
]
```

接下来在根管理项目中，创建错误页面 myproject3/html/pageerror.html，代码如下：

```
<!DOCTYPE html>
<html lang="en">
<head>
    <meta charset="UTF-8">
    <title>page error</title>
</head>
<body>
    <!-- 使用模板语法输出错误状态码和错误信息 -->
    <h1>{{status_code}}, {{message}}</h1>
</body>
</html>
```

在一个完整的项目中，既会对多个模块之间的独立功能和公共功能进行处理，也会对多个模块之间的交互功能进行处理。为此，我们在博客项目中创建一个子项目公共模块 common，专门用于处理公共功能和多个模块之间的交互功能。

```
django-admin startapp common
```

在该子项目的视图模块 myproject3/common/models.py 中，添加错误页面处理函数，代码如下：

```
from django.shortcuts import render
def page400error(request, **kwargs):
    return render(request, 'pageerror.html',
              {'status_code': '400', 'message': '客官，您的请求出问题了'})
def page403error(request, **kwargs):
    return render(request, 'pageerror.html',
              {'status_code': '400', 'message': '客官，您的权限不够呢'})
def page404error(request, **kwargs):
    return render(request, 'pageerror.html',
              {'status_code': '400', 'message': '抱歉客官，您要访问的资源还没有
上线呢'})
def page500error(request, **kwargs):
    return render(request, 'pageerror.html',
              {'status_code': '400', 'message': '请稍等，系统正在升级中'})
```

注意： 在错误页面处理函数的定义中，函数参数必须包含 request 和**kwargs，否则配置的视图处理器只会因为服务器内部错误而出现 500 错误。

重构主路由，打开主路由模块 myproject3/myproject3/urls.py，定义错误页面视图处理器，代码如下：

```
from django.contrib import admin
from django.urls import path, include, register_converter
from .route_converter import RouteYearConverter
# 注册年份类型转换器
register_converter(RouteYearConverter, 'yyyy')
urlpatterns = [
    path('admin/', admin.site.urls),          # 后台管理系统
    path('', include('common.urls')),         # 公共功能处理模块
    path('', include('author.urls')),         # 用户模块
    path('', include('article.urls')),        # 文章模块
    path('', include('comment.urls')),        # 评论模块
    path('', include('album.urls')),          # 相册模块
    path('', include('message.urls')),        # 私信/留言板模块
]
# 自定义错误页面
handler400 = 'common.views.page400error'
handler403 = 'common.views.page403error'
handler404 = 'common.views.page404error'
handler500 = 'common.views.page500error'
```

现在，我们访问一个不存在的 URL 路径，将出现如图 3.4 所示的 404 错误页面。

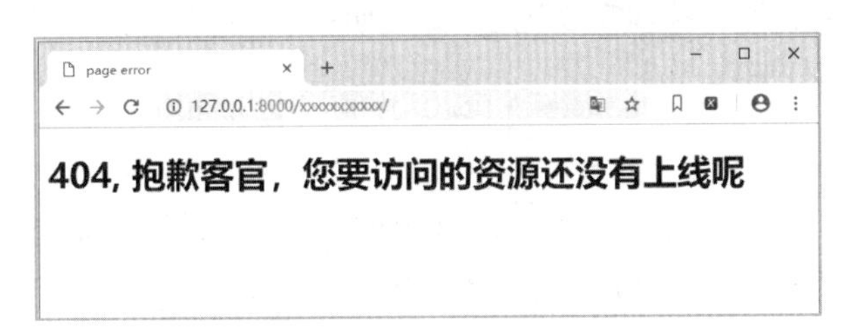

图 3.4　自定义的 404 错误页面

访问的路径是正确的，但是服务器内部发生错误，将出现如图 3.5 所示的 500 错误页面。

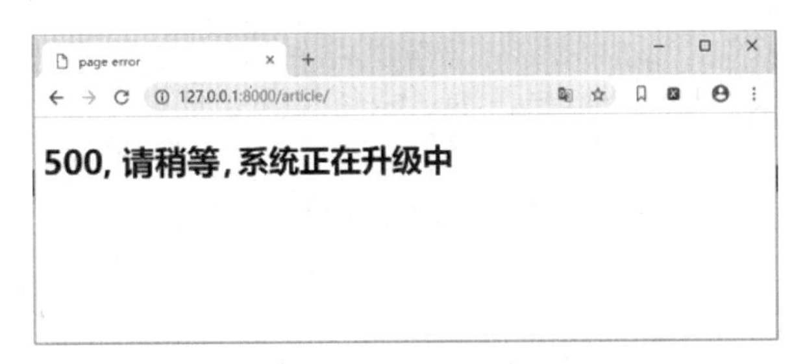

图 3.5　自定义的 500 错误页面

在项目开发中经常需要自定义错误页面，完善的错误提示能大幅度提升用户体验，在使用时严格按照开发和配置步骤执行。

3.3 视图处理函数

视图处理组件是路由的后置服务模块，主要有两种实现视图处理的模式，即：函数式编程实现和面向对象编程实现。本节主要讲解函数式编程实现。

3.3.1 视图处理函数的声明和规范

视图处理函数主要被定义在项目的 views.py 模块中，其本身是一个基本的 Python 函数，该函数可以接收 Web 请求，并能够返回 Web 响应数据。

1. 基本的视图处理函数的定义

打开系统公共模块中的视图处理模块 myproject3/common/views.py，定义如下函数：

```
from django.http import HttpResponse
def index(request):
    content = '<html><body><h1>hello views!</h1></body></html>'
    return HttpResponse(content)
```

在上面的代码中，首先从 django.http 中引入 HttpResponse 响应类，然后定义一个基本函数 index。每个视图处理函数都默认接收一个 HttpRequest 参数，通常定义一个变量 request 来接收这个参数数据。最后在函数中处理完数据之后，返回一个 HttpResponse 响应对象，该对象中包含需要在客户端展示的数据。

2. 定义 URL 路由映射

在定义好视图处理函数之后，还需要和路由关联起来，这样才能通过 URL 地址调用执行对应的视图处理函数，完成业务的处理。修改子路由模块 common/urls.py，代码如下：

```
# 引入依赖的模块
from django.urls import path
from . import views
app_name = 'common'                                    # 路由模块的名称
urlpatterns = [                                        # 路由匹配
    path('', views.index, name='index'),
]
```

关于详细的配置过程以及处理方式，在 3.2 节中已经做了详细介绍，这里不再赘述。

3. 常见错误处理

在视图处理函数中进行数据计算时可能会出现各种错误，根据不同的错误可以直接返回指定的错误页面，对应在 HTTP 规范中则会有各种错误状态码分别用于表示不同的错误信息。重构视图处理函数，代码如下：

```
from django.http import HttpResponse, \
    HttpResponseNotFound, HttpResponseForbidden, \
```

```
    HttpResponseNotAllowed, HttpResponseServerError
def index(request):
    # 数据处理过程
    if flag == 'OK':
        content = '<html><body><h1>hello views!</h1></body></html>'
        return HttpResponse(content)
    elif flag == 'NOT FOUND':
        return HttpResponseNotFound('<h1>404 错误，要访问的页面不存在</h1>')
    elif flag == 'NOT DENIED':
        return HttpResponseNotAllowed('<h1>405 错误，访问失败</h1>')
    elif flag == 'FORBIDDEN':
        return HttpResponseForbidden('<h1>403 错误，没有权限访问该页面</h1>')
    elif flag == 'SERVERERROR':
        return HttpResponseServerError('<h1>500 错误，服务器内部出现错误</h1>')
```

在项目中 404 状态码出现得比较多，针对 404 错误 Django 框架内置了 django.http.Http404 错误类型，可以直接展示自定义的 HTML 错误信息。代码如下：

```
def index(request):
    # 404 错误页面
    try:
        # 数据处理过程
        content = '<html><body><h1>hello views!</h1></body></html>'
    except:
        raise Http404('page not found!')
    return HttpResponse(content)
```

4. 自定义错误视图

在视图处理函数中，对于可能出现的错误请求的操作过程和数据处理都过于烦琐，所以 Django 中提供了通过自定义错误视图处理返回自定义错误页面的操作支持。自定义错误页面的处理方式在 3.2.8 节中已经详细介绍过，这里不再赘述。

3.3.2　数据响应快捷处理方式

通过前面的介绍，我们已经知道如何定义基本的视图处理函数来处理基本的数据并返回响应数据，但是所返回的响应对象是基本的底层对象 HttpResponse，并不能满足我们对视图页面的要求。

实际上，Django 封装了一部分快捷处理函数，将 HttpResponse 加载视图页面以及传递数据的过程全部封装在底层，提供了简单的 API 函数供我们直接使用。这里主要针对如下几个 API 函数进行介绍。

- render()：请求转发，在响应数据中可以使用请求对象。
- render_to_response()：请求转发，在响应数据中不能使用请求对象。

- redirect()：请求重定向。
- get_object_or_404()：查询指定数据，如果数据不存在，则直接返回 404 错误。
- get_list_or_404()：查询指定类型的多条数据，如果数据不存在，则返回 404 错误。

对响应对象中视图的渲染是视图处理函数的核心功能之一，所以使用以上快捷处理函数将直接关系到视图处理函数定义的完整程度。

1. render(*args, **kwargs)

该 API 函数的定义如下：

```
render(request, template_name, context=None, content_type=None, status=None, using=None)
```

各参数介绍如下。

- request：请求对象。
- tempalte_name：HTML 网页模板路径。
- context：响应数据上下文环境。
- content_type：响应数据类型，使用默认配置即可。
- status：HTTP 状态码。

重构响应首页的视图处理函数，首先在项目根目录下的 html 文件夹中创建博客首页文件 index.html，编辑如下内容：

```
<!DOCTYPE html>
<html lang="en">
<head>
    <meta charset="UTF-8">
    <title>博客首页</title>
</head>
<body>
    <h1>博客首页</h1>
    {{message}}
</body>
</html>
```

然后修改公共模块中的视图处理模块 common/views.py，代码如下：

```
from django.shortcuts import render

def index(request):
    return render(request, 'index.html', {'message': '尊敬的用户您好，欢迎访问博客'})
```

在项目运行过程中，接收用户发起的请求，执行该视图处理函数并在指定的目录下查询加载 index.html 文件，附带 message 参数数据，返回给客户端展示。上述快捷处理代码相当于执行了如下渲染方式，但是 render()要简单得多。

```
from django.http import HttpResponse
from django.template import loader
def index(request):
    # 使用加载器加载网页文件数据
    t = loader.get_template('index.html')
    c = {'message': '尊敬的用户您好，欢迎访问博客'}
    return HttpResponse(t.render(c, request), content_type='application/xhtml+xml')
```

与 3.3.1 节的处理方式相比，这里的视图处理方式无疑简单了很多，底层核心处理代码同样是通过 HttpResponse 实现的。这样 Django 就相当于提供了两种处理方式：一是可以很方便地操作网页文件的响应数据；二是通过底层的 HttpResponse 响应方式可以自定义特有的响应状态和响应数据。

其中 render()函数的底层代码如下：

```
def render(request, template_name, context=None, \
        content_type=None, status=None, using=None):
    """
    Return a HttpResponse whose content is filled with the result of calling
    django.template.loader.render_to_string() with the passed arguments.
    """
    content = loader.render_to_string(template_name, context, request, using=using)
    return HttpResponse(content, content_type, status)
```

底层通过该 loader（加载器）加载并渲染了 template_name 路径指向的网页文件，得到的网页文件数据被封装到 HttpResponse 中返回给发起请求的客户端。

2. render_to_response(*args, **kwargs)

该 API 函数的定义如下：

```
render_to_response(template_name, context=None, content_type=None, status=None, using=None)
```

该视图处理函数是 render()的一种简化形式，它只将视图和数据绑定之后返回给客户端，在响应数据中不再包含请求对象 request，也就是在网页视图中不能使用 request。代码如下：

```
from django.shortcuts import render
def index(request):
    return render_to_response('index.html')
```

需要注意的是，这个函数在 Django 2.0 版本中已经声明过时，可以使用，但是不推荐使用，很有可能在将来的某个版本中它会被删除。

3. redirect (*args, **kwargs)

该 API 函数的定义如下：

```
redirect(to, permanent=False, *args, **kwargs)
```

该函数是通过封装 django.http.HttpResponseRedirect 实现的重定向快捷渲染函数。其中参数 to 表示重定向的 URL 请求地址；permanent 表示是否永久重定向（默认值为 False，表示临时重

定向)。其基本操作方式有如下三种:

第一种是通过数据模型的 get_absolute_url()直接重定向。重构文章数据模型的定义,增加 get_absolute_url()函数如下:

```
class Article:
    ……
    def get_absolute_url(self):
        return reverse('article:article_detail', kwargs={'article_id': self.id})
```

在视图处理函数中,就可以直接通过该对象返回。重构根据编号查询文章的视图处理函数,代码如下:

```
def article_detail(request, article_id):
    article = Article.objects.get(pk=article_id)
    return redirect(article)
```

第二种是通过路由反向解析返回具体的事务页面。重构发表文章的视图处理函数,可以通过 redirect 直接反向解析路由地址,其功能和 reverse 一样。代码如下:

```
def article_publish(request):
    '''发表文章'''
    # 发表一篇文章,得到文章对象 article
    return redirect('article:article_detail', article_id=article.id)
```

第三种是直接通过硬编码指定路径,使用 redirect 进行跳转。重构发表文章的视图处理函数,通过硬编码路径进行跳转(不推荐),代码如下:

```
def article_publish(request):
    '''发表文章'''
    # 发表一篇文章,得到文章对象 article
    to = 'article/' + article.id + '/detail/'
    return redirect(to)
```

4. get_object_or_404(*args, **kwargs)

查询指定模型类的数据,Django 中封装的 ORM 操作支持三种处理方式:一是通过模型类本身的 objects 属性进行查询;二是通过模型类提供的管理器对象 Manager 进行查询;三是通过定义的模型类的静态方法进行查询。在项目中使用最多的是第三种处理方式。

在视图处理函数中通过模型类进行查询操作还是比较麻烦的,所以 Django 封装了针对视图处理函数中的模型类查询的函数,即单个模型类对象的快捷查询函数 get_object_or_404(*args, **kwargs)供开发者直接使用。

该函数执行指定模型数据的查询,如果查询到空数据或者多条数据,则直接抛出 HTTP 状态码 404,返回资源未找到的错误,而不是常规的 DoesNotExist 异常。重构查询指定编号的文章的函数,代码如下:

```
def article_detail(request, article_id):
    '''查询指定编号的文章'''
```

```
    article = get_object_or_404(Article, pk=article_id)
    return redirect(article)
```

5. get_list_or_404(*args, **kwargs)

和单个数据模型对象的查询函数相对应，get_list_or_404()函数封装的是指定类型的多个数据对象的查询方式。重构与文章查询相关的视图处理函数，代码如下：

```
def articles_list(request, status=1):
    '''查询系统中的所有文章'''
    articles = get_list_or_404(Article)
    return render(request, 'article/articles.html', {'articles': articles})
def articles_year(request, year):
    '''查询指定年份的文章；year 变量会接收从路由中传递的数据'''
    articles = get_list_or_404(Article, pub_time__year=year)
    return render(request, 'article/articles.html', {'articles': articles})
def articles_month(request, year, month):
    '''查询指定月份的文章；year 和 month 变量会接收从路由中传递的数据'''
    articles = get_list_or_404(Article, pub_time__year=year, pub_time__month=month)
    return render(request, 'article/articles.html', {'articles': articles})
```

注意： 如果要使用__month 这样的日期时间条件，则必须在配置文件 settings.py 中添加时间配置选项，一般配置 LANGUAGE_CODE='zh/Hans'，同时一定要添加配置项 USE_TZ=False 来关闭 UTC 时间自动转换功能，才能正常存储时间和使用日期时间的限定条件查询数据对象。

3.3.3 视图相关装饰器

Django 在完善了视图基础功能之后，通过内建模块额外增加了一些和网站数据访问有关的功能，这些功能被封装成装饰器，主要有如下 4 种形式。

（1）基于请求访问的装饰器，如表 3.1 所示。

表 3.1 基于请求访问的装饰器

装饰器	描述
django.views.decorators.require_http_methods	HTTP 规范的请求方式
django.views.decorators.require_GET	只允许 GET 请求方式
django.views.decorators.require_POST	只允许 POST 请求方式
django.views.decorators.require_safe	允许安全的 GET/HEAD 请求方式

（2）基于数据优化的装饰器。在项目需求中，有一些数据在操作过程中修改较少，但是查询使用较多，就可以通过 django.views.decorators.http.condition 装饰器实现，该装饰器中包含 etag 和 last_modifed 两个参数控制使用。这一部分内容将在第 6 章中进行详细介绍。

（3）基于响应优化的装饰器。目前主流的浏览器都支持 gzip 压缩/解压缩操作，在优化网站的过程中，可以将响应数据通过 gzip 压缩后返回给客户端，以节省访问流量。在 Django 中通过 django.views.decorators.gzip.gzip_page 将响应数据压缩返回，代码如下：

```
from django.views.decorators.gzip import gzip_page
@gzip_page
def articles_author(request, author_id):
    '''查询指定作者的所有文章'''
    # 查询得到作者对象
    author = get_object_or_404(Author, pk=author_id)
    # 查询作者的所有文章
    articles = author.article_set.all()
    return render(request, 'article/articles.html', {'articles': articles})
```

（4）基于缓存的网站性能优化装饰器。缓存是 Web 网站的常规操作功能之一，Django 框架对缓存功能的支持，可以通过文件缓存、数据库缓存等各种高级缓存的操作方式来实现，其提供的 django.views.decorators.cache 模块下的装饰器就是专门用于缓存功能支持的。这一部分内容将在第 6 章中进行详解讲解。

3.3.4 请求对象和响应对象

Django 中的请求和响应都是通过其内置模块进行自动传递和操作的。当客户端将请求 URL 地址发送到服务器时，请求中的所有数据都会被封装到 django.http.HttpRequest 类型的对象中，传递给视图处理函数的第一个参数，在视图处理函数中就可以通过该参数调度请求中的各项数据。理论上，每个视图处理函数最终都会返回一个 django.http.HttpResponse 类型的有效的响应对象，包含返回给客户端的所有数据。

1. 请求对象 HttpRequest

视图处理函数接收的默认参数，是使用 Django 框架内建的 django.http.HttpRequest 类型封装的对象，HttpRequest 类型的相关属性如表 3.2 所示。

表 3.2 HttpRequest 类型的相关属性

属性	描述
scheme	请求传输协议描述，一般为 HTTP 或者 HTTPS
body	请求体数据
path	请求资源的完整路径，不包括协议和域名，如 http://www.example.com/author/register/，该 URL 地址的 path 路径就是/author/register/
path_info	分布式项目部署，不同服务器上的请求路径前缀不同，使用 path_info 属性会获取请求资源的路径部分信息。假如应用服务器设置了全局前缀为“/blog”，如访问 http://www.example.com/blog/author/register/，path 信息是/blog/author/register/，path_info 信息是/author/register/
method	获取请求方式，符合 HTTP 1.1 规范的请求方式，如 GET、POST 等

续表

属性	描述
encoding	获取请求当前编码的字符串，如果为 None，则默认使用 DEFAULT_CHARSET 设置进行处理
conent_type	在请求中解析的 MIME 类型的字符串描述
content_params	获取 content_type 数据中包含的 key-value（键值对）数据
GET	获取以 GET 方式提交的 QueryDict 字典数据
POST	获取以 POST 方式提交的 QueryDict 字典数据
FILES	获取 POST 表单中提交的文件数据
COOKIES	获取请求中提交的客户端 Cookie 数据信息
META	获取请求头数据。默认的请求头设置信息有： • CONTENT_LENGTH，请求正文长度 • CONTENT_TYPE，请求正文 MIME 类型 • HTTP_ACCEPT，响应中可接受的内容类型 • HTTP_ACCEPT_ENCODING，响应中可接受的编码集 • HTTP_ACCEPT_LANGUAGE，响应中可接受的语言环境 • HTTP_HOST，客户端发送的 HTTP 主机信息 • HTTP_REFERER，客户端发送的防盗链链接 • HTTP_USER_AGENT，客户端发送的浏览器 UserAgent 信息 • QUERY_STRING，客户端发送的查询字符串 • REMOTE_ADDR，客户端 IP 地址 • REMOTE_HOST，客户端主机名 • REMOTE_USER，验证的用户信息 • REMOTE_METHOD，请求方式 • SERVER_NAME，服务器主机名 • SERVER_PORT，服务器的访问端口
session	访问服务器的 Session 数据，依赖 SessionMiddleware 中间件的支持
user	Web 验证的用户，依赖 AuthenticationMiddleware 中间件的支持

在 HttpRequest 对象中也包含了对不同请求的处理方法，在对 Web 网站进行安全优化时它们非常有用，如表 3.3 所示。

表 3.3　HttpRequest 对象中的方法

方法	描述
is_secure()	验证请求是否通过 HTTPS 发送，如果是则返回 True，否则返回 False
is_ajax()	验证请求是否通过 AJAX 发送，如果是则返回 True，否则返回 False

2. 请求数据集 QuerySet

在请求对象中最重要的还是数据处理，如客户端提交的请求处理、提交请求中包含参数的处理、提交请求中包含表单参数的处理等。

对于常规的 GET、POST 等请求，请求数据都是包含在 QuerySet 中进行传递和处理的。QuerySet 的属性/方法如表 3.4 所示。

表 3.4　QuerySet 的属性/方法

属性/方法	描述
get(key, default=None)	根据 key 获取数据集中的 value 值（重要且常用）
setdefault(key, default=None)	设置数据集中的 key 对应的数据
update(other_dict)	更新数据集中的数据
items()	获取数据集中所有的键值对数据
values()	获取数据集中所有的 value 值
copy()	复制一份数据
getlist(key, default=None)	获取数据集中 key 对应的多个数据（重要且常用）
setlist(key, list_)	设置数据集中的 key 对应的数据
appendlist(key, item)	追加数据集中 key 对应的列表数据
setlistdefault(key, default_list=None)	设置数据集中 key 对应的列表数据
lists()	获取所有列表数据
dict()	获取数据集中的数据，转换成字典输出（重要且常用）
urlencode(safe=None)	键值对数据 URL 编码转换

3. 响应对象 HttpResponse

相对于请求对象而言，响应对象主要是针对返回数据的处理的，在操作方式上要简单得多。HttpResponse 对象的属性/方法如表 3.5 所示。

表 3.5　HttpResponse 对象的属性/方法

属性/方法	描述
has_header(header)	是否忽略请求头的大小写限制
setdefault(header, value)	设置响应头中的数据
set_cookie(key, value, **kwargs)	设置响应中的 Cookie 数据
set_signed_cookie(key, value, **kwargs)	设置响应中的安全 Cookie 数据
delete_cookie(key, path='/', domain=None)	删除指定 key 的 Cookie 数据
write(content)	向客户端写入返回的数据，可以追加
flush()	刷新响应对象，数据全部返回

同时针对该响应对象，根据不同的场景，Django 封装了一些子类扩展其功能，如表 3.6 所示。

表 3.6　扩展 HttpResponse 功能的子类

类型	描述
HttpResponseRedirect	请求重定向
HttpResponsePermanentRedirect	请求永久重定向，状态码为 302
HttpResponseNotModified	请求资源未修改，状态码为 304
HttpResponseBadRequest	错误的请求，状态码为 400
HttpResponseNotFound	请求资源未找到，状态码为 404
HttpResponseForbidden	请求资源禁止访问，状态码为 403
HttpResponseNotAllowed	不允许的请求，状态码为 405
HttpResponseGone	请求资源已经失效，状态码为 410
HttpResponseServerError	服务器内部错误，状态码为 500

此外，Django 还提供了一些特定场景下的特殊响应类型，如表 3.7 所示。

表 3.7　一些特定场景下的特殊响应类型

响应类型	描述
JsonResponse	在某些情况下，前端需要接受后端传递的 JSON 数据进行渲染展示，如通过 AJAX 获取文章评论的功能，可以使用该类型将结果集转换成 JSON 数据返回
StreamingHttpResponse	在项目操作中，如果要响应较大的文件，则将文件数据传输给浏览器进行处理，传统响应方式会消耗大量的系统内存并占用很多时间。StreamingHttpResponse 就是专门用于流式数据处理的响应类。但是在大多数情况下，建议对大文件的处理进行异步操作
FileResponse	用于响应文件数据给浏览器客户端，让浏览器客户端像操作本地文件一样执行操作

3.3.5　案例开发

通过前面章节的学习，我们对项目开发中的路由、视图处理函数以及请求对象和响应对象有了一定的认识，现在重构博客项目，主要对表 3.8 所示的功能进行开发和完善。

表 3.8　要开发和完善的功能列表

<table>
<tr><th>功能</th><th>描述</th></tr>
<tr><td>博客/用户/注册</td><td rowspan="2">数据模型模块：author/models.py
视图处理模块：author/views.py
子路由模块：author/urls.py
处理结果：已完成</td></tr>
<tr><td>博客/用户/登录</td></tr>
<tr><td>博客/首页/功能链接</td><td>视图处理模块：common/views.py</td></tr>
</table>

续表

功能	描述
博客/文章/查询文章	数据模型模块：article/models.py 视图处理模块：article/views.py 子路由模块：article/urls.py
博客/文章/查询所有文章	
博客/文章/查询登录用户的文章	
博客/文章/查询指定年份的文章	
博客/文章/查询指定月份的文章	
博客/文章/查询收藏的所有文章	
博客/文章/查询喜欢的所有文章	
博客/文章/发表文章	
博客/文章/收藏文章	
博客/文章/喜欢文章	

1. 完善注册/登录功能

对注册和登录函数进行访问请求的保护，添加访问请求限制的装饰器功能。重构用户子项目的视图处理模块/myproject3/author/views.py，代码如下：

```
……
from django.views.decorators.http import require_http_methods
@require_http_methods(['GET', 'POST'])
def author_register(request):
    # 注册处理功能代码
    ……
    # 创建作者对象
    author = Author(username=username, password=password, realname=realname)
    # 保存作者对象
    author.save()
    # 创建并保存用户扩展资料对象
    authorprofile = AuthorProfile(author=author)
    authorprofile.save()
    ……
@require_http_methods(['GET', 'POST'])
def author_login(request):
    # 登录处理功能代码
    ……
```

2. 完善博客首页功能

在博客项目中开发了用户登录功能，用户登录成功后将跳转到用户子项目的首页/myproject3/author/temlates/author/index.html，迁移该首页变成整个博客项目的首页。

将该页面移动到项目根目录下的 html 文件夹中，路径是/myproject3/html/index.html，然后打开用户子项目的视图处理模块/myproject3/author/views.py，完善返回路径如下：

```
@require_http_methods(['GET', 'POST'])
def author_login(request):
```

```
        '''作者登录'''
        if request.method == "GET":
            return render(request, 'author/login.html', {'msg_info': ''})
        else:
            ……
            # 跳转到首页
            return render(request,
                    'index.html',
                    {'msg_code': 0, 'msg_info': '登录成功'})
            except:
                # 登录失败
                ……
```

3. 完善查询所有文章的功能

用户登录系统之后，可以查询博客中所有用户发表的所有文章，文章默认按照发表时间降序排列，以便用户优先查询到最近发表的文章。

首先在文章子项目的文章类型中确认并完善如下 Meta 信息：

```
class Article:
    ……
class Meta:
    # 数据排序
    ordering = ['-pub_time', 'id']
    # 类型展示提示信息
    verbose_name = '文章'
    verbose_name_plural = verbose_name
    # 添加索引支持
    indexes = [models.Index(fields=['title'])]
```

然后在文章子项目下建立存放 HTML 网页的文件夹，并创建展示所有文章的 HTML 网页，完整的路径是/myproject3/article/templates/article/articles.html。编辑代码如下：

```
<!DOCTYPE html>
<html lang="en">
<head>
    <meta charset="UTF-8">
    <title>所有文章列表</title>
</head>
<body>
    <h1>用户查询所有文章列表</h1>
    <div>要查询的文章列表</div>
</body>
</html>
```

打开文章子项目的视图处理模块/myproject3/article/views.py，完善查询所有文章的功能，代码如下：

```
# 引入响应数据压缩模块，将返回给客户端的数据进行压缩，提升处理性能
from django.views.decorators.gzip import gzip_page
@gzip_page
```

```
def articles_list(request):
    '''查询系统中所有文章'''
    articles = get_list_or_404(Article)
    # 返回响应数据，指定展示的页面为 article/articles.html
    # 同时返回自定义操作结果错误码 res_code 和 res_msg，以及要展示的文章数据 articles
    return render(request, 'article/articles.html',
                  {'res_code': '200',
                   'res_msg': '查询所有文章',
                   'articles': articles})
```

打开文章子项目的路由模块/myproject3/article/urls.py，添加并完善路由信息如下：

```
……
urlpatterns = [
    path('article/', include([
        # 查询所有文章
        path('', views.articles_list, name='articles_list'),
        ……
    ])
]
```

4. 完善查询指定编号文章的功能

通过指定编号查询数据类型的对象数据，是项目中最基本的数据查询功能。首先在存放文章相关 HTML 网页的文件夹中创建 article.html，用于展示单篇文章信息，完整的路径是/myproject3/article/templates/article/artilce.html。编辑代码如下：

```
<!DOCTYPE html>
<html lang="en">
<head>
    <meta charset="UTF-8">
    <title>查看文章详情</title>
</head>
<body>
    <h1>查看指定文章的详情</h1>
    <div>展示文章信息:{{article.title}}</div>
</body>
</html>
```

打开文章子项目的视图处理模块/myproject3/article/views.py，完善查询单篇文章信息的功能，代码如下：

```
@gzip_page
def article_detail(request, article_id):
    '''查询指定编号的文章'''
    article = get_object_or_404(Article, pk=article_id)
    return render(request, 'article/article.html',
                  {'res_code': '200',
                   'res_msg': '查看文章详情',
                   'article': article})
```

打开文章子项目的路由模块/myproject3/article/urls.py，完善查询单篇文章的路由信息，代码如下：

```
……
urlpatterns = [
    path('article/', include([
        ……
        # 查询指定编号的文章
        path('<uuid:article_id>/detail/', views.article_detail, name='article_detail'),
          ……
        ])
]
```

查询所有文章，完善文章的查询链接功能，代码如下：

```
<body>
    <!-- articles.0 表示获取从后台传递的 articles 列表中的第一个文章对象数据，
        id 是文章对象的编号属性 -->
    <a href="/article/{{articles.0.id}}/detail/">查看第一篇文章详情</a>
<body>
```

运行项目，在所有文章页面点击查看单篇文章的链接，测试是否能直接跳转到文章详情页面，跳转正常即可。

5. 完善查询作者的所有文章的功能

查询当前登录作者的所有文章的流程，和查看其他作者的所有文章的流程是一样的，我们直接使用前面创建好的 articles.html 页面来展示所有文章即可。

打开文章子项目的视图处理模块/myproject3/article/views.py，编辑代码如下：

```
@gzip_page
def articles_author(request, author_id):
    '''查询指定作者的所有文章'''
    # 查询得到作者对象
    author = get_object_or_404(Author, pk=author_id)
    # 查询作者的所有文章，使用一对多的关系进行查询
    articles = author.article_set.all()
    return render(request, 'article/articles.html',
                  {'res_code': '200',
                   'res_msg': '查询作者的所有文章',
                   'articles': articles})
```

打开文章子项目的路由模块/myproject3/article/urls.py，完善路由信息，代码如下：

```
……
urlpatterns = [
    path('article/', include([
        ……
        # 查询指定作者的文章
```

```
        path('<uuid:author_id>/', views.articles_author, name='articles_author'),
        ......
    ])
]
```

打开博客首页文件/myproject3/html/index.html，添加查询作者文章的链接如下：

```
<h3><a href="/article/{{request.session.author.id}}/">查询作者文章</a></h3>
```

运行项目，使用已有账号登录博客，在博客首页中点击查询该作者文章的链接，如果能正常跳转到所有文章页面，则说明该功能的视图部分处理完成。

6．完善查询收藏的文章的功能

一个作者可以收藏多篇文章，查询收藏的文章的功能同样是展示多篇文章信息，我们可以直接使用/myproject3/article/templates/articles.html 展示所有文章信息。

打开文章子项目的视图处理模块/myproject3/article/views.py，完善查询收藏的文章的功能，代码如下：

```
@gzip_page
def articles_collected(request, author_id):
    '''查询指定作者收藏的所有文章'''
    # 查询得到作者对象
    author = get_object_or_404(Author, pk=author_id)
    # 查询作者收藏的所有文章
    articles = author.authorprofile.articles_collected.all()
    return render(request, 'article/articles.html',
                  {'res_code': '200',
                   'res_msg': '查询作者收藏的所有文章',
                   'articles': articles})
```

打开文章子项目的路由模块/myproject3/article/urls.py，完善路由信息，代码如下：

```
......
urlpatterns = [
    path('article/', include([
        ......
        # 查询指定作者收藏的文章
        path('<uuid:author_id>/collected/', views.articles_collected,
name='articles_collected'),
        ......
    ])
]
```

在博客首页文件中添加查询作者收藏的文章的链接如下：

```
<h3><a href="/article/{{request.session.author.id}}/collected/">查询作者收藏的文
章</a></h3>
```

运行项目，使用作者账号登录系统，点击链接即可查询到该作者收藏的文章信息。

7. 完善查询喜欢的文章的功能

完善查询喜欢的文章的功能流程和完善查询收藏的文章的功能流程相同，首先打开文章子项目的视图处理模块/myproject3/article/views.py，完善功能函数如下：

```
@gzip_page
def articles_liked(request, author_id):
    '''查询指定作者喜欢的所有文章'''
    # 查询得到作者对象
    author = get_object_or_404(Author, pk=author_id)
    # 查询作者喜欢的所有文章
    articles = author.authorprofile.articles_liked.all()
    return render(request, 'article/articles.html',
                 {'res_code': '200',
                  'res_msg': '查询作者喜欢的所有文章',
                  'articles': articles})
```

完善文章子项目下的路由模块/myproject3/article/urls.py，代码如下：

```
……
urlpatterns = [
    path('article/', include([
        ……
        # 查询指定作者喜欢的文章
        path('<uuid:author_id>/liked/', views.articles_liked, name='articles_liked'),
        ……
    ])
]
```

在博客首页文件中添加查询作者喜欢的文章链接如下：

```
<h3><a href="/article/{{request.session.author.id}}/liked/">查询作者喜欢的文章</a></h3>
```

运行项目，使用作者账号登录系统，点击链接即可查询到该作者喜欢的文章信息。

8. 完善查询指定年份的文章的功能

在博客项目中，有大量作者发表了大量文章，所以存在一个特殊的功能，就是可以根据年份或者月份过滤查询具体的文章信息。视图页面还是使用前面创建好的用于展示多篇文章信息的/myproject3/article/templates/article/articles.html，在视图处理函数部分，编辑代码如下：

```
@gzip_page
def articles_year(request, year):
    '''查询指定年份的文章；year 变量会接收从路由中传递的数据'''
    articles = get_list_or_404(Article, pub_time__year=year)
    return render(request, 'article/articles.html',
                 {'res_code': '200',
                  'res_msg': '查询指定年份的文章',
                  'articles': articles})
@gzip_page
def articles_month(request, year, month):
    '''查询指定月份的文章；year 和 month 变量会接收从路由中传递的数据'''
    articles = get_list_or_404(Article, pub_time__year=year, pub_time__month=month)
```

```
    return render(request, 'article/articles.html',
                    {'res_code': '200',
                    'res_msg': '查询指定年份和月份的文章',
                    'articles': articles})
```

这里使用了数据模型查询条件中的日期时间条件，在 Django 项目中默认使用的是指定时区的时间。

比如设置了 LANGUAGE_CODE='Asia/Shanghai'，就会使用中国的标准时间，但是数据库中的时间是按照标准 UTC 格式进行存取的，Django 项目在读取数据库中的时间时默认会自动进行 UTC 时间转换，这样我们获取到的时间就会出现误差，甚至出现日期时间条件__year 或者__month 匹配错误的情况。

为了解决这个问题，我们可以修改项目配置文件，设置本地时间并且关闭 UTC 时间转换功能。打开 settings.py，修改代码如下：

```
# 设置语言环境为简体中文
LANGUAGE_CODE = 'zh-Hans'
# 设置时区格式
TIME_ZONE = 'Asia/Shanghai'
# 是否自动转换 UTC 时间，设置为 False 表示关闭转换功能
USE_TZ = False
```

修改好配置信息后，完善路由信息，代码如下：

```
……
urlpatterns = [
    path('article/', include([
        ……
        # 查询指定年份的所有文章
        path('articles/<int:year>/', views.articles_year, name='articles_year'),
        # 查询指定年份、月份的所有文章
        path('articles/<int:year>/<int:month>/', views.articles_month,
name='articles_month'),
        ……
    ])
]
```

打开博客首页文件，添加两个测试链接如下，用于测试查询指定年份、月份的文章信息：

```
<h3><a href="/article/2018/">查询 2018 年的文章</a></h3>
<h3><a href="/article/2018/12/">查询 2018 年 12 月的文章</a></h3>
```

运行项目，使用已有账号登录系统，访问博客首页，点击链接测试功能页面是否正常跳转。如果正常跳转，则会查询到指定年份、月份的文章信息。

3.4 模板语法

模板语法是 Django 项目中的一项辅助功能，主要用于在前端页面中按照要求对数据进行标

准格式的渲染展示。DTL（Django Template Language，Django 模板语言）是 Django 内置的一套语法标准，在前后端耦合的项目中，在前端页面中可以直接通过 DTL 语法渲染传递的数据。

在 DTL 语法标准中主要包含了变量展示、标签操作、控制结构、格式化过滤器以及用于模板复用的继承关系等，本节将对这些内容进行介绍，并通过实例开发，让大家对模板操作有一个深刻的认识。

3.4.1　模板语法基础

DTL 模板是一套易学易用的语法系统，入门简单、使用灵活，可以很方便地在项目中使用。下面我们先了解模板系统的各种语法习惯。

1. 变量（Variables）

对模板变量的操作，主要是将项目中已经存在的 key-value（键值对）数据，通过变量名称 key 输出 value 值的过程。使用 Mustache 语法，就是在需要展示数据的地方使用双大括号包含变量的形式进行处理。代码如下：

```
<!-- 已经存在一个变量{'user': '大牧'} -->
尊敬的用户{{user}}您好
```

在上面的代码中，在渲染时{{user}}会被自动替换成“大牧”进行展示：

```
尊敬的用户大牧您好
```

字典中的 key 对应 value 值，如果是普通数据，则直接展示即可；如果是列表、字典或者对象数据，要展示其中的数据，则可以按照如下语法进行处理：

```
<!-- key:列表数据{'names': ['shuke', 'jerry', 'beita', 'tom']}，可以根据列表下标直接获取对应的数据-->
您特别关注的用户是：{{names.1}}
<!-- key:字典数据{'user': {'name':'jerry', 'age':18]}，可以根据字典 key 直接获取对应的数据-->
最近访客：{{user.name}}
<!-- key:对象数据{'author':author }，可以根据对象属性名称直接获取对应的数据-->
昵称：{{author.nickname }}
```

2. 标签（Tag）

标签是模板语法中最重要的组成部分，包含了大量的 DTL 核心处理功能。DTL 的标签被包含在{%和%}中，如前面在注册/登录表单中使用过的：

```
# 用户令牌认证（模板标签）
{% csrf_token %}
```

标签还可以有参数，多个参数之间使用空格分隔，语法如下：

```
{% cycle 'odd' 'even'%}
```

有的标签会包含开始标签和结束标签，如选择结构标签：

```
{% if condition %}
```

```
    尊敬的用户您好
{% else %}
    您还没有登录本系统
{% endif %}
```

更多常见的模板标签，将在 3.4.2 节中进行详细介绍。

3. 过滤器（Filter）

过滤器主要在数据输出时使用，使数据以指定格式展示，示例如下：

```
# 输出变量 django 中的数据，按照 title 的格式进行展示
{{django | title}}
```

或者格式化展示处理时间，示例如下：

```
<!-- 格式化展示文章发布时间 -->
{{author.pub_time | date: 'Y-m-d'}}
```

更多过滤器的使用，请参考 3.4.3 节内容。

4. 注释（Comment）

在使用 DTL 语法的 HTML 网页中，虽然普通的注释标签<!-- -->对于 DTL 操作的内容只是在界面中不展示，但是对数据还是会进行渲染处理的。如果要屏蔽 DTL 数据渲染的过程，则需要使用 DTL 语法中的专用注释。单行注释和多行注释的代码如下：

```
{# 这是 DTL 的单行注释 #}
{% comment %}
这是 DTL 的多行注释，包含在模板标签 comment 中
{% endcomment %}
```

3.4.2 常见的模板标签操作

使用常见的模板标签操作，能大幅度提高对前端页面的数据控制能力和开发效率。常见的模板标签如表 3.9 所示。

表 3.9 常见的模板标签

标签名称	描述

autoescape	HTML 数据展示自动转义，如果展示数据中包含 HTML 标签，则可以通过该模板标签控制展示数据中的 HTML 标签是否渲染。
	`{% autoescape on%}`
	`{{content}}`
	`{% endautoescape%}`

block	块标签，用于模板继承（将在 3.4.5 节中进行详细介绍）

comment	注释标签，用于对不予渲染和展示的 DTL 进行多行注释。
	`{% comment %}`
	`要注释的多行数据`
	`{% endcomment%}`

续表

标签名称	描述

csrf_token	请求防伪造令牌标签，一般使用在 POST 表单中，用于提高数据交互的安全性。其依赖 django.middlewares.csrf.CsrfViewMiddleware 中间件的支持，该中间件默认自动添加。使用时将该标签包含到 form 中即可。
	`<form method='POST'>`
	`    {% csrf_token %}`
	`    ……`
	`</form>`

cycle	参数循环标签，每次执行该标签时都会自动获取下一个参数作为输出数据。如果所有参数全部使用完毕，则从头开始重新获取。比如做一个隔行变色的表格。
	`<table>`
	`{% for x in x_list%}`
	`    <tr class='{% cycle  'style_default'  'style_gray'%}'>`
	`        ……`
	`    </tr>`
	`{% endfor %}`
	`</table>`

debug	在前端页面中输出完整的调试信息
extends	继承标签，用于模板继承（将在 3.4.5 节中进行详细介绍）

filter	过滤器标签，可以通过定义一个或者多个过滤器，过滤要输出的数据内容。
	`{% filter force_escape|lower %}`
	`    This text will be HTML-escaped, and will appear in all lowercase.`
	`{% endfilter %}`

firstof	输出所有参数中第一个不为 False 的变量数据。 `尊敬的用户{% firstof  user  '游客'%}您好，欢迎访问本系统`

for	模板语法中的循环标签，类似于 Python 中的 for...in 循环语句。
	`{% for article in articles%}`
	`    <div>{{article.title}}</div>`
	`{% endfor %}`

for…empty	对 for 循环的一种功能补充处理，判断循环中是否存在数据，如果不存在数据，则直接执行 empty 中的代码。
	`{% for article in articles%}`
	`<div>{{article.title}}</div>`
	`{% empty %}`
	`    <div>当前用户没有发表任何文章</div>`
	`{% endfor %}`

if	选择结构标签，类似于 Python 中的 if 语句。
	`{% if request.session.user %}`
	`    <a href='#'>登录</a><a href='#'>注册</a>`
	`{% else %}`
	`    <a href='#'>退出登录</a>`
	`{% endif %}`

续表

<table>
<tr><th>标签名称</th><th>描述</th></tr>
<tr><td>ifequal/ifnotequal</td><td>

对 if 选择结构的补充，用于直接判断两个数据是否相等。

```
# 判断当前登录用户是否是文章作者，来决定是否显示修改文章选项
{% ifequal  request.session.user  article.author%}
    <a href='#'>编辑文章</a> <a href='#'>查看文章</a>
{% else %}
    <a href='#'>查看文章</a>
{% endif %}
```

</td></tr>
<tr><td>load</td><td>

加载自定义模板标记的标签，该标签使用得较多。

```
{% load  sometag %}
```

</td></tr>
<tr><td>now</td><td>

根据给定的时间格式展示当前时间。

```
现在时间是：{% now 'jS F Y H:i'%}
```

</td></tr>
<tr><td>static</td><td>

静态文件加载标签，从指定的静态路径中加载网页静态文件。

```
<script src=' {% static 'js/app/index.js'%}'></script>
```

</td></tr>
<tr><td>spaceless</td><td>

移除 HTML 标签之间的空格，在进行页面优化时使用。

```
{% spaceless %}
    <p>
        <a href="foo/">Foo</a>
    </p>
{% endspaceless %}
```

输出结果如下：

```
<p><a href="foo/">Foo</a></p>
```

</td></tr>
<tr><td>templatetag</td><td>

模块语法中的模板标记标签，一般和其他框架语法配合使用。如果 DTL 语法和其他框架（如前端开发框架 Vue.js）语法有冲突，则可以使用该标签替代。定义如下：

- openblock {%
- closeblock %}
- openvariable {{
- closevariable }}
- openbrace {
- closebrace }
- opencomment {#
- closecomment #}

语法如下：

```
{% templatetag openvariable %}
    entry_list
{% templatetag closevariable %}
```

等价于：

```
{{entry_list}}
```

</td></tr>
<tr><td>url</td><td>

URL 路径匹配标签，可以将网页中的硬编码转换成可配置的格式。

```
<a href='{% url  'article:article_author'  author_id%}'>
    我的文章
</a>
```

</td></tr>
</table>

如果想了解更多的相关标签，请参考 Django 官方文档。

3.4.3　常见的过滤器操作

常见的过滤器操作和模板标签操作同等重要，常见的过滤器如表 3.10 所示。

表 3.10　常见的过滤器

过滤器	描述
add	数据加法运算过滤器。{'value': 4}的操作代码如下： `{{ value|add:"2" }}` value 变量的输出结果为 6
capfirst	标题过滤器，将英文单词的第一个字母转换为大写。{'value': 'django'}的操作代码如下： `{{ value|capfirst }}` value 变量的输出结果为 Django
center	给定展示数据的宽度，将数据展示在宽度中间位置。 `{{ value|center:'15'}}`

cut	从给定的字符串中删除所有参数指定的数据。
	`# 删除 value 的所有空格数据`
	`{{ value|cut:" "}}`

date	日期格式过滤器，根据给定的格式格式化日期。 `{{value|date:'Y-m-d G:i:s'}}` 常见的数据格式化字符如下： • d　一个月中的第几天　'01' ~ '31' • j　一个月中的第几天　'1' ~ '31' • D　星期简化表示　'Fri' • l　星期完整表示　'Friday' • S　2 个字符表示的天数　'st', 'nd', 'rd' , 'th' • w　整数表示的星期　'0' (Sunday) ~ '6' (Saturday) • z　一年中的第几天　0 ~ 365 • W　一年中的第几周　1, 53 • m　一年中的第几月　'01' ~ '12' • n　一年中的第几月　'1' ~ '12' • M　3 个字符表示的月份　'Jan' • b　3 个字符表示的月份　'jan' • F　月份完整表示　'January' • N　月份简化表示　'Jan.', 'Feb.', 'March', 'May'

续表

<table>
<tr><th>过滤器</th><th>描述</th></tr>
<tr><td></td><td>• y　2 位数的年份表示　'99'
• Y　4 位数的年份表示　'1999'
• g　12 小时制小时　'1' ~ '12'
• G　24 小时制小时　'0' ~ '23'
• h　12 小时制小时　'01' ~ '12'
• H　24 小时制小时　'00' ~ '23'
• i　分钟　'00' ~ '59'
• s　秒钟　'00' ~ '59'
• u　微秒　000000 ~ 999999
• a　'a.m.'或者'p.m.'表示的上午或者下午　'a.m.', 'p.m.'
• A　'AM'或者'PM'表示的上午或者下午　'AM', 'PM'</td></tr>
<tr><td>default</td><td>设置默认值，如果输出变量的布尔数据为 False，则使用默认值替换。
展示期望的月薪
{{salary|default:"面议"}}</td></tr>
<tr><td>default_if_none</td><td>default 的一种扩展功能，仅当输出变量数据为 None 时，输出默认数据。
展示期望的月薪
{{salary|default_if_none:"面议"}}</td></tr>
<tr><td>dictsort</td><td>按钮默认排序，将给定的字典数据排序输出。
{{value|dictsort:'field'}}</td></tr>
<tr><td>dictsortreversed</td><td>与 dictsort 的功能类似，将字典数据按照默认排序的反序输出</td></tr>
<tr><td>divisibleby</td><td>如果给定的 value 数据能被指定的参数整除，则返回 True，否则返回 False。一般结合 if 使用。
{{value|divisbleby:"3"}}
如果 value 数据是 21，则输出 True</td></tr>
<tr><td>escape</td><td>转义过滤器，一般在 autoescape 为 False 时使用，如“<”会被转义为<</td></tr>
<tr><td>escapejs</td><td>JS 语法转义过滤器，该过滤器不保证数据的安全性，请慎重使用</td></tr>
<tr><td>filesizeformat</td><td>将 value 数据转换成可读性较好的数据格式。
{{value|filesizeformat}}
如果 value 数据为 123456789，则输出结果为 117MB</td></tr>
<tr><td>first</td><td>查询并返回列表中的第一个数据。
{{ value|first }}
如果 value=['shuke', 'beita']，则输出结果为 shuke</td></tr>
</table>

续表

<table>
<tr><th>过滤器</th><th>描述</th></tr>
<tr><td>floatformat</td><td>针对网页模板输出数据的小数部分进行处理，默认保留 1 位小数。
<pre>
value: 34.2323
{{ value|floatformat }} # 输出结果：34.2
value: 34.0000
{{ value|floatformat }} # 输出结果：34
value: 34.5323
{{ value|floatformat:'0' }} # 输出结果：35
value: 34.2000
{{ value|floatformat:'0' }} # 输出结果：34
value: 34.5323
{{ value|floatformat:'3' }} # 输出结果：34.532
value: 34.0000
{{ value|floatformat:'3' }} # 输出结果：34.000
</pre></td></tr>
<tr><td>join</td><td>将列表数据按照指定的字符进行拼接，类似于 Python 中的 join 函数。
<pre>
{{ value|join:"-"}}
</pre>
如果 value=['后端', 'python', '人工智能']，则输出：后端-python-人工智能</td></tr>
<tr><td>json_script</td><td>将一个 Python 对象按照 JSON 数据格式安全地输出到<script>标签中，生成的数据可以直接在 JavaScript 中访问</td></tr>
<tr><td>last</td><td>和 first 相对应，输出列表中的最后一个数据。
<pre>
{{ value|last }}
</pre></td></tr>
<tr><td>length</td><td>输出指定 value 数据的长度。
<pre>
{{ value | length }}
</pre></td></tr>
<tr><td>length_is</td><td>如果 value 数据的长度和给定参数相同，则返回 True。
<pre>
{{ value|length_is:"10" }}
</pre></td></tr>
<tr><td>linebreaks</td><td>使用适当的 HTML 标签替换纯文本中的换行符，将单个换行符替换成 HTML 中的
，如果是一个空行，则替换成<p>。
<pre>
{{ value|linebreaks }}
</pre></td></tr>
<tr><td>linebreaksbr</td><td>将一段纯文本中的所有换行符替换成
</td></tr>
<tr><td>linenumbers</td><td>显示带行号的文本数据。
<pre>
{{value|linenumbers }}
</pre></td></tr>
<tr><td>ljust</td><td>给定一个宽度，文本左对齐输出数据。
<pre>
{{ value|ljust:"10"}}
</pre></td></tr>
<tr><td>lower</td><td>将 value 数据全部转换为小写。
<pre>
{{ value|lower }}
</pre></td></tr>
<tr><td>make_list</td><td>将 value 数据转换成列表进行处理。
<pre>
{{ value|make_list}}
</pre>
如果 value 数据为 Joel，则会转换成['J', 'o', 'e', 'l']；如果 value 数据为 123，则会转换成['1', '2', '3']</td></tr>
<tr><td>random</td><td>随机输出给定列表中的一个数据。
<pre>
{{ value|random }}
</pre></td></tr>
</table>

续表

<table>
<tr><th>过滤器</th><th>描述</th></tr>
<tr><td>rjust</td><td>给定一个宽度，value 数据按照右对齐方式进行展示。
{{ value|rjust }}</td></tr>
<tr><td>slice</td><td>对指定的列表数据进行切片输出。
{{ value|slice:"2" }}
如果 value 数据是['a', 'b', 'c']，则输出['a', 'b']</td></tr>
<tr><td>time</td><td>根据指定格式转换时间数据。
{{value|time:'H:i'}}</td></tr>
<tr><td>timesince</td><td>查询返回一个时间间隔。比如在下面的例子中，c_time 表示 12 月 12 日 0 点，f_time 表示 12 月 12 日 8 点，输出 8 小时。
{{ c_time|timesince:f_time}}</td></tr>
<tr><td>timeuntil</td><td>与 timesince 类似，查询返回指定日期之间的时间差值</td></tr>
<tr><td>title</td><td>标题过滤器，将英文单词转换为首字母大写，其他字母小写。
{{ value|title }}</td></tr>
<tr><td>truncatechars</td><td>按照指定长度截断字符串，并以“...”符号结尾。
{{ value|truncatechars:10}}</td></tr>
<tr><td>truncatewords</td><td>按照一定的英文单词数量进行截断输出。
{{ value|truncatewords:2}}</td></tr>
<tr><td>upper</td><td>将所有的小写字母转换成大写字母输出。
{{ value|upper }}</td></tr>
<tr><td>urlize</td><td>转换 value 中输出的数据，将其中的所有 URL 地址和电子邮件地址转换成<a>标签包含的链接数据。
{{ value | urlize }}</td></tr>
<tr><td>urlizetrunc</td><td>转换 value 中输出的数据，将其中的所有 URL 地址和电子邮件地址转换成<a>标签包含的链接数据，但是会按照指定的参数进行截断。
{{ value | urlizetrunc:10 }}</td></tr>
<tr><td>wordcount</td><td>查询字符总数。
{{ value | wordcount }}</td></tr>
</table>

3.4.4 模板高级操作：模板继承

在开发项目时，前端网页视图中会出现大量的冗余代码，在 DTL 模板语法中提供了一种继承语法，让网页的模板通过继承方式解决代码冗余问题。

在模板继承操作中，主要使用的模板标签如表 3.11 所示。

表 3.11 模板继承操作标签

标签名称	描述
block	块定义标签，定义可以替换的代码块
extends	继承标签，用于当前 HTML 网页从另一个模板继承数据

在网页模板的继承操作中，可以定义公共的 HTML 网页作为父模板，不同功能的网页数据展示部分的代码可能不同，在父模板中将不同的部分使用 block 标签进行定义，方便继承后重写该部分代码。每一个子网页继承父模板之后，都可以对不同的部分进行个性化定义。网页模板的继承关系如图 3.6 所示。

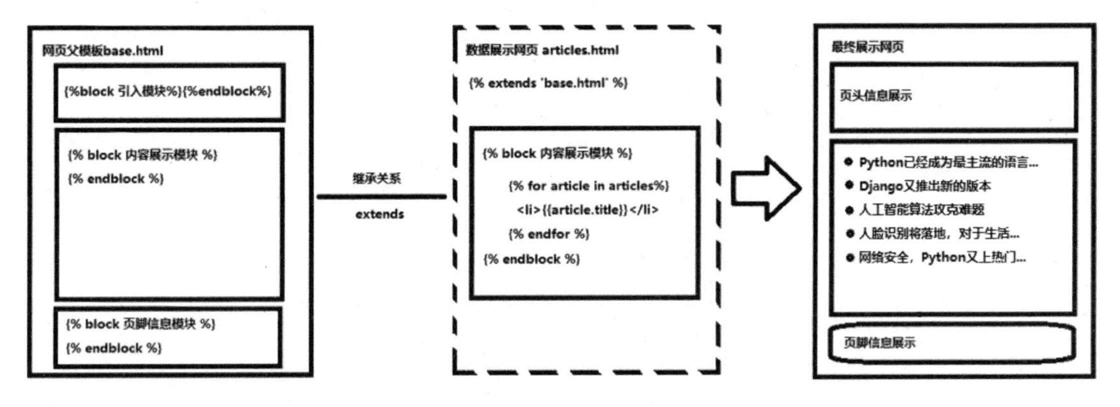

图 3.6　网页模板的继承关系

重构博客项目，在博客项目的 myproject3/html/目录下创建用于继承的网页父模板 base.html，编辑内容如下：

```
<!DOCTYPE html>
<html lang="en">
<head>
    <meta charset="UTF-8">
    <title>{% block title %}博客{% endblock %}</title>
    {% block cssblock %}
    <!-- 样式引入模块 -->
    {% endblock %}
</head>
<body>
    {% block page_header%}
    <h1>博客页头部分</h1>
    {% endblock %}
    {% block page_body%}
    <h2>博客主题展示内容部分</h2>
    {% endblock %}
    {% block page_footer%}
    <h3>博客页脚部分</h3>
    {% endblock %}
    {% block jsblock %}
    <!-- JavaScript 脚本引入模块 -->
    {% endblock %}
</body>
</html>
```

对博客首页进行重构，完善首页网页视图，打开 myproject3/html/index.html，修改代码如下：

```
{% extends 'base.html' %}
```

```
    {% block title %}博客首页{% endblock %}
    {% block page_body%}
    <div>
        <h3>当前登录用户账号：{{request.session.author.username}}</h3>
        <h3>当前登录用户姓名：{{request.session.author.realname}}</h3>
        <h3><a href="/article/{{request.session.author.id}}/">查看作者文章</a></h3>
        <h3><a href="/article/{{request.session.author.id}}/collected/">查看作者收藏
的文章</a></h3>
        <h3><a href="/article/{{request.session.author.id}}/liked/">查看作者喜欢的文
章</a></h3>
        <h3><a href="/article/2018/">查看 2018 年的文章</a></h3>
        <h3><a href="/article/2018/11/">查看 2018 年 11 月的文章</a></h3>
    </div>
    <h1>博客首页</h1>
    <a href="{% url 'article:articles_list'%}">查看所有文章</a>
    <a href="{% url 'article:articles_author' '91505a67-bc5e-4050-a61a-cc7a295f6ad9'%}">
查看指定作者 damu 的文章</a>
    <a href="{% url 'article:articles_liked' '7e48ee7e-9e37-4e61-ba2c-e6cddb7bc8ef'%}">
查看指定作者 mumu 喜欢的文章</a>
    <a href="{% url 'article:articles_collected' '7e48ee7e-9e37-4e61-ba2c-e6cddb7bc8ef'%}">
查看指定作者 mumu 收藏的文章</a>
    <a href="{% url 'article:articles_year'  2018 %}">查看 2018 年的文章</a>
    <a href="{% url 'article:articles_month'  2018  '12'%}">查看 2018 年 12 月的文章</a>
    {% endblock %}
```

从代码中可以看到，重构后的首页代码，只是重写了继承的 page_body block 和 title block 部分，其他内容直接继承使用。

运行项目，登录系统，跳转到首页时将看到父模板 base.html 和 index.html 结合之后的网页视图，如图 3.7 所示。

图 3.7 继承模板后的博客首页视图

3.4.5　案例开发：博客网页数据渲染

结合模板语法和视图处理函数，重构博客项目的视图部分，分别完成与文章相关的各项功能。

1. 查看文章列表

修改文章子项目中的查看文章列表网页视图，打开/myproject3/article/templates/article/articles.html，编辑代码如下：

```
{% extends 'base.html' %}
{% block title %}查看文章列表{% endblock %}
{% block page_body %}
    <!-- articles.0 表示获取从后台传递的 articles 列表中的第一个文章对象数据，id 是文章对象的编号属性 -->
    <a href="/article/{{articles.0.id}}/detail/">查看第一篇文章详情</a>
    <ul>
    {% for article in articles %}
        <li>文章标题:<a href="{% url 'article:article_detail' article.id%}"><{{article.title}}></a></li>
    {% empty %}
        <li>目前没有发表任何文章</li>
    {% endfor %}
    </ul>
{% endblock %}
```

修改完文章列表网页视图之后，与文章相关的如查看所有文章、查看作者的所有文章、查看收藏的所有文章、查看喜欢的所有文章、查看指定年份的文章、查看指定年份和月份的文章等功能，都能正常使用了。比如查看所有文章，网页视图如图 3.8 所示。

图 3.8　查看所有文章的网页视图

2. 查看文章详情

修改文章子项目中的文章详情网页视图，打开/myproject3/article/templates/article/article.html，编辑代码如下：

```
{% extends 'base.html' %}
{% block title %}文章详情{% endblock %}
{% block page_body %}
<h2>{{article.title}}</h2>
```

```
    <ul>
        <li>发布时间：{{article.pub_time | date:'Y-m-d G:i'}}</li>
        <li>作者：
        {% firstof article.author.nickname article.author.realname article.author.
username %}
        </li>
    </ul>
    <p>
        {{article.content}}
    </p>
    <h3><a href="{% url 'common:index' %}">返回首页</a></h3>
    {% endblock %}
```

修改完文章详情网页视图之后，在文章列表界面中点击“查看文章”，就可以通过编号查看到该文章的详细信息。查看文章详情的网页视图如图 3.9 所示。

图 3.9　查看文章详情的网页视图

3. 发表文章

“发表文章”是博客项目中文章数据的入口点，现在结合实际需求重构文章数据模型，在发表文章时需要选择文章类型（原创、转载、翻译）、文章标签（自定义标签，方便对文章关键词进行检索）以及是否私密文章（私密文章只能自己查看）。

首先打开文章子项目中的数据模型模块/myproject3/article/models.py，添加如下模型类的定义：

```
from uuid import uuid4
from django.urls import reverse
from django.db import models
class ArticleSource(models.Model):
    '''文章类型：原创、转载、翻译'''
    ARTICAL_TYPES = (
        ('1', '原创'),
        ('2', '转载'),
        ('3', '翻译'),
    )
    # 编号
    id = models.UUIDField(verbose_name='类型编号', auto_created=True,
                          default=uuid4, primary_key=True)
```

```
        # 描述
        name = models.CharField(verbose_name='文章标题',
                                max_length=20, choices=ARTICAL_TYPES)
    class ArticleTag(models.Model):
        '''文章自定义标签'''
        # 编号
        id = models.UUIDField(verbose_name='标签编号', auto_created=True,
                              default=uuid4,  primary_key=True)
        # 描述
        name = models.CharField(verbose_name='标签标题', max_length=20)
    class ArticleSubject(models.Model):
        '''文章专题'''
        # 编号
        id = models.UUIDField(verbose_name='专题编号', auto_created=True,
                              default=uuid4, primary_key=True)
        # 描述
        name = models.CharField(verbose_name='专题标题', max_length=20)
    class Article(models.Model):
        '''文章类型'''
        ……
        # 文章作者
        author = models.ForeignKey('author.Author', on_delete=models.CASCADE)
        # 文章类型
        source = models.ForeignKey(ArticleSource,
                                   on_delete=models.SET_NULL, null=True,blank=True)
        # 文章专题
        subject = models.ForeignKey(ArticleSubject,
                                   on_delete=models.SET_NULL, null=True,blank=True)
        # 文章自定义标签
        tags = models.ManyToManyField(ArticleTag, related_name='articletags')
        # 私密文章
        is_secure = models.BooleanField(verbose_name='是否私密文章', default=False)
        ……
        def get_absolute_url(self):
            # 反向解析查看文章详情的路由
            return reverse('article:article_detail', kwargs={'article_id': self.id})
```

（1）发表文章网页视图

在文章子项目的/myproject3/article/templates/article/文件夹下，创建发表文章的网页视图文件 article_publish.html，代码如下：

```
    {% extends 'base.html' %}
    {% block title %}发表文章{% endblock %}
    {% block page_body %}
    <form action="{% url 'article:article_publish'%}" method="POST">
        {% csrf_token %}
        文章标题：<input type="text" name="atitle" id="atitle"><br />
        发布内容：<textarea name="acontent" id="acontent" cols="30" rows="10">
</textarea><br />
        文章类型：
        <select name="articlesource" id="articlesource">
```

```
        {% for source in sources%}
        <option value="{{source.id}}">{{source.name}}</option>
        {% endfor %}
    </select><br />
    添加自定义标签（使用逗号分隔）：<input type="text" name="articletag" id="articletag"><br />
    <input type="submit" value="发表文章">
</form>
{% endblock %}
```

（2）发表文章视图处理函数

展示发表文章的网页，处理发表文章的数据，视图处理函数的代码如下：

```
def article_publish(request):
    '''发表文章'''
    # 查看所有文章的来源
    article_sources = ArticleSource.objects.all()
    if request.method == "GET":
        # 渲染并返回发表文章的网页
        return render(request, 'article/article_publish.html',
                      {'res_code': '200',
                       'res_msg': '查看指定年份和月份的文章',
                       'article_sources': article_sources})
    elif request.method == "POST":
        # 获取发表文章的数据（标题、内容、类型、标签）
        atitle = request.POST.get('articletitle')
        acontent = request.POST.get('articlecontent')
        asource = request.POST.get('articlesource')
        atags = request.POST.get('articletag')
        try:
            # 查询得到文章类型数据
            article_source = ArticleSource.objects.get(pk=asource)
            # 创建并存储文章数据
            article = Article(title=atitle, content=acontent,
                              author=request.session['author'],
                              source=article_source)
            article.save()
            # 创建文章类型对象并存储到数据库中
            atags = atags.split(',')
            for atag in atags:
                article_tag = ArticleTag(name=atag)
                article_tag.save()
                article.tags.add(article_tag)
            # 发表文章完成，跳转到文章详情网页视图
            # 自动调用 article 对象中的 get_absolute_url()方法获取路由
            return redirect(article)
        except Exception as e:
            return render(request, 'article/article_publish.html',
                      {'res_code': '-1',
                       'res_msg': '发表文章失败',
                       'article_sources': article_sources})
```

完善路由模块中的路由映射信息，代码如下：

```
……
urlpatterns = [
    path('article/', include([
        ……
        # 发表文章
        path('publish/', views.article_publish, name='article_publish'),
        ……
    ])
]
```

（3）单元测试：发表文章功能

登录系统，点击首页中的“发表文章”按钮，打开如图 3.10 所示的发表文章网页视图。

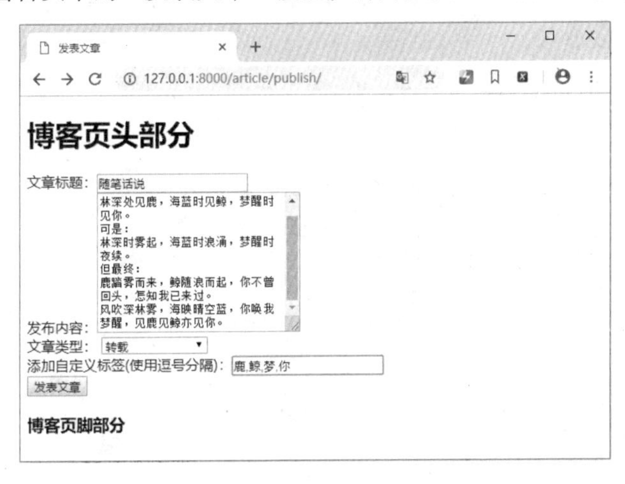

图 3.10　发表文章网页视图

填写好相关信息后，点击“发表文章”按钮，将自动跳转到文章详情网页视图，如图 3.11 所示。

图 3.11　文章详情网页视图

4. 喜欢文章和收藏文章

重构文章详情网页视图，打开/myproject3/article/templates/article/article.html，添加喜欢文章和收藏文章的链接（其中喜欢功能和收藏功能的路由暂时没有实现），代码如下：

```
    ......
    <li>发布时间：{{article.pub_time | date:'Y-m-d G:i'}}</li>
    <li>作者：{% firstof article.author.nickname article.author.realname article.
author.username %}</li>
    <li><a href="{% url 'article:article_like' article.id %}">喜欢</a> |
        <a href="{% url 'article:article_collect' article.id %}">收藏</a>
    </li>
    ......
```

重构文章子项目中的视图处理模块/myproject3/article/views.py，添加喜欢文章和收藏文章的视图处理函数，代码如下：

```
    def article_like(request, article_id):
        '''喜欢文章'''
        # 查询喜欢的文章
        article = Article.objects.get(pk=article_id)
        # 查询当前登录的作者
        author = request.session['author']
        # 喜欢文章
        author.authorprofile.articles_liked.add(article)
        # 跳转到当前文章页面
        return redirect(article)
    def article_collect(request, article_id):
        '''收藏文章'''
        # 查询收藏的文章
        article = Article.objects.get(pk=article_id)
        # 查询当前登录的作者
        author = request.session['author']
        # 收藏文章
        author.authorprofile.articles_collected.add(article)
        # 跳转到当前文章页面
        return redirect(article)
```

完善喜欢文章和收藏文章的路由映射信息，代码如下：

```
    ......
    urlpatterns = [
        path('article/', include([
            ......
            # 喜欢文章
            path('<uuid:article_id>/like/', views.article_like, name='article_like'),
            # 收藏文章
            path('<uuid:article_id>/collect/', views.article_collect, name='article_collect'),
            ......
        ])
    ]
```

运行项目，使用已有账号或者注册新账号登录系统之后，查看任意文章详情，可以点击“喜欢”或者“收藏”，并且可以在当前用户的首页查看到喜欢的或者收藏的所有文章信息。

3.5　静态文件处理

博客的用户和文章相关功能的开发基本已经完成，在此基础上，用户的使用体验也是项目尤为重要的组成部分。本节将介绍针对前端内容的优化，对项目中的静态文件进行配置处理，结合 HTML 网页提升用户体验。

3.5.1　项目开发架构规范

实现 Django 的前后端耦合开发架构，一般有两种开发模式，它们都是符合模块化开发规范的处理方式。分别如下：

1. 项目功能分布架构

项目中每个功能的相关文件都分布在独立构建的模块中，从前端页面到后端实现都包含在一个模块内部。按照这种模式开发的项目，其每个模块的可插拔性很高，这对于项目功能的升级和后期的维护有一定的好处，如图 3.12 所示。

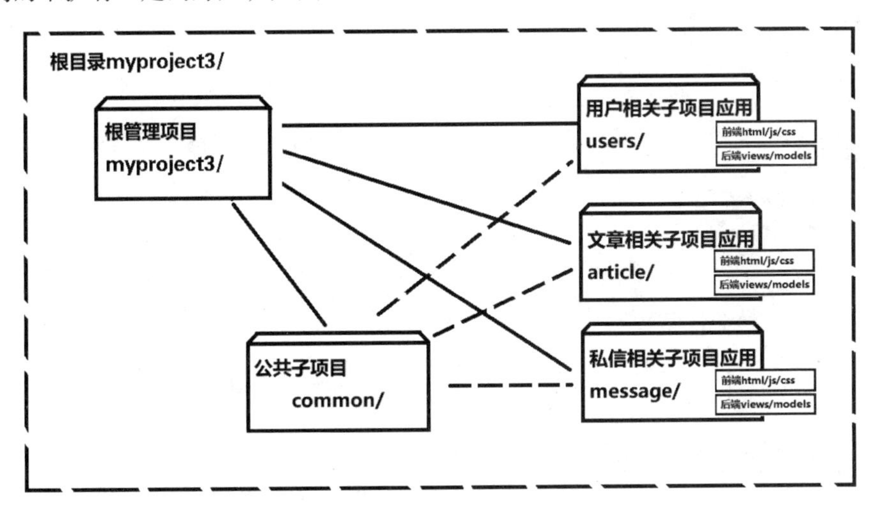

图 3.12　项目功能分布架构示意图

2. 项目前后端垂直架构

项目中所有的前端网页视图是独立存放在一起的，这是随着专业的前端开发工程师的出现而出现的一种项目结构，是前后端分离开发的雏形。这种开发模式对于项目前端的升级、迁移有非常大的优势，对于开发多终端（PC 端、移动端等）界面有非常大的好处，如图 3.13 所示。

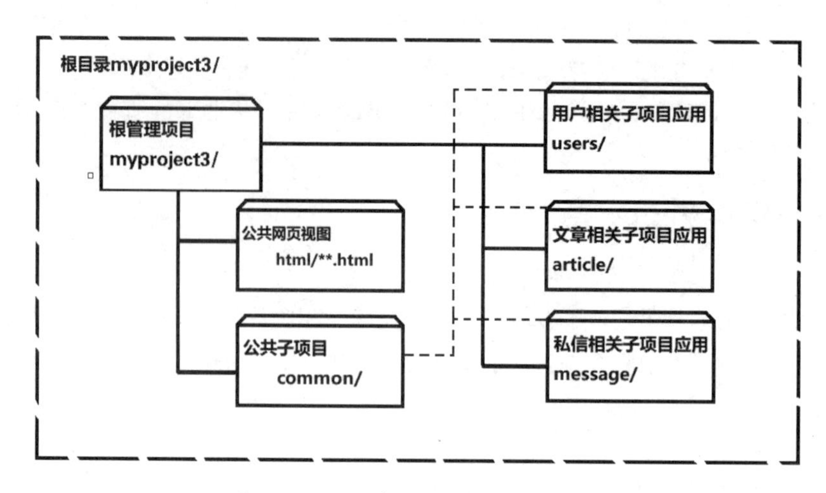

图 3.13 项目前后端垂直架构示意图

在博客项目中，主要按照第一种架构模式实现 Web 应用。在处理的过程中，每一个子项目的前端页面和静态文件部分需要独立开发配置，Django 对这样的配置进行封装，按照一定的开发规范统一处理，提高了开发和维护的效率。

3.5.2 静态文件配置

根管理项目的前端开发，其实就是开发所有子项目共同使用的 HTML 网页和附带的静态文件，静态文件包括 CSS、JavaScript 脚本、字体、图片等文件。

（1）HTML 网页文件配置

首先在博客项目的根目录下创建一个文件夹 html，用于存放 HTML 网页文件。项目文件结构如下：

```
|-- myproject3/                    # 博客项目的根目录
    |-- myproject3/                # 博客项目的根管理项目
    |-- html/                      # 博客项目的公共网页文件存放位置
        |-- index.html
    |-- others/                    # 其他子项目配置
    |-- manage.py
```

然后打开博客项目的配置文件，将 html 文件夹配置到 Django 查询网页文件的路径中，这样在查询网页文件时就会自动扫描 html 文件夹中的文件。配置如下：

```
TEMPLATES = [
    {
        'BACKEND': 'django.template.backends.django.DjangoTemplates',
        # 使用 os 模块的路径拼接函数，BASE_DIR 是在配置文件中配置的根目录路径的变量
        'DIRS': [os.path.join(BASE_DIR, 'html'),],
        'APP_DIRS': True,
        'OPTIONS': {
            'context_processors': [
```

```
                'django.template.context_processors.debug',
                'django.template.context_processors.request',
                'django.contrib.auth.context_processors.auth',
                'django.contrib.messages.context_processors.messages',
            ],
        },
    },
]
```

配置完成后，如果在 html 文件夹中存放了 index.html 文件，那么在任意子项目的视图处理函数中都可以按照如下方式进行视图渲染响应：

```
def views_functions(request):
    # do something
    return render(request, 'index.html', {})
```

在博客项目中，在 common 子项目的视图处理模块 views.py 中定义的返回首页的视图处理函数 index()，采用的就是上述配置。

（2）静态资源配置

一个完整的前端网页少不了样式的修饰、图片的展示以及 JavaScript 脚本渲染的动作和特效，因此需要对根管理项目的静态文件按照开发规范进行配置。首先按照如下结构创建相应的文件夹：

```
|-- myproject3/                # 博客项目的根目录
    |-- myproject3/            # 博客项目的根管理项目
    |-- html/                  # 博客项目的公共网页文件存放位置
    |-- static/                # 存放博客项目的公共静态资源的文件夹
        |-- images/            # 存放公共图片的文件夹
        |-- css/               # 存放公共样式表文件的文件夹
            |-- index.css      # 首页文件 index.html 中要使用的样式
        |-- js/                # 存放公共 JavaScript 脚本的文件夹
            |-- apps/          # 存放自定义开发的 JavaScript 脚本的文件夹
                |-- index.js   # 首页文件 index.html 中要使用的 JavaScript 脚本文件
            |-- libs/          # 存放第三方前端组件/框架的文件夹，如 jQuery
    |-- others/                # 其他子项目配置
    |-- manage.py
```

然后修改配置文件 settings.py，添加静态资源配置信息：

```
# 在根目录下添加存放公共静态资源的文件夹
STATICFILES_DIRS = [
    os.path.join(BASE_DIR, 'static')
]
```

同时修改 index.css 文件，添加 CSS 样式，并引入博客首页文件 html/index.html 中，代码如下：

```
#--------------- myproject3/static/css/index.css
h3{
    color:#0e84b5;
    font-weight: bold;
    font-size:22px;
}
#--------------- myproject3/html/index.html
……
{% block cssblock %}
<!-- 加载 static 模板标签 -->
{% load static %}
<!-- 通过 static 模板标签直接引入 CSS 样式表文件 -->
<link rel="stylesheet" href="{% static 'css/index.css' %}">
{% endblock %}
……
```

运行项目，访问 http://localhost:8000，打开博客首页，观察样式应用情况，可以发现样式资源已经被正确应用到 HTML 网页中，效果如图 3.14 所示。其他静态资源文件的引入方式和样式表文件的引入方式基本相同，都是通过{% static %}引入的。

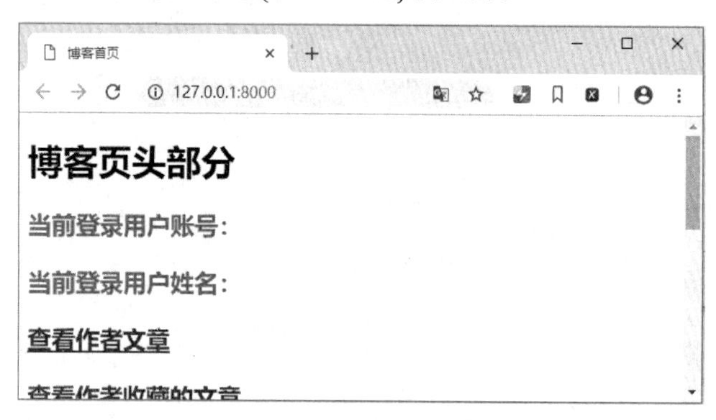

图 3.14　CSS 资源应用效果

3.5.3　子项目的静态文件配置

相比于根目录下的公共网页和公共静态资源的配置，子项目的静态文件配置要简单得多。

1. HTML 网页文件配置

在 Django 项目中，任意子项目的静态文件都被存放在该子项目的 templates/文件夹中。templates/文件夹是 django.temlate.backends.django.DjangoTemplates 实例在项目启动时自动扫描添加的，该类型中已经定义了指定的文件夹名称。源代码如下：

```
class DjangoTemplates(BaseEngine):
    app_dirname = 'templates'
    ……
```

所以对子项目中的网页文件不需要进行任何配置，只需要创建 templates/文件夹即可。

但是如果在当前子项目的 templates/中存放的 HTML 网页文件和其他子项目中或者根目录下的 HTML 网页文件重名，就会出现视图渲染问题。比如在用户模块中创建了用户的首页文件 author/templates/index.html，而在根目录下的公共网页文件中存在/myproject3/html/index.html，此时如果在视图处理函数中渲染返回视图，代码如下：

```
def views_functions(request):
    # do something
    return render(request, 'index.html', {})
```

就会优先查询到 settings.py 中配置的公共网页文件/myproject3/html/index.html，而 author/templates/index.html 则由于路径问题而无法被加载渲染。所以，在子项目的静态文件配置中，需要添加与子项目同名的文件夹用于路径隔离，这样就不会发生冲突了。项目文件结构如下：

```
|-- myproject3/                # 博客项目的根目录
    |-- myproject3/            # 博客项目的根管理项目
    |-- html/                  # 博客项目的公共网页文件存放位置
        |-- index.html         # 公共网页文件中的首页文件 index.html
    |-- static/                # 存放博客项目的公共静态资源的文件夹
    |-- author/                # 其他子项目配置
        |-- templates/         # 子项目的网页文件存放位置
            |-- author/        # 用于网页文件路径隔离的文件夹，一般与子项目同名
                |-- index.html # 作者模块中的 index.html
    |-- manage.py
```

如果想在视图处理函数中返回相应的网页，则可以按照如下方式进行处理：

```
def views_functions1(request):
    # do something
    # 返回公共首页
    return render(request, 'index.html', {})
def views_functions2(request):
    # do something
    # 返回 author 中的 index.html
    return render(request, 'author/index.html', {})
```

2. 静态资源配置

相比于根管理项目的静态资源配置，对子项目的静态资源不需要进行任何配置，只需要在子项目中创建 static/文件夹即可，Django 会自动搜索加载 static/文件夹下的静态资源。

需要注意的是，静态资源和网页文件一样，也会出现同名路径下静态资源文件名称冲突的问题。解决方法是只需要在 static/文件夹中创建与子项目同名的文件夹用于路径隔离即可。项目文件结构如下：

```
|-- myproject3/                # 博客项目的根目录
    |-- myproject3/            # 博客项目的根管理项目
    |-- html/                  # 博客项目的公共网页文件存放位置
```

```
        |-- index.html          # 公共网页文件中的首页文件 index.html
    |-- static/                 # 存放博客项目的公共静态资源的文件夹
        |-- css/                # 存放公共样式表文件的文件夹
            |-- index.css       # 公共样式表文件
    |-- author/                 # 其他子项目配置
    |-- templates/              # 子项目的网页文件存放位置
        |-- author/             # 用于网页文件路径隔离的文件夹，一般与子项目同名
            |-- index.html      # 作者模块中的 index.html
    |-- static/                 # 存放子项目的静态文件的文件夹
        |-- author/             # 用于子项目的静态文件路径隔离的文件夹
            |-- css/            # 存放子项目的样式表文件的文件夹
                |-- author_index.css        # 子项目中使用的样式表文件
    |-- manage.py
```

3.5.4 案例开发：完善博客项目的网页视图

在前面的 3.4 节中已经完成了与博客文章相关的业务功能的开发实现，本节将对网页视图进行优化处理。首先使用 Bootstrap 框架开发博客项目的前端网页视图。前端网页文件结构如下：

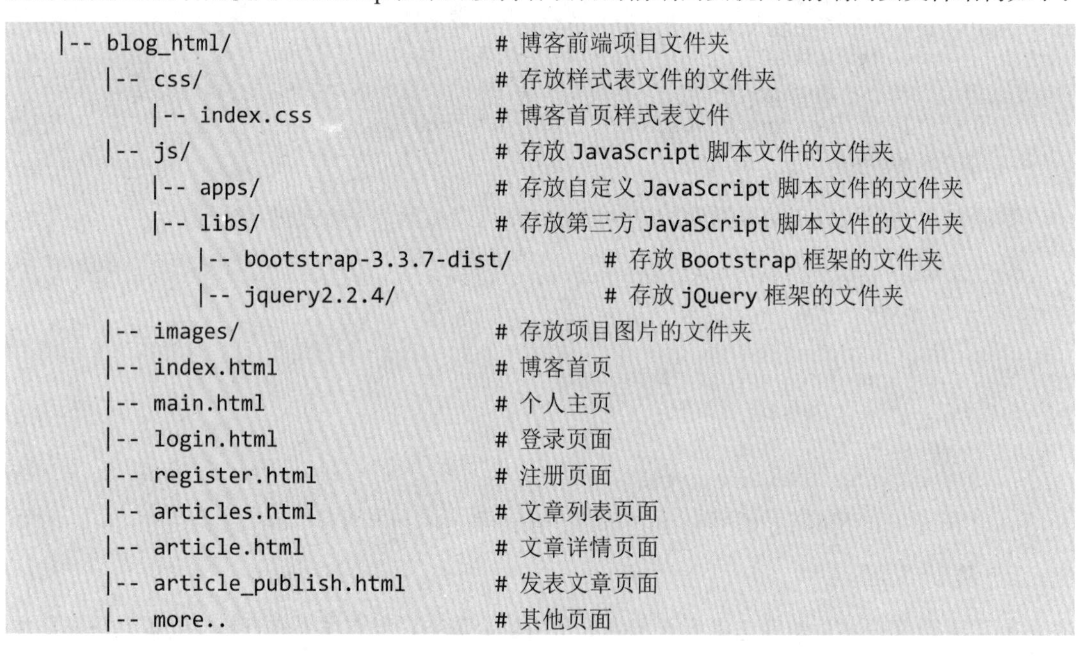

```
|-- blog_html/                      # 博客前端项目文件夹
    |-- css/                        # 存放样式表文件的文件夹
        |-- index.css               # 博客首页样式表文件
    |-- js/                         # 存放 JavaScript 脚本文件的文件夹
        |-- apps/                   # 存放自定义 JavaScript 脚本文件的文件夹
        |-- libs/                   # 存放第三方 JavaScript 脚本文件的文件夹
            |-- bootstrap-3.3.7-dist/        # 存放 Bootstrap 框架的文件夹
            |-- jquery2.2.4/                 # 存放 jQuery 框架的文件夹
    |-- images/                     # 存放项目图片的文件夹
    |-- index.html                  # 博客首页
    |-- main.html                   # 个人主页
    |-- login.html                  # 登录页面
    |-- register.html               # 注册页面
    |-- articles.html               # 文章列表页面
    |-- article.html                # 文章详情页面
    |-- article_publish.html        # 发表文章页面
    |-- more..                      # 其他页面
```

注意：前端项目开发使用了 HTML、CSS、JavaScript、jQuery、Bootstrap 技术，对此感兴趣的读者可以上网学习相关知识，也可以联系本书作者获得相关学习资料。项目中前端网页视图的代码可以从本书附带的源代码中找到并直接使用。

打开博客首页视图，可以看到开发好的页面，效果如图 3.15 所示。

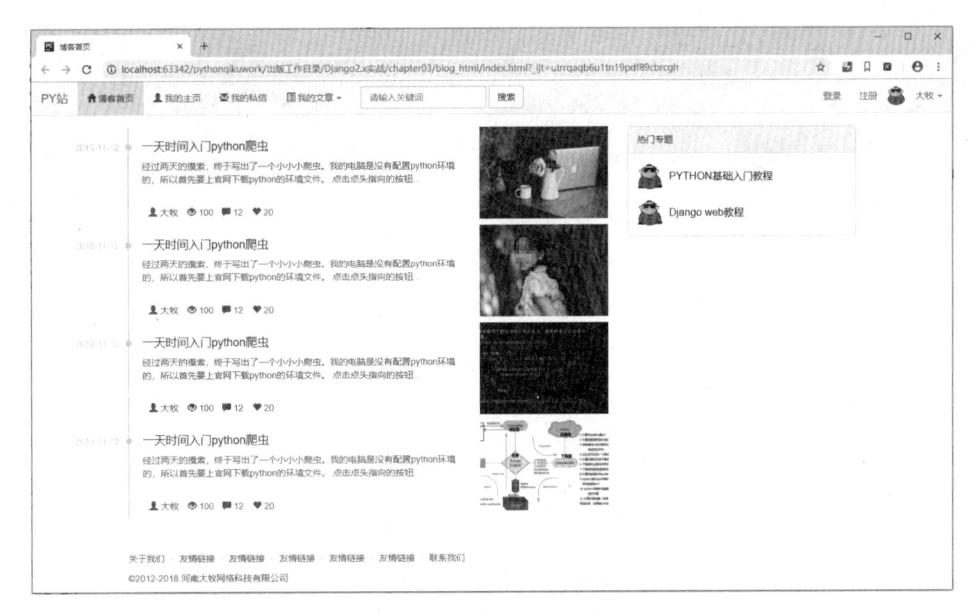

图 3.15　博客首页视图

我们使用开发好的前端网页替换博客项目中的网页视图，完善各种静态资源链接以及路由信息（开发代码请参考本书配套资源中的 Chapter03 文件夹下的文件）。完善后的注册、登录页面，以及用户登录后的首页分别如图 3.16、图 3.17 和图 3.18 所示。

图 3.16　新用户注册页面

图 3.17　用户登录页面

图 3.18　用户登录后的首页

3.6　自定义模板标签和模板过滤器

Django 框架中提供的各种模板标签和模板过滤器已经可以满足大部分应用场景，但是在一些需求特殊的场景中，在网页视图中通过模板标签和模板过滤器的实现方式进行数据处理依然不能满足要求。针对该问题主要有两种解决方式：

- 通过业务处理函数，将数据处理成符合需求描述的数据，在页面中通过通用标签和过滤器进行渲染展示。该方式的优点是数据处理简单，但是如果该类型的业务较多，则容易造成代码冗余。

- 通过自定义模板标签和模板过滤器，完成符合需求描述的数据的处理。该方式的优点是实现了代码复用，但是开发技术的复杂度增加了，对开发者的技术水平有一定的要求。

本节就通过自定义模板标签和模板过滤器的案例，完成特殊需求场景的处理操作，使用 Django 框架中提供的自定义操作方式，扩展框架的模板引擎模块。

3.6.1　项目准备

在网页视图中过滤器的实现就是一种函数操作方式，通过函数名称以及传递给函数的多个参数完成数据的结果处理。

1. 项目文件结构规范

在 Django 项目中，自定义模板过滤器要按照标准方式创建文件结构，由 Django 项目模板引擎按照固定流程进行扫描检索，有固定的语法和操作步骤。

首先打开需要自定义模板标签和模板过滤器的项目应用，创建一个专门用于操作自定义的模板标签和模板过滤器的文件夹 templatetags/。该文件夹名称固定，并且要定义成 Python 程序包，包含__init__.py 文件。

然后将包含自定义模板标签和模板过滤器的 Python 模块，包含在该 temlatetags 程序包中即可。在操作时注意以下几点：

- 将自定义模板标签和模板过滤器的 Python 文件直接存放在 templatetags/文件夹中。
- 每个 Django 应用都可能包含自己的 temlatetags/，自定义模板标签和模板过滤器。
- Python 文件名就是标签名称，它不能和 Django 中的内建标签和过滤器的名称发生冲突，也不能和其他应用中的自定义模板标签和模板过滤器的名称发生冲突。

在做好准备工作之后，我们要将自定义的模板标签添加到 mine_tags.py 文件中，将自定义的模板过滤器添加到 mine_filters.py 文件中。此时项目文件结构如下：

```
|-- myproject3/                 # 项目文件夹
    |-- other_app/              # 项目中的其他应用
    |-- common/                 # 项目中的公共模块
        |-- templatetags/       # 自定义模板标签和模板过滤器的程序包
            |-- __init__.py     # 一定要包含__init__.py 包声明文件
            |-- mine_tags.py    # 自定义模板标签的 Python 模块
            |-- mine_filters.py # 自定义模板过滤器的 Python 模块
    |-- manager.py
```

接下来，在需要使用自定义模板标签和模板过滤器的网页视图中，就可以通过{%load mine_tags %}和{%load mine_filters%}引入模块并使用该模块中包含的标签和过滤器了。

2. 自定义模板标签和模板过滤器规范

自定义模板标签和模板过滤器，让 Django 能正常地解释渲染，需要将自定义的模板标签和模板过滤器注册给系统进行处理，在 Django 的模板引擎模块 template 中有一个 Library 实例可以完成该注册工作。

在包含自定义模板标签和模板过滤器的模块中，必须包含以下注册器引入的代码：

```
# 引入 django 中的模板引擎模块
from django import template
# 创建对应的注册实例
register = template.Library()
```

注意： 在实际开发过程中，也可以参考 Django 官方源代码中的自定义模板标签和模板过滤器的规范，模板标签主要包含在 django.template.defaulttags.py 中，模板过滤器主要包含在 django.template.defaultfilters.py 中。

3.6.2 自定义模板过滤器

模板过滤器就是一个个处理函数，其通过给定的多个参数完成数据处理。Django 中提供了基本的处理方式，实现较为简单。

1. 定义过滤器处理函数

打开项目中创建好的模板过滤器模块 myproject/templatetags/mine_filters.py，添加字符串截断的处理函数，代码如下：

```
def mine_trunc(value, args):
    """
    处理字符串截断的过滤器函数
    :param value: 传入的数据
    :return: 返回截断后的字符串
    """
    # 验证输入是否是数字
    try:
        length = int(args)
    except ValueError:
        return value
    # 返回截断后的字符串
    return value[:args] + "..."
```

上面定义的处理函数，就是一个简单的处理字符串截断的过滤器，其中 value 参数是在网页视图中传给过滤器的数据，通过传给过滤器的 args 参数，将一个较长的不符合规则的字符串，截断为符合网页视图需要的长度。

2. 注册过滤器

将定义好的处理函数注册给 Django 模板引擎之后，就可以在网页视图中直接使用该自定义过滤器进行数据操作了。基本注册方式是通过 django.template.Library 实例直接进行注册，代码如下：

```
# 引入依赖的模板引擎模块
from django import template
```

```
# 创建注册实例
register = template.Library()
# 注册自定义过滤器
register.filter("mine_trun", mine_trunc)
```

django.template.Library.register(name, filter)接收两个参数，分别是过滤器的名称和过滤器处理函数，通过该方法就可以将指定的过滤器添加到 Django 模板引擎中进行解释，在网页视图中通过{% load %}模板标签加载使用。

还有一种操作方式，也是项目规范中的标准操作方式，就是通过装饰器将定义的处理函数直接注册为过滤器，代码如下：

```
@register.filter
def mine_trunc(value, args):
    ……
```

如果@register.filter 装饰器不带参数，则默认使用当前函数名称作为过滤器名称，也可以通过@register.filter(name='mine_trunc')添加 name 属性，为当前过滤器自定义名称。这种操作方式较为简单明了。

另外，也可以使用 django.templates.defaultfilters.stringfilter，限制参数类型是字符串，代码如下：

```
@register.filter
@stringfilter
def mine_trunc(value, args):
    ……
```

3. 使用过滤器

在网页视图中，可以通过{% load mine_filters %}模板标签加载自定义的模板过滤器。打开 myproject3/temlates/index.html，在页头部分添加如下代码：

```
{% extends 'base.html' %}
……
# 加载自定义的模板过滤器
{% load mine_filters %}
……
```

打开博客首页，可以看到如图 3.19 所示的效果。

图 3.19 未添加过滤器时的效果

将自定义的模板过滤器添加到“热门专题”的标题标签中，修改 index.html 的代码如下：

```
{% for subject in article_subjects %}
<div class="media">
    ......
    <div class="media-body">
        <h4 class="media-heading"><a href="">{{ subject.name | mine_trunc:10  }}</a></h4>
    </div>
    ......
{% endfor %}
```

重启项目，并再次访问博客首页，可以看到添加过滤器处理后的效果如图 3.20 所示。

图 3.20　添加过滤器处理后的效果

在上述项目案例的代码中，通过添加一个简单的限制条件，完成了一个自定义过滤器的基本操作，包括从声明创建到加载使用，以及效果的整体演示。

3.6.3 自定义模板标签

项目中一些展示效果的重复操作，可以通过自定义模板标签进行优化。对比自定义过滤器的实现，模板标签的构建过程也有固定的语法和操作步骤。

在开发过程中，首先需要明确模板标签本身的意义和处理的效果，如{% csrf_token %}令牌标签，在网页视图中生成令牌数据。但是如{% pagination cl%}这样的模板标签，在网页中生成一个包含多个 HTML 标签的网页分页功能片段。

1. 简单模板标签

简单模板标签的功能，就是处理一个基本类型的数据，让网页中的某些数据可以根据实际需要执行操作，或者调用后端程序提供的接口，得到结果数据进行渲染展示。

Django 中通过 django.template.Library.simple_tag()装饰器函数，进行简单模板标签的注册，如获取系统当前时间并拼接当前登录用户账号，展示到网页视图中。如果项目中大量出现类似的代码，则可以通过自定义模板标签完成功能的开发。

打开项目中的自定义模板标签模块/myproject3/common/mine_tags.py，添加功能处理函数，代码如下：

```
from datetime import datetime
```

```
from django import template
# 创建注册实例
register = template.Library()
# 注册自定义简单标签，可以接收参数
@register.simple_tag
def get_current_info(format_string):
    """获取系统当前时间和数据信息"""
    # 模拟后端运算或者从数据库中获取基本数据
    info = "--欢迎访问本系统--"
    return datetime.now().strftime(format_string) + info
```

打开项目首页视图文件/myproject3/templates/index.html，在页头部分添加自定义标签，通过固定语法{% load mine_tags %}加载，代码如下：

```
……
{% load mine_tags%}
……
<ul class="nav navbar-nav navbar-right">
    <li class="navbar-text">{% get_current_info "%Y-%m-%d %H:%M" %}</li>
    {%if request.session.author %}
    ……
    {% else %}
    ……
    {% endif %}
</ul>
```

重启项目，在网页视图中就能看到自定义简单标签的渲染效果，如图 3.21 所示。

图 3.21　自定义简单标签的渲染效果

2. 包含数据的模板标签

在项目开发过程中，如果需要展示的数据较为复杂，如查询并展示所属用户的所有文章专题，则可以通过如下代码来实现：

```
<label for="articlesubject">文章专题</label>
<select name="articlesubject" id="articlesubject" class="form-control">
    {% for subject in subjects%}
    <option value="{{subject.id}}">{{subject.name}}</option>
    {% empty %}
    <option value="-1">没有专题</option>
    {% endfor %}
</select>
```

上述代码完成了通过下拉列表的形式将文章专题信息罗列出来的功能。如果该代码片段使用得较多，则可以通过模板标签直接对该功能进行封装。在简单模板标签的基础上进行改造，同样有固定的操作语法。

对于包含数据处理以及模板渲染的自定义模板标签，Django 提供了 Library.inclusion_tag() 装饰器来实现，这里以修改项目中发表文章时查询文章专题的功能为例，主要按照如下步骤进行操作。

（1）在项目的指定文件夹中，创建网页视图文件

在/myproject3/templates/articles/中创建一个专门用于存放网页视图部分代码的文件夹 partial，在该文件夹中创建 subjects.html，内容如下：

```
<div class="form-group">
    <label for="articlesubject">文章专题</label>
    <select name="articlesubject" id="articlesubject" class="form-control">
        {% for subject in subjects%}
        <option value="{{subject.id}}">{{subject.name}}</option>
        {% empty %}
        <option value="-1">没有专题</option>
        {% endfor %}
    </select>
</div>
```

（2）定义标签处理函数

打开自定义模板标签模块/myproject3/common/templatetags/mine_tags.py，定义标签处理函数如下：

```
from django import template
# 创建注册实例
register = template.Library()
@register.inclusion_tag('article/partial/subjects.html')
def get_subjet_for_author(author):
    """自定义标签（用户专题查看功能）处理函数"""
    # 查询所有属于该用户的文章专题数据
    subjects = author.articlesubject_set.all()
    # 返回数据字典
    return {"subjects": subjects}
```

（3）网页视图处理

打开发表文章的网页视图，也就是本节开头描述的展示所有文章专题的功能片段，通过添加自定义标签实现功能：

```
{% load mine_tags %}
……
<div class="form-group">
    {% get_subject_for_author  request.session.author %}
</div>
……
```

使用自定义模板标签的操作，在一定程度上能封装重复的功能片段，让更多的通用功能达到可复用的目的。

以上介绍的是 Django 中最基本的两种自定义模板标签的方式。在开发中，如果遇到需要重复渲染展示的功能需求，则可以根据需要自定义不同的模板标签来实现。Django 框架本身提供的高级实现功能，可以最大程度地满足我们的需要。更多操作可以参考官方文档。

3.7　本章小结

本章对项目中的功能开发进行了介绍，从后端代码中的视图处理函数对数据的处理，到网页文件和静态资源的开发以及数据展现，再到通过路由完成视图与网页的映射关联，最后到通过模板语法将数据正确地展示在用户界面中，形成一个完整的应用软件开发流程。通过本章的学习，我们对使用 Django 框架开发 Web 应用程序的步骤以及需要注意的问题有了一个宏观的认识。

第 4 章　表单处理

动态 Web 服务的核心功能是数据交互。数据交互主要分为数据输出和数据输入，数据输出通过界面将信息展示给用户，数据输入需要依靠表单的操作来接收用户的数据。

本章涉及的知识点有：

- Django 中普通表单的操作及优势。
- Django 封装的基于 forms.Form 和 forms.ModelForm 的高级表单的操作及优势。
- 在企业项目开发中技术选型的标准和开发规范。

4.1　表单概述

表单（Form）就是指传统意义上的 HTML 表单，类似于生活中的申请单，它主要包含三部分内容：

- 通过表单元素包装的数据，类似于申请单上填写的信息。
- 表单的提交地址，类似于申请单提交的目标单位。
- 表单的提交方式，类似于申请单的提交方式，如找人捎送或者邮寄等。

一个简单的 HTML 表单的代码如下：

```
<form action="/author/record/" method="get">
    <label for="name">姓名</label>
    <input type="text" name="name" id="name">
    <input type="submit" value="提交登记">
</form>
```

其中，<form>就是 HTML 中的表单标签，action 用于定义提交地址，method 用于定义提交方式，通常是 HTTP 规范中的 8 种提交方式之一，在项目中大多使用 GET、POST、DELETE、PUT 4 种提交方式。在<form>标签中，<label>是用于提交用户信息的元素，<input type="text" name="name" id="name">定义用户可以输入的数据，最后的<input type="submit" vlaue="提交登

记">定义触发表单数据提交的事件按钮。

上述这样一个简单的表单，因为包含将用户输入数据提交到服务器进行数据运算的过程，所以会涉及各方面的逻辑要求。本节将针对普通表单进行详细介绍，后续章节会针对 Django 中的封装完成高级表单的操作。

4.1.1　普通表单处理

普通表单就是指直接通过 HTML 标签手动编写的表单，这也是项目中最常用到的一种操作方式。虽然在 Django 中对表单处理操作进行了高度封装，但是在企业项目中依然会进行较多的普通表单操作，主要是因为普通表单操作的技术风险相对较低。

我们创建一个项目 myformproject，通过这个项目对表单操作进行详细介绍。首先进入项目目录下，执行如下命令创建一个普通表单应用 formcommons：

```
django-admin startproject myformproject
cd myformproject
django-admin startapp formcommons
```

然后配置好项目的路由映射关系，在根目录下存放网页文件的文件夹，代码如下：

```
--------------------------------------------------formcommons/urls.py
urlpatterns = [
    # 普通表单处理的路由
    path('doform', views.doform, name='doform'),
    path('doget', views.doget, name='doget'),
    path('dopost', views.dopost, name='dopost'),
]
--------------------------------------------------myformproject/urls.py
urlpatterns = [
    path('admin/', admin.site.urls),
    path('', include('formcommons.urls')),
]
--------------------------------------------------myformproject/settings.py
TEMPLATES = [
    {
        'BACKEND': 'django.template.backends.django.DjangoTemplates',
        'DIRS': [os.path.join(BASE_DIR, 'html')],
        'APP_DIRS': True,
        'OPTIONS': {
            'context_processors': [
                'django.template.context_processors.debug',
                'django.template.context_processors.request',
                'django.contrib.auth.context_processors.auth',
                'django.contrib.messages.context_processors.messages',
            ],
        },
    },
]
```

1. 普通表单操作

在 html 文件夹中创建一个网页文件 formcommons.html，在该网页文件中编写一个普通表单，代码如下：

```
<h3>普通表单</h3>
<form action="/doform/">
    <label for="name">姓名</label>
    <input type="text" name="name" id="name" placeholder="请输入姓名">
    <input type="submit" value="提交信息">
</form>
<h3>GET 提交表单</h3>
<form action="/doget/" method="GET">
    <input type="text" name="keywords" id="keywords" placeholder="请输入关键词">
    <input type="submit" value="搜索">
</form>
<h3>POST 提交表单</h3>
<form action="/dopost/" method="POST">
    <label for="username">账号</label>
    <input type="text" name="username" id="username" placeholder="请输入账号">
    <label for="password">密码</label>
    <input type="text" name="username" id="password" placeholder="请输入密码">
    <input type="submit" value="提交注册">
</form>
```

在普通表单中，action 用于定义提交地址/doform/，该地址在当前项目中是不包含域名的资源路径。注意，如果要提交其他域名的路径，则需要添加完整的域名路径。如果不设置 method，则表示使用默认的 GET 提交方式进行处理。

2. HTTP 1.1 规范中定义的提交方式

HTTP 1.1 规范中定义了 8 种不同请求的提交方式，它们是 GET、POST、PUT、DELETE、HEAD、OPTIONS、CONNECT、TRACE，分别表示不同的数据交互方式。在实际项目中，大部分功能都需要客户端和服务器之间通过请求完成数据交互，主要使用 GET 和 POST 提交方式。

近年来，在流行的 RESTful 风格编程中，更加细致地定义了请求数据的交互方式，分别使用不同的请求方式进行处理，如增加数据（PUT）、删除数据（DELETE）、更新数据（POST）以及查询获取数据（GET）等。

在更多的应用开发中，为了能更加精确地控制应用服务的可用性，其他请求方式也开始被逐步地应用在一些特殊实现上，比如通过发送 OPTIONS 请求来测试指定服务接口的可用性、通过发送 TRACE 请求来测试服务是否存活等。

3. GET 和 POST 的区别

一般情况下，GET 和 POST 方式都是与服务器交互数据并获取服务器响应数据后渲染网页的，但是在处理效率和提交数据的方式上有所区别。

（1）GET 提交方式

采用 GET 方式，与服务器交互效率较高，如果请求中包含参数，该参数会被拼接在 URL 地址后面进行传输，如 http://www.example.com?key=value。

如果有多个参数，则可以通过“&”连接参数传输多个数据，如 http://www.example.com?key=value&key2=value2。

但是在企业项目开发中，URL 地址的长度会受到开发规范和服务器的限制，所以不能传输过多的数据。

在 Web 应用软件中，用户通过浏览器发送 URL 地址可以请求访问 Web 资源，类似于网页中的超链接，比如对数据不敏感的搜索表单就可以采用 GET 方式来实现。

（2）POST 提交方式

采用 POST 方式，与服务器交互效率一般，如果请求中包含参数，该参数会被包含在请求体中进行传输，而不会直接展示在 URL 地址中。

但是如果对请求进行抓包，就能看到明文传输的具体数据。由于是通过请求体来传输数据的，所以除了可以传输字符数据，也可以传输二进制数据。

在 Web 应用软件中，通过表单向服务器提交敏感数据、二进制数据以及上传文件等，就可以采用 POST 方式来实现。

4.1.2　GET 参数处理

在 Django 中对 GET 请求的处理较为简单，请求对象 django.http.HttpRequest 中包含了 GET 属性，可以直接获取到一个 django.http.request.QueryDict 类型的对象，在该对象中包含了以 GET 方式提交的数据。

编辑 formcommons/views.py，添加视图处理函数，代码如下：

```
def doform(request):
    if request.method == "GET":
        return render(request, 'formcommon.html', {})
@require_GET
def doget(request):
    get_data = request.GET
    print(type(get_data), get_data)
    return render(request, 'formcommon.html', {})
```

可以看到，以 GET 方式提交数据，数据被展示在 URL 地址中，如图 4.1 所示。

提交数据后，在服务器端可以接收到数据，打印数据如下：

```
<class 'django.http.request.QueryDict'> <QueryDict: {'keywords': ['火影']}>
```

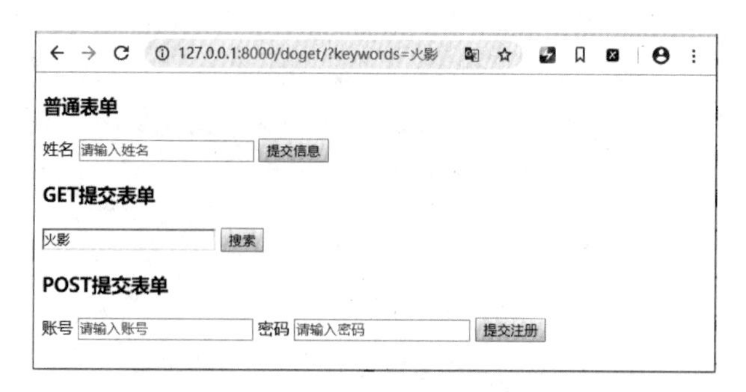

图 4.1　以 GET 方式提交数据的处理效果

QueryDict 就是一个类似于字典存储数据的对象，在操作时可以直接通过 key 获取对应的 value 数据。比如要获取搜索的关键词，可以直接通过 request.GET['keywords']获取，或者通过 request.GET.get('keywords')获取。

- 获取单个 GET 参数：django.http.request.QueryDict 提供了两种获取单个数据的方式——通过 dict[key]获取指定的 value 数据，或者通过 dict.get(key)获取指定的 value 数据。
- 获取多个 GET 参数：采用 GET 方式，在表单中可以定义具有相同 name 的多个元素，如<checkbox>（复选框）元素，可以通过 name 一次提交多个数据，在服务器端可以通过 dict.getlist(key)获取到表单中提交的多个数据。

4.1.3　POST 参数处理

在提交数据时，POST 参数会被包含在请求体中进行传输，所以可以采用 POST 方式实现文本或者二进制数据的提交。但是由于 POST 本身是对服务器数据的更新，所以在安全性上会有一定的要求。比如提交一个基本的 POST 请求，观察执行结果，如图 4.2 和图 4.3 所示。

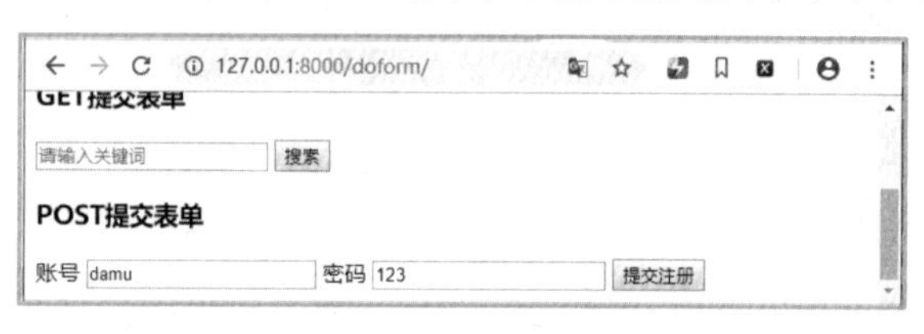

图 4.2　提交 POST 请求

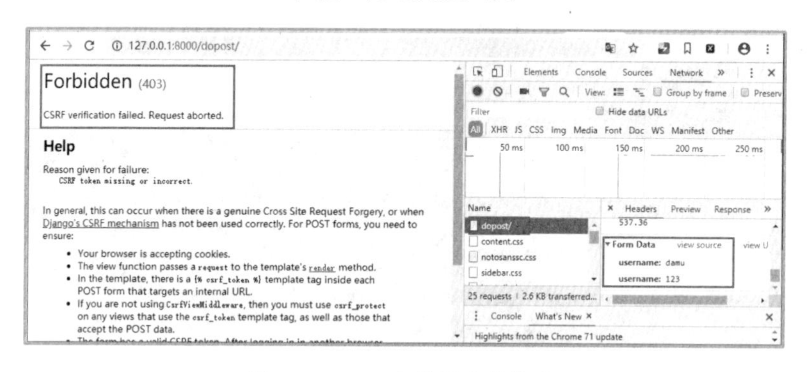

图 4.3　POST 表单提交被禁用

由于在项目启动时已经加载了 django.middleware.csrf.CsrfViewMiddleware，所以在 Django 项目中不允许直接提交 POST 表单。解决方法如下：

1. 添加 CSRF 令牌

CSRF 令牌（Cross Site Request Forgery token），即跨站请求伪造令牌，在 Django 中可以通过{% csrf_token %}模板标签自动为表单添加该令牌。将{% csrf_token %}添加到网页的<form>中，代码如下：

```
<form action="/dopost/" method="POST">
    {% csrf_token %}
    <label for="username">账号</label>
    <input type="text" name="username" id="username" placeholder="请输入账号">
    <label for="password">密码</label>
    <input type="text" name="username" id="password" placeholder="请输入密码">
    <input type="submit" value="提交注册">
</form>
```

打开网页查看源代码，可以看到在表单中自动生成了令牌数据，如图 4.4 所示。

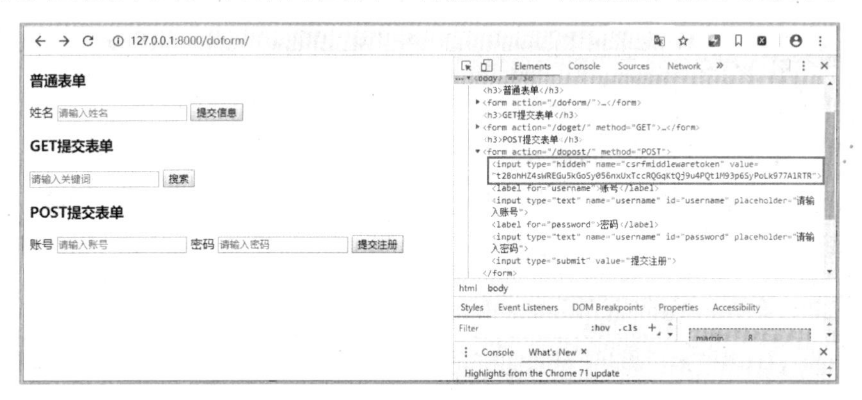

图 4.4　POST 表单的 CSRF 令牌数据

再次提交表单，POST 表单以及表单中的数据就可以被正常提交到服务器进行处理了。

将 POST 表单数据提交到服务器，Django 的请求对象 django.http.HttpRequest 的 POST 属性中就包含了本次表单提交的所有数据，并将参数封装在 QueryDict 对象中。其操作方式和 GET 方式类似，代码如下：

```
def dopost(request):
    get_data = request.POST
    print(type(get_data), get_data)
    return render(request, 'formcommon.html', {})
'''
获取客户端提交的数据
<class 'django.http.request.QueryDict'>
<QueryDict:
{'csrfmiddlewaretoken':['8Kw5JmwvG7J6mhwel7HJw1XOOU0FErC……'],
'username': ['damu', '123']}>
'''
```

2. 关闭 CSRF 验证

打开项目配置文件 settings.py，找到中间件配置项 MIDDLEWARE，注释掉 CSRF 中间件，重新启动项目，普通 POST 表单就可以正常提交了。配置如下：

```
MIDDLEWARE = [
    'django.middleware.security.SecurityMiddleware',
    'django.contrib.sessions.middleware.SessionMiddleware',
    'django.middleware.common.CommonMiddleware',
    # 'django.middleware.csrf.CsrfViewMiddleware',
    'django.contrib.auth.middleware.AuthenticationMiddleware',
    'django.contrib.messages.middleware.MessageMiddleware',
    'django.middleware.clickjacking.XFrameOptionsMiddleware',
]
```

在项目中不推荐采用这样的方式，因为容易造成跨站请求伪造攻击。

4.1.4 跨站请求伪造

在 Web 安全领域中，跨站请求伪造是一种黑客攻击手段，其底层主要利用 Web 应用技术中的状态保持来完成间接攻击。

一般情况下，Web 应用客户端和服务器端之间的交互是通过无状态的 HTTP 协议完成的。为了保证用户正常访问服务器，在服务器端使用 Session 以及在客户端通过 Cookie 完成访问用户的会话跟踪功能，通过跟踪存储在 Session 或者 Cookie 中的数据完成用户状态保持。在 Web 应用中保持用户访问状态，是最基础也是最重要的功能之一，如图 4.5 所示。

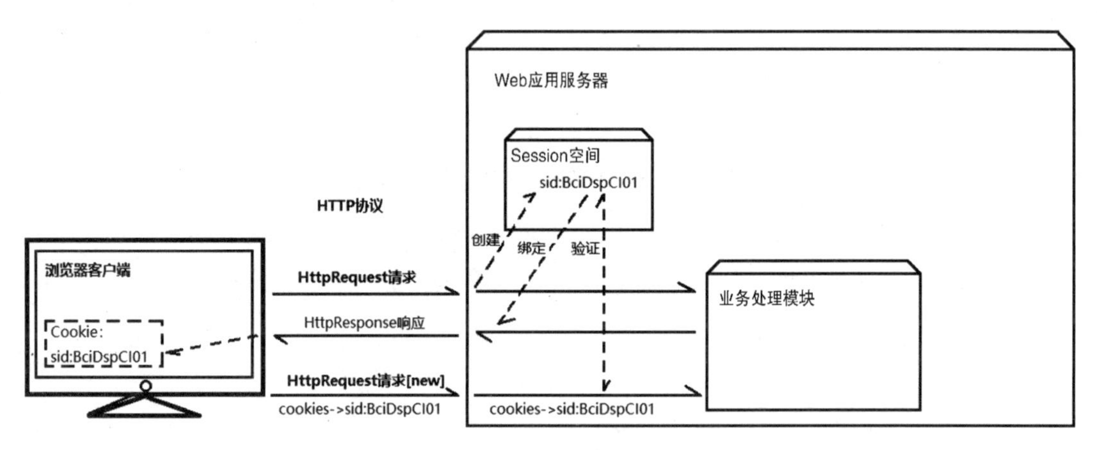

图 4.5 在 HTTP 协议下状态保持示意图

状态保持作为 HTTP 规范中用于验证客户端的重要措施，在网络处理中很有可能会被利用作为攻击的手段，对用户数据造成安全威胁。CSRF 攻击的核心思想就是利用客户端已经保持的数据来进行会话伪造的，从而达到非法利用用户数据的目的，如图 4.6 所示。

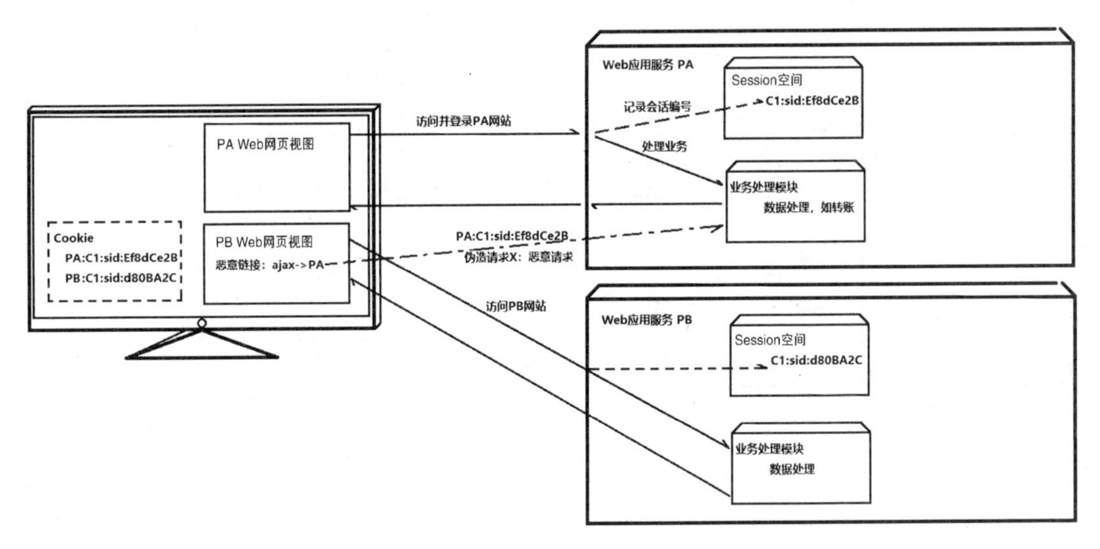

图 4.6　跨站请求伪造攻击示意图

Cookie 数据有域名和路径的限制，在访问一个网站时，请求中只能携带与该网站域名相同的 Cookie 数据作为参数提交到服务器进行处理。比如在图 4.6 中，用户登录到 PA 网站执行业务处理，同时又访问了 PB 网站浏览网页内容。

在 PB 网站中包含了通过指定的请求方式访问 PA 网站的链接，该链接在事件触发（网页打开、点击图片、拖动滚动条等）时就会从用户计算机上向 PA 网站发起 *X* 请求，但需要注意的是，*X* 请求不是用户主动发起的，而是其访问的恶意网站 PB 发起的。

由于请求 *X* 中包含了 PA 网站的完整域名，所以请求中会携带 PA 网站记录在用户计算机上的 Cookie 数据，PA 网站就会认为这个从 PB 网站发起的请求是合法的，并执行相应的数据处理，这就是跨站请求伪造。

在 Django 项目中，在重要的 POST 请求中默认需要添加{% csrf_token %}模板标签，用于当客户端访问一个网页时，在网页中自动生成下一次请求的令牌数据，用户提交表单时该令牌数据也会被包含在请求中提交，令牌数据验证成功就会认为是合法的请求并进行业务处理，否则返回 403 禁止访问错误。

此时，如果第三方网站恶意伪造请求，由于在伪造的请求中没有包含令牌数据，所以不会被服务器处理，从而防止了跨站请求伪造攻击，如图 4.7 所示。

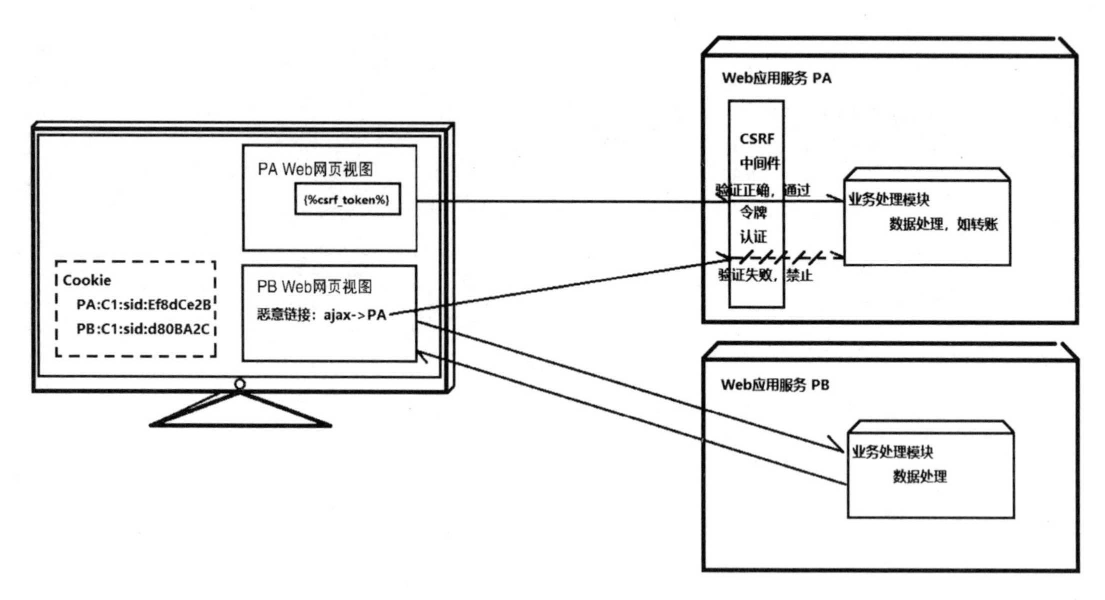

图 4.7　防止跨站请求伪造攻击示意图

4.1.5　文件上传

文件上传是表单操作过程中比较特殊的情况，一般表单操作涉及的都是文本数据，但是文件上传功能会涉及二进制数据传输操作，在 HTML 表单中是通过<input type='file'>文件域实现添加本地文件的。修改 HTML 网页文件，代码如下：

```
<h3>文件上传</h3>
<form action="/dofile/" method="POST" enctype="multipart/form-data">
    {% csrf_token %}
    头像：<input type="file" name="header" id="header"><br />
    昵称：<input type="text" name="nickname" id="nickname"><br />
    <input type="submit" value="上传头像">
</form>
```

需要注意的是，如果只是提交普通字符串数据的 POST 表单，则默认以 enctype="application/x-www-form-urlencoded"编码方式将数据编码到请求体中；如果表单中包含文件，则需要将文件二进制数据编码到请求体中，并指定表单的编码方式为 enctype="multipart/form-data"。

1. 文件上传底层操作

在 Django 的视图处理函数中，可以通过 request.FILES 属性获取所提交的 POST 表单中的所有数据。代码如下：

```
def dofile(request):
    # 接收表单中的普通数据
    char_data = request.POST
    # 接收表单中的文件数据
    files_data = request.FILES
    # 打印展示数据类型和数据格式
```

```
    print(type(char_data), char_data)
    print(type(files_data), files_data)
    return render(request, 'formcommon.html', {})
```

在服务器端接收到的数据如下：

```
# 正常接收包含在 QueryDict 中的普通数据
<class 'django.http.request.QueryDict'> <QueryDict: {'csrfmiddlewaretoken':
['sZlidgkLNOH2AkcF2RuzH4JZkoLphH0NFnunMSubpHGRVCgoLzuzwnoWWBl66m2O'], 'nickname':
['test']}>
# 正常接收包含在 MultiValueDict 中的文件数据，文件被临时存储在内存中
<class 'django.utils.datastructures.MultiValueDict'> <MultiValueDict: {'header':
[<InMemoryUploadedFile: .gitconfig (application/octet-stream)>]}>
```

通过视图处理函数，使用文件名称来存储上传的文件，代码如下：

```
def dofile(request):
    # 存储上传的文件数据
    name = request.POST.get('nickname')
    file = request.FILES.get('header')
    # 存储文件
    with open(name, 'wb') as f:
        # 分块读取并存储文件
        for chunk in file.chunks():
            f.write(chunk)
    return render(request, 'formcommon.html', {})
```

打开“文件上传”页面，点击“选择文件”按钮，选择待上传的文件，如图 4.8 所示。

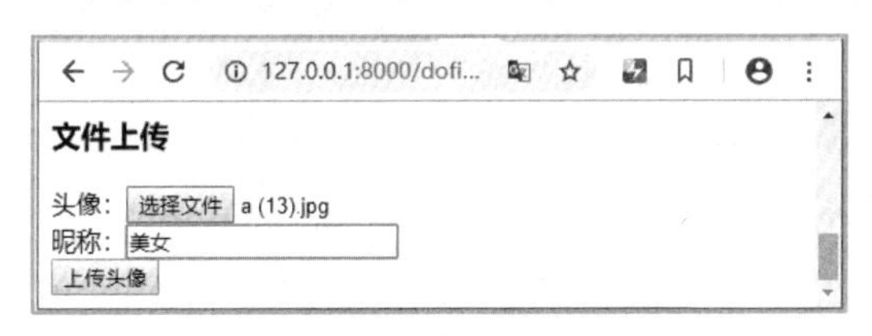

图 4.8　准备上传文件

点击“上传头像”按钮，上传完成后，将在项目根目录下存储上传的文件。在实际操作中，如果这样上传文件的话，操作过程将变得非常烦琐。幸运的是，在 Django 封装的数据模型中已经包含了这些底层操作代码。

2. 绑定数据模型属性上传文件

Django 封装的 django.db.models.FileField 类型，就是专门用于定义文件类型的属性的。对于项目中经常用到的图片类型的属性，Django 还提供了继承自 FileField 类型的子类 django.db.models.ImageField 存放图片数据，可以在该字段中通过 upload_to 属性指定上传文件的存储位置。

定义模型类，记录用户信息，formcommons/models.py 中的定义代码如下：

```
class Users(models.Model):
```

```
    '''用户类型'''
    id = models.UUIDField(verbose_name='用户编号', primary_key=True, default=uuid4)
    nickname = models.CharField(verbose_name="用户昵称", max_length=50)
    # upload_to 默认将文件上传至根目录下的 static/目录中
    # 在配置文件中要添加 STATICFILES_DIRS 配置
    header_img = models.FileField(verbose_name="用户头像",
                                  upload_to="static/images/header/")
```

添加基于模型类上传文件的功能，修改 formcommons/html/formcommon.html，代码如下：

```
<h3>（数据模型）用户上传</h3>
<form action="/dofileupload/" method="POST" enctype="multipart/form-data">
    {% csrf_token %}
    头像：<input type="file" name="header_img" id="header_img"><br />
    昵称：<input type="text" name="dnickname" id="dnickname"><br />
    <input type="submit" value="上传头像">
</form>
<div>
    用户名称：{{user.nickname}}
    用户头像：<img src="/{{user.header_img}}%}" alt="">
</div>
```

定义视图处理函数，修改 formcommons/views.py，代码如下：

```
from .models import Users
def dofileupload(request):
    '''基于模型类上传文件'''
    nickname = request.POST.get('dnickname')
    header_img = request.FILES.get('header_img')
    # 创建并存储用户对象
    user = Users(nickname=nickname, header_img=header_img)
    user.save()
    return render(request, 'formcommon.html', {'user': user})
```

完善路由模块，添加路由映射关系，修改 formcommons/urls.py，代码如下：

```
urlpatterns = [
    # 普通表单处理路由
    ......
    path('dofileupload/', views.dofileupload, name='dofileupload'),
]
```

运行项目，选择文件并上传，如图 4.9 和图 4.10 所示。

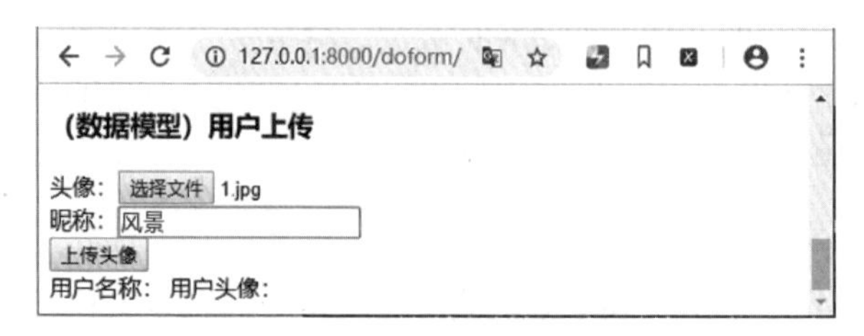

图 4.9 选择文件

图 4.10　上传文件

3. 自定义文件存储

使用数据模型处理文件上传操作，默认将文件直接存储在项目根目录下的指定文件夹中。如果要使用项目文件结构中自定义的文件夹存储上传文件，在满足软件开发设计规范的前提下，就需要对文件上传操作进行配置或者实现自定义上传程序，完成路径和文件格式的定义。

默认的文件上传操作是通过 django.core.files.storage.default_storage() 实现的，由 DEFAULT_FILE_STORAGE 配置选项指定存储操作。如果要实现自定义文件存储功能，一般会有本地存储和远程存储两种实现方式。根据不同的实现方式，Django 给出了对应的 API，可以通过配置或者开发实现指定的存储需求。

本地存储可以通过配置 MEDIA_ROOT 和 MEDIA_URL 选项来实现，其中 MEDIA_ROOT 选项指定存储文件的目录结构；MEDIA_URL 选项指定存储文件的访问 URL 路径。比如：

```
# 配置全局上传文件的存储路径
MEDIA_ROOT='uploadfiles'
MEDIA_URL = 'uploadfiles/'
```

该配置选项是通过 Django.core.files.storage.FileSystemStorage 类的实例实现的，该类型 FileSystemStorage(location, base_dir, **kwargs)操作时的 API 参数如下。

- location：文件本地存储位置，默认使用 MEDIA_ROOT 指定，也可以自定义指定。
- base_url：本地上传文件的访问路径，默认使用 MEDIA_URL 指定，也可以自定义指定。
- file_permission_mode：存储文件在系统中的权限，默认为 FILE_UPLOAD_PERMISSIONS。
- directory_permissions_mode：存储文件夹在系统中的权限，可以通过配置文件中的 FILE_UPLOAD_DIRECTORY_PERMISSIONS_MODE 指定。

所以，通过编码实现文件本地自定义存储的方式如下：

```
fs = FileSystemStorage(location='media')
class Users(models.Model):
    '''用户类型'''
    id = models.UUIDField(verbose_name='用户编号', primary_key=True, default=uuid4)
    nickname = models.CharField(verbose_name="用户昵称", max_length=50)
    header_img = models.FileField(verbose_name="用户头像", storage=fs)
```

这种操作方式，仅仅针对文件的本地存储。为了优化项目文件处理和响应的效率，用户上传的文件很有可能会被存储到第三方 CDN 服务器（文件分发服务器）上，也就是将文件存储到远程服务器上，此时可以使用 Django 中封装的比较底层的 django.core.files.storage.Storage 类型的自定义子类来实现。

Storage 类型本身定义了一系列与文件存储相关的 API，如表 4.1 所示，可以通过继承并重写这些 API 来实现个性化的文件存储需求。

表 4.1 Storage 类型本身定义的与文件存储相关的 API

API	描述
delete(name)	删除指定名称的文件
exists(name)	判断指定名称的文件是否存在
get_access_time(name)	获取指定名称的文件的上次访问时间
get_avaliable_name(name)	判断指定名称在目标路径中是否有效
get_create_time(name)	获取文件的创建时间
get_modified_time(name)	获取文件的最后修改时间
get_valid_name(name)	根据 name 获取服务器上有效的文件存储名称
generator_filename(fname)	调用 get_valid_name()并传递给 save()的文件名称
listdir(path)	列出指定路径中的文件，包含目录和文件
open(name)	打开文件
save(name)	存储文件
size(name)	获取指定文件的总大小
url(name)	获取文件对应的 URL 访问链接

如果要实现自定义存储，比如将上传文件存储到远程服务器上，则可以通过继承 Storage 类型来实现，代码如下：

```
# 引入依赖的模块
from django.conf import settings
from django.core.files.storage import Storage
class MyStorage(Storage):
    """自定义存储方式"""
    def __init__(self, option=None):
        # 如果没有设置存储选项，则使用 settings.py 中的默认配置
        if not option:
            option = settings.CUSTOM_STORAGE_OPTIONS
        ……
```

在默认情况下，该类型实例化时不需要传递数据，而是通过配置文件 settings.py 进行配置添加。接下来在 MyStorage 中重写文件操作函数，实现定制化文件存储操作，在 models 中文件字段通过 storage 属性来指定文件上传时的处理组件。

4.2　基于 Form 的表单封装

Django 框架提供了 django.forms.Form 类型，可以封装表单实例。用户从网页界面上输入数据后，在提交表单时会自动进行表单数据验证并绑定到表单对象，通过简单的操作完成复杂的表单处理。本节将通过对表单实例的简单操作、表单 API 以及视图处理三个部分的讲解，完成基于企业项目规范的开发操作。

在 Web 应用项目中，我们创建一个“联系我们”的表单。首先执行如下命令新建一个应用子项目：

```
django-admin startapp formwithdj
```

然后在 formwithdj 子项目中创建表单模块 forms.py，编辑“联系我们”的表单代码如下：

```
from django import forms
class ContactForm(forms.Form):
    '''联系我们'''
    subject = forms.CharField(max_length=50)                    # 信息主题
    message = forms.CharField(widget=forms.Textarea)            # 信息内容
    email = forms.EmailField()                                  # 用户邮箱
    cc_myself = forms.BooleanField(required=False)              # 需要回复
```

表单实例和模型类的声明有点类似，表单类继承自 django.forms.Form 类型，属性字段通过 django.forms 内置方法声明，比如 forms.CharField()可以声明一个接收字符数据的属性。在方法中也可以定义相应的限定规则，比如 max_length 用于限定属性数据的最大长度，required 用于限定字段数据是否必需。

4.2.1　表单基本操作

Django 通过表单实例，对表单数据传递、数据验证以及出现问题后的数据回显功能都进行了封装和完善，其中比较常用的表单实例 API 如表 4.2 所示。

表 4.2　比较常用的表单实例 API

表单实例 API	描述
is_bound	是否绑定表单数据。 `form.is_bound`
is_valid()	验证表单中的数据是否合法。 `form.is_valid()`
cleaned_data	获取表单中已经通过验证的有效数据。 `email = form.cleaned_data['email']`
add_error(field, error)	增加错误定义。 `form.add_error('gender', '必须填写')`
errors	获取表单的验证错误信息。 `form.errors`

续表

表单实例 API	描述
has_error(field)	获取指定字段的验证信息。 `form.has_error('email')`
initial	表单初始数据绑定。 `contact = ContactForm(initial={..})`

has_changed()	检查数据改动情况。
	`contact = ContactForm(initial={..})`
	`contact.has_changed()`

fields	获取表单中的表单元素字段。 `form.fields`
as_table()	将表单实例中的每个表单元素都包含到<tr><td>标签中并打印输出
as_ul()	将表单实例中的每个表单元素都包含到<li>标签中并打印输出
as_p()	将表单实例中的每个表单元素都包含到<p>标签中并打印输出
error_css_class	在网页视图中渲染错误信息时的标签样式名称

required_css_class	在网页视图中渲染时必须填写的标签样式名称。
	`class ContactForm(forms.Form):`
	`error_css_class = 'error'`
	`required_css_class = 'required'`

auto_id	在网页视图中增加<label>标签绑定的增强功能。
	`form = ContactForm(auto_id=True)`
	`form = ContactForm(auto_id='id_for_%s')`

label_suffix	在<label>标签中默认显示的名称为字段名称，该属性指定了系统中展示的属性名称后面追加的字符，就是 label 名称的后缀显示字符。 `form = ContactForm(label_suffix='user')`

1. 表单数据绑定

通过表单实例对表单的封装，接收参数的代码从之前的手工操作，转换成了通过 request 请求对象自动进行封装。对比代码如下：

```
>>> # 手工处理接收表单传递的数据
>>> subject = request.POST['subject']
>>> message = request.POST['message']
>>> email = request.POST['email']
>>> cc_myself = request.POST['cc_myself']
>>> # 封装之后的表单数据处理
>>> from formcommons.forms import ContactForm
>>> # 模拟数据，request.POST 请求数据
>>> data = {'subject': '表单的问题', 'message': '表单可以自动封装数据', 'email':
'damu@163.com', 'cc_myself': True}
>>> # 将类字典数据封装到表单实例中
>>> contact_form = ContactForm(data)
```

2. 表单数据验证

直接封装的表单实例，可以使用表单对象声明属性的限定条件自动验证。对表单中所有数据的验证，都会被封装并通过 is_valid()函数得到结果。通过 errors 属性可以查看到表单数据的验证信息。代码如下：

```
>>> # 正确的表单数据
>>> data = {'subject': '表单的问题', 'message': '表单可以自动封装数据', 'email': 'damu@163.com', 'cc_myself': True}
>>> contact_form = ContactForm(data)
>>> # 包含错误信息的表单数据
>>> data = {'subject': '表单的问题', 'message': '表单可以自动封装数据', 'email': 'damu163.com', 'cc_myself': 'True'}
>>> contact_form2 = ContactForm(data)
>>> # 表单数据验证结果
>>> contact_form.is_valid()
True
>>> contact_form2.is_valid()
False
>>> # 表单数据验证错误信息
>>> contact_form.errors
{}
>>> contact_form2.errors
{'email': ['Enter a valid email address.']}
```

3. 表单数据清洗

表单数据经过绑定、验证之后，通过封装的 clean()函数或者 cleaned_data 属性就可以得到清洗后的有效数据。如果要得到原始数据，则可以直接通过 data 属性获取表单提交的原始数据。代码如下：

```
# 得到清洗后的有效数据
In [13]: form1.clean()
Out[13]:
{'subject': '表单的问题',
 'message': '表单可以自动封装数据',
 'email': 'damu@163.com',
 'cc_myself': True}
# 得到清洗后的有效数据，自动清除验证失败的数据
In [14]: form2.clean()
Out[14]: {'subject': '表单的问题', 'message': '表单可以自动封装数据', 'cc_myself': True}
# 通过 data 属性获取原始数据
In [15]: form2.data
Out[15]:
{'subject': '表单的问题',
 'message': '表单可以自动封装数据',
 'email': 'damu163.com',
 'cc_myself': 'True'}
# 通过 cleaned_data 属性获取清洗后的数据，以及指定字段的数据
```

```
In [16]: form1.cleaned_data
Out[16]:
{'subject': '表单的问题',
 'message': '表单可以自动封装数据',
 'email': 'damu@163.com',
 'cc_myself': True}
In [17]: form1.cleaned_data['subject']
Out[17]: '表单的问题'
```

4. 表单数据视图渲染

表单实例操作不仅仅体现在对后端视图处理函数的功能升级上，在前端网页视图中也能体现其强大的功能，如通过表单渲染得到表单网页视图。代码如下：

```
In [18]: print(form2)
<tr><th><label for="id_subject">Subject:</label></th><td><input type="text" name="subject" value="表单的问题" maxlength="50" required id="id_subject"></td></tr>
<tr><th><label for="id_message">Message:</label></th><td><textarea name="message" cols="40" rows="10" required id="id_message">表单可以自动封装数据</textarea></td></tr>
<tr><th><label for="id_email">Email:</label></th><td><ul class="errorlist"><li>Enter a valid email address.</li></ul><input type="email" name="email" value="damu163.com" required id="id_email"></td></tr>
<tr><th><label for="id_cc_myself">Cc myself:</label></th><td><input type="checkbox" name="cc_myself" id="id_cc_myself" checked></td></tr>
```

注意： Django 的表单体系本身就封装并实现了常见的功能，对项目中烦琐的表单处理流程进行了完善的封装，在后续项目中推荐优先使用 Django 提供的表单功能来实现与用户数据交互的表单操作。

4.2.2 限定属性和字段描述

对于 Django 中 Form 表单实例的操作，我们通过核心 API 进行分析。在定义表单实例时，属性操作方式参考了 Django 中模型类的操作方式，封装了限定属性以及限定规则定义的参数类型，如表 4.3 所示。

表 4.3 限定属性以及限定规则定义的参数类型

参数类型	描述
required	属性参数，在描述当前属性时必须填写
label	属性参数，在视图上显示的提示信息
label_suffix	属性参数，视图提示信息的统一后缀
initial	属性参数，表单视图上的初始数据
widget	属性参数，表单元素的显示风格
help_text	属性参数，表单元素输入的提示/帮助信息
error_messages	属性参数，自定义当前属性的错误提示信息

续表

参数类型	描述
validators	属性参数，当前属性字段的验证规则
localize	属性参数，本地化信息展示，包括输入和输出表单域
disabled	属性参数，让当前属性在视图上表现为只读状态
has_changed	属性参数，获取当前表单数据的改动状态

BooleanField	布尔属性类型，在视图中默认定义一个复选框组件。
	`forms.BooleanField()`
	`<input type="checkbox" …`

CharField	字符属性类型，默认定义一个文本输入组件。
	`forms.CharField(max_length=20, strip=True)`
	`<input type="text" …`
	可选参数：max_length、min_length、strip

ChoiceField	选择属性类型，在视图中默认创建一个下拉列表框组件。
	`forms.ChoiceField(choices=())`
	`<select name="addr" id="id_addr" …`
	可选参数：choices

DateField	日期属性类型，在视图中默认创建一个文本输入组件，可以自动验证输入的日期格式并自动转换成 Python 中的 datetime.date 类型对象。
	`forms.DateField(input_format=["%Y-%m-%d"])`
	`<input type="text" …`

DateTimeField	日期时间属性类型，在视图中默认创建一个文本输入组件，可以自动验证输入的日期时间格式并自动转换成 Python 中的 datetime.datetime 类型对象。
	`forms.DateField(input_format=["%Y-%m-%d %H:%M"])`
	`<input type="text" …`

DecimalField	浮点数属性类型，在视图中默认创建一个数字输入组件，可以保存指定的小数位数。
	`forms.DecimalField(max_digits=2)`
	`<input type="number" …`

DurationField	范围属性类型，在视图中默认创建一个文本输入组件。
	`forms.DurationField()`
	`<input type="text" …`

EmailField	邮件属性类型，在视图中默认创建一个邮件输入组件。
	`forms.EmailField()`
	`<input type="email" …`

FileField	文件属性类型，在视图中默认创建一个文件域组件。
	`forms.FileField()`
	`<input type="file" …`

FloatField	浮点数属性类型，在视图中默认创建一个数字输入组件。
	`forms.FloatField()`
	`<input type="number" …`

续表

参数类型	描述
ImageField	图片属性类型，在视图中默认创建一个接收图片的文件域。 forms.ImageField() <input type="file" accept="image/*" …
IntegerField	整数属性类型，在视图中默认创建一个数字输入组件。 forms.IntegerField() <input type="number" …
GenericIPAddressField	IP 地址属性类型，在视图中默认创建一个文本输入组件，可以自动验证 IP 地址格式是否正确。 forms.GenericIPAddressField() <input type="text" …
MultipleChoiceField	多选框属性类型，在视图中默认创建一个多选列表框组件。 forms.MultipleChoiceField(choices=()) <select name="a" required id="id_a" multiple>
RegexField	正则验证属性类型，在视图中默认创建一个文本输入组件，可以通过所定义的正则表达式进行验证。 forms.RegexField(regex="\w{6,18}") <input type="text" …
TimeField	时间属性类型，在视图中默认创建一个文本输入组件，可以自动验证输入的内容并转换成 Python 中的 datetime.time 类型对象。 forms.TimeField() <input type="text" …
URLField	URL 地址属性类型，在视图中默认创建一个 URL 输入组件，并自动验证 URL 格式是否正确。 forms.URLField() <input type="url" …
UUIDField	UUID 数据属性类型，在视图中创建一个文本输入组件，并自动验证输入的内容是否是正确的 UUID 字段。 forms.UUIDField() <input type="text" …
ComboField	组合验证属性，可以将对多个属性字段的验证组合到一个视图组件中进行操作。 forms.ComboField(fields=[forms.CharField(max_length=20, forms.EmailField())]) <input type="text" … 这里要求用户通过表单元素输入一段符合邮件格式并且长度不能超过 20 个字符的邮箱地址

除了表 4.3 中显示的常见的一些属性字段，Django 还封装了一些高级属性字段，如多值操作属性字段 MultiValueField，以及可以与数据模型绑定的 ModelChoiceField 属性字段等，能在一定程度上满足开发人员的特殊需求。

1. MultiValueField

在一些个性化的需求下，用户的一个属性可能是多条数据的组合。比如用户的电话号码 639980-004，区分为主机号码 639980 和分机号码 004 两条数据，但是它们都属于同一个用户属性，所以需要通过定义属性字段将两条数据整合起来进行开发，此时就要用到多值操作属性字段 MultiValueField。自定义属性字段如下：

```
class PhoneField(forms.MultiValueField):
    '''自定义电话号码属性字段，可以同时接收两条数据'''
    def __init__(self, **kwargs):
        error_messages = {
            'error_msg': '电话号码输入有误，请检查后重新输入'
        }
        fields = {
            forms.CharField(
                error_messages={'error_msg': '主机号码输入有误'},
                validators=[
                    RegexValidator(r'^\d{8}$', '请输入有效的主机号码')
                ]
            ),
            forms.CharField(
                error_messages={'error_msg': '分机号码输入有误'},
                validators=[
                    RegexValidator(r'^\d{3}$', '请输入有效的分机号码')
                ]
            )
        }
        super().__init__(error_messages=error_messages,
                         fields=fields,
                         require_all_fields=False,
                         **kwargs)
```

完成自定义多值操作属性字段后，就可以在表单实例中直接声明属性了，但是一定要重新添加 widget 限定规则，修改为 django.forms.MultiWidget 组件才能使用。不过，在实际项目中，一般通过数据库建模来解决属性聚合的问题，通过代码直接封装该属性字段的方式并不是很友好。

2. ModelChoiceField

这是一个非常有用的属性字段，在项目中经常会遇到在页面打开的同时就需要初始化并展示数据，通过下拉列表框进行选择等情况，如选择文章的发表类型（原创、翻译、转载），就需要在页面打开的同时在表单中渲染展示数据，Django 提供的 ModelChoiceField 属性字段就是专门用于处理这种情况的，代码如下：

```
class MyForm(forms.Form):
    ……
    source = forms.ModelChoiceField(queryset=ArticleSource.objects.all(),
                                    empty_label='--choice--')
```

Django 框架直接渲染该属性字段得到如下网页标签：

```
<tr>
    <th>
        <label for="id_source">Source:</label>
    </th>
    <td>
        <select name="source" required id="id_source">
            <option value="" selected>--choice--</option>
            <option value="4ed09d0a-2820-43d6-a809-47a88345bdb2">原创</option>
            <option value="8c6a037b-1b30-4f57-a3d7-67806b5651bc">翻译</option>
            <option value="a2690c6f-c46c-4f97-a5cf-8ff19b17a310">转载 </option>
        </select>
    </td>
</tr>
```

上述表单属性字段，配合表单视图的渲染，能在一定程度上简化开发步骤。但是如果自定义属性字段过多，则会提高技术难度，给项目组的协同开发造成一定的困扰。建议在实际项目开发中详细分析需求，根据需求中的个性化表单进行统一封装，提供一个独立的工具模块引入使用。

4.2.3 表单视图操作

通过表单实例封装请求数据，主要是为了简化表单数据的传送、数据验证、错误信息定义、有效数据的提取等操作。Django 还为表单实例提供了可以直接渲染视图标签的操作，提高了网页视图的开发效率。

表单属性字段由默认的视图渲染，也可以根据需要指定视图渲染。表 4.4 中列出了常见的表单视图渲染组件。

表 4.4 常见的表单视图渲染组件

表单视图渲染组件	描述
TextInput	文本输入组件，呈现如下 text 文本输入框网页标签。 `<input type="text" …`
NumberInput	数字输入组件，呈现如下 number 数字输入框网页标签。 `<input type="number" …`
EmailInput	邮件输入组件，呈现如下 email 邮箱输入框网页标签。 `<input type="email" …`
URLInput	URL 输入组件，呈现如下 url 地址输入框网页标签。 `<input type="url" …`
PasswordInput	密码输入组件，呈现如下 password 密码输入框网页标签。 `<input type="password" …`
HiddenInput	隐藏元素输入组件，呈现如下 hidden 隐藏输入框网页标签。 `<input type="hidden" …`
DateInput	日期输入组件，呈现如下 date 日期输入框网页标签。 `<input type="date" …`

续表

表单视图渲染组件	描述
DateTimeInput	日期时间输入组件，呈现如下 date 日期输入框网页标签。 `<input type="date" …`
TimeInput	时间输入组件，呈现如下 datetime 时间输入框网页标签。 `<input type="datetime" …`
Textarea	文本域组件，呈现如下文本域网页标签。 `<textarea> … </textarea>`
CheckboxInput	复选框组件，呈现如下 checkbox 复选框网页标签。 `<input type="checkbox" …`
Select	下拉列表组件，呈现如下 select 下拉列表框网页标签。 `<select><option …> … </option></select>`
NullBooleanSelect	固定选项组件，选项：待定、是、否
SelectMultiple	多选列表组件，呈现如下 select 多选列表框网页标签。 `<select multiple …> … </select>`
RadioSelect	单选钮组件，呈现如下 radio 单选钮网页标签。 `<input type="radio" …`
CheckboxSelectMultiple	复选框组件，类似于 SelectMultiple，呈现如下 checkbox 复选框列表网页标签。 `<input type="checkbox" …`
FileInput	文件域组件，呈现如下 file 文件输入框网页标签。 `<input type="file" …`
ClearableFileInput	文件域组件，附加复选框清除属性字段数据
MultipleHiddenInput	多值隐藏域组件，处理多个隐藏窗口视图网页标签
SplitDateTimeWidget	日期时间组件，渲染 select 分别选择日期和时间
SplitHiddenDateTimeWidget	类似于 SplitDateTimeWidget
SelectDateWidget	日期选择组件，渲染三个 select 分别展示年、月、日的选项列表

1. 基本表单渲染

对于表单可以使用字段本身的默认视图组件进行渲染，每个视图属性都有自己绑定的默认组件，同样也可以使用 widget 指定渲染组件。首先创建应用子项目 formwithview，在子项目中创建表单模块 forms.py，并定义基本表单视图组件，代码如下：

```
class MyForm1(forms.Form):
    '''普通表单'''
    # 普通字段，使用默认的视图组件渲染
    username = forms.CharField(label='账号')
    # 普通字段，使用密码视图组件渲染
    password = forms.CharField(label='密码', widget=forms.PasswordInput)
```

然后在视图处理函数中定义绑定的表单实例，代码如下：

```
def myform1(request):
    '''基本表单渲染视图'''
```

```
    form = MyForm1()
    return render(request, 'formwithview.html', {'form': form})
```

在网页视图中，通过表单对象的 as_p 方式将表单元素渲染成 p 标签，代码如下：

```
<h2>基本表单渲染</h2>
<form action="" method="POST">
    <!-- 其他渲染的处理函数：form.as_ul 和 form.as_table -->
    {{form.as_p}}
    <input type="submit" value="提交">
</form>
```

配置好路由映射关系后，打开浏览器访问网页，可以看到基本表单渲染的效果如图 4.11 所示。

图 4.11　基本表单渲染的效果

2. 自定义表单视图组件

在处理项目表单的过程中，需要根据实际数据自定义视图渲染，可以使用 widget 属性来指定视图组件。打开表单模块 forms.py，添加指定组件的表单实例，代码如下：

```
class MyForm2(forms.Form):
    '''自定义表单渲染组件'''
    GENDER = (
        ('0', '男'),
        ('1', '女')
    )
    FAV = (
        ('0', '英雄联盟'),
        ('1', '魂斗罗'),
        ('2', '火影忍者'),
    )
    fd = forms.CharField(label='编号/隐藏', widget=forms.HiddenInput)
    fd1 = forms.CharField(label='文本输入框', widget=forms.TextInput)
    fd2 = forms.CharField(label='密码输入框', widget=forms.PasswordInput)
    fd3 = forms.ChoiceField(label='性别', choices=GENDER, widget=forms.RadioSelect,)
    fd4 = forms.ChoiceField(label='爱好', choices=FAV, widget=forms.CheckboxSelectMultiple)
    fd5 = forms.EmailField(label='邮箱', widget=forms.EmailInput)
    fd6 = forms.URLField(label='个人主页', widget=forms.URLInput)
    fd7 = forms.DateField(label='生日', widget=forms.SelectDateWidget)
    fd8 = forms.FileField(label='头像', widget=forms.FileInput)
```

在视图处理函数中定义绑定的表单实例，代码如下：

```
def myform2(request):
    '''自定义表单处理'''
    form2 = MyForm2()
    return render(request, 'formwithview.html', {'form2': form2})
```

在网页视图中渲染该表单，打开 formwithview.html，添加如下代码：

```
<h2>自定义表单视图组件</h2>
<form action="">
    {{form2.as_p}}
    <input type="submit" value="提交">
</form>
```

配置好路由映射关系后，启动项目，访问指定的 URL 路径，效果如图 4.12 所示。

图 4.12　自定义表单视图组件的效果

3. 自定义样式修饰

表单实例可以按照固定的语法和操作步骤编写，但是在网页视图中输出是按照 Django 的默认方式进行渲染的，如果要为表单元素自定义样式修饰，则可以为指定的表单字段添加额外的属性。其操作方式有三种，下面是最常见的一种操作：

```
class MyForm3(forms.Form):
    '''自定义表单类'''
    # 指定一个表单字段，指定 class\name\id 属性
    fd = forms.CharField(label='字段属性 1', widget=forms.TextInput({
        'class': 'form-control',
        'name': 'username',
        'id': 'username'
    }))
```

也可以在定义字段之后，通过该字段的 widget.attrs 属性为表单元素添加自定义属性和属性值：

```
class MyForm3(forms.Form):
    ……
    fd2 = forms.CharField(label='字段属性 2', widget=forms.TextInput)
    fd2.widget.attrs.update({
      'class': 'form-control'
    })
```

还可以在类型初始化函数中直接为指定字段添加自定义属性和属性值：

```
class MyForm(form.Form):
    ……
    fd3 = forms.CharField(label='字段属性 3')
    def __init__(self, *args, **kwargs):
        super().__init__(*args, **kwargs)
        self.fields['fd3'].widget.attrs.update({
            'class': 'form-control'
        })
```

以上介绍的是基于 django.forms.Form 类型的表单封装和处理操作，在一定程度上对表单数据进行了流程化和标准化处理，给开发带来了便利，但同时也增加了开发技术的难度，在实际项目中要根据需要进行技术选型。在大多数情况下，我们会选择使用 django.forms.ModelForm 来处理表单，下一节就来介绍 ModelForm 的功能实现以及处理方式。

4.3 基于 ModelForm 的高级表单

Django 框架中提供的 django.forms.Form 类型具有很强的表单处理能力，但是也有一定的弊端，比如在 Form 表单中定义的用于渲染的字段属性，一般都是要处理模型类创建的对象数据，包含对象数据的属性在模型类中已经有定义，所以开发 forms 表单模块会存在大量的代码冗余。ModelForm 就是结合数据模型（Model），解决表单实例封装造成代码冗余的高级表单类。

4.3.1 ModelForm 概述

ModelForm 不是 Form 的实现，而是继承自 BaseModelForm 的实现类，Form 是继承自 BaseForm 的实现类，它们在核心功能的实现上有明显的区别。本节我们通过 ModelForm 的基本使用来学习其封装表单的知识。

在 myformproject 中创建一个应用子项目 formwithmodel，在子项目的数据模型模块 models.py 中，定义用户处理类。代码如下：

```
from django.db import models
class User(models.Model):
    # 用户编号
    id = models.UUIDField(primary_key=True, verbose_name='作者编号',
                                            auto_created=True,default=uuid4)
    # 登录账号
```

```
    username = models.CharField(max_length=18, verbose_name='登录账号',
                                               unique=True,db_index=True)
    # 登录密码
    password = models.CharField(max_length=18, verbose_name='登录密码')
    # 真实姓名
    realname = models.CharField(max_length=18, verbose_name='作者姓名',
                                               null=True, blank=True,db_index=True)
    # 用户昵称
    nickname = models.CharField(max_length=18, verbose_name='作者昵称', unique=True,
                                               null=True,blank=True, db_index=True)
    # 年龄
    age = models.IntegerField(default=0, verbose_name='作者年龄')
    # 性别
    gender = models.CharField(max_length=1, choices=GENDER, verbose_name='性别',
                                               null=True, blank=True)
    # 邮箱
    email = models.EmailField(verbose_name='联系邮箱', null=True, blank=True, db_index=True)
    # 手机
    phone = models.CharField(max_length=20, verbose_name='联系电话', db_index=True,
                                               null=True,  blank=True)
```

在当前子项目中，创建表单模块 formwithmodel/forms.py，定义用户信息记录的表单实例，该表单实例类继承自 django.forms.ModelForm，通过该 ModelForm 的封装完成数据渲染。代码如下：

```
from django import forms
from .models import User
class UserRecordForm(forms.ModelForm):
    class Meta:
        # 定义关联模型
        model = User
        # 定义要在表单中展示的字段。如果要展示所有字段，则不需要添加 fields 属性
        fields = ['username', 'realname', 'nickname', 'realname', 'gender', 'age']
```

在视图处理类中，可以直接通过表单对象进行渲染。打开视图处理模块 formwithmodel/views.py，添加用户信息记录的视图处理函数，代码如下：

```
from django.shortcuts import render
from .forms import UserRecordForm
def index(request):
    if request.method == "GET":
        form = UserRecordForm()
        return render(request, 'formwithmodel.html', {'form': form})
```

在网页视图中直接处理 form 表单实例，通过指定的函数渲染表单，代码如下：

```
<h2>记录用户数据</h2>
<form action="/fm1/" method="POST">
    {% csrf_token %}
    <input type="submit" value="提交用户信息">
</form>
```

配置好子项目的路由映射关系后，启动项目并打开网页，可以看到用户信息记录表单已经完整地呈现在网页中，如图 4.13 所示。

图 4.13　ModelForm 表单渲染的效果

通过上述案例项目的开发过程，就会发现 ModelForm 与 django.forms.Form 的表单渲染操作方式和操作步骤类似，在网页视图中也能进行表单的渲染处理，同时在编写表单实例时没有引入过多的冗余代码。所以在实际项目开发中，ModelForm 的应用更加广泛。

4.3.2　ModelForm 字段属性

在表单处理过程中，在某些情况下想要完全避免和数据模型中的属性发生冲突是不现实的。比如用户注册，要求用户连续两次输入密码，在数据模型中只会封装一个密码属性，但是在表单中需要额外添加一个确认密码字段。在定义属性的类型时，django.forms 和 django.db.model 中提供的模型类定义属性的对应关系如表 4.5 所示。

表 4.5　模型类定义属性的对应关系

django.db.model 模型类定义属性	django.forms 模型类定义属性
AutoField	—
BigAutoField	—
BigIntegerField	IntegerField min_value：-9223372036854775808 max_value：9223372036854775807
BinaryField	CharField(editable=True)
BooleanField	BooleanField
CharField	CharField
DateField	DateField
DateTimeField	DateTimeField
DecimalField	DecimalField
EmailField	EmailField

续表

django.db.model 模型类定义属性	django.forms 模型类定义属性
FileField	FileField
FilePathField	FilePathField
FloatField	FloatField
ForeignKey	ModelChoiceField
ImageField	ImageField
IntegerField	IntegerField
IPAddressField	IPAddressField
GenericIPAddressField	GenericIPAddressField
ManyToManyField	ModelMultipleChoiceField
NullBooleanField	NullBooleanField
PositiveIntegerField	IntegerField
PositiveSmallIntegerField	IntegerField
SlugField	SlugField
SmallIntegerField	IntegerField
TextField	CharField(widget=forms.Textarea)
TimeField	TimeField
URLField	URLField

比如针对用户注册需求，打开子项目的表单模块 formwithmodel/forms.py，添加用户注册表单，编辑代码如下：

```
class UserRegisterForm(forms.ModelForm):
    '''用户注册表单'''
    # 定义确认密码字段
    confirm_password = forms.CharField(label='确认密码', widget=forms.PasswordInput)
    def __init__(self, *args, **kwargs):
        '''初始化函数'''
        super().__init__(*args, initial=None, **kwargs)
        # 修改数据模型的密码输入，方式 1：按照密码输入框的视图进行渲染
        self.fields['password'].widget = forms.PasswordInput()
    class Meta:
        # 定义关联模型
        model = User
        # 定义要展示的字段属性
        fields = ['username', 'password', 'confirm_password']
        # 修改数据模型的密码输入，方式 2：通过 widgets 属性进行修改
        # widgets = {
        #     'password': forms.PasswordInput()
        # }
```

在视图处理模块 formwithmodel/view.py 中，定义相应的视图处理函数，代码如下：

```
def register(request):
'''用户注册视图处理函数'''
    if request.method == "GET":
        # 创建一个用户注册表单实例对象
        form2 = UserRegisterForm()
        # 渲染网页
        return render(request, 'formwithmodel.html', {'form2': form2})
```

打开网页视图 myformproject/html/formwithmodel.html，添加注册表单的渲染代码如下：

```
<h2>用户注册</h2>
<form action="/fm2/" method="POST">
    {% csrf_token %}
    {{form2.as_p}}
    <input type="submit" value="用户注册">
</form>
```

配置好路由映射关系后，启动项目并访问对应的路由地址，就会得到如图 4.14 所示的用户注册表单页面。

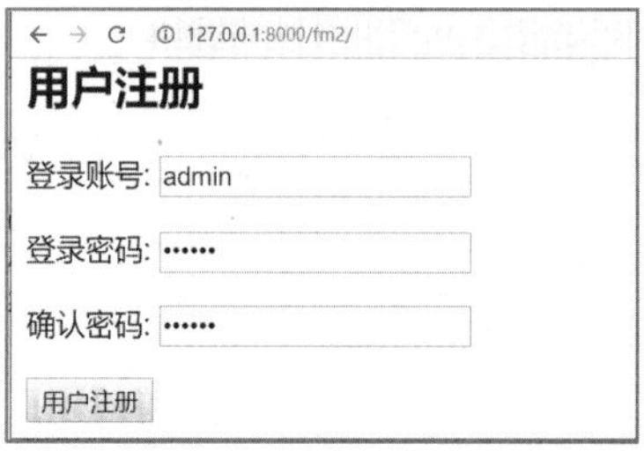

图 4.14 ModelForm 渲染的用户注册表单页面

4.3.3 Meta 属性选项

在 ModelForm 的操作过程中，我们发现很多处理方式是通过表单实例中的元类 Meta 中的属性进行控制的。Meta 类型中的常见属性介绍如下。

1. model（关联类型属性）

表单实例是通过操作对应的数据模型完成数据交互的，在 Meta 中可以通过 model 属性实现当前表单和其他数据模型的关联。代码如下：

```
class AuthorForm(forms.ModelForm):
class Meta:
        model = Author  # 表单关联模型，绑定 Author 模型类
```

2. fields（字段展示属性）

表单实例在视图中的展示字段，直接关系到对应模型类中的属性的可操作性，在 Meta 中可以通过 fields/exclude 属性实现所有字段或者指定字段在视图中的条件展示。代码如下：

```
class AuthorForm(forms.ModelForm):
```

```
class Meta:
        model = Author
        fields = '__all__'                          # 展示数据模型中定义的所有字段
        # fields = ['username', 'password']      # 展示数据模型中定义的指定字段
        # exclude=['realname']  # exclude 表示排除展示的字段，和 fields 的含义相反
```

3. widgets（渲染视图组件）

在数据模型中定义的属性，主要是针对数据格式进行处理的，但是在视图中展示时需要考虑属性的可交互性。比如在数据模型中可以直接使用 models.CharField()定义密码字段，但是通过表单在视图中展示时不能使用默认的文本输入框直接处理，而是需要将视图渲染组件修改为密码输入框。如果在 Meta 中要指定模型类属性的视图组件，则可以使用 widgets 属性进行操作。代码如下：

```
class AuthorForm(forms.ModelForm):
    class Meta:
        model = Author
        fields = ['username', 'password']    # 展示数据模型中定义的指定字段
        widgets = {
            'password': forms.PasswordInput()  # 指定 password 属性的视图组件
    }
```

4. labels（模型字段展示信息）

模型类在页面上的展示信息，直接使用了模型类中定义的字段来进行展示，如果需要指定字段，则可以使用 labels 属性进行操作。代码如下：

```
class AuthorForm(forms.ModelForm):
    class Meta:
        ……
        widgets = {
            'password': forms.PasswordInput()  # 指定 password 属性的视图组件
        }
        # 指定展示字段信息
        labels = {
            'username': _('账号'),
            'password': _('密码'),
            'conirm_password': _('确认密码')
        }
```

5. help_texts（模型字段帮助信息）

在表单实例中，还有一个非常重要的组成部分，即提示信息，用于提示用户可输入的有效数据的格式和内容等。在 Meta 中通过 help_texts 属性来指定帮助信息，代码如下：

```
class AuthorForm(forms.ModelForm):
    class Meta:
        ……
        # 指定展示字段信息
        labels = {
            'username': _('账号'),
```

```
            'password': _('密码'),
            'conirm_password': _('确认密码')
        }
        # 帮助信息
        help_texts = {
            'username': _('输入 6~18 位字母、数字、下画线组成的账号'),
            'password': _('输入 6~18 位字母、数字、下画线组成的密码'),
            'confirm_password': _('再次输入一致的密码')
        }
```

6. error_messages（模型字段错误信息）

通过 error_messages 属性可以指定出现错误之后的提示消息，在指定提示信息时可以按照定义属性时的限定规则进行操作。代码如下：

```
class AuthorForm(forms.ModelForm):
    class Meta:
        ......
        # 帮助信息
        help_texts = {
            'username': _('输入 6~18 位字母、数字、下画线组成的账号'),
            'password': _('输入 6~18 位字母、数字、下画线组成的密码'),
            'confirm_password': _('再次输入一致的密码')
        }
        # 错误消息处理
        error_messages = {
            'username': {
                'max_length': '长度不能超过 18 位'
            }
        }
```

以上就是在企业项目开发中经常会进行的一些 Meta 属性操作。当然，在实际开发中也会遇到一些常规的其他操作方式，请读者参考官方文档来了解详情。

4.3.4 ModelForm 中的数据提交

与表单数据进行交互，不仅体现在对表单视图的渲染上，同时也体现在数据的提交方式和处理流程上。

对于记录了用户信息的表单数据的提交，要修改视图处理模块 formwidthmodel/views.py，完成表单数据的绑定、验证以及持久化处理。代码如下：

```
def index(request):
    # 查询所有用户信息，用于在网页中展示
    users = User.objects.all()
    if request.method == "GET":
        form = UserRecordForm()
        return render(request, 'formwithmodel.html', {'form': form,  "users": users})
    elif request.method == "POST":
```

```
        # 接收表单数据，并初始化成表单对象
        form = UserRecordForm(request.POST)
        # 验证数据是否正确
        if form.is_valid():
            # 存储表单数据
            form.save()
        return render(request, 'formwithmodel.html', {'form': form, "users": users})
```

表单数据提交后，不再需要逐个接收每个属性字段的数据，而是通过表单对象直接绑定 request.POST 参数完成数据的接收；同时对每个字段数据的验证也不需要手动指定进行操作，而是使用表单实例封装好的数据验证方法直接验证，验证失败会在表单视图中直接显示错误提示信息。

如图 4.15 所示，由于在数据库中已经存在 username 为 damu 的用户，所以再次存储时将根据字段唯一性限定条件给出验证提示信息。

图 4.15　ModelForm 表单数据自动验证结果

最后是数据的持久化操作。因为表单本身绑定了模型类，所以直接通过表单的 save()方法将数据持久化到数据库中。在 Web 应用中，因为表单交互功能有了 ModelForm 表单实例的参与，所以其处理流程和操作方式都得到了极大的简化。

4.3.5　ModelForm 中的数据初始化

在项目操作中，业务数据更新也是非常重要的一个环节。在处理过程中，应该根据用户要更新的关键特征查询并展示原始数据，并在完成更新操作之后验证数据正常并进行存储。通过 ModelForm 中的数据初始化处理，可以很方便地完成数据更新操作。

首先定义更新用户信息的表单类。修改 formwithmodel/forms.py，代码如下：

```
class UserUpdateForm(forms.ModelForm):
```

```
    '''更新用户信息的表单类'''
    class Meta:
        model = User                # 定义模型关联
        exclude = ['password']      # 定义展示字段
```

然后打开视图处理模块，定义更新用户信息的视图处理函数，代码如下：

```
def user_update(request, user_id):
    '''用户信息更新'''
    # 获取查询到的用户对象
    user = User.objects.get(pk=user_id)
    # 判断请求方式并返回数据
    if request.method == "GET":
        # 包装表单对象
        user_form = UserUpdateForm(instance=user)
        print(user_form.instance.id)
        return render(request, 'formwithmodel.html', {'user_form': user_form})
    elif request.method == "POST":
        # 使用已经存在的用户进行数据更新
        user_form = UserUpdateForm(request.POST, instance=user)
        # 验证数据更新是否有效
        if user_form.is_valid():
            # 存储更新后的数据
            user_form.save()
        return render(request, 'formwithmodel.html', {'user_form': user_form})
```

在网页视图中，用户可以点击某个 user_id 编号的链接，查询并得到对应的用户对象，Django 会将用户对象包装成用户表单对象并渲染到视图中进行编辑；用户在修改信息之后，表单实例可以将参数和指定的用户对象传递给后端程序完成数据的更新。可见，通过 ModelForm 可以大幅度提高开发效率。

4.3.6 ModelForm 中的类型关联关系

在项目开发中，在某些情况下会涉及模型类之间的关联关系，比如博客项目中用户发表文章时，需要选择文章类型（原创、转载、翻译）。在一个表单实例中使用到了包含关联关系的实例对象，常见的操作方式是在渲染网页时，在视图处理函数中查询到数据，然后在网页中手工调用表单实例并渲染展示到网页视图中，也就是我们在 myproject3 项目中的操作方式。在使用 ModelForm 进行表单封装之后，关联对象的操作被简化了，使开发更加简洁和人性化。

首先修改 myformproject 项目中的数据模型模块 formwithmodel/models.py，添加文章数据和文章类型定义。代码如下：

```
class ArticleType(models.Model):
    # 类型编号
    id = models.UUIDField(primary_key=True, verbose_name='类型编号',
                          auto_created=True,  default=uuid4)
    # 类型名称
    name = models.CharField(max_length=18, verbose_name='类型名称')
```

```
    def __str__(self):
        return self.name
class Article(models.Model):
    # 文章编号
    id = models.UUIDField(primary_key=True, verbose_name='文章编号',
                          auto_created=True,  default=uuid4)
    # 文章标题
    title = models.CharField(max_length=18, verbose_name='文章标题', db_index=True)
    # 文章内容
    content = models.TextField(verbose_name='文章内容')
    # 文章类型
    types = models.ForeignKey(ArticleType, on_delete=models.SET_NULL,
                              null=True, blank=True)
```

修改表单模块 formwithmodel/forms.py，添加发表文章表单实例。代码如下：

```
class ArticlePublicForm(forms.ModelForm):
    '''发表文章表单'''
    class Meta:
        model = Article
        exclude=[‘id’]
```

可以看到，即使在类型中出现了关联模型，也不需要进行特殊的处理，但是如果使用的不是 ModelForm，而是 forms.Form，则需要按照如下方式进行处理：

```
class ArticlePublicForm2(forms.Form):
    title = forms.CharField(label='文章标题', max_length=18)
    content = forms.CharField(label='文章内容', widget=forms.Textarea)
    types = forms.ModelChoiceField(label='文章类型', queryset=ArticleType.objects.all())
```

与 forms.Form 的封装相比，ModelForm 的封装的代码更加简洁，同时对关联的模型类的操作方式也非常直观。

配置好路由映射关系之后，启动项目，可以看到在网页视图中直接显示出关联的文章类型数据，如图 4.16 所示。

图 4.16 模型关联表单操作结果

4.3.7 表单实例工厂

尽管有了 ModelForm 的表单封装，让表单操作变得更加简洁，但是在一定程度上它对表单操作并不友好，比如对用户数据的操作可能会涉及大量的表单，如果为每个表单都声明一个表单类，那么表单模块 forms.py 中的代码就会变得非常烦琐。

Django 中提供了一个表单实例工厂 django.forms.modelform_factory，可以直接根据模型类封装得到简单的表单对象。比如发表文章，原始操作是先创建发表文章表单类，然后在视图处理函数中进行封装。代码如下：

```
------------------------------------------------------------ formwithmodel/forms.py
# 发表文章 ModelForm 版本
class ArticlePublicForm(forms.ModelForm):
    '''发表文章表单'''
    class Meta:
        model = Article
        exclude=['id']
------------------------------------------------------------ formwithmodel/views.py
def article_publish(request):
    '''发表文章 ModelForm 版本'''
    article_form = ArticlePublicForm()

    if request.method == "GET":
        return render(request, 'formwithmodel.html', {'article_form': article_form})
```

如果使用表单实例工厂进行操作，就不需要单独声明发表文章表单类了，而是直接使用表单实例工厂实例来实现一个表单。代码如下：

```
from django.forms import modelform_factory
def article_publish(request):
    '''发表文章 modelform_factory 版本'''
    # 直接生成表单实例，不需要额外定义
    article_form = modelform_factory(Article, exclude=['id'])
    if request.method == "GET":
        return render(request, 'formwithmodel.html', {'article_form': article_form})
```

可以看到，表单操作得到了极大的简化。在企业项目开发中，大部分表单操作都是基于简单数据完成的，使用表单实例工厂能让项目代码的可操作性和迭代开发得到极大的优化。

Django 中的 django.forms.modelform_factory 的 API 代码，与继承表单实现的 ModelForm 表单对象的属性操作基本一致，官方源代码如下：

```
def modelform_factory(model, form=ModelForm, fields=None, exclude=None,
                      formfield_callback=None, widgets=None, localized_fields=None,
                      labels=None, help_texts=None, error_messages=None,
                      field_classes=None):
    attrs = {'model': model}
    if fields is not None:
        attrs['fields'] = fields
```

```
    if exclude is not None:
        attrs['exclude'] = exclude
    if widgets is not None:
        attrs['widgets'] = widgets
    if localized_fields is not None:
        attrs['localized_fields'] = localized_fields
    if labels is not None:
        attrs['labels'] = labels
    if help_texts is not None:
        attrs['help_texts'] = help_texts
    if error_messages is not None:
        attrs['error_messages'] = error_messages
    if field_classes is not None:
        attrs['field_classes'] = field_classes
```

通过观察该 API 参数，我们可以得到一个结论：modelform_factory 是针对 ModelForm 的面向过程的实现，通过一个函数的操作完成了简单表单实例的处理。

在博客项目中，本节中涉及的用户表单相关操作、文章表单相关操作都可以使用该表单实例工厂来实现。

4.3.8　自定义验证规则

封装表单对象，最大的优势就是对表单操作流程的自动处理功能进行了封装。在某些情况下，我们需要对表单属性数据进行自定义验证，因为表单验证更多的是逻辑验证，而对于业务数据的正确性，比如在注册用户业务中需要验证两次密码输入是否一致，这时单纯地通过表单对象就无法实现验证了。

Django 针对类似的数据验证问题，提供了数据验证 API 供开发人员实现符合需要的验证函数的定制，也就是在表单验证中自定义数据验证规则。

Django 中提供了两种数据验证方式，第一种是对指定字段进行精确验证，验证函数使用指定的命名规则：clean_字段名称()。如果在封装的表单实例中出现类似的函数，则会将该字段和对应的验证函数绑定，赋值数据必须通过验证函数的验证。

比如用户注册表单有一个 confirm_password 属性，在当前表单类中定义了 clean_confirm_password()函数，那么 confirm_password 属性需要通过 clean_confirm_password()函数的验证才能被正常赋值。编辑表单模块 formwithmodel/forms.py，用户注册表单的代码如下：

```
class UserRegisterForm(forms.ModelForm):
    '''定义用户注册表单'''
    # 定义“确认密码”字段
    confirm_password = forms.CharField(label='确认密码', widget=forms.PasswordInput)
    def __init__(self, *args, **kwargs):
        '''初始化函数'''
        super().__init__(*args, initial=None, **kwargs)
        # 修改数据模型的密码输入，按照“密码”输入框的网页标签进行渲染
```

```
        self.fields['password'].widget = forms.PasswordInput()
    def clean_confirm_password(self):
        '''自定义验证规则，验证确认密码是否正常'''
        # 获取逻辑验证通过后的“密码”和“确认密码”字段数据
        password = self.cleaned_data['password']
        confirm_password = self.cleaned_data['confirm_password']
        # 判断如果密码不一致，则抛出异常
        if password != confirm_password:
            raise forms.ValidationError('两次密码输入不一致，请重新输入')
        # 验证通过，返回正常数据
        return self.confirm_password
    ……
```

添加了对表单中的“确认密码”字段的验证后，启动项目，再次进行用户注册，如果两次密码输入不一致，将会出现如图 4.17 所示的验证结果。

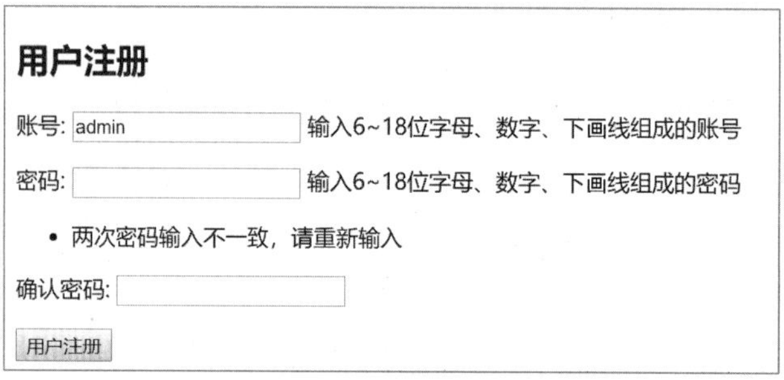

图 4.17　对指定字段的精确验证结果

第二种数据验证方式是通过重写 clean()函数来实现验证。在默认情况下，clean()函数的官方源代码如下：

```
def clean(self):
    self._validate_unique = True
    return self.cleaned_data
```

从源代码中可以看到，clean()函数直接访问 cleaned_data 属性来获取数据信息。如果重写该函数，相当于对每个字段的数据都进行处理。

```
def clean(self):
    print("验证每个字段的数据，抛出任意一个字段验证出现的异常，最终返回 cleaned_data")
    return self.cleaned_data
```

在项目开发中，请优先使用针对指定字段的精确验证方式，相比于重写 clean()函数来进行数据验证，其数据耦合度较低。

4.4　项目实例：表单重构

在学习了 Django 对项目表单的封装知识之后，我们使用框架中提供的 django.forms.ModelForm

表单类来重构博客项目，完成表单功能的升级。

首先在项目的公共网页文件文件夹中创建一个 slug 文件夹，用于存放网页中使用的各种视图组件，并在该文件夹中创建 register_form.html 和 login_form.html 文件，分别用于封装注册表单和登录表单，以方便后续代码复用。此时项目文件结构如下：

```
|-- myproject4/                     # 项目主文件夹
    |-- album/                      # 子项目：相册
    |-- article/                    # 子项目：文章
    |-- author/                     # 子项目：作者
    |-- comment/                    # 子项目：评论
    |-- common/                     # 子项目：公共模块
    |-- html/                       # 网页文件：公共网页及组件
        |-- slug/                   # 存放网页公共组件的文件夹
            |-- login_form.html     # 登录表单组件
            |-- register_form.html  # 注册表单组件
        |-- base.html               # 父模板（继承使用）
        |-- index.html              # 博客首页
    |-- message/                    # 子项目：私信/留言板
    |-- myproject4/                 # 管理项目
    |-- static/                     # 静态文件夹
    |-- manage.py                   # 命令模块
```

4.4.1 用户注册表单重构

在用户子项目中创建表单模块/myproject4/author/forms.py，并在其中建立一个专门用于用户注册的表单类 AuthorRegisterForm，编辑代码如下：

```
def get_data_tooltip(info):
    '''表单元素数据提示，主要是添加 Bootstrap 前端框架中提供的提示功能属性'''
    return {
        'data-toggle': 'tooltip',
        'data-trigger': 'hover',
        'data-delay': {'show': 500, 'hide': 100},
        'data-placement': 'top',
        'data-original-title': _(info),
        'class': 'form-control'
    }
class AuthorRegisterForm(forms.ModelForm):
    '''用户注册表单'''
    # 确认密码
    confirm_password = forms.CharField(label='确认密码', min_length=6, max_length=18)
    def clean_confirm_password(self):
        '''确认密码验证'''
        password = self.cleaned_data['password']
        confirm_password = self.cleaned_data['confirm_password']
        if password != confirm_password:
            raise forms.ValidationError('两次密码输入不一致，请重新注册')
        return confirm_password
```

```
        class Meta:
            # 表单关联数据模型
            model = Author
            # 表单展示字段
            fields = ['username', 'password', 'confirm_password', 'nickname', 'realname']
            # 指定表单视图组件
            widgets = {
                'username': forms.TextInput(
                    attrs=get_data_tooltip('请输入 6~18 位字母、数字、下画线组成的账号')
                ),
                'password': forms.PasswordInput(attrs=get_data_tooltip('请输入 6~18 位
密码')),
                'confirm_password': forms.PasswordInput(attrs=get_data_tooltip('再次
确认密码')),
                'nickname': forms.TextInput(attrs=get_data_tooltip('这是主页中最重要的
信息')),
                'realname': forms.TextInput(attrs=get_data_tooltip('听说实名制会带来好
运^_^'))
            }
            # 表单提示信息
            labels = {
                'username': _('账号'),
                'password': _('密码'),
                'confirm_password': _('确认密码'),
                'nickname': _('用户昵称'),
                'realname': _('真实姓名'),
            }
            # 错误提示信息
            error_messages = {
                'username': {
                    'unique': '该账号已经存在，请使用其他账号注册'
                },
                'nickname': {
                    'unique': '该昵称已经存在，请使用其他昵称注册'
                }
            }
```

修改用户注册的视图处理函数 author/views.author_register()，使用用户注册表单对象重构，代码如下：

```
@require_http_methods(['GET', 'POST'])
def author_register(request):
    '''用户注册'''
    # 判断请求方式
    if request.method == "GET":
        author_register_form = AuthorRegisterForm(auto_id='reg_%s')
        return render(request, 'author/register.html',
                      {'author_register_form': author_register_form})
    elif request.method == "POST":
        # 获取前端页面中传递的数据
        author_register_form = AuthorRegisterForm(request.POST)
```

```
        if author_register_form.is_valid():
            author_register_form.save()
            # 创建并保存用户扩展资料对象
            authorprofile = AuthorProfile(author=author_register_form.instance)
            authorprofile.save()
        else:
            return render(request, 'author/register.html',
                          {'author_register_form': author_register_form})
        # 返回登录页面
        return render(request,'author/login.html', {'msg_code': 0, 'msg_info': '账号注册成功'})
```

打开注册表单组件的/myproject4/html/slug/register_form.html 文件，添加表单视图处理代码如下：

```
    <form class="form-horizontal register_box" action="{% url 'author:register'%}"
method="POST">
        {% csrf_token %}
        {% for form in author_register_form %}
        <div class="form-group">
            <div class="col-sm-4 control-label">{{form.label_tag}}</div>
            <div class="col-sm-8">
                {{form}}
                <span id="helpBlock" class="help-block">{{form.errors}}</span>
            </div>
         </div>
         {% endfor %}
         <div class="form-group">
             <div class="col-sm-offset-2 col-sm-10">
                 <button type="submit" class="btn btn-default">新用户注册</button>
             </div>
         </div>
    </form>
```

在用户注册网页文件/myproject4/author/templates/author/register.html 中，将注册表单组件包含在当前网页视图中，代码如下：

```
    {% block page_body %}
    <div class="row">
        <div class="col-md-6 col-md-offset-3">
            <div class="page-header">
                <h3>新用户注册
                    <small>欢迎加入 PY 站</small>
                </h3>
            </div>
            {% include 'slug/register_form.html' %}
        </div>
    </div>
    {% endblock %}
```

至此，用户注册表单重构就完成了。现在启动项目，通过注册的路径访问用户注册页面，显示如图 4.18 所示，鼠标滑过时会有输入信息的提示。

127.0.0.1:8000/author/register/

PY站

新用户注册 欢迎加入PY站

请输入6~18位字母、数字、下画线组成的账号

账号：

密码：

确认密码：

用户昵称：

真实姓名：

新用户注册

关于我们 · 友情链接 · 友情链接 · 友情链接 · 友情链接 · 友情链接 · 联系我们

©2012-2018 河南大牧网络科技有限公司

图 4.18 用户注册页面

用户填写注册信息，如果注册账号或者用户昵称已经使用过，则会根据声明数据模型时的 unique=True 限定规则自动进行验证，如图 4.19 所示。

新用户注册 欢迎加入PY站

账号： damu

该账号已经存在，请使用其他账号注册

密码：

确认密码：

用户昵称： 大牧莫邪

真实姓名： 牟文斌

新用户注册

图 4.19 用户注册信息自动验证

4.4.2 用户登录表单重构

用户登录功能的操作，与用户注册功能中使用的表单实例类似，但是会存在一个问题：表

单实例在进行数据绑定时，会根据绑定的数据自动执行默认的数据验证，如果数据字段的值验证失败，数据就绑定失败了。比如登录时填写了一个已经存在的账号，该账号绑定表单对象就会触发 unique=True 的限定规则验证，出现账号已经存在的错误提示。在这样的情况下，我们需要重写表单的数据验证函数，完成数据的绑定过程。

编辑用户子项目中的表单模块/myproject4/author/forms.py，添加用户登录表单类 AuthorLoginForm，并重写 clean()函数完成自定义数据验证，代码如下：

```
class AuthorLoginForm(forms.ModelForm):
    class Meta:
        model = Author
        fields = ['username', 'password']
        widgets = {
            'username': forms.TextInput(attrs=get_data_tooltip('客官，请登记您的账号')),
            'password': forms.PasswordInput(attrs=get_data_tooltip('客官，请输入您的密码'))
        }
    def clean(self):
        username = self.cleaned_data['username']
        password = self.cleaned_data['password']
        try:
            author = Author.objects.get(username=username, password=password)
            return author.__dict__
        except:
            raise forms.ValidationError("账号或者密码有误，请重新登录")
```

重构登录视图处理函数 author/views.author_login()，代码如下：

```
@require_http_methods(['GET', 'POST'])
def author_login(request):
    '''用户登录'''
    # 判断请求方式
    if request.method == "GET":
    # 登录页面跳转
        author_login_form = AuthorLoginForm()
        return render(request, 'author/login.html',
                      {'msg_info': '', "author_login_form": author_login_form})
    else:
        # 获取前端页面返回的数据
        author_login_form = AuthorLoginForm(request.POST)
        # 查询是否存在对应的用户
        if author_login_form.is_valid():
            # 验证用户账号和密码是否正确
            author = Author.objects.get(username=author_login_form.cleaned_data['username'],
                                        password=author_login_form.cleaned_data['password'])
            # 在 Session 中记录用户登录状态
            request.session['author'] = author
            # 跳转到个人首页
```

```
            return redirect(reverse('author:main', kwargs={"author_id": author.id}))
        else:
            return render(request, 'author/login.html',
              {'msg_info': '账号或者密码有误',"author_login_form": author_login_form})
```

编辑登录表单组件的/myproject4/html/slug/login_form.html 文件，添加登录表单处理代码如下：

```
<form class="form-horizontal" action="{% url 'author:login'%}" method="POST">
    {% csrf_token %}
    <div class="modal-body">
        {% for form in author_login_form %}
        <div class="form-group">
            <div class="col-md-3 col-sm-3 control-label">
                {{form.label_tag}}
            </div>
            <div class="col-md-9 col-sm-9">
                {{form}}
            </div>
        </div>
        {% endfor %}
        {% if msg_info %}
        <div class="form-group">
            <label class="col-sm-2 control-label">提示</label>
            <div class="col-sm-10">
                <p class="form-control-static">{{msg_info}}</p>
            </div>
        </div>
        {% endif %}
    </div>
    <div class="modal-footer">
        <input type="submit" class="btn btn-default" value="登录">
    </div>
</form>
```

在用户登录网页中，通过 include 标签将登录表单组件包含进来，完成整个登录页面的操作。编辑/myproject4/author/templates/author/login.html 文件，代码如下：

```
<div class="modal-content col-md-8 login_box col-md-offset-2">
    <div class="modal-header">
        <h4 class="modal-title" id="myModalLabel">会员登录</h4>
</div>
<!-- 将登录表单组件添加到当前页面中 -->
    {% include 'slug/login_form.html' %}
</div>
```

启动项目，可以看到用户登录页面如图 4.20 所示。

图 4.20　用户登录页面

4.4.3　用户信息表单重构

在项目开发过程中，表单数据交互较多，出现了大量与表单相关的冗余代码，因此对表单模块进行重构，通过表单类之间的继承关系来进行代码优化非常有必要。

编辑用户子项目中的表单模块/myproject4/author/forms.py，代码如下：

```
class AuthorForm(forms.ModelForm):
    '''作者表单处理：父类'''
    class Meta:
        model = Author
        fields = '__all__'
        # 表单提示信息
        labels = {
            'username': _('账号'),
            'password': _('密码'),
            'confirm_password': _('确认密码'),
            'nickname': _('用户昵称'),
            'realname': _('真实姓名'),
        }
        error_messages = {
            'username': {
                'unique': '该账号已经存在，请使用其他账号注册'
            },
            'nickname': {
                'unique': '该昵称已经存在，请使用其他昵称注册'
            }
        }
class AuthorEditForm(AuthorForm):
    '''编辑用户资料表单，继承父表单，重用父表单中的数据'''
```

```
    class Meta(AuthorForm.Meta):
        # 从父表单的指定字段中，排除需要隐藏的字段
        exclude=['id','username', 'password', 'status',
                 'header_img', 'create_time', 'update_time',
                 'intro', 'remark', 'authors_liked', 'author_liked']
```

重构用户信息的视图处理函数 author/views.personal_edit()，代码如下：

```
@gzip_page
def personal_edit(request):
    if request.method == "GET":
        return render(request, 'author/personal_edit.html', {})
    elif request.method == "POST":
        author = request.session['author']
        author_edit_form = AuthorEditForm(request.POST, instance=author)
        if author_edit_form.is_valid():
            author_edit_form.save()
            request.session['author'] = author
            return redirect(author)
        else:
            print("-------------------", author_edit_form.errors)
            return render(request, 'author/personal_edit.html',
                {'msg_info': '个人资料填写有误','author_edit_form': author_edit_form})
```

页面部分的代码不需要改动，直接使用前端自定义开发的网页模板即可，这样能最大程度地降低前后端的耦合度。启动项目，可以看到如图 4.21 所示的用户信息处理过程。

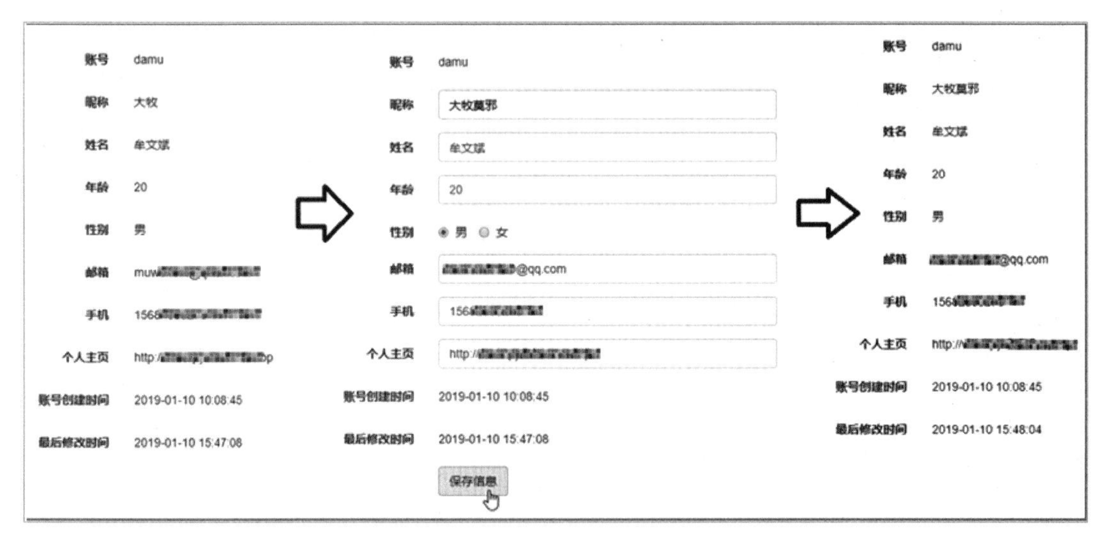

图 4.21 用户信息处理过程

4.4.4 发表文章表单重构

发表文章功能的开发步骤和数据处理方式类似于用户注册功能，不同点在于在文章属性中有关联的作者类型的对象和文章来源类型的对象，所以重构发表文章表单需要额外处理关联对

象数据。在 Django 中为表单对象提供了一种事务管理控制，可以通过 save(commit=False)得到操作的数据模型对象，完成数据模型对象的数据关联，然后再进行数据存储。

编辑与发表文章相关的表单模块/myproject4/articles/forms.py，添加代码如下：

```
from django import forms
from .models import Article
class ArticleBaseForm(forms.ModelForm):
    '''文章表单操作：父类'''
    class Meta:
        model = Article
        fields = '__all__'
class ArticlePublishForm(ArticleBaseForm):
    '''发表文章表单'''
    class Meta(ArticleBaseForm.Meta):
        fields = ['title', 'content',  'source']
```

打开文章子项目中的视图处理模块/myproject4/article/views.py，重构发表文章视图处理函数，代码如下：

```
def article_publish(request):
    '''发表文章'''
    # 查询所有文章的来源
    # article_sources = ArticleSource.objects.all()
    if request.method == "GET":
        # 发表文章响应页面
        article_publish_form = ArticlePublishForm()
        return render(request, 'article/article_publish.html',
                     {'res_code': '200',
                      'res_msg': '查看指定年份和月份的文章',
                      'article_publish_form': article_publish_form})
    elif request.method == "POST":
        # 获取发表文章的数据（标题、内容、类型、标签）
        article_publish_form = ArticlePublishForm(request.POST)
        # 验证表单数据
        if article_publish_form.is_valid():
            # 临时存储，获取操作的文章对象
            article = article_publish_form.save(commit=False)
            # 文章标签处理
            tag_info = request.POST['tags']
            if tag_info:
                tag = ArticleTag(name=tag_info)
                tag.save()
                article.tags = tag
            # 文章专题处理
            subject_id = request.POST['subject']
            if subject_id != "-1":
```

```
        subject = ArticleSubject.objects.get(pk=subject_id)
        article.subject = subject
    # 文章作者处理
    article.author = request.session['author']
    # 存储具体数据
    article.save()
    # 跳转查看文章详情
    return redirect(article_publish_form.instance)
return render(request, 'article/article_publish.html',
              {'res_code': '-1',
              'res_msg': '文章发表失败',
              'article_publish_form': article_publish_form})
```

在前端网页视图中，我们使用第三方插件为网页添加了 Editor.md 编辑器，可以直接通过 Markdown 语法编写并发表文章。前端代码不需要任何修改，直接运行项目，登录系统，点击“发表文章”按钮，进入如图 4.22 所示的发表文章页面。

图 4.22 发表文章页面

编写文章标题、内容，并选择文章专题（可为空）、文章类型（必选）以及自定义标签（可为空），然后点击“发表文章”按钮，跳转到文章详情页面，如图 4.23 所示。

图 4.23　文章详情页面

4.4.5　表单重构注意问题

项目中的网页视图和用户之间通过表单完成数据交互，Django 封装的表单模型类体现了业务处理过程中数据展现和业务逻辑处理的分离。

Django 框架在操作过程中加强了后端对表单数据提交和验证的封装，而对于网页视图上的属性渲染展示，直接通过表单视图的操作方式展示样式较为混乱，在企业项目开发规范中一般不推荐使用。尤其是在现阶段流行的前后端分离开发模式下，前端网页独立开发运行，不再依赖后端程序，表单实例在网页视图上的渲染就更没必要了。

在本节的项目案例中，我们开发完成了用户注册功能和登录功能，并进行了前端和后端表单实例的封装处理；还完成了修改密码功能、完善资料功能以及文章相关操作功能的开发，并通过封装的表单实例实现了数据提交和验证。最后实现了 Django 封装的基于表单实例的高级操作进阶。

4.5 本章小结

本章主要介绍了 Django 中的三种表单操作方式，它们分别适用于不同的功能应用场景。

- 普通表单操作：前端通过 HTML、CSS 直接编写代码处理表单，后端通过请求对象的底层函数完成数据传递，自定义编码完成数据验证，使用 Django 数据模型中提供的函数完成数据持久化操作。其优点是全流程底层代码操作，对业务流程的控制比较精确；缺点是过于底层，编写代码稍显烦琐。
- forms.Form 表单封装：前端可以选择使用 HTML、CSS 直接编写代码处理表单（推荐方式），也可以选择通过表单对象渲染视图，后端通过 forms.Form 的实现子类完成数据的自动接收、验证，最后完成数据持久化操作。其优点是表单数据交互自动化处理；缺点是冗余代码较多。
- forms.ModelForm 表单封装：前端可以选择使用 HTML、CSS 直接编写自定义样式的表单视图（推荐方式），也可以选择通过表单对象渲染视图，后端使用封装的 forms.ModelForm 的实现类完成数据交互、验证和存储操作。其优点是表单数据交互的自动化程度较高，实现了业务流程和数据交互的分离，降低了业务和数据之间的耦合度；缺点是封装较多，对开发人员的技术能力要求较高。

综上所述，在实际开发过程中，对于表单操作分两个部分进行处理，前端优先使用 HTML、CSS 自主开发，避免通过 ModelForm 表单对象控制视图，增加代码的复杂度；后端通过 forms.ModelForm 完成表单数据的自动传递、验证和交互处理，如图 4.24 所示。

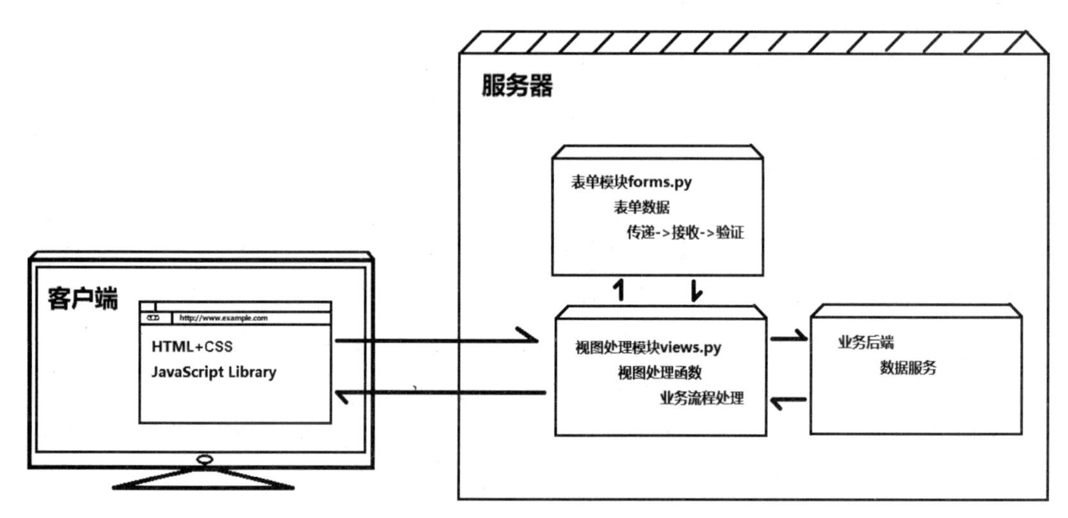

图 4.24 Django 表单组件结合视图模块的处理流程图

第2篇

典型模块开发

第5章　后台管理系统

第6章　缓存

第7章　日志处理——必不可少的记录

第8章　Django 2.x 扩展功能

第9章　Django REST 框架

第5章 后台管理系统

一个完整的 Web 应用软件基本都会添加一个管理员管理应用数据的后台管理系统，网站应用中的后台管理系统的功能，可以针对网站中的菜单、选项、侧边栏、友情链接等固定展示的内容进行数据管理，也可以对网站中的用户数据和业务数据进行维护更新。

本章涉及的知识点有：

- 在 Django 中如何搭建自己的网站后台管理平台。
- 通过 Django 内建模块实现配置后台管理系统的详细操作流程。
- 使用时下较为流行的第三方平台 Xadmin 实现后台管理平台的配置及操作。

5.1 后台管理系统基本操作

Django 作为一个成熟的 Web 应用开发框架，其本身已经内置了使用比较友好的后台管理系统，包括数据管理和使用体验良好的界面，这是在众多 Web 应用开发技术中较为优秀的亮点。

打开 Django 项目的配置文件，框架在项目初始化时就通过 INSTALLED_APPS 和 MIDDLEWARE 选项完成功能的添加，代码如下：

```
INSTALLED_APPS = [
    'django.contrib.admin',              # 内建后台管理系统
    'django.contrib.auth',               # 内建用户认证模块
    'django.contrib.contenttypes',       # 内建内容类型处理模块
    'django.contrib.sessions',           # 内建会话管理模块
    'django.contrib.messages',           # 内建消息管理接口模块
    'django.contrib.staticfiles',        # 内建静态文件管理模块
    'more……',                            # 其他用户子项目
]
MIDDLEWARE = [
    'django.middleware.security.SecurityMiddleware',          # 内建安全管理中间件
    'django.contrib.sessions.middleware.SessionMiddleware', # 内建会话管理中间件
    'django.middleware.common.CommonMiddleware',     # 内建请求处理基础功能中间件
    'django.middleware.csrf.CsrfViewMiddleware',     # 内建跨域防护过滤中间件
```

```
    'django.contrib.auth.middleware.AuthenticationMiddleware', # 内建认证过滤中间件
    'django.contrib.messages.middleware.MessageMiddleware',  # 内建消息处理中间件
    'django.middleware.clickjacking.XFrameOptionsMiddleware',# 内建请求头选项过滤
                                                            # 中间件
]
```

本节中要处理的后台管理系统，就是通过 django.contrib.admin 添加到所创建的 Django 项目中的，并且通过 django.contrib.auth 模块完成用户的认证处理功能，使用 django.contrib.sessions 模块实现状态保持的操作，也就意味着该项目一旦创建好，就默认存在一个辅助数据管理的后台管理平台。

如果基于业务需要从底层搭建符合需求的项目结构和功能重构，同时使用 Django 内建的后台管理系统的数据模型网页模板，官方推荐可以按照上述操作在 INSTALLED_APPS 中增加 django.contrib.admin 管理模块以及它的依赖模块，如 django.contrib.auth、django.contrib.sessions、django.contrib.contenttypes 模块，同时配置 Django 项目的网页模板，在 TEMPLATES 选项的 OPTIONS 中添加 django.contrib.auth.context_processors.auth 模块和依赖的 django.contrib.messages.context_processors.messages 模块。

然后在中间件配置 MIDDLEWARE 选项中增加如下两个模块：

- django.contrib.auth.middleware.AuthenticationMiddleware
- django.contrib.messages.middleware.MessageMiddleware

此时项目中的后台管理模块就已经具备最基本的功能支持了，最后通过 include 包含 admin 模块的路由映射关系，项目中底层架构的后台管理系统就搭建完成了。但是并不推荐这样的底层搭建操作方式，在企业项目中，一般做法是使用 5.4 节中介绍的 Xadmin 平台进行后台管理系统的构建。

5.1.1 初始化管理平台

Django 项目一般通过命令的方式，按照指定的模板构建完成后，默认已经集成了后台管理系统并且初始化了后台管理系统使用的数据库迁移文件：

```
django-admin startproject myproject
```

执行数据库迁移命令，会看到项目内建的数据库迁移工作的执行过程，包含了内建后台管理系统的数据迁移，代码如下：

```
$ python manage.py migrate
Operations to perform:
  # 数据库迁移应用的模块：admin 就是涉及后台管理系统的模块，其依赖其他三个模块的功能
  # auth 模块负责用户认证
  # contenttypes 模块负责数据类型处理
  # sessions 模块负责状态保持操作等
  Apply all migrations: admin, auth, contenttypes, sessions
Running migrations:
```

```
  Applying contenttypes.0001_initial... OK
  Applying auth.0001_initial... OK
  Applying admin.0001_initial... OK
  Applying admin.0002_logentry_remove_auto_add... OK
  Applying admin.0003_logentry_add_action_flag_choices... OK
  Applying contenttypes.0002_remove_content_type_name... OK
  Applying auth.0002_alter_permission_name_max_length... OK
  Applying auth.0003_alter_user_email_max_length... OK
  Applying auth.0004_alter_user_username_opts... OK
  Applying auth.0005_alter_user_last_login_null... OK
  Applying auth.0006_require_contenttypes_0002... OK
  Applying auth.0007_alter_validators_add_error_messages... OK
  Applying auth.0008_alter_user_username_max_length... OK
  Applying auth.0009_alter_user_last_name_max_length... OK
  Applying sessions.0001_initial... OK
```

在 Django 的后台管理系统中已经内建了用户、权限、资源访问和限制的数据模型与关联关系，可以直接通过命令创建管理员用户，代码如下：

```
# 执行创建超级管理员的命令
$ python manage.py createsuperuser
Username (leave blank to use 'damu'): admin     # 输入管理员登录账号
Email address: admin@163.com                    # 输入管理员邮箱
Password:                                       # 输入管理员密码（不回显）
Password (again):                               # 确认管理员登录密码
Superuser created successfully.                 # 创建成功提示
```

启动项目，直接访问 http://localhost:8000/admin/，就能看到后台管理系统的登录界面，如图 5.1 所示。

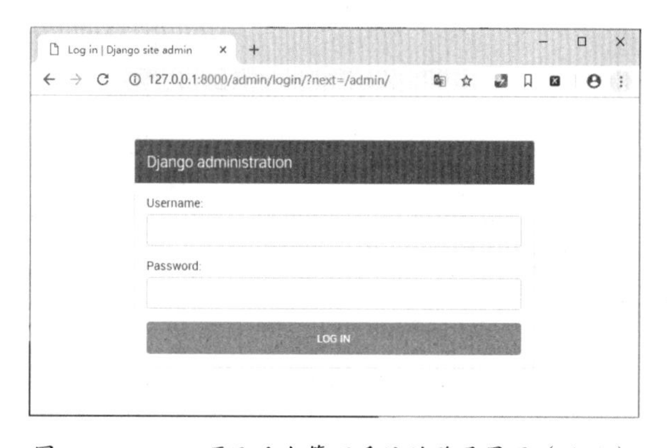

图 5.1　Django 项目后台管理系统的登录界面（默认）

默认的项目系统平台是使用英文显示的，Django 官方已经在后台模块中集成了中文语言环境，在项目配置文件 settings.py 中修改如下配置即可：

```
# LANGUAGE_CODE = 'en-us'   # 注释掉默认的英文语言环境
LANGUAGE_CODE = 'zh-Hans'   # 编辑 zh-Hans 启用中文语言环境
```

重启项目，刷新页面，中文语言环境已经生效，如图 5.2 所示。

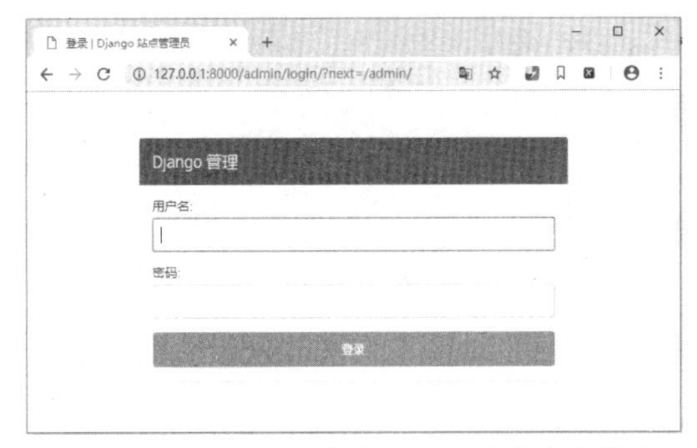

图 5.2　Django 项目中文语言环境的登录界面

输入创建好的管理员用户的登录账号和密码，进入后台管理系统，如图 5.3 所示。

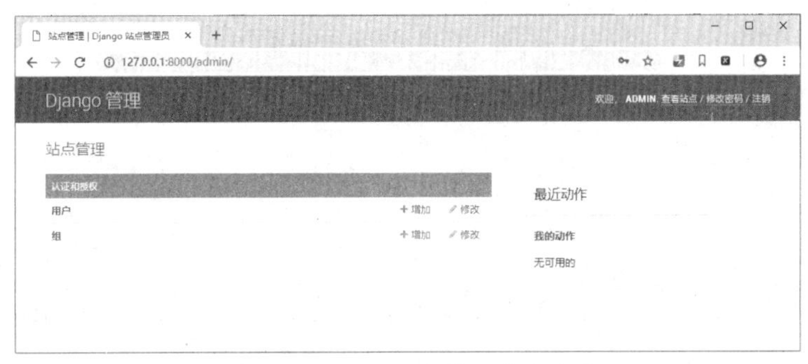

图 5.3　Django 后台管理系统首页

因为目前项目中只包含了系统默认的一些涉及数据管理的模块，所以在后台管理系统首页中只显示了与站点管理相关的数据模型操作，登录用户可以对相应的数据模型进行增删改查操作。

5.1.2　管理平台的基本操作

默认的后台管理系统，只对系统内建的用户和用户组数据进行维护，也就是我们看到的管理界面中的“认证和授权”，通过“用户”链接，可以直接在图形化界面中完成增加、修改、删除和查询用户信息的处理操作。如图 5.4 所示为增加一个新用户。

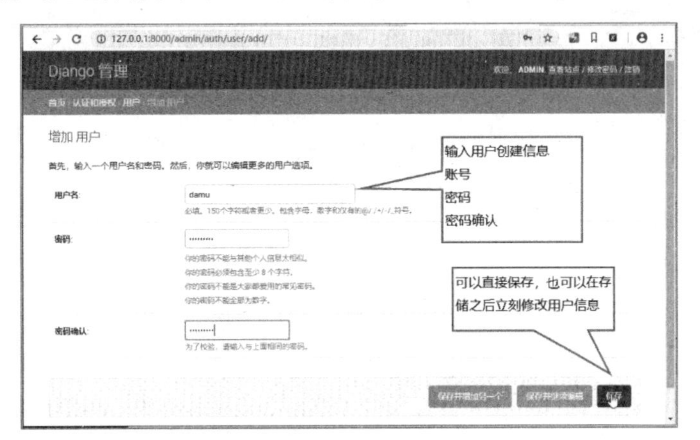

图 5.4　增加一个新用户

对于已经存在的用户，可以编辑其个人信息，如图 5.5 所示。

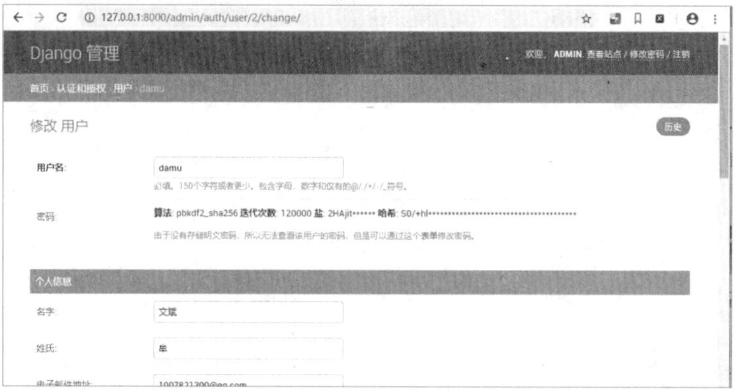

图 5.5 编辑用户个人信息

在编辑用户个人信息时，可以编辑用户状态的可用性、用户操作的资源权限等各种信息。在编辑了新增账号 damu 为可用状态并编辑了权限之后，使用 damu 账号登录后台管理系统，可以看到对用户指定了查看权限，对组指定了增加、修改权限，如图 5.6 所示。

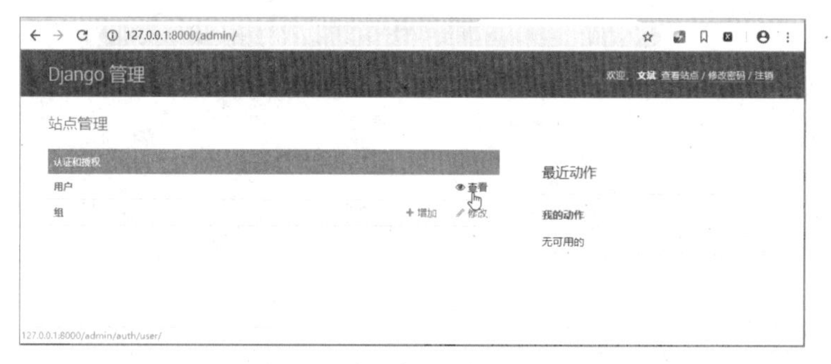

图 5.6 对用户和组指定权限

为了方便对多个用户统一进行权限分配，可以通过操作组的方式完成对多个权限的统一管理。增加包含多个权限的组，如图 5.7 所示。

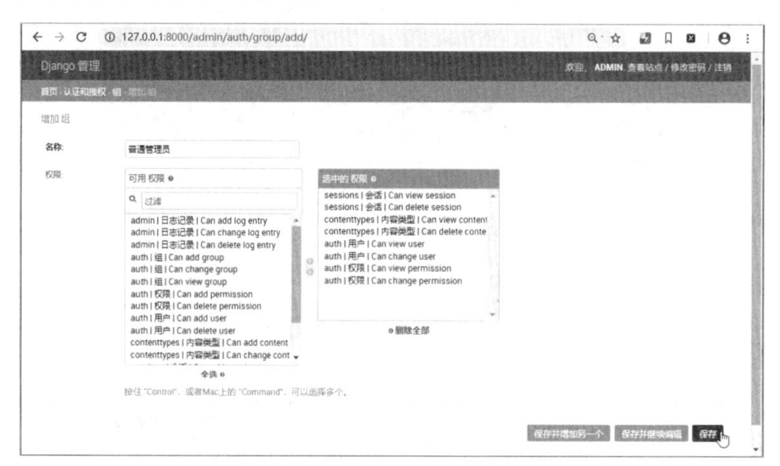

图 5.7 增加包含多个权限的组

后台管理系统就是对网站数据进行管理操作。以上只是对 Django 中已经内建的数据模型对象的维护方式，在项目处理过程中，我们更多的是管理自定义数据模型的操作。

5.2　数据模型的注册和管理

在项目中创建的自定义数据模型，同样可以注册给 Django 封装的后台管理系统进行数据维护操作。在案例项目 myproject 中执行命令创建一个作者子项目，如下所示：

```
django-admin startapp author
```

编辑作者子项目的数据模型模块 author/models.py，添加作者数据模型如下：

```
from uuid import uuid4
from django.db import models
class BaseModel(models.Model):
    '''基础数据模型'''
    # 编号
    id = models.UUIDField(verbose_name='编号', primary_key=True, default=uuid4)
    # 创建时间
    create_time = models.DateTimeField(verbose_name='创建时间', auto_now_add=True)
    # 最后修改时间
    update_time = models.DateTimeField(verbose_name='修改时间', auto_now=True)
    # 备注
    remark = models.TextField(verbose_name='备注信息', null=True, blank=True)
    class Meta:
        # 抽象
        abstract = True
        # 默认排序方式
        ordering = ['-create_time', '-id']
class Author(BaseModel):
    '''作者数据模型'''
    # 性别选项
    GENDER = (('0', '女'), ('1', '男'))
    # 作者属性字段
    username = models.CharField(verbose_name='账号', max_length=20)
    password = models.CharField(verbose_name='密码', max_length=50)
    realname = models.CharField(verbose_name='姓名', max_length=20)
    age = models.IntegerField(verbose_name='年龄', default=0)
    gender = models.CharField(verbose_name='性别', choices=GENDER, null=True, blank=True)
    email = models.CharField(verbose_name='邮箱', null=True, blank=True)
    phone = models.CharField(verbose_name='手机', null=True, blank=True)
    class Meta(BaseModel.Meta):
        # 后台管理显示名称
        verbose_name = '作者'
        verbose_name_plural = verbose_name
    def __str__(self):
        return self.username
```

在每个创建的子应用项目中，都会包含一个后台管理模块 admin.py，该模块是后台管理平台和当前子应用项目中数据交互的桥梁，我们可以通过指定的函数将自定义数据模型注册给后台管理系统。编辑 author/admin.py，添加注册数据模型代码如下：

```
from django.contrib import admin
from .models import Author
# 将作者数据模型注册给后台管理系统
admin.site.register(Author)
```

执行如下命令，完成数据模型的数据库迁移工作：

```
python manage.py makemigrations author
python manage.py migrate
```

启动项目，使用超级管理员账号访问后台管理系统，可以看到如图 5.8 所示的后台数据管理界面，此时就可以通过管理界面完成作者数据的增删改查操作。

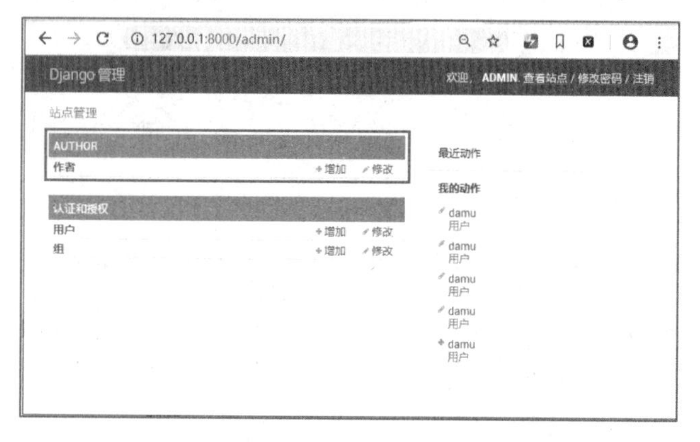

图 5.8 在后台管理系统中管理自定义数据模型

自定义数据模型的处理方式都是相似的，但是使用 Django 默认的注册方式实现的数据管理界面非常通用，以至于并不一定能满足我们的数据展示需求。如图 5.9 所示，在查看作者数据列表时，默认只展示__str__()方法返回的数据。

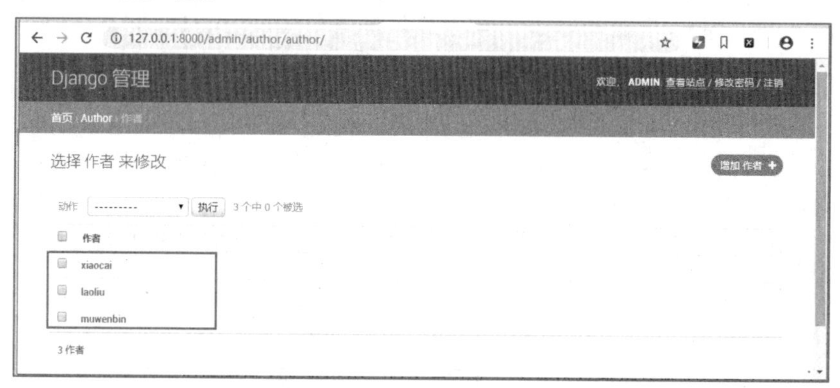

图 5.9 默认的自定义数据列表信息展示

所以，我们需要对注册给后台管理系统的数据管理方式进行定制化操作，让后台管理系统中的数据管理方式更加符合用户的操作习惯，以提升网站的使用体验。

5.3 数据模型自定义操作

Django 框架内建的后台管理平台，已经可以有针对性地进行数据的管理操作了，但是在实际项目开发中需要做进一步的优化处理，让数据的管理更加有利和有效。

5.3.1 数据模型注册

自定义数据模型的数据，在前面的章节中已经有所涉及，如修改当前数据模型所在的后台管理模块 admin.py，添加管理代码如下：

```
from django.contrib import admin
from .models import Author
# 在后台管理系统中注册指定的数据模型
admin.site.register(Author)
```

但是上述数据模型的注册，并不能对数据模型进行自定义规范格式的处理，所以我们需要通过一个后台数据管理类进行操作，代码如下：

```
from django.contrib import admin
from .models import Author
# 数据管理类
class AuthorAdmin(admin.ModelAdmin):
    pass
# 指定数据模型，并绑定数据管理类
admin.site.register(Author, AuthorAdmin)
```

通过给一个指定的数据模型绑定数据管理类，在后台数据操作过程中，就可以通过该数据管理类完成数据模型操作的自定义处理方式，这种处理方式参照了策略模型的处理手段，是一种比较友好的操作模式。

但是 Django 框架认为数据模型的注册和绑定通过上述代码操作稍显烦琐，所以做了进一步的优化处理，通过装饰器/注解的方式将数据模型和数据管理类直接绑定并注册给后台管理系统，代码如下：

```
from django.contrib import admin
from .models import Author
# 绑定数据模型和数据管理类并注册给后台管理系统
@admin.register(Author)
class AuthorAdmin(admin.ModelAdmin):
    pass
```

至此，数据模型注册的介绍告一段落，我们将会在数据管理类中，通过熟悉的较为友好的处理方式进行定制化开发。

5.3.2 数据模型管理

在默认情况下，注册给后台管理系统的数据模型，在列表展示界面中只展示了该类型对象的__str__(self)返回的结果，如图 5.10 所示。

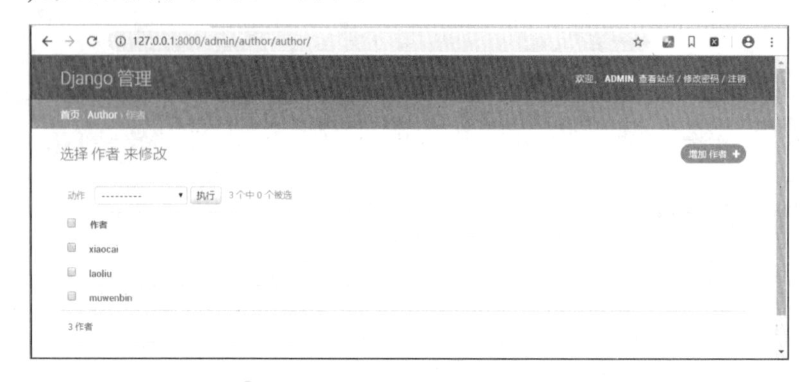

图 5.10 默认的后台数据管理展示界面

在项目中，我们可以使用 Django 框架的内建属性定时展示数据界面和数据。下面对这些内建属性进行介绍。

1. list_display（指定展示属性）

通过指定 list_display 属性，可以在列表展示界面中处理定制的数据类型的展示字段，编辑数据管理类，代码如下：

```
@admin.register(Author)
class AuthorAdmin(admin.ModelAdmin):
    # 指定展示属性
    list_display = ('username', 'realname', 'gender', 'age', 'email', 'phone')
```

刷新后台管理系统页面，可以看到作者列表页面的展示情况已经发生变化，如图 5.11 所示。

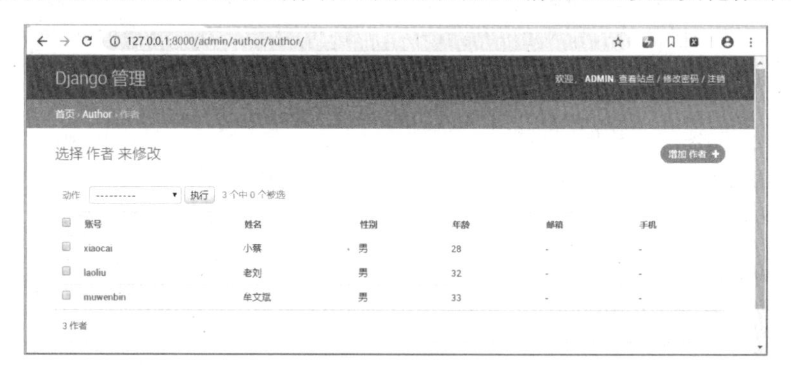

图 5.11 定制数据模型的展示字段

2. list_display_links（指定链接属性）

在数据列表管理页面中，如果展示字段较多，还可以通过 list_dispaly_links 属性，为某些字段添加引导链接，直接链接到该数据类型的详情页面。但是注意，该链接需要包含在用

list_display 指定的属性序列中。代码如下：

```
# 指定链接属性
list_display_links = ('username', 'realname')
```

刷新后台管理系统页面，再次查看作者列表数据，显示如图 5.12 所示。

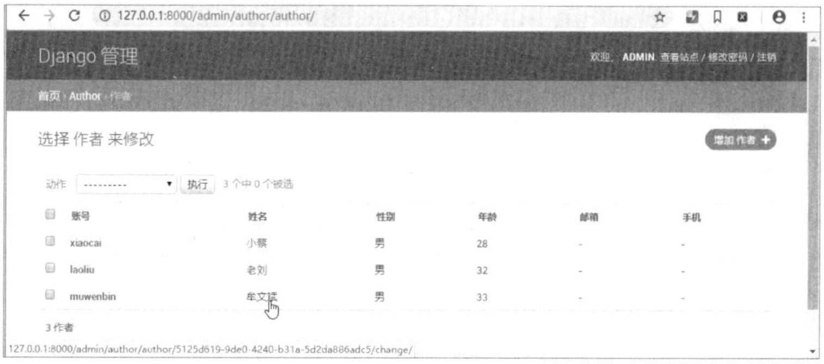

图 5.12　指定链接属性

3. list_editable（指定编辑属性）

为了方便管理平台数据，可以在列表页面中针对展示的简单属性，定制直接编辑的操作功能，如通过 list_editable 属性指定可编辑字段。需要注意的是，这样的字段被包含在用 list_display 指定的属性序列中，并且不能被包含在用 list_display_links 指定的链接属性中。代码如下：

```
# 指定可编辑属性
list_editable = ('realname', 'age', 'gender', 'email')
```

重启项目并刷新页面，可以看到如图 5.13 所示的列表页面中的可编辑字段。

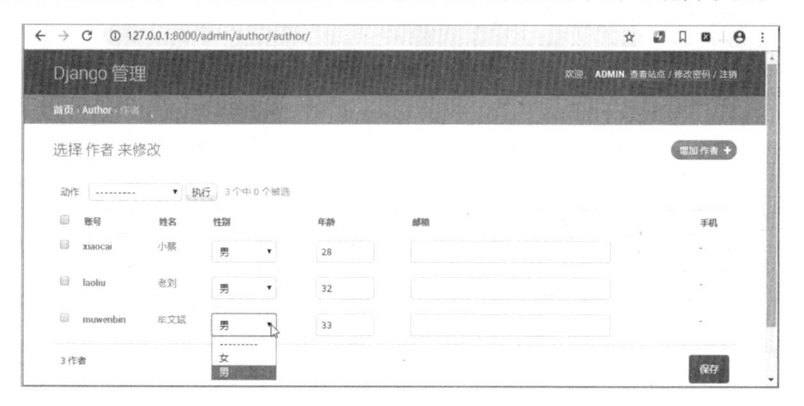

图 5.13　列表页面中的可编辑字段

4. list_filter（条件过滤）

如果在数据管理过程中出现了大量的数据，为了能更快速地查看到符合条件的数据，可以通过 list_filter 属性添加属性值过滤条件，代码如下：

```
# 条件过滤
list_filter = ('gender', 'age')
```

执行效果如图 5.14 所示。

图 5.14 添加属性值过滤条件

5. list_max_show_all（显示条数限制）

通过 list_max_show_all 属性，可以限制是否支持完整展示当前列表页面中的数据，其配置选项在页面中渲染显示为“显示全部”链接，所以一般配置该选项时的数据总数会大于所有当前数据模型的数据总数，用于在一个独立页面中展示所有数据，代码如下：

```
# 每页显示条数限制
list_max_show_all = 10
```

刷新展示页面，如图 5.15 所示，点击“显示全部”链接，所有数据都将在当前页面中展示出来。

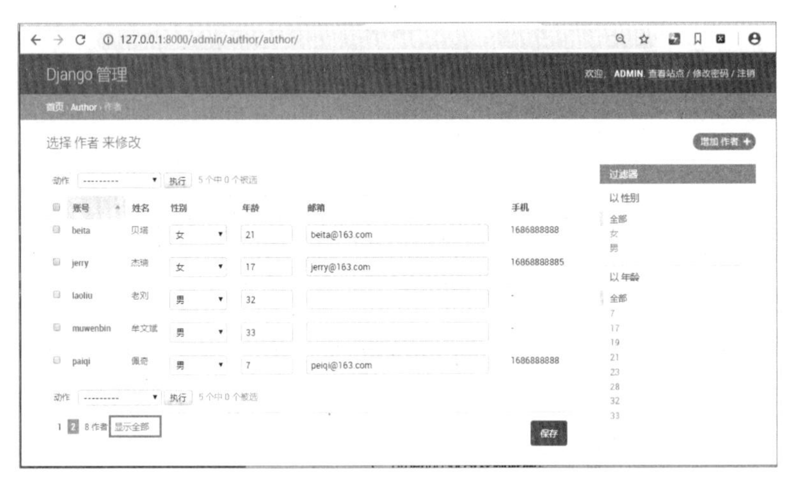

图 5.15 单页面数据显示条数限制

6. list_per_page（分页显示条数限制）

除单页面展示所有数据的配置之外，我们也可以通过 list_per_page 属性配置每页默认展示数据的条数，当出现大量数据时在页面中方便审阅。在当前数据模型所属的后台管理模块

admin.py 中添加如下代码：

```
# 分页显示条数限制
list_per_page = 6
```

我们再次查看页面中的作者数据，就会看到默认按照指定的数据量进行了展示，如图 5.16 所示。

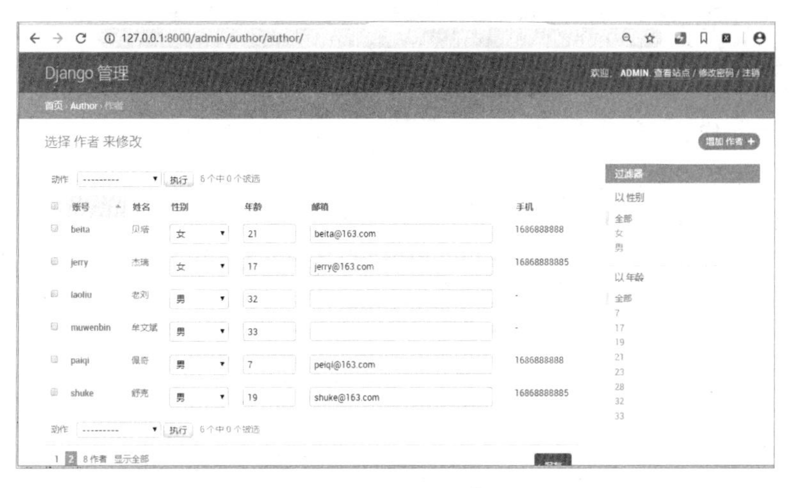

图 5.16　分页数据显示条数限制

7. ordering（排序规则限制）

在数据展示过程中，除可以按照数据模型 Meta 中定义的默认数据排序规则展示之外，在后台管理系统中，还可以通过指定 ordering 属性重新定义并覆盖原生的数据排序规则，所定义的排序规则和数据模型 Meta 中的 ordering 属性的排序规则一致，代码如下：

```
# 数据排序规则
ordering = ['username', 'age']
```

刷新页面，可以看到数据按照指定的排序规则进行了展示，如图 5.17 所示。

图 5.17　指定排序规则后的数据展示效果

8. fields（设置编辑字段）

使用 list_display 属性可以在列表页面中指定展示操作的字段数据，默认会针对对象的所有数据进行编辑修改，如图 5.18 所示。

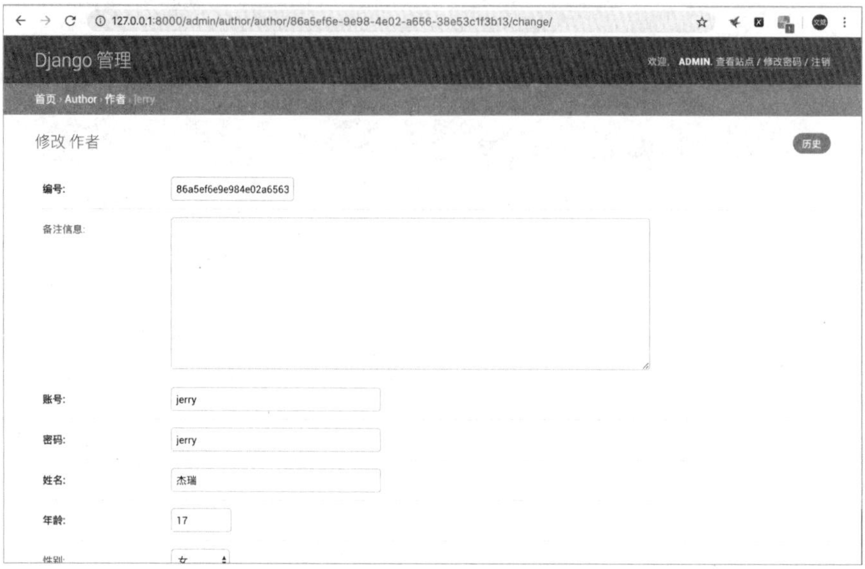

图 5.18 针对作者对象数据的编辑页面

但是为了保证通用性，默认的处理方式是按照字段在类型定义中的声明顺序堆叠展示给用户进行操作的。如果我们开发的项目对定制化要求较高，那么就需要针对这样的组织方式进行维护，Django 通过 fields 属性完成了字段的归类和整理。编辑 admin.py，添加代码如下：

```
# 设置编辑字段
fields = (('username', 'realname'), ('gender', 'age'), 'email', 'phone')
```

刷新页面，重新打开并编辑作者对象数据，可以看到数据按照 fields 属性指定的方式进行了归类和整理，如图 5.19 所示。

图 5.19 通过 fields 属性归类和整理数据

9. exclude（排除编辑字段）

exclude 属性用于排除编辑字段，和 fields 的作用刚好相反，在操作过程中主要针对个别字段不予编辑或者展示而定义的，一般情况下和 fields 不会同时使用。

比如在简单的对象数据编辑需求中，如果不需要针对对象的邮箱、手机和备注信息进行编辑，则可以在 admin.py 模块中添加如下代码：

```
exclude = ('remark', 'phone', 'email')
```

打开作者对象数据的编辑页面，可以看到针对作者数据按照预期效果进行了展示，如图 5.20 所示。

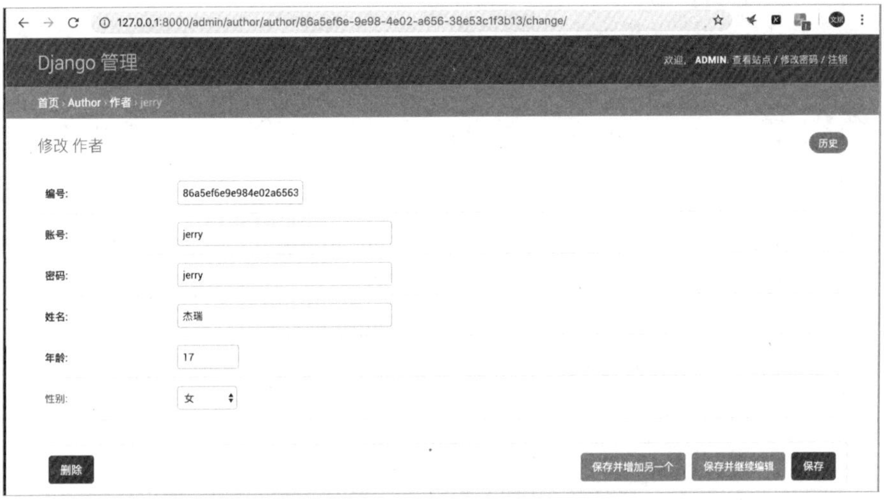

图 5.20　使用 exclude 属性排除编辑字段

10. fieldsets（设置属性组）

fieldsets 属性用于对属性数据进行更好的分级和分类处理，该属性的值由多个二元元组组成，基本语法如下：

```
fieldsets = (
    ('属性组标题', {
        'key': (value,)
    }),
)
```

fieldsets 中包含多个元组，每个元组中包含两部分数据，其中"属性组标题"是用于描述多个属性数据的一个小标题；对应元组中第二个字典数据的就是该属性组中需要展示的属性和展示方式的定义，一般有如下三个取值。

- fields：包含指定要展示的属性数据的元组。
- classes：数据展示方式，官方默认提供了 wide 和 collapse 两种方式，当属性值为 collapse 时，可以通过鼠标点击交互显示和隐藏该属性数据，wide 则是优化展示方式。

- description：针对展示数据的描述性语句，显示在标题附近。

根据上述语法，我们重新整理属性数据，将用户资料分成基本资料、扩展资料和高级资料进行编辑，代码如下：

```
# 设置不同的编辑部分
fieldsets = (
    ('基本资料', {
        'fields': (('username', 'realname'), ('gender', 'age'))
    }),
    ('扩展资料', {
        'classes': ('collapse',),
        'description': '用户的扩展资料，可以在创建后完善',
        'fields': ('email', 'phone')
    }),
    ('高级资料', {
        'fields': ('remark',)
    })
)
```

再次打开作者对象数据的编辑页面，可以看到不同部分的内容以更加友好的方式进行了展示和归类，如图 5.21 所示。

图 5.21　使用 fieldsets 属性管理数据

11. radio_fields（单选钮替换）

在数据处理过程中，Django 默认将单选的数据按照<select>下拉列表框的形式进行了组织整理，如果需要通过单选钮的方式呈现类似数据的操作，则可以通过 radio_fields 属性进行设置。代码如下：

```
# 单选钮指定操作
```

```
radio_fields = {'gender': admin.HORIZONTAL}
```

我们指定了作者对象中的 gender 属性为单选钮，通过 admin 模块指定了单选钮的排序方式为 HORIZONTAL（水平），修改后的用户数据编辑页面展示如图 5.22 所示。

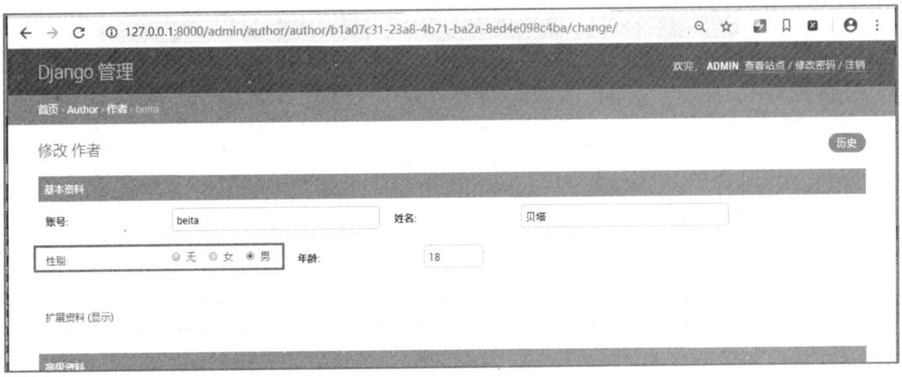

图 5.22　使用 radio_fields 属性设置单选钮

12. readonly_fields（指定只读字段）

一个数据类型可以包含很多字段属性，根据不同的需求，对不同的字段属性有不一样的操作方式，如用户的账号在注册成功之后通常是不允许修改的。可以通过 readonly_fields 属性指定只读字段，代码如下：

```
# 指定只读字段
readonly_fields = ('username',)
```

比如，设置账号显示在网页表单中，但是不允许编辑修改，效果如图 5.23 所示。

图 5.23　通过 readonly_fields 属性指定只读字段

13. save_on_top（在顶部增加操作按钮）

在数据模型字段较多的情况下，显示的页面长度增加，Django 提供了 save_on_top 属性允许在页面顶部增加操作按钮，以便开发人员在操作过程中拥有良好的体验。代码如下：

```
# 在顶部增加操作按钮
save_on_top = True
```

效果如图 5.24 所示。

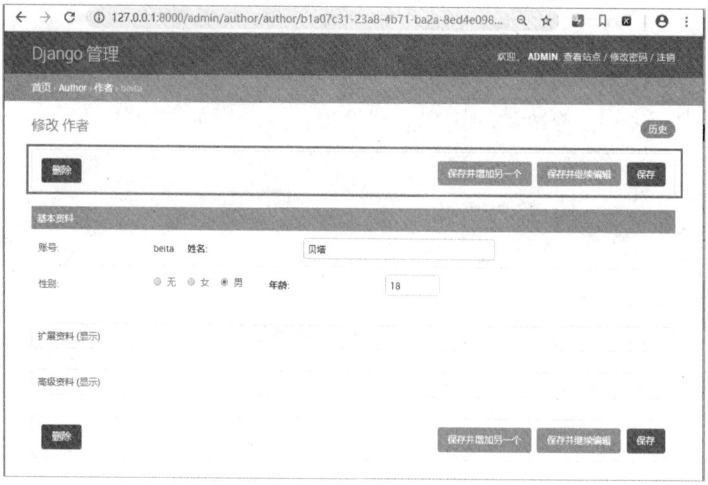

图 5.24 在顶部增加操作按钮

14. save_as（设置另存为操作）

在数据模型编辑过程中，如果要增加新数据对象，则通常需要退出当前编辑页面并打开增加数据页面进行操作，而 Django 提供了一种更加方便的操作方式，可以通过 save_as 属性在数据编辑页面中将“保存并增加另一个”按钮替换为“保存为新的”按钮。另存为操作可以将当前页面中编辑的数据直接使用新的 ID 增加一个新的对象，并自动跳转到该对象的编辑页面。代码如下：

```
# 设置另存为操作
save_as = True
```

效果如图 5.25 所示。

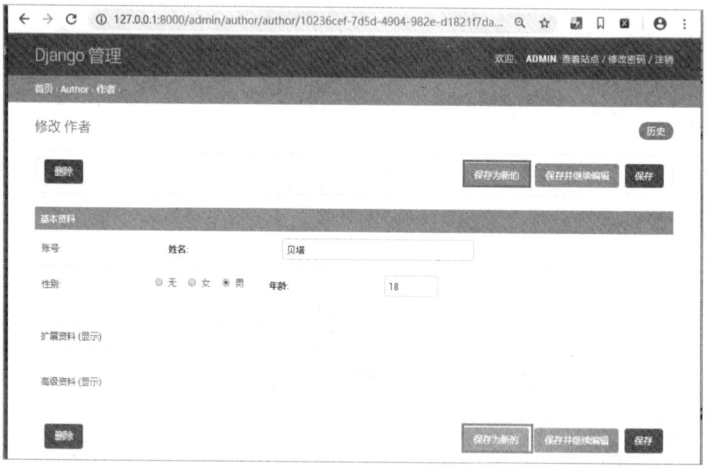

图 5.25 另存为操作效果

另存为操作可以直接跳转到新对象的数据编辑页面，如果在存储新对象后不想进入编辑页面，则可以通过设置 save_as_continue 属性为 False，直接跳转到查看数据列表页面。

5.3.3　后台管理系统操作

默认的后台管理系统是英文界面，同时有 Django 默认的网页标题和网页 Logo 展示信息，如果要开发自己的项目管理系统，后台的这些展示信息就需要根据需求进行定制化管理操作。

1. 后台管理系统汉化

关于后台管理系统汉化的操作，在前面的内容中已经有所涉及，主要是通过 LANGUAGE_CODE 配置选项进行处理的，同时需要修改 TIME_ZONE 指定时区。最重要的一点是，在 Django 中，为了使项目中的时间和数据库同步，要同时设置 USE_TZ 时区转换选项。配置代码如下：

```
# 配置 Django 后台管理系统语言汉化处理
LANGUAGE_CODE = 'zh-Hans'
# 配置指定时区为上海时间
TIME_ZONE = 'Shanghai/Asia'
# 配置直接提取时间，关闭数据库提取时间的转换选项
USE_TZ = False
```

2. 后台页面标题和 Logo

当后台管理系统的语言设置完成后，页面标题和 Logo 还是默认的展示效果，如图 5.26 所示。

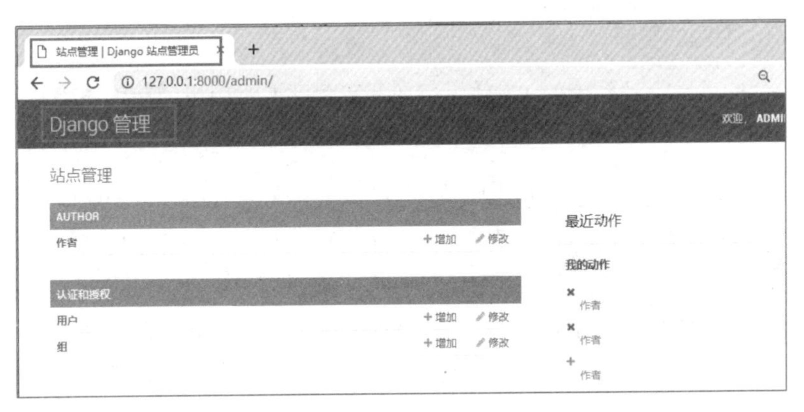

图 5.26　后台页面默认的标题和 Logo 展示效果

修改标题和 Logo 的展示效果主要有两种操作方式，第一种是直接修改 admin.AdminSite 模块中的代码，这种操作简单，但是通用性不是很强；第二种是在任意 apps 的后台管理模块 admin.py 中通过引入的 admin.site 模块来进行修改。代码如下：

```
# 修改 Logo 展示内容
admin.site.site_header = '社交系统管理平台'
# 后台页面的标题，网页标签上展示的内容
# admin.site.site_title = '社交系统后台系统'
```

重启项目，后台管理系统登录页面的标题展示效果如图 5.27 所示。

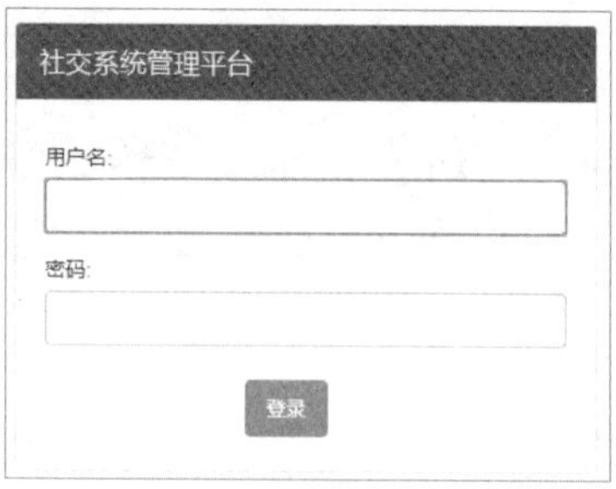

图 5.27　后台管理系统登录页面的标题展示效果

后台管理系统的 Logo 展示效果如图 5.28 所示。

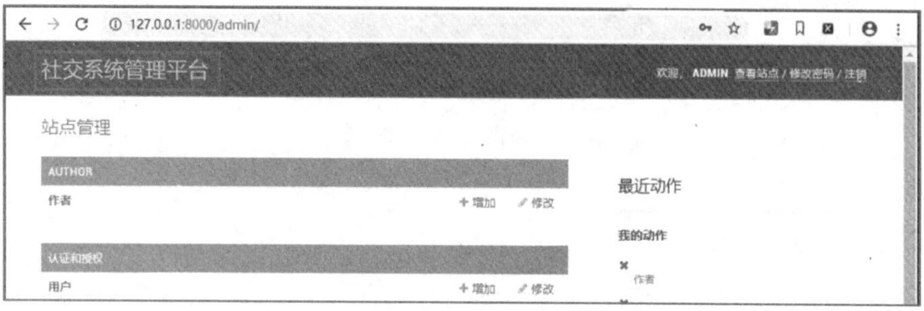

图 5.28　后台管理系统的 Logo 展示效果

3. 后台网页视图的更新

Django 内建的后台管理系统的 UI 效果，在一定程度上对用户的使用体验并不是很友好，如果用户有 UI 需求，则需要在开发过程中自定义视图。

后台管理系统主要包含在 Python 内建的 admin 模块中，我们要查询的网页视图就包含在 Python 安装路径下的%Python_home%/Lib/site-packages/django/contrib/admin/文件夹中，需要重构的后台页面文件和 CSS 文件分别在 admin/templates/和/admin/static/css/文件夹中。

切记：如果通过修改源代码的方式对后台管理系统进行定制化开发，那么一般需要为当前正在开发的项目配置虚拟开发环境，这样修改后的环境代码才不会影响其他项目的处理效果。

打开后台管理系统的基础页面文件 admin/templates/base_site.html，修改代码如下：

```
    {% extends "admin/base.html" %}
    {% comment %}
    {% block title %}{{ title }} | {{ site_title|default:_('Django site admin') }}{%
endblock %}
    {% endcomment %}
    {% block title %}Python 社区管理系统{% endblock %}
    {% comment %}
    {% block branding %}
    <h1  id="site-name"><a  href="{%  url  'admin:index'  %}">{{  site_header|default:
_('Django
    administration') }}</a></h1>
    {% endblock %}
```

```
{% endcomment %}
{% block branding %}
<h1 id="site-name"><a href="{% url 'admin:index' %}">Python 社区管理系统</a></h1>
{% endblock %}
{% block nav-global %}{% endblock %}
```

打开 admin/static/css/base.css 文件，修改样式的代码如下：

```
.module h2, .module caption, .inline-group h2 {
    background:orangered;
}
```

此时重启项目，就能看到页面中的数据背景颜色发生了变化，如图 5.29 所示。

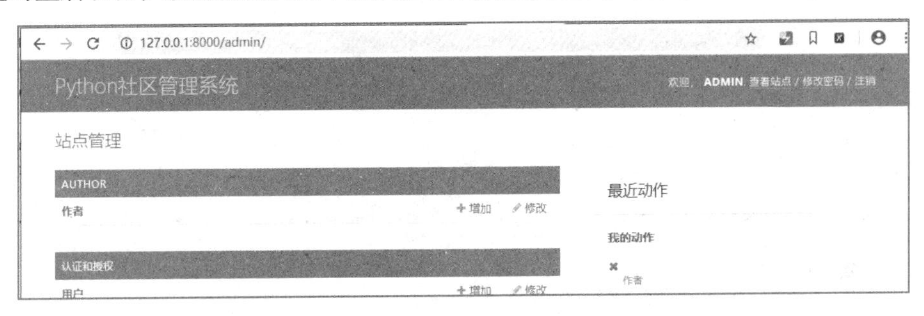

图 5.29　自定义视图的后台管理系统页面效果

以上介绍的是最直接的操作方式。切记：不要修改全局环境，否则容易导致项目效果发生冲突。

5.4　Xadmin 管理平台

Xadmin 是第三方机构独立开发的用于 Django 框架的后台管理平台，它具有友好的 UI 效果和良好的操作性能。由于 Django 自带的后台管理系统的风格对用户的使用体验并不是很友好，所以在国内的企业项目开发中，Xadmin + Django 的配置已经成为主流。

5.4.1　环境配置

Xadmin 在 GitHub 上开源发布，适用于 Django 1.8 及以后版本的项目，但在开发过程中要注意版本之间的差异。

对于适用于 Django 2.0 项目的 Xadmin 管理模块，可以通过访问 Xadmin 在 GitHub 上的开源项目来获取，Xadmin 官方推荐执行如下命令，将 Xadmin 安装到项目开发环境中：

```
pip install https://codeload.github.com/sshwsfc/xadmin/zip/django2
```

但是通过命令安装的方式，并不适用于 Django 2.1 及以后版本的开发环境，因为在使用过程中，由于内建模块的改动，会导致出现大量模块包查找不到的问题。

在实际项目中使用 Xadmin 可以支持最新版本的 Django 框架，我们需要按照下面的步骤进行配置操作。

1. 下载 Xadmin 源代码包

从 Xadmin 在 GitHub 上的开源项目直接下载 ZIP 压缩包到本地，解压缩得到源代码文件，如图 5.30 所示。

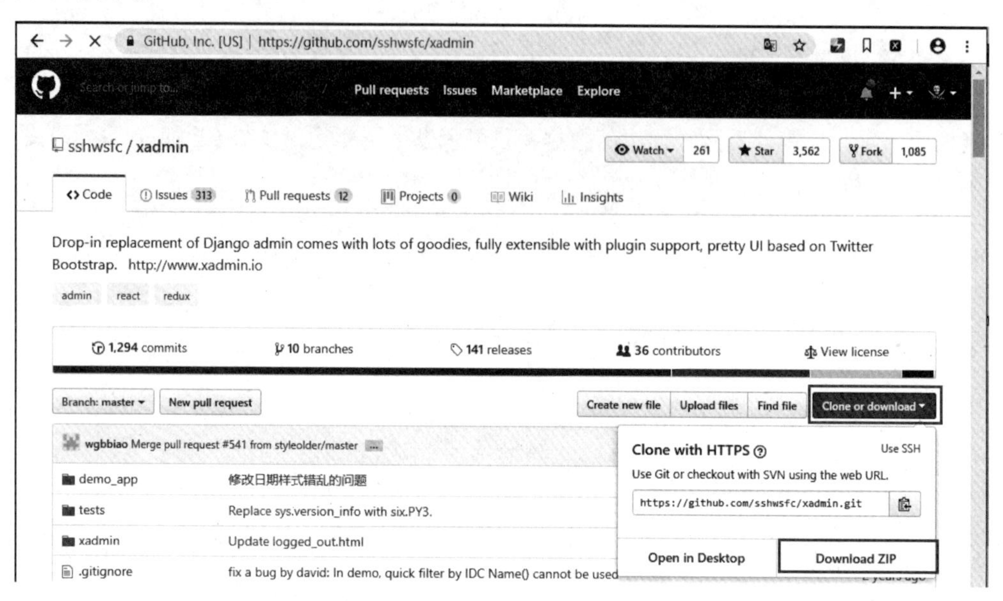

图 5.30 下载 Xadmin 源代码包

2. Xadmin 项目文件结构配置

在项目开发过程中，可能会加入第三方依赖包，为了和自己开发的 App 进行区分，一般会将第三方依赖包单独存放在一个文件夹中。

在项目中创建文件夹 myproject3/extra_apps/，该文件夹和其他 App 处于同级目录下，将解压缩得到的 admin 中的模块添加到该文件夹中，并修改项目配置文件 myproject3/settings.py，将 extra_apps 文件夹添加到模块搜索路径中。代码如下：

```
import sys
sys.path.insert(os.path.join(BASE_DIR, 'extra_apps'))
```

3. 项目配置 Xadmin 管理模块

在项目配置中添加 Xadmin 的依赖模块，修改项目配置文件 myproject3/settings.py 中的 INSTALLED_APPS 配置选项，将 Xadmin 管理模块以及依赖模块添加到项目配置中。编辑内容如下：

```
INSTALLED_APPS = (
    ......
    'xadmin',
        'crispy_forms',
```

```
        'reversion',
    ……
)
```

有了 Xadmin 的支持，我们继续配置路由访问路径。编辑路由模块 myproject3/urls.py，添加 Xadmin 后台页面的访问路径映射关系，代码如下：

```
import xadmin
urlpatterns = [
    # Xadmin 后台管理模块
    path('xadmin/', xadmin.site.urls),  # Xadmin 后台路由配置
    ……
]
```

执行数据迁移命令，同步创建 Xadmin 管理模块所需要的数据库结构：

```
python manage.py migrate
```

4. 运行测试

在项目中添加了 Xadmin 管理模块之后，不需要进行任何改动，就可以直接使用现有的后台管理员账号进行登录访问。重启项目，访问 http://127.0.0.1:8000/xadmin/，可以看到如图 5.31 所示的登录页面。

图 5.31　Xadmin 管理平台登录页面

使用已有的管理员账号登录系统，Xadmin 管理平台首页如图 5.32 所示。

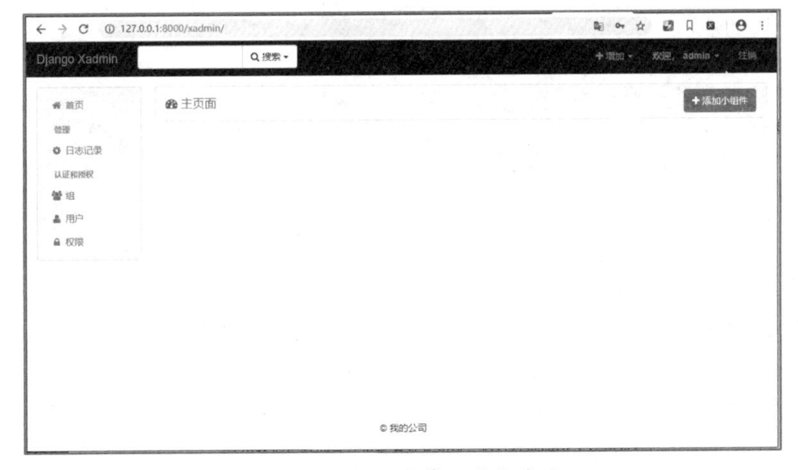

图 5.32　Xadmin 管理平台首页

在左边的系统导航栏中，点击任意一个可操作模块，如“权限”，可以看到 Xadmin 提供的更加友好的表格操作页面，如图 5.33 所示。

图 5.33 Xadmin 管理平台的“权限”操作页面

Xadmin 和 admin 模块一样，在处理过程中需要通过指定的配置文件将配置信息注册给 Django 项目进行控制管理，通常方法是在当前 App 中创建一个管理模块，该模块的名称固定是 adminx.py，通过该模块名称可以让 Xadmin 和 Django 项目中的数据完成无缝协作。

5.4.2 系统主题配置管理

Xadmin 系统自带了大量的主题，可以通过自定义配置启用。创建并打开项目的后台管理模块 myproject5/author/adminx.py，配置代码如下：

```
# 引入 Xadmin 管理模块
import xadmin
from xadmin import views
# 创建基本配置类型
class BaseSetting(object):
    """基本配置"""
    # 启用主题选项
    enable_themes = True
    use_bootswatch = True
# 注册后台配置类型
xadmin.site.register(views.BaseAdminView, BaseSetting)
```

添加上述配置后，重启项目并访问后台管理系统，可以看到在后台管理系统首页中增加了“主题”选项，并可以通过该选项选择使用新的主题，如图 5.34 所示。

图 5.34　Xadmin 管理平台的“主题”选项

5.4.3　管理平台数据配置

管理平台的 Logo 以及公司信息等，可以通过 Xadmin 提供的基本视图处理类型的配置进行指定，主要通过注册 xadmin.views.CommonAdminView 进行实现，核心的配置信息也存放在该类型的源代码中。代码如下：

```
class CommAdminView(BaseAdminView):
    # 网页视图及菜单配置
    base_template = 'xadmin/base_site.html'
    menu_template = 'xadmin/includes/sitemenu_default.html'
    # 后台展示信息配置
    site_title = getattr(settings, "XADMIN_TITLE", _(u"Django Xadmin"))
    site_footer = getattr(settings, "XADMIN_FOOTER_TITLE", _(u"my-company.inc"))
    # 图标配置信息
    global_models_icon = {}
    default_model_icon = None
    apps_label_title = {}
    apps_icons = {}
    ……
```

我们可以自定义配置类型覆盖默认的数据，完成管理平台数据配置的更新。修改后台管理模块 myproject5/author/adminx.py，添加并注册如下全局配置：

```
# 引入 Xadmin 管理模块
import xadmin
from xadmin import views
class GlobalSetting(object):
    """平台管理配置"""
    site_title = "PY 后台管理系统"
    site_footer = "大牧莫邪学习平台"
    # 注册后台配置类型
    xadmin.site.register(views.BaseAdminView, GlobalSetting)
```

重启项目，可以看到管理平台的 Logo 以及公司信息都得到了更新，如图 5.35 所示。

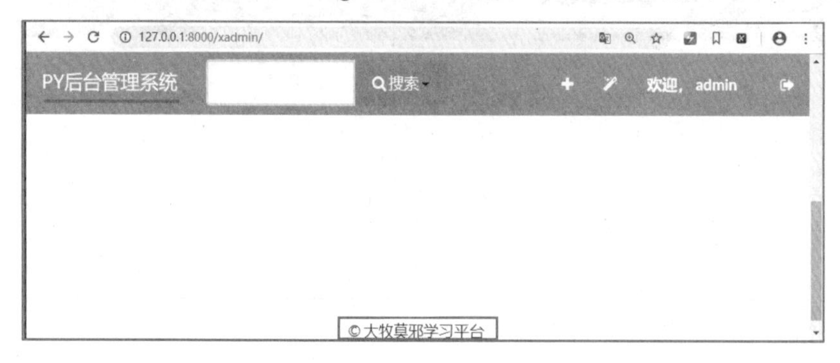

图 5.35　更新了 Logo 以及公司信息等的 Xadmin 管理平台

5.4.4　项目数据配置管理

Xadmin 对项目中类型对象的管理配置，参考了 Django 内建的 admin 模块的操作配置方式，同时按照用户的使用习惯增加了一些灵活的布局操作，如操作项目中的作者数据，可以按照以下步骤完成。

首先在 Xadmin 的后台管理模块 adminx.py 中添加管理类型，方便我们指定后台管理系统中数据的展示形式。代码如下：

```
# 引入 Xadmin 管理模块
import xadmin
# 引入作者数据类型
from .models import Author
class AuthorAdmin:
    """作者类型管理配置"""
    # 在列表视图中需要展示的字段
    list_display = ['username', 'password', 'nickname', 'realname']
    # 在列表视图中需要添加过滤的条件字段
    list_filter = ['username', 'realname']
    # 在列表视图中需要添加访问链接的字段
    list_display_links = ['username', 'nickname']
    # 在列表视图中用于搜索的数据字段
    search_fields = ['username, nickname, realname']
    # 注册数据类型给 Xadmin 管理平台
    xadmin.site.register(Author, AuthorAdmin)
```

上述配置中的各个选项，很多都参考了 Django 内建的后台管理系统中的选项，让开发人员在使用过程中能无缝过渡。

重启项目，可以看到如图 5.36 所示的效果。

在操作过程中，如果需要自定义展示图标，则可以通过指定的资源和图标选项进行设置，将自定义的图标库或者字体图标添加到 Xadmin 管理模块的渲染目录 vendor 中，官方推荐使用 Font Awesome 的图标库。

图 5.36　Xadmin 的作者数据管理

将下载的图标库的样式目录和字体目录复制到 Xadmin/static/xadmin/verdor/font-awesome/目录中，我们就可以在项目配置模块中使用该图标库中的所有图标了。比如给作者类型添加前置图标，可以参考如下代码：

```
class AuthorAdmin:
    """作者类型管理配置"""
    ……
    mode_icon = "fa fa-user-circle-o"
```

重启项目，加载我们添加的静态文件，刷新页面，可以看到新增的图标处理效果，如图 5.37 所示。

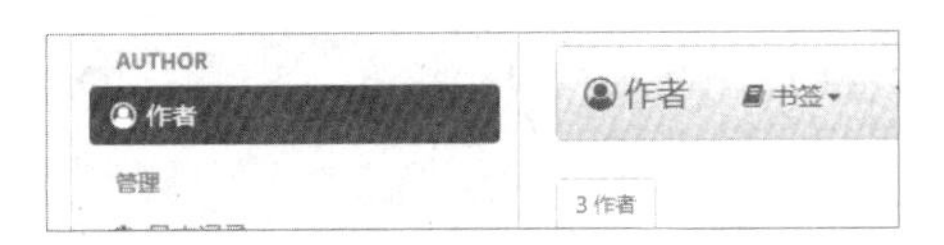

图 5.37　新增的图标处理效果

对于 Xadmin 的其他操作方式，很多都参考了 Django 内建的 admin 模块，所以使用难度较低。在国内，在基于 Django 框架的 Web 应用软件开发过程中，Xadmin 是后台管理系统的标准配置。

5.5　本章小结

通过本章的学习，我们掌握了 Django 框架内建的后台管理模块 admin 的操作和使用方式，以及针对不同的项目有针对性地定制化配置操作的思路，了解了在国内项目开发中使用较多的 Xadmin 管理平台——它不仅仅是项目数据管理中一个使用体验良好的管理模块，同时也是我们在开发应用软件时可以借鉴的一种基于软件功能扩展的开发思路。

第6章　缓　存

有些网站之所以称为动态网站，主要原因之一就是用户的每次请求都需要在服务器端经过符合业务规则的数据运算，最终得到需要展示的结果数据，并将结果数据返回给客户端，客户端通过软件渲染视图并完成与用户动态交互的过程。

一个优秀的动态网站如何才能做到在高并发请求下实现数据的高可用性，同时还能保障数据处理的效率呢？这就涉及本章要介绍的缓存操作。在本章中，我们将掌握以下内容：

- 缓存的概念和意义。
- 缓存操作中的陷阱。
- 在 Django 框架中缓存处理的几种不同方式及其对比。

通过系统介绍以及项目实战，最终形成完整的缓存操作思路和实施规则。

6.1　关于网站性能优化的建议

动态网站性能优化是一个永恒不变的主题。首先，明确性能优化的最终结果是对用户的请求访问实现快速正确的响应；其次，针对可能影响实现结果的各方面因素进行分析，得到一套切实可行的优化方案，该优化方案就是最终部署项目时包含的优化手册，也是网站性能优化的核心指导思路。一个完整的动态网站结构如图 6.1 所示。

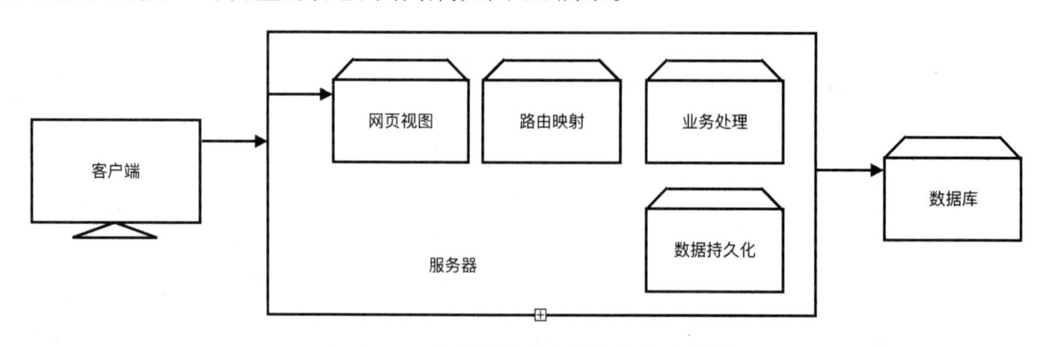

图 6.1　一个完整的动态网站结构示意图

客户端访问动态网站数据，发起对服务器的数据请求，服务器根据请求通过路由映射关系调用指定的业务处理模块完成业务数据运算，最终通过底层数据持久化模块完成数据库数据的存取。

在一个完整的处理流程中，一般可以通过如下几种方式实现性能优化：

- 减少客户端的请求次数。
- 压缩前端响应数据。
- 减少路由映射的递归调用。
- 降低业务处理的复杂度。
- 优化数据持久化算法。
- 使用性能较好的 Web 服务器。
- 使用性能较好的数据库管理系统。
- 使用性能较好的硬件服务器。

6.1.1 前端优化

客户端要正常访问服务器数据，需要向服务器发送请求，服务器在响应时会将 HTML 网页数据以及相关的静态文件数据依次返回给客户端。每个网页中都可能包含样式表文件、JavaScript 脚本文件、字体文件以及图片文件等，对于每个独立的文件，客户端都需要发送请求来获取，并通过多次请求得到不同的响应数据，最终才能在客户端正常展示网页数据。客户端请求网页数据的过程如图 6.2 所示。

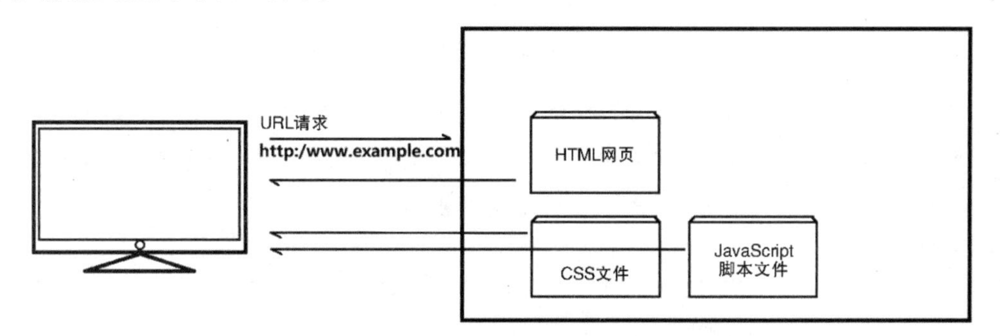

图 6.2 客户端请求网页数据的过程示意图

在前后端交互过程中，对前端网页视图的优化，最基本的处理方式是压缩和合并，通过压缩来处理空格、注释、长名称变量等对渲染无效的数据，减小响应数据的体积；通过合并文件的方式，可以对多个相同或者相似的文件进行合并处理，减少客户端的请求次数，实现高性能处理服务的要求，如图 6.3 所示。

在前端开发过程中，上述步骤自动构建的过程，称为前端工程自动化操作，可以在提高开发效率的基础上优化前端数据的处理性能，目前比较流行的自动化构建工具有 Webpack、Gulp、Grunt 等。

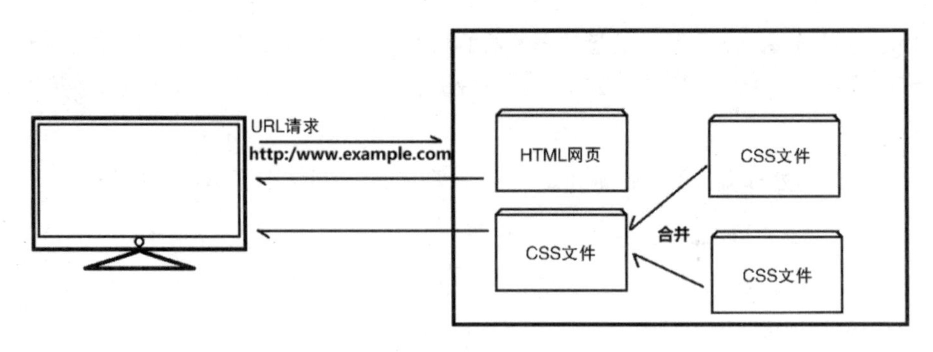

图 6.3　合并文件示意图

按照配置指定的方式，使用 Webpack 构建工具可以对 HTML 网页、CSS 文件、JavaScript 脚本文件以及其他静态文件进行压缩处理——除了可以对文本代码中的变量、空格、空行、注释等进行压缩，还可以将多个相关文件压缩为一个文件。通过自动化构建工具，不仅压缩了响应数据的体积，可以更加快速地将响应数据返回给客户端进行展示，还压缩了文件数量，减少了客户端的请求次数，这是目前企业开发中前端使用较广泛的优化方式，如图 6.4 所示。

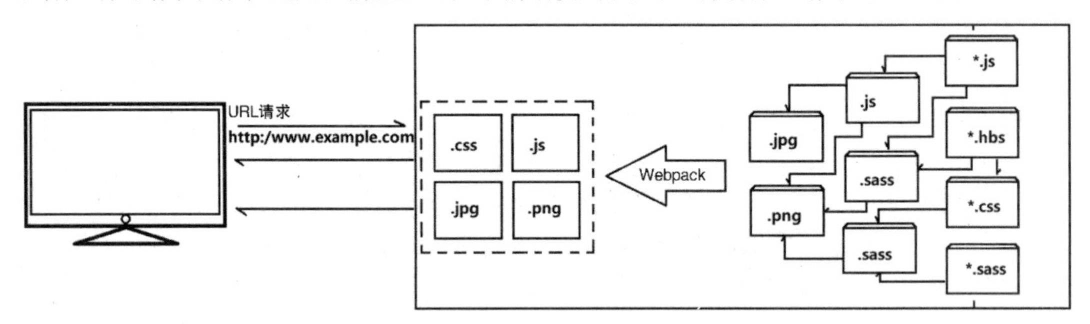

图 6.4　Webpack 自动构建示意图

前端优化不仅仅体现在基于基础语法的工程化操作上，随着前端开发技术愈发成熟，通过对 HTML、CSS、JavaScript 前端开发的底层实现进行封装，提供了包含基本处理流程以及各种强大功能的框架，如 Angular.js、Vue.js、React.js 等 JavaScript 框架。通过框架实现组件化开发的单页面应用，在一定程度上优化了前端数据以及业务流程，如图 6.5 所示。

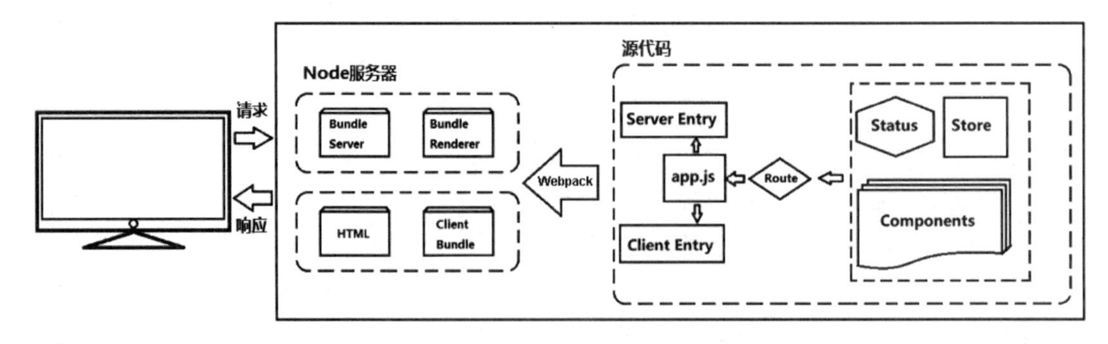

图 6.5　通过框架实现组件化开发逻辑关系图

从项目中将前端网页视图抽取出来进行独立开发，可以采用更多的优化方式来提高开发效率和运行效率，同时可以节省大量的开发成本。前后端分离架构已经成为目前主流的开发架构之一，在后续章节中，我们会使用Django框架的各种组件完成前后端分离项目的开发与搭建。

6.1.2 后端优化

Web动态网站的后端优化，核心在于数据有效处理步骤的优化以及数据的重用。在业务处理过程中，根据实际需求优化业务处理算法，降低业务处理时间复杂度，达到优化响应时间的目的。业务数据的处理流程优化，主要集中在两个方面：

- 针对业务处理流程进行优化。
- 针对业务处理流程的技术实现细节进行优化。

业务处理流程优化基于业务本身限制，在不降低安全性的前提下，可以通过流程简化和算法复杂度处理，降低业务执行过程中的系统资源消耗，以达到优化处理效率的目的。

但是对于不同的行业，业务处理流程的个性化较强，难以开发通用的处理代码，基本都是按照实际需求中的处理步骤进行细节优化的，很难做到流程的模块化开发，所以这方面的优化可行性不是很强。

此外，在业务处理过程中，涉及的核心操作就是优化数据处理过程，对数据本身的操作只有增删改查。在实际项目中，数据跨语言、跨软件通过网络进行交互，系统资源消耗非常大，同时在数据处理过程中查询操作非常频繁，要远远高于数据的增加、删除和修改操作，所以在数据操作的优化上主要集中在两个方面：

- 数据访问优化。
- 数据查询优化。

针对这两个方面的优化，在传统项目中主要有以下解决方式。

1. 数据访问优化——数据库连接池

在数据访问过程中，软件后端需要访问数据库管理系统，通过驱动程序连接指定数据库并建立连接对象，通过连接对象完成数据的增删改查操作。

在整个过程中，连接对象的建立是最消耗系统资源的，所以在数据库访问ORM操作环节中，不论是底层实现还是框架架构，都可使用已经建立的连接对象进行优化，就是采用数据库连接池。在业务处理流程开启时，从连接池中获取连接对象，完成业务数据处理，最后释放数据库连接对象，还原到连接池中，方便下一个业务处理时访问数据库。数据库连接池操作模块示意图如图6.6所示。

2. 数据查询优化——缓存

数据的查询操作，其实就是按照业务限定逻辑访问并展示数据的过程。在业务模型中查询数据时，如果数据量过大，那么与数据库交互就会成为一种很消耗时间和资源的操作行为，尤其是在高并发请求的情况下，数据访问的可用性保障就会降低。

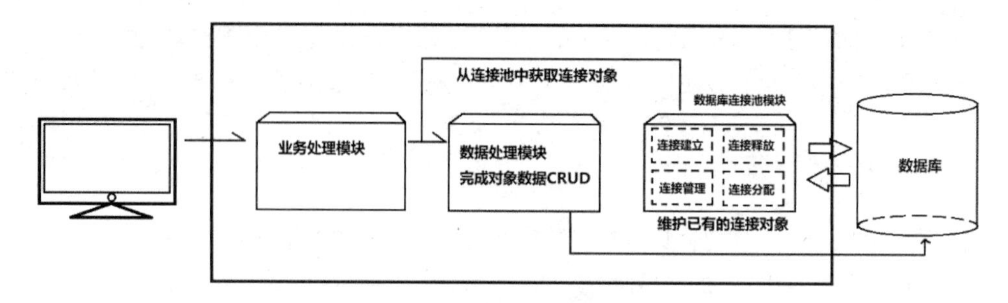

图 6.6 数据库连接池操作模块示意图

在企业项目中，根据数据量的大小，有很多适合不同场景的解决方案。比如可以通过搭建分布式程序，将数据访问压力分摊到不同的负载上，就是一种最常见的操作行为；也可以通过主从双备的分布式部署方式，将数据库中的数据访问压力分摊到不同的数据库服务器上，如图 6.7 所示。

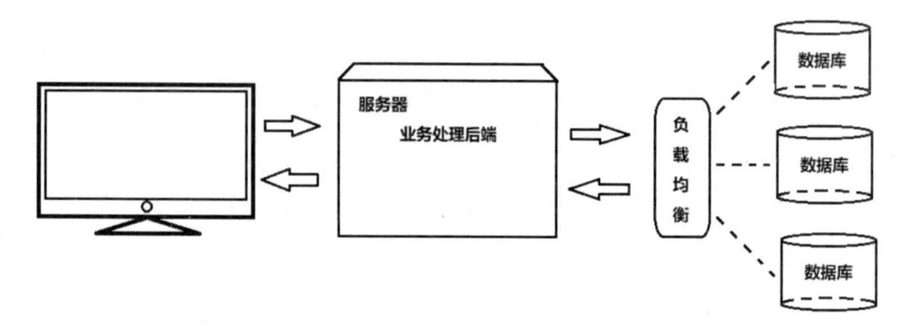

图 6.7 数据库服务器分布式部署示意图

采用数据库服务器分布式部署方式，虽然降低了数据库中的数据访问压力，但是数据访问依然是通过连接对象对数据库进行远程操作的，系统资源消耗并没有减少，仅仅是通过分布式程序将访问压力分摊到了多台服务器上。

对数据访问进行优化，就不得不提数据查询的缓存处理了。缓存操作是一种主要的数据优化手段，当查询的数据和增加、删除、修改的数据不同时，不需要对数据库中的数据进行改动或者更新。所以，当需要频繁查询指定范围的数据时，就可以将这些数据临时存储在后端服务器的缓存中，当用户下次访问该数据时直接从缓存中提取，而不需要访问数据库。缓存操作原理示意图如图 6.8 所示。

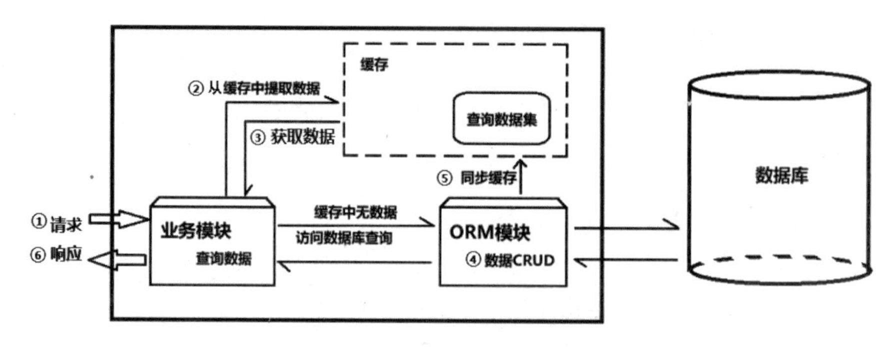

图 6.8 缓存操作原理示意图

在通常情况下，添加了缓存支持的业务操作流程如下：

① 服务器接收到数据查询请求。

② 业务模块访问缓存并准备从缓存中提取数据，检查数据是否存在。

③ 如果数据存在，则从缓存中直接获取数据，进行业务处理后返回响应数据。

④ 如果数据不存在，则访问 ORM 模块，访问数据库并从数据库中查询数据。

⑤ 查询到数据，将查询结果同步到缓存中。

⑥ 将查询结果返回给业务模块，进行业务处理后返回响应数据。

一般情况下，使用缓存能极大地提高访问数据库中数据的效率。缓存的实现方式有很多种，如内存缓存、数据库缓存、文件缓存、内存数据库缓存等，在后续章节中，我们将针对不同的缓存操作进行详细的介绍。

6.1.3 再说缓存

缓存是主流的分布式程序设计开发中的主要组件，是为了解决高并发、大数据库场景下业务的高可用性而设计的，目的是提供高性能的数据访问快速实现。

在缓存操作过程中，提高效率的主要实现原理是将数据从数据库中临时迁移到访问速度更快的设备上、业务处理步骤更少的组件中。服务器中缓存组件的实现有三种操作模式，它们分别适合不同的项目场景，下面逐一进行介绍。

1. Cache Aside 模式

这是最常用的一种缓存操作模式，也称为缓存命中模式，其具体流程如下。

（1）命中失效判断：从缓存中读取数据，如果读取数据超时或者缓存中无数据，则命中失败，否则命中成功。

（2）命中成功：应用程序直接从缓存中提取数据。

（3）命中失败：应用程序通过 ORM 组件从数据库中查询数据，并同步到缓存中。

在 Cache Aside 模式下缓存操作示意图如图 6.9 所示。

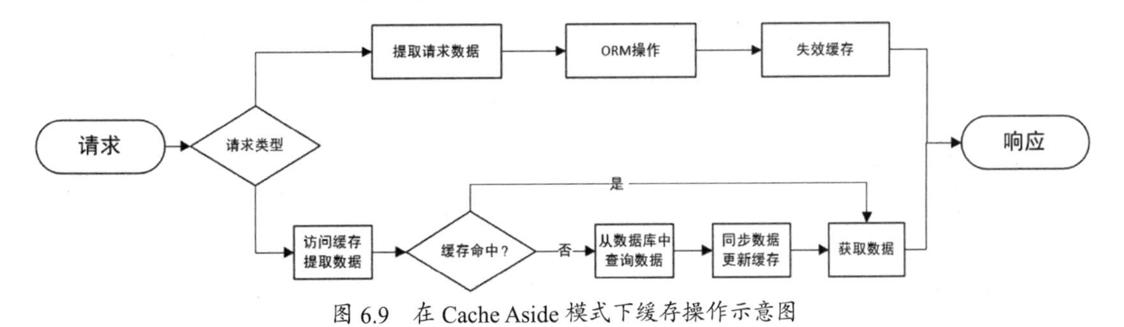

图 6.9　在 Cache Aside 模式下缓存操作示意图

2. Read/Write Through 模式

Read/Write Through 是近年来出现的一种缓存操作模式，实现缓存的软件在一定程度上发展得更加成熟。比如 Redis 内存数据库实现的缓存，当缓存数据达到一定条件时，可以在指定的配置下，由软件本身完成数据的持久化操作，将内存中缓存的数据同步到硬盘，这样就可以在一定程度上避免在开发中自定义 ORM 操作，降低开发复杂度。

在该操作模式下，核心的处理组件就是操作缓存的软件，通过缓存完成与数据库组件之间所有数据的交互过程。在 Read/Write Through 模式下缓存操作示意图如图 6.10 所示。

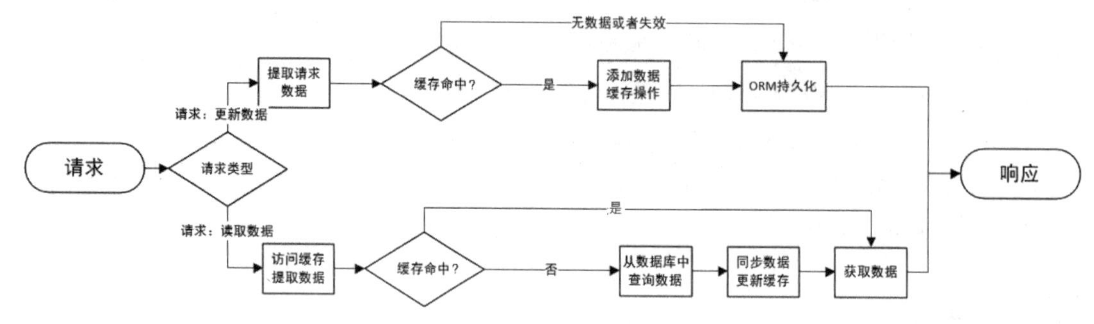

图 6.10 在 Read/Write Through 模式下缓存操作示意图

3. Write Behind 模式

上面我们配置使用的缓存，在应用程序命中缓存中的数据失效的情况下，需要直接通过 ORM 组件完成数据的持久化操作；而在 Write Behind 模式下，不论是否命中缓存中的数据，所有数据都交由缓存进行持久层的管理操作，将应用程序直接访问数据库替换成访问性能更好的缓存组件，所以性能的提升非常可观。在 Write Behind 模式下缓存操作示意图如图 6.11 所示。

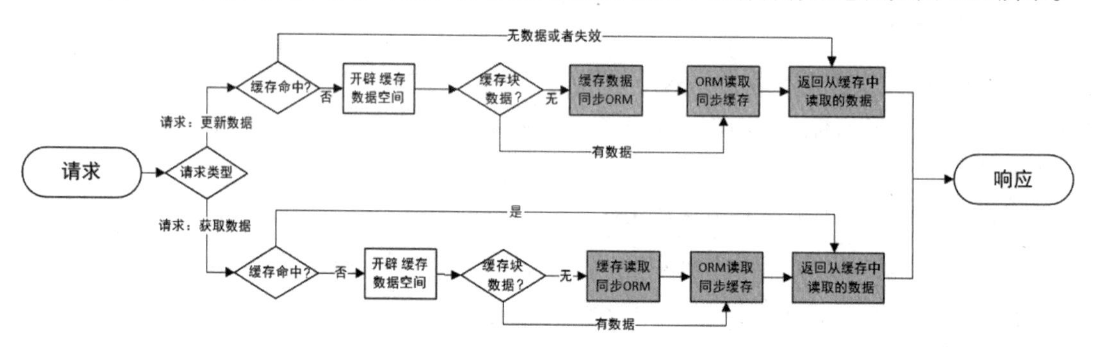

图 6.11 在 Write Behind 模式下缓存操作示意图

6.1.4 缓存问题

以上三种缓存操作模式，在后端服务开发过程中使用得较多，但是还存在一些细节问题，需要针对不同的业务需求进行处理。下面针对几个经典的问题进行讨论并给出解决方案。

1. 缓存穿透

当服务器接收到一个用户请求时，进行缓存命中检测，如果检测不到缓存数据，就会直接访问 ORM 组件从数据库中提取数据。在数据查询流程中根本不会经过缓存，所以也就不用讨论使用缓存可以提高查询效率的问题了。

如果将该问题放大，攻击者通过技术手段发起大批量的请求，查询不会被缓存的数据，就会导致在短时间内数据库服务器压力骤升，从而引起系统故障，如图 6.12 所示。

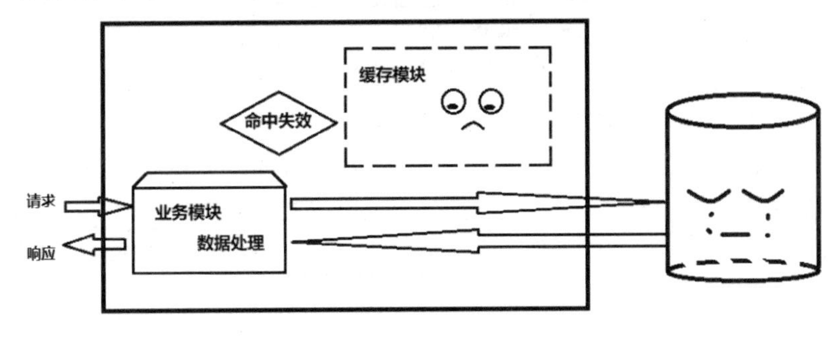

图 6.12　缓存穿透示意图

针对这种问题，首先要明确缓存的处理流程是正确的。问题发生的根本原因是在短时间内出现大量缓存命中失效的数据访问，导致数据库服务器压力升高，可以通过请求过滤或者空值缓存替换的方式来处理。

（1）请求过滤

一般使用布隆过滤器（Bloom Filter），过滤器底层通过哈希算法对所添加的请求进行指纹加密并生成一个 bitmap。针对服务器上可能出现的查询请求，生成一个 bitmap 并保存，如果在访问数据库之前有新的请求，则先通过布隆过滤器进行请求过滤；如果请求没有包含在过滤器中，则直接屏蔽，这样可以有效降低无效请求对数据库造成的访问压力。

（2）空值缓存替换

这是一种较为简单的间接处理方式，针对服务器接收到的查询失效的请求，临时分配一个缓存 key 并将空值存储到缓存中，此时在短时间内接收到的各种攻击请求就可以通过空值缓存替换的方式进行过滤，降低数据库服务器的压力。但是如果出现大量的空值缓存，则不利于缓存组件的处理，所以一般会给空值缓存设置较短的过期时间，这样既解决了缓存处理数据的问题，又解决了在短时间内数据库访问压力增加的问题。

2. 缓存雪崩

缓存雪崩是业务操作带来的问题。通常，我们在操作过程中会针对查询数据动态设置各种缓存失效时间，但是当某个时刻所有的或者大部分缓存同时失效时，就会导致本来访问缓存的大量请求在这一时刻同时访问数据库，造成数据库压力骤然增加，尤其是在多线程高并发的应用中，数据库很有可能承担不了太大的压力而导致系统崩溃，如图 6.13 所示。

缓存雪崩，主要是指在业务流程中将数据添加到缓存中时，不同的缓存失效时间出现交集导致的问题。解决方案如下：

（1）多线程构建互斥环境

在业务数据缓存操作过程中，同一时间只允许一个线程更新缓存数据，其他线程处于等待状态，在一定程度上可以减轻由于缓存雪崩给数据库带来的访问压力。

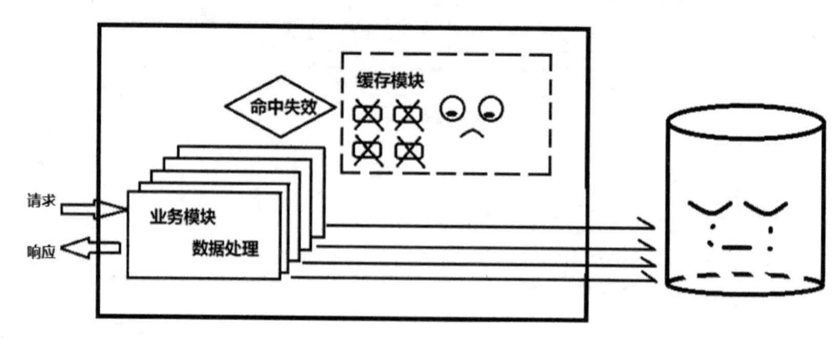

图 6.13 缓存雪崩示意图

（2）失效时间交错

该解决方案较为简单，就是在项目开发规范中明确设置不同业务模块的缓存失效时间，然后将各失效时间分发到不同的缓存数据处理模块中，让不同的核心模块的失效时间交错，以降低缓存雪崩发生的可能性，并定期测试维护，检测数据的访问规则，以使系统性能达到最优。

3. 缓存击穿

缓存击穿是缓存雪崩的一种特殊情况。目前市场上不同行业涉及的数据量都非常庞大，因此就会存在大量的数据需要缓存，即使设置了合理的失效时间，但是针对一些热点业务，其访问请求量非常大，一旦数据缓存失效，数据库面临的访问压力也是非常大的。

我们将类似于这种由于热点业务访问请求量大，缓存失效导致服务器压力升高的情况，称为缓存击穿。

对于缓存击穿，最关键的问题主要有三个：如何确定热点业务、如何确定缓存是否失效、如何确定缓存失效时间。因为热点业务可能会随着时间发生变化，所以我们不能针对某个具体业务的数据进行缓存处理，而是要将问题上升到什么业务的数据需要被更久地缓存。

目前比较成熟的解决方案是将服务器接收到的业务请求进行分类并计数存储，根据访问请求的次数来区分什么业务的数据应该被更久地缓存，比较成熟的操作方案就是使用 LRU-K 算法。

LRU-K 算法会获取最近访问服务器的请求，将请求添加到访问队列（AQ）中进行缓存并计数，当计数次数达到指标 K 之后，就将该业务的数据添加到缓存队列（CQ）中进行缓存，并随时监控后续到达服务器的请求，同时继续记录已经缓存的数据被访问的次数。当新的请求达到要求被添加到缓存队列中时，在缓存队列中访问次数最少的数据被淘汰，被淘汰的数据回到访问队列中继续受到监控。这样就能动态监控服务器接收到的请求并实时调整缓存的具体设置，以满足实时增加的请求，降低服务器的访问压力，如图 6.14 所示。

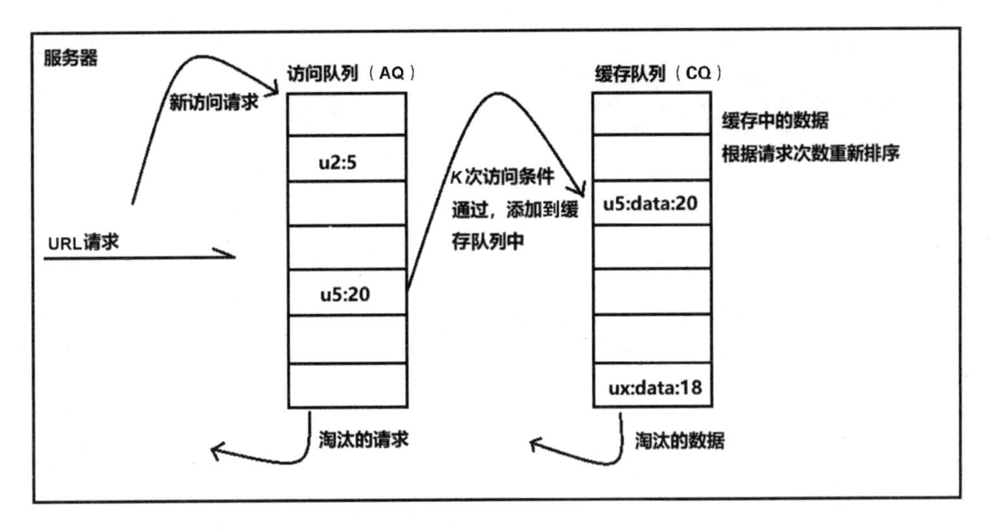

图 6.14 使用 LRU-K 算法操作示意图

6.2 Django 中的缓存

Django 框架中内置了缓存模块，对缓存支持良好。Django 框架默认提供了 6 种不同的缓存支持，分别适合不同的使用场景：

- 基于开发调试的缓存支持。
- 基于本地内存的缓存支持。
- 基于文件的缓存支持。
- 基于数据库的缓存支持。
- python-memcached 模块实现的 Memcached 缓存支持。
- pylibmc 模块实现的 Memcached 缓存支持。

此外，针对时下流行的内存数据库 Redis 实现的缓存，配合第三方模块 django-redis 来提供支持。本节将针对 Django 内置的缓存实现方式和主流的 Redis 缓存操作进行详细讲解。

6.2.1 基于开发调试的缓存配置

Django 框架中内置了一个虚拟缓存。所谓虚拟缓存，是指只实现了缓存接口，并不缓存任何数据。在开发环境中需要访问缓存接口实现功能流程，但是并不希望真实地缓存数据，此时虚拟缓存就发挥了重要的作用。

在项目中配置虚拟缓存，打开项目配置文件 myproject/settings.py，在缓存配置选项 CACHES 中，配置 BACKEND 如下：

```
CACHES = {
```

```
    'default': {
        # 配置 Django 框架内置的虚拟缓存
        'BACKEND': 'django.core.cache.backends.dummy.DummyCache',
    }
}
```

6.2.2 基于本地内存的缓存配置

在企业服务器上，如果没有 Memcached 或者 Redis 这样高性能的内存数据库用于缓存，但是需要缓存支持来提高性能，则可以使用 Django 框架提供的基于本地内存的缓存支持。在项目配置文件的缓存配置选项 CACHES 中，配置如下：

```
CACHES = {
    'default': {
        'BACKEND': 'django.core.cache.backends.locmem.LocMemCache',
        'LOCATION': 'unique-snowflake',
    }
}
```

其中，BACKEND 配置指定使用基于本地内存的缓存支持；LOCATION 配置为指定的缓存空间命名，方便区分存储不同数据的缓存空间。在只有一个 locmem 缓存的情况下，可以省略 LOCATION 配置选项。

6.2.3 基于文件的缓存配置

Django 框架中内置了基于文件的缓存支持，可以将缓存的数据序列化到独立的文件中，通过 LOCATION 配置指定存储位置，该存储位置必须是绝对位置，尤其是在不同的操作系统下运行时，需要指定存储文件路径的读/写权限。在 UNIX/Linux 系统中，缓存配置代码如下：

```
CACHES = {
    'default': {
        'BACKEND': 'django.core.cache.backends.filebased.FileBasedCache',
        # 配置 LOCATION，指定缓存文件路径
        'LOCATION': '/var/tmp/django_cache',
    }
}
```

在 Windows 系统中，缓存配置代码如下：

```
CACHES = {
    'default': {
        'BACKEND': 'django.core.cache.backends.filebased.FileBasedCache',
        # 配置 LOCATION，指定缓存文件路径，在 Windows 系统中必须包含盘符路径
        'LOCATION': 'c:/foo/bar',
    }
}
```

6.2.4 基于数据库的缓存配置

如果服务器上存在一个数据索引良好、数据存取快速的数据库，则同样可以通过配置指定该数据库作为缓存组件，提高服务器中缓存数据的访问性能。通过指定数据库完成缓存的配置代码如下：

```
CACHES = {
    'default': {
        'BACKEND': 'django.core.cache.backends.db.DatabaseCache',
        'LOCATION': 'my_cache_table',
    }
}
```

其中，LOCATION 配置指定在数据库中使用的缓存数据表名称，该名称在项目业务中没有使用并且是有效的，如本配置中的 my_cache_table。

基于数据库的缓存配置，并指定缓存数据表，执行如下命令，同步缓存数据表并进行数据迁移：

```
# 查看缓存数据表的创建语句
python manage.py createcachetable --dry-run
# 创建缓存数据表
python manage.py createcachetable
```

上述命令的作用类似于 migrate，不会影响现有的数据。在数据库中创建缓存数据表，创建完成后，在项目中就可以使用数据库缓存操作了。

6.2.5 基于 Memcached 的缓存配置

Memcached 本身是一个高性能的分布式内存对象缓存系统的实现，主要作为动态 Web 应用网站的缓存组件，用来减轻数据库访问压力。它最初是为了满足 LiveJournal.com 站点的高负载需求而开发的，后来由 Danga Interactive 开源。Facebook 和 Wikipedia 等网站使用 Memcached 来减少数据库访问，提高网站性能。

使用 Memcached 作为缓存的实现，是 Django 框架中内置的最快速、最有效的缓存操作方式。

Memcached 作为守护进程来运行，并被分配了指定大小的内存空间。缓存模块所要做的就是提供一个快速接口，用于在缓存中添加、检索和删除数据。所有数据都被直接存储在内存中，因此不会产生数据库或文件系统使用开销。

在 Django 框架中使用 Memcached 最常见的是基于 python-memcached 的绑定方式。首先要确定系统或者服务器中已经安装了 Memcached，使用 python-memcached 实现缓存绑定操作，配置如下：

```
CACHES = {
    'default': {
        'BACKEND': 'django.core.cache.backends.memcached.MemcachedCache',
```

```
        'LOCATION': '127.0.0.1:11211',
    }
}
```

使用 pylibmc 实现缓存绑定操作，配置如下：

```
CACHES = {
    'default': {
        'BACKEND': ' django.core.cache.backends.memcached.PyLibMCCache',
        'LOCATION': '127.0.0.1:11211',
    }
}
```

还可以通过 sock 套接字文件进行配置，仅供参考：

```
CACHES = {
    'default': {
        # 基于 python-memcached 的缓存配置
        'BACKEND': 'django.core.cache.backends.memcached.MemcachedCache',
        'LOCATION': 'unix:/tmp/memcached.sock',
        # 基于 pylibmc 的缓存配置
        # 'BACKEND': 'django.core.cache.backends.memcached.PyLibMCCache',
        # 'LOCATION': '/tmp/memcached.sock',
    }
}
```

Memcached 是一个分布式内存对象缓存系统的实现，其与常规的缓存处理分布式部署最大的区别是，Memcached 实现的分布式缓存系统不需要在每台计算机上都复制缓存数据，而是仅仅需要将添加了 Memcached 的多台主机地址包含在 LOCATION 配置中，配置的值可以是使用分号或者逗号分隔的多个 IP:PORT 主机值，也可以是包含多个 IP:PORT 主机值的列表数据（这也是推荐的操作方式）。多台主机分布式缓存支持配置如下：

```
CACHES = {
    'default': {
        'BACKEND': 'django.core.cache.backends.memcached.MemcachedCache',
        'LOCATION': [
            # 配置实现缓存数据在以下三个 IP 地址和对应的端口上共享
            '172.19.26.240:11211',
            '172.19.26.242:11212',
            '172.19.26.244:11213',
        ]
    }
}
```

6.2.6 基于 Redis 的缓存配置

Redis 内存数据库作为一种分布式缓存的实现，是目前企业项目开发中使用的主流的缓存组件。虽然这并不是官方原生的缓存支持方式，但是第三方模块也对其在技术上进行了扩展支持，提供了可安装的 django-redis 模块和操作文档手册，在使用过程中需要注意和 Python 版本之间的依赖关系。

首先确认系统或者服务器中已经安装了 Redis 数据库，然后执行如下命令安装 django-redis 模块：

```
pip install django-redis
```

在 Django 项目中，修改配置文件 myproject/settings.py，添加缓存配置如下：

```
CACHES = {
    "default": {
        "BACKEND": "django_redis.cache.RedisCache",
        "LOCATION": "redis://127.0.0.1:6379/1",
        "OPTIONS": {
            "CLIENT_CLASS": "django_redis.client.DefaultClient",
        }
    }
}
```

这样配置之后，就可以通过 Redis 数据库来实现缓存操作了。

6.2.7 数据缓存操作——全站缓存

这里以 Redis 内存数据库实现缓存为例，首先确认已经安装并启动了 Redis 数据库，如图 6.15 所示（在实际开发中，一般启动 Redis 后台服务）。

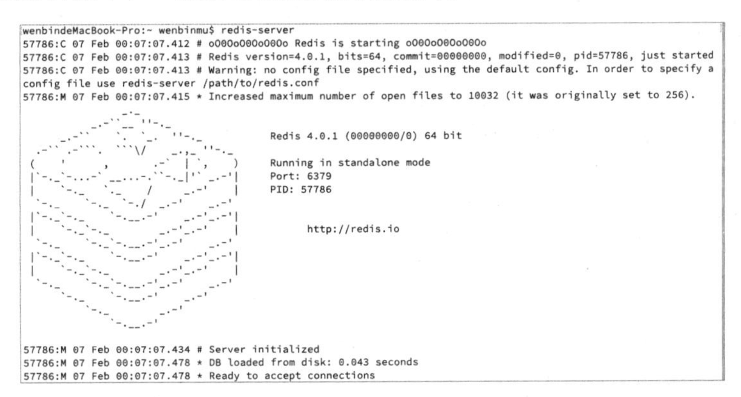

图 6.15 Redis 数据库启动信息

安装 django-redis 模块，执行命令如下：

```
pip install -U django-redis
```

打开配置文件，添加基本配置支持缓存：

```
# django-redis 缓存支持
CACHES = {
    "default": {
        "BACKEND": "django_redis.cache.RedisCache",
        "LOCATION": "redis://127.0.0.1:6379/1",
```

```
        "OPTIONS": {
            "CLIENT_CLASS": "django_redis.client.DefaultClient",
        }
    }
}
```

接下来是常规数据缓存配置，Django 提供了最简单的一种应用模式就是缓存整个站点，需要将两个缓存中间件添加到配置文件中的指定位置。配置如下：

```
MIDDLEWARE = [
    # 缓存更新中间件，必须放在所有中间件的第一个位置
    'django.middleware.cache.UpdateCacheMiddleware',
    # 其他中间件
    'django.middleware.common.OtherMiddleware',
    # 缓存数据抓取中间件，必须放在所有中间件的最后一个位置
    'django.middleware.cache.FetchFromCacheMiddleware',
]
```

配置缓存，还需要在配置文件中添加如下配置选项。

- CACHE_MIDDLEWARE_ALIAS：指定存储数据的缓存别名。
- CACHE_MIDDLEWARE_SECONDS：指定每个页面缓存的时间，单位是秒。

```
CACHE_MIDDLEWARE_SECONDS=300
```

- CACHE_MIDDLEWARE_KEY_PREFIX：指定缓存前缀，尤其是在分布式缓存情况下要实现数据共享，通过缓存前缀可以防止出现密钥冲突。如果使用默认配置方式，该选项可以置空。

添加好缓存配置之后，启动项目并抓包网络请求数据。缓存数据设置如图 6.16 所示。

图 6.16 缓存数据设置

在 Django 项目中，默认缓存响应状态码为 200 的 GET 和 HEAD 请求，并且针对相同的 URL 请求进行单独缓存，通常在响应头中通过 Expires 或者 Cache-Control 中的 max-age 进行设置。

在缓存处理过程中，Django 可以针对不同粒度的缓存进行详细的控制设置。比如最简单的对整个站点的缓存操作，由于控制粒度过大容易造成数据展示延迟。

6.2.8 数据缓存操作——视图缓存

Django 框架提供了 django.views.decorators.cache.cache_page()装饰器，用于缓存单个视图的响应输出。相比全站缓存来说，视图缓存的控制粒度更加精确，它也是项目开发中使用较多的一种缓存处理方式。

重构项目首页视图处理函数，设置首页默认缓存 10 分钟，代码如下：

```
from django.views.decorators.cache import cache_page
……
# 为 index()函数设置缓存时间，缓存 10 分钟
@cache_page(60 * 10)
def index(request):
    ……
    return render(request, 'index.html', {….})
```

在默认情况下，项目中的缓存使用 CACHES 配置中的 default 指定的缓存，也可以通过参数指定缓存数据的配置，代码如下：

```
from django.views.decorators.cache import cache_page
……
# 为 index()函数设置缓存时间，缓存 10 分钟，并将数据存储到 my_cache_name 缓存中
@cache_page(60 * 10, cache='my_cache_name')
def index(request):
    ……
    return render(request, 'index.html', {….})
```

配置了缓存之后，第一次访问首页时会执行数据库查询操作，之后的首页访问在缓存时间内会直接从缓存中提取数据，而不用重新查询数据库。两次首页访问的后台日志记录如图 6.17 所示。

```
."intro", "author_author"."remark", "author_author"."author_liked_id" FROM "author_
b3a7d833320149c'; args=('894611ab49104443bb3a7d833320149c',)
(0.000) SELECT "author_author"."id", "author_author"."username", "author_author"."p
nickname", "author_author"."header_img", "author_author"."age", "author_author"."ge
, "author_author"."status", "author_author"."create_time", "author_author"."update_
."intro", "author_author"."remark", "author_author"."author_liked_id" FROM "author_
b3a7d833320149c'; args=('894611ab49104443bb3a7d833320149c',)
(0.000) SELECT "article_articlesubject"."id", "article_articlesubject"."name", "art
ct"."img", "article_articlesubject"."create_time", "article_articlesubject"."update
[07/Feb/2019 17:24:55] "GET / HTTP/1.1" 200 22461

[07/Feb/2019 17:25:04] "GET / HTTP/1.1" 200 22461
```

图 6.17 后台日志记录

视图缓存还有一种配置方式，就是在路由中为视图处理函数直接指定缓存配置，代码如下：

```
......
urlpatterns = [
    # 为 views.index 函数设置缓存时间，缓存 10 分钟
    path('', cache_page(10 * 60)(views.index), name='index'),
      ......
]
......
```

上述缓存配置实现的缓存效果一致，其中通过装饰器配置视图缓存的方式可读性较好，但是视图处理函数与操作缓存的代码之间的耦合度较高；在路由中配置视图缓存的方式便于维护，同时视图处理函数与操作缓存的代码之间的耦合度较低，在实际操作中应根据项目规范进行配置。

6.2.9 数据缓存操作——模板缓存

基于模板进行缓存，是指通过模板缓存标签对网页视图中的数据进行缓存，提高网页视图的响应性能。

在 Django 模板语法中，首先通过{% load cache %}指定在当前网页视图中使用缓存标签实现数据缓存功能。缓存标签支持接收两个参数，第一个参数设置缓存数据的超时时间，单位为秒，在 Django 2.0 版本中如果指定该参数为 None，则表示缓存永不超时；第二个参数为当前缓存设置名称。代码如下：

```
{% load cache %}
{% cache 500 sidebar %}
    ... 需要缓存的网页标签（数据） ...
{% endcache %}
```

在项目中不同的功能和场景下，会有一些要求特殊的缓存操作，比如根据指定条件进行数据缓存，如缓存与当前登录用户相关的某些操作菜单等。

Django 提供了一种缓存模式可以在缓存标签后面添加参数作为条件，将缓存数据和指定变量绑定，当该变量存在或者其值不为 None 时缓存指定的数据。代码如下：

```
{% load cache %}
{% cache 500 sidebar request.user.username %}
... 缓存一个侧边栏，与当前登录用户账号绑定，
在用户登录成功并且不退出的情况下，该片段被缓存 500s ...
{% endcache %}
```

6.2.10 数据缓存操作——低级缓存

在企业项目开发中，较大粒度的缓存很容易造成一些不必要的问题。比如对于数据访问不一致的情况，由于较大粒度缓存的存在，在项目中添加了新的数据之后，这些新的数据并不会在缓存页面中立刻同步展示，而是直到原有的缓存过期或者清理了缓存，如缓存了个人博客系统中所有的文章数据，此时新发表的文章或者编辑的文章不会立刻在缓存中生效。但这并不意

味着较大粒度的缓存就没有存在的必要。

在通常情况下，项目首页并不需要实时更新，而是间隔指定的缓存时间段之后进行更新，以降低服务器和数据库访问压力。但是用户个人首页就需要在操作数据的同时实时更新，在第一时间渲染用户更新的数据，比如文章发表后就需要在用户个人首页中展示该文章，不同粒度的缓存在处理过程中就会有不一样的业务要求。

针对数据可能实时更新的操作需求，Django 提供了一种低级缓存的底层操作方式，即主要通过 django.core.cache 包中的 caches 和 cache 对象来完成核心配置的管理与数据的底层操作。

1. 缓存配置管理

django.core.cache.caches 提供了一个类字典的缓存对象，可以在代码中直接获取项目的缓存配置信息。代码如下：

```
# 导入缓存模块，依赖 Django 项目环境
>>> from django.core.cache import caches
# 获取默认的 default 缓存配置
>>> cache1 = caches['default']
>>> cache1
<django_redis.cache.RedisCache at 0x1d06e277cc0>
# 查看指定配置的缓存信息
>>> caches['default'].__dict__
{'default_timeout': 300,  # 默认超时时间
 '_max_entries': 300,  # 默认最大缓存对象数目
 '_cull_frequency': 3, # 默认达到最大缓存数目时一次清理的对象数目
 'key_prefix': '',
 'version': 1,
 'key_func': <function django.core.cache.backends.base.default_key_func(key,
key_prefix, version)>,
 '_server': 'redis://127.0.0.1:6379/1',
 '_params': {'OPTIONS': {'CLIENT_CLASS': 'django_redis.client.DefaultClient'}},
 '_client_cls': django_redis.client.default.DefaultClient,
 '_client': <django_redis.client.default.DefaultClient at 0x1d06e3d3eb8>,
 '_ignore_exceptions': False}
```

在项目中配置的缓存名称，如果没有缓存配置与之对应，则会抛出 InvalidCacheBackendError 异常。

2. 缓存数据的存取

在 Django 项目中进行对象数据的缓存操作时，通过 django.core.cache.cache 对象来完成缓存数据的存取。代码如下：

```
# 引入缓存模块
>>> from django.core.cache import cache
# 向缓存中添加数据的语法：cache.set(key，value，timeout= DEFAULT_TIMEOUT，version=None）
>>> cache.set('my_key', 'hello, world!', 30)
# 从缓存中提取数据的语法：cache.get（key，default=None，version=None）
```

```
>>> cache.get('my_key')
'hello, world!'
```

在缓存操作过程中，缓存的 key 推荐使用字符串，而缓存的数据 value 可以是任意 Python 对象。对于缓存超时时间（timeout），如果不传递数据，则使用 Django 框架中 CACHES 配置的默认值。开发人员可以传递具体的数值（单位是秒）作为超时时间，也可以传递 None 值表示永久缓存指定的数据。如果传递 0，则表示不缓存该数据。

需要注意的是，使用 get(key)从缓存中提取数据时，如果没有命中缓存，则返回 None 值，所以不推荐将 None 值作为缓存数据，否则会导致缓存业务判断出现问题。

3. 缓存数据的添加

通过 set(key, value, *args, **kwargs)完成缓存数据的添加操作，但是该函数在操作缓存的过程中，如果 key 已经存在，则会更新该 key 对应的缓存数据，这很有可能会造成缓存数据污染，导致修改了不应该改动的缓存数据。

Django 框架提供的 add(key, value, *args, **kwargs)函数可以很好地解决该问题，该函数的主要功能是在缓存中增加 key 对应的缓存数据 value，如果 key 已经存在，则不更新任何数据。代码如下：

```
# 引入缓存模块
>>> from django.core.cache import cache
# 向缓存中添加数据
>>> cache.set('add_key', 'Initial value')
# 使用 add 函数将数据添加到缓存中，key 已经存在
>>> cache.add('add_key', 'New value')
# 获取该 key 对应的缓存数据。因为 key 已经存在，所以缓存数据没有被更新
>>> cache.get('add_key')
'Initial value'
```

4. 缓存数据的调配

还可以直接从缓存中提取数据，如果数据不存在，则将指定的数据添加到缓存中，方便下一次提取。Django 框架封装的 cache.get_or_set(key, value, timeout=DEFAULT_TIMEOUT, version=None）函数可以很好地完成这样的功能——从缓存中提取 key 对应的数据，如果数据不存在，则将 value 数据添加到缓存中。代码如下：

```
# 引入缓存模块
>>> from django.core.cache import cache
# 提取缓存中的数据，如果返回 None 值，则表示没有缓存数据
>>> cache.get('my_new_key')  # returns None
# 提取缓存中的数据，如果为 None 值，则添加新的数据到缓存中，并将缓存的数据作为返回值使用
>>> cache.get_or_set('my_new_key', 'my new value', 100)
'my new value'
```

5. 多条缓存数据的存取

为了应对复杂的操作场景，Django 框架提供了一种可以同时设置和获取多条缓存数据的操

作方式，分别通过 cache.set_many(*args,**kwargs)和 cache.get_many(*args,**kwargs)函数来完成。代码如下：

```
# 引入缓存模块
>>> from django.core.cache import cache
# 普通设置缓存数据
>>> cache.set('a', 1)
>>> cache.set('b', 2)
>>> cache.set('c', 3)
# 一次获取多条缓存数据
>>> cache.get_many(['a', 'b', 'c'])
OrderedDict([('a', 1), ('b', 2), ('c', 3)])
……
# 一次设置多条缓存数据
>>> cache.set_many({'a': 1, 'b': 2, 'c': 3})
# 一次获取多条缓存数据，如果某个 key 没有缓存数据，则该 key 不会返回数据
>>> cache.get_many(['a', 'b', 'c', 'd'])
OrderedDict([('a', 1), ('b', 2), ('c', 3)])
```

6. 缓存超时时间更新

在 Django 框架中对缓存数据进行更新，主要是更新数据或者更新超时时间。更新数据可以通过 set() 函数来直接操作，更新超时时间可以通过 cache.touch(key, timeout=DEFAULT_TIMEOUT)函数来完成操作。比如设置某个 key 对应的缓存数据在超时时间后过期，代码如下：

```
# 重新设置 key 为 a 的缓存数据，10 秒后过期
>>> cache.touch('a', 10)
True
```

7. 缓存清理

如果项目中出现大量需要更新的数据，那么已经缓存的数据就会变成无效数据，以释放空间。Django 提供了如下函数来完成缓存的清理操作。

- cache.delete(key)：删除指定 key 对应的缓存数据。
- cache.delete_many([k1, k2,…])：删除多个 key 对应的多条缓存数据。
- cache.clear()：清理缓存中的所有数据。

```
# 一次设置多条缓存数据
>>> cache.set_many({'a': 1, 'b': 2, 'c': 3})
# 一次获取多条缓存数据
>>> cache.get_many(['a', 'b', 'c', 'd'])
OrderedDict([('a', 1), ('b', 2), ('c', 3)])
……
# 删除指定 key 对应的数据，返回删除的条目数
>>> cache.delete('a')
```

```
1
>>> cache.get('a')
......
>>> cache.get('b')
2
# 删除多个 key 对应的多条缓存数据，返回删除的条目数
>>> cache.delete_many(['b', 'c'])
2
>>> cache.get('b')
......
# 清理缓存中的所有数据
>>> cache.clear()
```

8. 缓存关闭

在 Django 框架中缓存处理也支持底层原生的操作方式，对于一些需要回收缓存资源，如数据库缓存或者实现了自定义后端缓存的操作，可以通过缓存对象提供的 close()函数断开和缓存之间的连接，但是这也只局限于提供了 close()函数的后端缓存对象，其他缓存对象操作时 close()是无效的。

6.2.11 数据缓存操作——分布式带来的问题

如果将 Django 项目分布式部署到多台服务器上进行操作，那么由于一些特殊需求的存在，可能会导致在多台服务器上将相同的数据缓存成不同的格式，在这种情况下就很容易造成缓存数据污染。

针对该情况，Django 框架中提供了一种间接处理方式，就是通过为每个 Django 项目实例配置缓存前缀 KEY_PREFIX，来实现项目中不同模块的缓存数据的隔离。

6.2.12 数据缓存操作——Vary header

在项目中，除了可以针对后端数据进行缓存，基于浏览器缓存机制进行缓存（专业术语为"下游缓存"）也是非常流行的，可以显著提升性能。下游缓存的控制主要由浏览器通过请求头（Request Header）和响应头（Response Header）信息进行设置，由浏览器内核进行解释操作。Django 框架中提供了与下游缓存结合进行缓存的内建装饰器 Vary header，用于通过 header 信息控制缓存数据。

在默认情况下，Django 框架会针对用户发起的 URL 请求如 http://www.example.com/author/xxx/进行缓存操作，用户在访问过程中不论浏览器是否存在 Cookie 差异或者本地语言环境差异，对该页面的缓存处理都会使用相同的缓存版本，并不会因为这些差异而生成不同的内容响应，这样无法满足业务需求。此时，在项目中可以通过 Vary 注解的方式告知缓存机制根据什么样的请求头进行数据缓存。例如：

```
from django.views.decorators.vary import vary_on_headers
```

```
......
@vary_on_headers('User-Agent')
def my_view(request):
    ......
```

在这种情况下，视图处理函数 my_view()会根据唯一的 User-agent 浏览器代理为每个用户生成单独的缓存数据。另外，Django 针对使用较多的 Cookie 对象单独提供了 django.views.decorators.vary.vary_on_cookie()装饰器，可以根据每个 Cookie 键值对单独完成数据的缓存。如下两段代码在功能上是等价的：

```
@vary_on_cookie
def my_view(request):
    ......

@vary_on_headers('Cookie')
def my_view(request):
    ......
```

在数据的下游缓存操作中，有一个非常重要且敏感的问题，就是数据的安全性问题。数据一旦被缓存，就意味着可能出现访问共享，通常下游缓存会通过设置 header 参数为 public 或者 private 来控制缓存数据是公共缓存还是私有缓存。

如果指定页面使用私有缓存方式，则推荐使用 django.views.decorators.cache 模块中的 cache_control()装饰器。代码如下：

```
from django.views.decorators.cache import cache_control
# 指定视图处理函数 my_view()返回的网页视图使用私有缓存方式
@cache_control(private=True)
def my_view(request):
    ......
```

在视图处理函数中根据某些数据状态的不同，控制返回的网页视图是公共缓存还是私有缓存，可以通过 django.views.decorators.cache.patch_cache_control 进行处理。代码如下：

```
from django.views.decorators.cache import patch_cache_control
from django.views.decorators.vary import vary_on_cookie
@vary_on_cookie
def list_blog_entries_view(request):
    if request.user.is_anonymous:
        response = render_only_public_entries()
        # 控制输出——公共缓存
        patch_cache_control(response, public=True)
    else:
        response = render_private_and_public_entries(request.user)
        # 控制输出——私有缓存
        patch_cache_control(response, private=True)
    return response
```

6.3 项目实战：缓存操作

通过 6.2 节的介绍，我们对项目中的缓存操作有了一定的认知。本节将对本章涉及的案例项目进行改造，添加缓存支持，优化项目数据的访问性能，内容包括缓存环境搭建、配置缓存支持、网页视图缓存、数据更新场景下的缓存处理等。

6.3.1 缓存环境搭建

在案例项目中，缓存组件选择使用目前主流的 Redis 内存数据库。首先确认开发平台和开发环境。

- 操作系统：Windows 10。
- 开发工具：PyCharm 2019.3。
- 开发环境：Python 3.7。
- 框架：Django 2.1。
- 缓存组件：django-redis 4.10。
- 数据库：MySQL 5.7 和 Redis 3.2。

1. 软件准备

确认在开发计算机上已经正确安装了上述软件，并将案例项目导入 PyCharm 开发工具中。在安装好基本依赖环境后，就可以正常启动运行案例项目了（参考 myproject6_nocache/下的源代码）。

2. 重要环境准备

在 Windows 系统中安装并配置好 Redis 数据库。Redis 官方默认没有提供 Windows 平台支持，可以下载基于 Docker 虚拟化技术的 Redis 镜像，通过 Docker 在虚拟机中运行镜像，或者下载技术爱好者开发的 Windows 版本的 Redis 安装包。

另外，在 Django 中操作 Redis 数据库需要依赖 django-redis 模块，我们通过 pip 命令在 Python 开发环境中安装该模块：

```
pip install django-redis
```

如果安装的是 Windows 版本的 Redis 数据库，则打开命令行窗口，使用如下命令启动 Redis 数据库：

```
redis-server
```

启动 Redis 数据库后，显示信息如下：

```
C:\Users\DAMU>redis-server
[4696] 21 Mar 21:10:15.181 # Warning: no config file specified, using the default
```

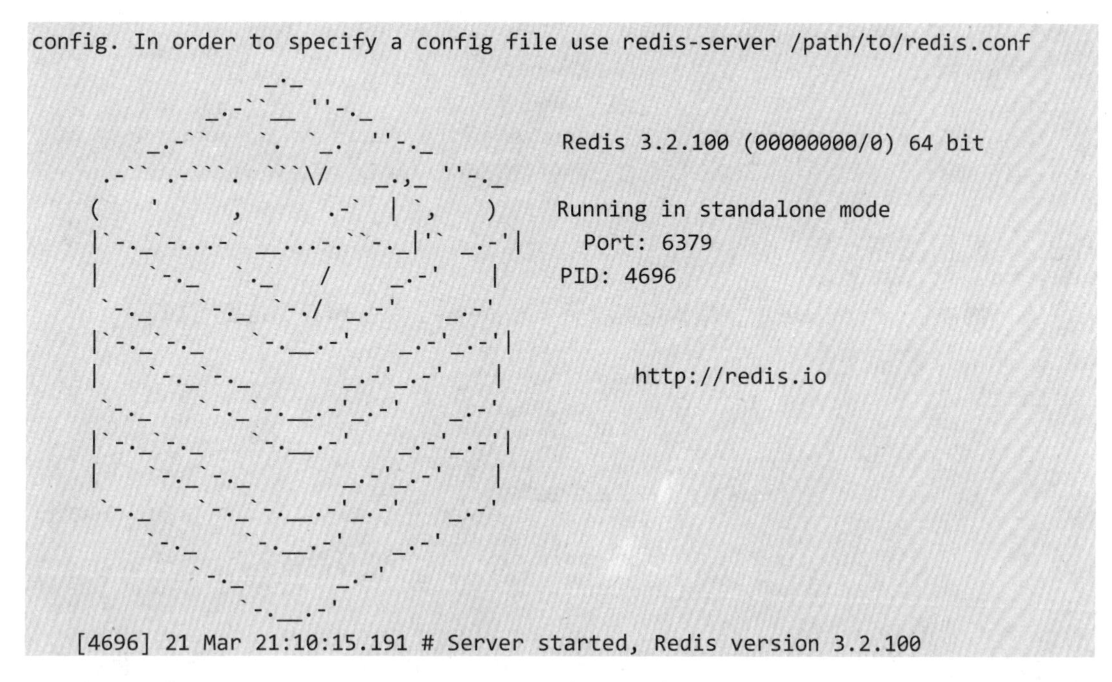

如果安装的是 Docker 虚拟环境的 Redis 镜像，则需要通过命令启动 Redis 镜像服务器并启动 Redis 数据库。操作命令如下：

```
# 确认系统中安装了 Docker
> docker -v
Docker version 1.12.6, build 3e8e77d/1.12.6
# 下载 Docker Redis 镜像
> docker pull redis
# 检查镜像
> docker images
REPOSITORY          TAG                 IMAGE ID            CREATED             SIZE
redis               latest              0f55cf3661e9        3 weeks ago         95MB
# 启动 Redis
> docker run -p 6379:6379 -v d:/temp/data:/data -d redis
55cd0b27548f
# 查看启动结果
> docker ps
CONTAINER ID             IMAGE                 COMMAND                      CREATED
STATUS                   PORTS                 NAMES55cd0b27548f              redis
"docker-entrypoint.s…"   4 hours ago           Up 4 hours     0.0.0.0:6379->6379/tcp
condescending_wing
```

注意，此时运行的 Redis 数据库，是后台运行在虚拟机容器中的软件，并不会出现任何提示运行的信息，可以通过 docker container ps 命令查看当前正在运行的软件。执行命令和返回结果如下：

```
C:\Users\DAMU>docker run  -v d:/temp:/data -d redis
7a2d615d2f292df6b5fd13c2f0eeb5afdb06d5fde8b11ae12bef0fb129f32117
```

```
C:\Users\DAMU>docker container ps
CONTAINER ID        IMAGE               COMMAND                  CREATED
STATUS              PORTS               NAMES
7a2d615d2f29        redis               "docker-entrypoint.s…"   6 seconds ago    Up
5 seconds           6379/tcp            xenodochial_elion
```

6.3.2 配置缓存支持

在案例项目 myproject6 中，编辑配置文件 settings.py，添加缓存支持配置如下：

```
# 缓存操作支持配置
CACHES = {
    "default": {
        "BACKEND": "django_redis.cache.RedisCache",
        "LOCATION": "redis://127.0.0.1:6379/1",
        "OPTIONS": {
            "CLIENT_CLASS": "django_redis.client.DefaultClient",
            # "PASSWORD": "访问密码"
        }
    }
}
```

上述配置默认使用 django_redis.cache.RedisCache 类型的对象做缓存后端实现；通过 LOCATION 选项连接索引号为 1 的 Redis 数据库；在访问 Redis 数据库时，如果设置了访问密码，则可以通过 OPTIONS 选项中的 PASSWORD 添加访问密码。以上就是在一个 Django 项目中将 Redis 数据库作为其缓存组件的基本配置。

在前面章节中也提到了全站缓存，这种缓存方式过于暴力，在实际中使用并不是很友好，因此应根据项目需求慎重配置使用。

6.3.3 网页视图缓存

在项目的业务流程中，有一部分数据是不需要实时更新的，如博客首页加载的内容，通常会有一些延迟，几分钟到几小时不等。对实时数据要求并不是很高的页面，通过缓存的方式可以非常有效地提高处理效率。

打开 myproject6/common/views.py 文件，即公共子项目中的视图处理模块，对首页视图处理函数添加缓存支持，代码如下：

```
from django.views.decorators.cache import cache_page
from django.views.decorators.gzip import gzip_page
# 缓存视图处理函数返回的页面数据，缓存时间为 30 分钟
@cache_page(60 * 30)
# 压缩数据，优化返回数据的大小
@gzip_page
def index(request):
```

```
        # 查询所有文章，展示到页面中
        articles = Article.objects.all()
        # 查询所有文章专题，展示到页面中
        article_subjects = ArticleSubject.objects.all()
        # 查询所有作者，展示到页面中
        authors = Author.objects.all()
        # 页面友情链接
        link_friends = LinkFriend.objects.all()
        # 快捷渲染方式
        return render(request, 'index.html', {'authors': authors,
                                              'articles': articles,
                                              'article_subjects': article_subjects,
                                             'link_friends': link_friends,
                                             'f_index': 'active', 'f_main': 'none',
                                             'f_message': 'none', 'f_article': 'none'})
```

上述缓存数据的配置，会直接关联用户浏览器软件中的下游缓存，通过响应头通知浏览器缓存该页面的时长，在缓存时长范围内针对首页的请求直接使用缓存的网页视图，如图 6.18 所示。

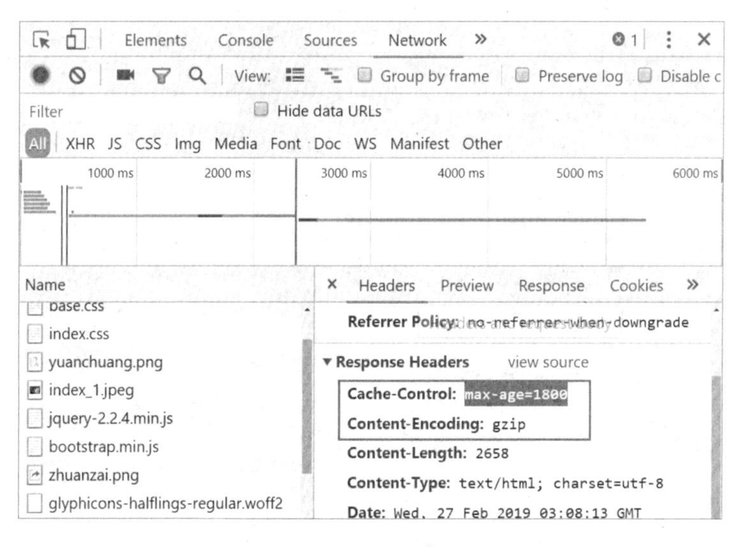

图 6.18　网页视图缓存响应数据

6.3.4 视图模板缓存

网页视图的渲染结果，就是浏览器最终展示给用户的视图界面。在一个完整的网页中会存在大量的静态数据，它们可能短时间内并不会发生变化，如网页中的热门文章、精华文章之类的数据，也有一些模块很长时间不会发生变化，如网页中的导航菜单、友情链接等，如图 6.19 所示。

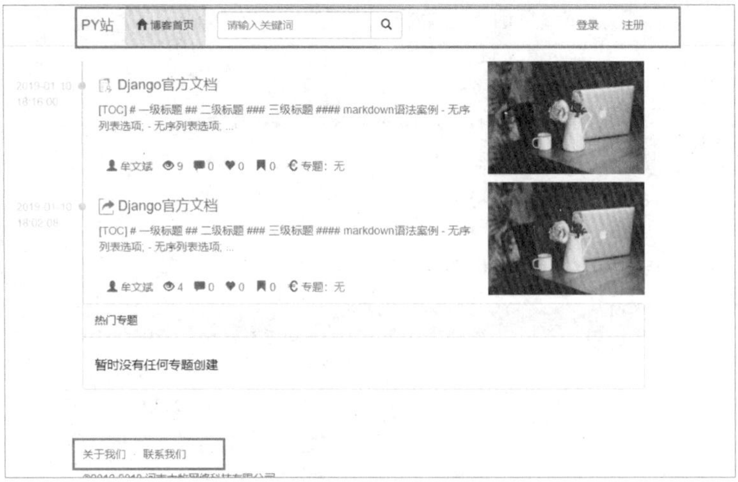

图 6.19　网页中很长时间不会发生变化的模块

使用 Django 操作缓存的模板标签，针对部分网页视图进行缓存处理，这样在实际渲染网页展示数据时，就会在缓存失效之前直接展示，提高了网页视图的渲染效率。修改案例项目的父模板 myproject6/templates/base.html，完善友情链接，添加缓存支持。代码如下：

```
<!-- 页脚 -->
{% cache 36000 footer%}
<div class="container page_footer">
    <ul class="list-inline">
        <li><a href="" class="text-muted">关于我们</a></li>
        {% for link in link_friends %}
        .
        <li><a href="{{link.link_url}}" class="text-muted">{{link.link_text}}</a></li>
        {% endfor %}
        .
        <li><a href="" class="text-muted">联系我们</a></li>
    </ul>
    <p class="text-muted">©2012-2019 XXX 网络科技有限公司</p>
</div>
{% endcache %}
```

6.3.5　数据更新场景下的缓存处理

除了网页中不需要及时更新的数据，以及在某个时间段内不会更新的数据，项目中大部分业务的数据是否需要缓存，都与用户的交互操作有关。比如用户登录博客网站之后会不定时地发表文章，那么对于文章数据就需要选择更加适合的方式进行缓存处理。

6.1.3 节中介绍了三种缓存操作模式，这里我们将使用最基本的 Cache Aside 模式完成数据的底层操作。由于数据查询操作会从缓存或者数据库中提取数据，所以需要访问 Django 框架的缓存模块的底层 API，也就是以低级缓存操作的方式进行处理，此时模块结构示意图如图 6.20 所示。

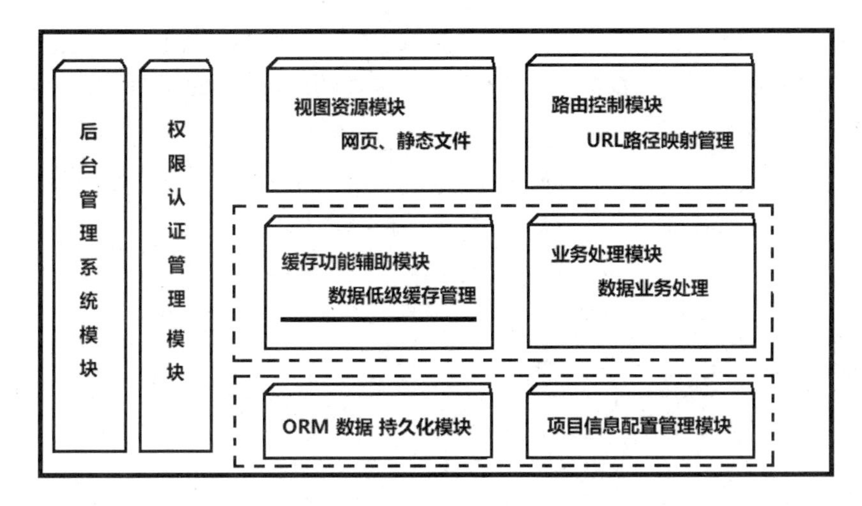

图 6.20 Django 框架的低级缓存操作模块结构示意图

在模块结构中添加了低级缓存服务，此后进行数据查询操作时就可以从该缓存模块中提取数据了，如果提取不到，再通过 ORM 数据持久化模块来完成查询操作。在案例项目中，我们将为作者对象和文章类型对象添加缓存服务。

在案例项目的作者子项目 author 和文章子项目 articles 中，分别添加服务模块 services.py，在该模块中定义了各种针对项目数据的服务功能支持，如缓存服务。

作者数据的缓存主要分为两个方面：命中缓存时查询数据和数据出现动态变化时同步缓存数据。

我们开发从缓存中提取作者数据的服务函数，通过该函数的 flag 参数控制是否需要主动刷新缓存。代码如下：

```
def get_authors(flag=False):
    """
    获取所有用户数据
    :param flag 是否主动刷新缓存
        默认：否，正常查询数据不需要刷新缓存
        如果出现增删改数据操作，则需要主动刷新缓存，以保证数据的同步
    """
    # 从缓存中提取数据
    print("从缓存中提取指定作者的所有数据")
    authors = cache.get("authors")
    # 如果缓存中不存在数据，则从 ORM 中查询提取数据
    if authors or flag:
        print("ORM 操作，从数据库中提取数据")
        authors = Author.objects.all()
        # 设置同步缓存数据
        cache.set("authors", authors)
    # 返回查询到的数据
    return authors
```

在默认情况下，在进行查询操作时，可以直接调用 get_authors()函数从缓存中提取数据。如

果从缓存中提取数据失败，则结合 ORM 操作从数据库中提取数据并同步缓存数据。如果进行的是增删改数据操作，那么在数据处理完成后可以主动调用 get_authors(flag=True)来刷新缓存，完成缓存数据的同步。

比如在加载首页数据时，需要获取所有作者的数据，可以直接调用作者缓存数据的提取函数完成查询。打开 common/views.py 文件，完善代码如下：

```
from author.services import get_authors
@cache_page(60 * 30)
@gzip_page
def index(request):
    """
    加载博客首页数据视图处理函数
    """
    ……
    # 查询所有作者，展示到页面中
    authors = get_authors()
    ……
    return render(request, "index.html", {……})
```

如果执行用户注册业务流程，就会涉及作者数据的增加操作，这对缓存的原始数据造成了污染，所以需要将新增加的数据同步到缓存中。打开 author/views.py 文件，修改用户模块的注册功能函数，完善代码如下：

```
# 导入当前子项目服务模块中的作者数据提取函数
from .services import get_authors
@require_http_methods(['GET', 'POST'])
def author_register(request):
    ……
    # 注册完成，刷新缓存
    get_authors(flag=True)
    # 返回登录页面
    return render(request,'author/login.html', {'msg_code': 0, 'msg_info': '账号注册成功'})
```

重启项目，在项目运行过程中，由于缓存的存在，加载首页数据更加快速了，尤其是在网站数据较多的情况下，更加体现出缓存的优异性。此外，在用户注册时，由于数据变化导致的数据不同步问题，也通过主动刷新缓存得到了解决。

6.4 本章小结

本章详细介绍了缓存操作方式，包括缓存的基本概念、应用场景以及动态网站的优化策略，在企业项目中要根据实际情况进行网站的合理优化。通过 Django 项目中的缓存配置，根据不同的数据操作场景进行不同粒度的控制，以达到提升数据操作性能的目的，是本章的重点。

第 7 章　日志处理——必不可少的记录

本章主要介绍项目中重要的功能组件之一：日志。在项目的整个生命周期中日志都非常重要，比如在项目开发过程中可以通过日志有效地进行功能调试，在项目部署之后可以利用日志数据进行错误排查，日志是项目正常开发运行的一大重要保障。

本章内容包括：

- 日志在软件项目中的重要性。
- 日志核心组件。
- 在 Django 项目中不同的日志配置和使用场景。
- 项目实战：日志在项目中的使用。

7.1　历史信息管理——日志的重要性

笔者曾经遇到过这样一个业务问题：在某大型互联网公司做运维工作时，接到过一起投诉，用户怀疑自己被多扣费 2 块钱。但是事情已经过去了 19 个月，这样的情况应该如何处理呢？我们必须给出一个解决方案，于是调用并查看了历史日志服务器，提取了当时的系统运行日志信息，查询到该用户的受理扣费的出账信息，答复了用户并圆满解决了问题。

开发人员开发的软件、系统、平台都是为了解决实际生活中的问题的，在业务受理期间，我们必须时刻记录软件运行过程中的数据处理轨迹，才能给用户营造一个良好的、有保障的软件操作环境，而这样的记录操作就是通过日志来完成的。日志记录了程序运行过程中的各项重要信息，它是软件中不可或缺的最重要功能之一。

打开案例项目 myproject，启动并访问项目，在控制台输出用户访问信息如下：

```
E:\WORKSPACE\Django2.x 实战\chapter7\myproject>python manage.py runserver
Performing system checks...
System check identified some issues:
WARNINGS:
```

```
author.Author.authors_liked: (fields.W340) null has no effect on ManyToManyField.
System check identified 1 issue (0 silenced).
March 21, 2019 - 21:23:10
Django version 2.1.7, using settings 'myproject.settings'
Starting development server at http://127.0.0.1:8000/
Quit the server with CTRL-BREAK.
[21/Mar/2019 21:23:14] "GET / HTTP/1.1" 200 13408
[21/Mar/2019 21:23:14] "GET /static/js/libs/bootstrap-3.3.7-dist/css/bootstrap.
min.css HTTP/1.1" 200 121205
[21/Mar/2019 21:23:14] "GET /static/css/base.css HTTP/1.1" 200 0
[21/Mar/2019 21:23:14] "GET /static/images/types/yuanchuang.png HTTP/1.1" 200 6515
[21/Mar/2019 21:23:14] "GET /static/images/types/zhuanzai.png HTTP/1.1" 200 5766
[21/Mar/2019 21:23:14] "GET /static/images/index_1.jpeg HTTP/1.1" 200 8376
[21/Mar/2019 21:23:15] "GET /static/css/index.css HTTP/1.1" 200 1195
[21/Mar/2019 21:23:15] "GET /static/js/libs/bootstrap-3.3.7-dist/js/bootstrap.
min.js HTTP/1.1" 200 37051
[21/Mar/2019 21:23:15]
"GET /static/js/libs/bootstrap-3.3.7-dist/fonts/glyphicons-halflings-regular.
woff2 HTTP/1.1" 200 18028
[21/Mar/2019 21:23:15] "GET /static/js/libs/jquery2.2.4/jquery-2.2.4.min.js HTTP/
1.1" 200 85582
```

现在进行日志配置，打开项目配置文件 settings.py，添加配置如下：

```
LOGGING = {
    'version': 1,
    'disable_existing_loggers': False,
    'handlers': {
        'console': {
            'level': 'DEBUG',
            'class': 'logging.StreamHandler',
        },
    },
    'loggers': {
        'django.db.backends': {
            'handlers': ['console'],
            'propagate': True,
            'level': 'DEBUG',
        },
    }
}
```

添加了日志配置后，重启项目，访问项目首页，控制台显示日志信息如下：

```
E:\WORKSPACE\Django2.x 实战\chapter7\myproject>python manage.py runserver
Performing system checks...
System check identified some issues:
WARNINGS:
author.Author.authors_liked: (fields.W340) null has no effect on ManyToManyField.
System check identified 1 issue (0 silenced).
```

```
    DEBUG 2019-03-21 21:26:35,003 utils 14224 1276 (0.000) SELECT @@SQL_AUTO_IS_NULL;
args=None
    DEBUG 2019-03-21 21:26:35,004 utils 14224 1276 (0.000) SET SESSION TRANSACTION
ISOLATION LEVEL READ COMMITTED; args=None
    DEBUG 2019-03-21 21:26:35,018 utils 14224 1276 (0.014) SHOW FULL TABLES; args=None
    DEBUG 2019-03-21 21:26:35,022 utils 14224 1276 (0.000) SELECT `django_migrations`.
`app`, `django_migrations`.`name` FROM `django_migrations`; args=()
    March 21, 2019 - 21:26:35
    Django version 2.1.7, using settings 'myproject.settings'
    Starting development server at http://127.0.0.1:8000/
    Quit the server with CTRL-BREAK.
    django.template.base.VariableDoesNotExist: Failed lookup for key [author] in
<django.contrib.sessions.backends.db.SessionStore object at 0x000001CFD8A70C50>
    DEBUG 2019-03-21 21:26:38,491 utils 14224 11396 (0.001) SELECT @@SQL_AUTO_IS_NULL;
args=None
    ……
```

可以看到，控制台显示了更详细的日志信息，如果项目中存在一些潜在的 Bug，则可以参考这些信息来解决。

在企业项目开发中，日志信息更加细致，并且不局限于控制台输出，而是可以将日志信息按照一定的规则记录到文件中，方便在必要时对业务流程进行跟踪处理。

7.2　软件开发先锋官——日志核心组件

Django 作为一个成熟的 Web 框架，对日志功能提供了良好支持，它通过对 Python 内置的标准模块 logging 的封装，为开发人员提供了功能更加强大、更加适合 Web 项目的日志模块。本节将对 Python 内置的日志模块进行详细的介绍，以方便开发人员在使用框架的基础上对日志模块进行定制化开发。

7.2.1　记录器对象——logger

记录器对象是日志系统的入口点，用于处理传入的所有日志信息，是一个用于存储管理信息的容器。根据日志的重要性，将日志划分为 5 个基本级别。

- DEBUG：调试信息，也是最详细的日志信息，记录了在项目业务流程中发生的任何事情。这样的日志信息多用于在出现问题时进行调测，也被称为最低级的消息级别。
- INFO：重要信息摘要，记录了在项目业务执行过程中重要的节点信息，是判断业务执行结果最直观的记录。
- WARNING：警告日志，记录了在项目运行过程中可能影响系统正常运行或者可能出现错误的警告提示信息。

- ERROR：错误日志，记录了在项目运行过程中已经出现的错误信息，包括运行时异常信息和业务数据错误信息。
- CRITICAL：严重错误日志，记录了在项目运行过程中可能导致软件崩溃的错误信息。

日志级别从低到高依次是：DEBUG > INFO > WARNING > ERROR > CRITICAL。

在操作日志中每条日志记录都会包含两个重要信息：日志级别和描述信息。在记录日志时需要设置日志级别，程序会自动对该级别和比该级别高的日志信息进行记录，低于该级别的日志信息将被忽略。比如设置日志级别为 ERROR，那么程序只会记录 ERROR 级别和 CRITICAL 级别的日志信息，其他低级别的日志信息将被忽略。假如设置日志级别为 INFO，下面的代码只会输出 INFO 级别以及更高级别的日志信息。

```
import logging
logging.basicConfig(level=logging.INFO)
logger = logging.getLogger(__name__)
logger.debug("这是详细信息")
logger.info("这是重要信息")
logger.warning("这是警告信息")
logger.error("这是错误信息")
logger.critical("这是严重错误信息")
```

提示： 按照级别划分日志，一是为了按照不同的重要级别对日志进行分类管理；二是为了根据服务器的实际情况调整日志级别，以减轻服务器的 I/O 压力，毕竟将日志频繁写入文件中 I/O 压力也不小。

7.2.2 操作对象——handler

操作对象用于对记录到日志容器 logger 中的日志信息进行后续处理，根据 7.2.4 节中格式化对象定义的配置信息，可以通过操作对象将日志信息写入文件中或者打印到屏幕上。

操作对象完全支持日志级别的处理方式，可以按照日志级别对数据进行隔离处理。操作对象还支持多种操作同时进行，比如支持将日志信息打印到屏幕上、将日志信息存储到指定文件中和将日志信息远程提交到日志服务器上这三种操作同时进行。

7.2.3 过滤器对象——filter

过滤器对象主要是工作在记录器对象和操作对象之间的一个中间组件，通过过滤器对象可以为日志记录添加更多的额外功能。

在默认情况下，过滤器对象用于处理所有满足要求的日志信息，其实就是过滤所有记录器对象传递给操作对象的日志信息。但是在某些情况下，在测试某个节点出现的问题时，通过添加过滤器对象就可以直接筛选来自某个特定节点的日志信息，极大地提高了问题调测的效率，如图 7.1 所示。

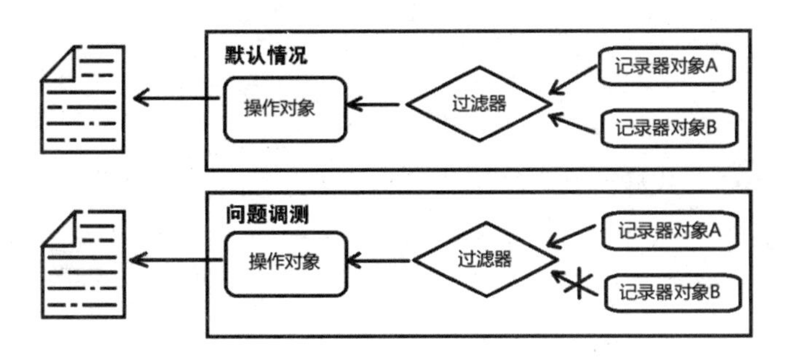

图 7.1　过滤器筛选日志信息

7.2.4　格式化对象——formatter

格式化对象用于对日志信息进行定义，通过格式符规范日志的描述信息，以最大程度地优化日志文件内容，提高日志信息的可用性。

重要的格式符如下。

- %(levelno)s：打印日志级别对应的整数数值。
- %(levelname)s：打印日志级别的名称信息。
- %(pathname)s：打印当前正在执行的程序路径。
- %(filename)s：打印当前正在执行的程序名称或者文件名称。
- %(funcName)：打印当前日志记录执行操作的函数名称。
- %(lineno)d：打印当前日志记录执行操作的代码行号。
- %(asctime)s：打印当前日志记录执行操作的时间。
- %(thread)d：打印当前正在执行的线程编号 ID。
- %(threadName)s：打印当前正在执行的线程名称。
- %(process)d：打印当前正在执行的进程编号 ID。
- %(message)：打印日志描述信息。

格式符结合格式对象的操作代码如下：

```
import logging
logging.basicConfig(level=logging.INFO,
format='%(asctime)s-%(threadName)s-%(levelname)s : %(message)s')
logger = logging.getLogger(__name__)
def some_example():
    logger.debug("some_example 函数开始执行")
    logger.info("重要操作：处理了 xxx 数据")
    logger.debug("设置参数数据：xxx,xxx,xxx")
    logger.warning("xxx 数据可能引起用户操作失败")
```

```
    logger.debug("some_example 函数执行完成，返回结果 xxx")
if __name__ == "__main__":
    some_func()
```

运行代码，以标准格式输出了符合日志级别设置的重要信息，结果如下：

```
2019-03-21 21:31:57,087-MainThread-INFO : 重要操作：处理了 xxx 数据
2019-03-21 21:31:57,087-MainThread-WARNING : xxx 数据可能引起用户操作失败
```

7.3 Django 2.x 项目中的日志操作

设定一个工作场景：大牧所在的公司最近正在开发基于 Django 2.x 框架的 Web 项目，在开发过程中发现一些历史操作数据非常重要，需要将这部分数据通过日志进行记录。将这个任务交给了新来的同事小胖，小胖经过参考 Django 2.x 的官方文档，并查阅大量日志相关资料，发送邮件告知了组内同事他的解决思路，大家都比较认可小胖的做法，于是就由小胖来实现项目中的日志操作功能。

7.3.1 日志基本操作语法

对日志功能的处理，结合 Python 内置的日志模块 logging，通过固定的函数就可以完成，所以小胖立刻就想到了通过模块名称来管理记录器对象，这样就可以在项目中无缝使用 Python 中的日志功能了。基本操作函数如下：

- getLogger(class_name)：获取日志对象。
- debug(msg)：记录调试信息。
- info(msg)：记录重要信息。

```
import logging
from django.shortcuts import render
logger = logging.getLogger(__name__)
def index(request):
    logger.debug("开始加载主页数据")
    logger.info("从缓存中读取主页数据")
    logger.debug("数据加载完成，准备返回响应对象")
    return render(request, 'index.html', {})
```

于是，小胖就将自己的想法和示范代码通过邮件发送给组内同事，看同事有没有什么问题。发完邮件不久，小胖的消息窗口中就弹出 *N* 条消息：

老张说：如果在项目执行过程中想调整日志输出级别，应该怎么操作？

赵姐说：如果在测试过程中只想查看其中某个模块的日志信息，该怎么做？

小周说：小胖啊，如果运行了一段时间想查看历史记录，总不能看你的命令行输出信息吧？

XXX 说：……

当小胖看完大家发送的消息后，明确了程序中存在的问题和缺陷，于是在已经实现的基本功能的基础上进一步完善，逐步梳理大家考虑到的问题并转化成代码实现。

7.3.2　通过命名空间实现日志结构化管理

小胖给大牧发了一条消息：如果某些时候需要对数据进行拆分合并管理，最有效的手段是什么？

大牧：对什么数据做怎样的拆分合并管理？你描述的信息太不明确了，非常不利于同事之间的沟通，直接告诉我应用场景就可以了。

小胖：我想为日志添加这样一个功能，假如有一个多档位开关，其中 1 档位是输出项目中的所有日志信息；2 档位是输出项目中某个子模块的日志信息；2-1 档位是输出该子模块中 A 类型的日志信息；2-2 档位是输出该子模块中 B 类型的日志信息。不知道我的描述是不是太啰唆了？

大牧：不啰唆，你描述的功能我大概明白了，你其实需要的是一份结构化数据，就是采用像文档树一样的管理树模型，通过父子节点的形式进行管理。比如 Project 节点表示输出所有日志信息；project.module_a 表示只输出项目中模块 a 的日志信息；project.module_a.classa 表示只输出模块 a 中 a 类型的日志信息；project.module_a.classb 表示只输出模块 a 中 b 类型的日志信息。你看这样合理吗？

小胖思索良久，同时查阅了 Django 官方文档和相关资料，发现在 Django 框架中确实有父子节点路径隔离方式的日志管理模式，不过它是通过记录器对象的命名规则进行管理的，也就是记录器对象的命名空间节点。小胖针对前文中赵姐提出的问题给出了如下解决方法。

（1）定义项目规范。日志记录器对象的命名规则是：项目名称.模块名称.类型名称。

（2）在项目的根管理项目中，日志记录器对象的命名规则如下：

```
logger = logging.getLogger('project.root.views')
```

（3）在项目的用户模块中，日志记录器对象的命名规则如下：

```
logger = logging.getLogger('project.users.User')
logger = logging.getLogger('project.users.UserProfile')
logger = logging.getLogger('project.users.UserStatus')
```

小胖发现添加了这样的命名规则之后，项目具备了以下日志过滤功能。

- 可以定义 project 过滤器对象，直接得到项目中输出的所有日志信息。

- 可以定义 project.root 过滤器对象，得到 Django 根管理项目中输出的日志信息。
- 可以定义 project.users 过滤器对象，得到用户模块中输出的所有日志信息。
- 可以定义 project.users.UserProfile 过滤器对象，得到用户扩展资料类型的日志信息。

7.3.3 记录到控制台的日志配置规则

针对本章开头讲的需求场景中提到的问题，经过整理之后得到对应的解决方案，只是完成了基本信息记录，在 Django 项目中可以通过标准配置，将日志输出到指定的存储对象中，才能达到最终统一管理的目的。

Django 框架中提供了日志的通用配置规则，按照类似于字典数据的格式对日志记录的个性化信息进行配置和启用。最常见的配置方式就是将项目日志输出到控制台进行展示，方便在开发过程中对业务流程进行跟踪处理。打开项目配置文件 myproject/settings.py，主要通过 LOGGING 选项配置日志记录规则，配置如下：

```
import os
# 配置日志记录规则
LOGGING = {
    # 日志记录规则版本
    'version': 1,
    # 启用已经存在的日志
    'disable_existing_loggers': False,
    # 配置日志格式化对象
    'formatters': {
        # 配置标准日志格式，记录日志级别、时间、操作模块、进程/线程编号、日志信息
        'verbose': {
            'format': '{levelname} {asctime} {module} {process:d} {thread:d} {message}',
            'style': '{',
        },
        # 配置简单日志格式，记录日志级别、日志信息
        'simple': {
            'format': '{levelname} {message}',
            'style': '{',
        },
    },
    # 配置日志操作对象
    'handlers': {
        # 定义控制台操作选项，通过变量命名 console
        'console': {
            # 指定操作类型
        'class': 'logging.StreamHandler',
        # 指定记录格式，使用 verbose 标准日志格式记录日志
        'formatter': 'verbose'
        },
    },
    # 配置日志记录器对象
```

```
    'loggers': {
        # 声明使用记录器 django
        'django': {
            # 指定操作对象，可以是一个或者多个
            'handlers': ['console'],
            # 配置记录日志级别
            'level': os.getenv('DJANGO_LOG_LEVEL', 'INFO'),
        },
    },
}
```

在上述配置中，我们配置了格式化对象 formatter 来规范日志格式记录规则的定义，还配置了操作对象 handler 来指定日志处理程序。日志处理程序定义了数据的最终处理方式，同时在日志处理程序配置中绑定了对应的日志记录规则。最后配置了日志记录器对象 logger 来启用日志处理程序和对应的日志记录级别，完成日志数据的整体配置。最终效果如图 7.2 所示。

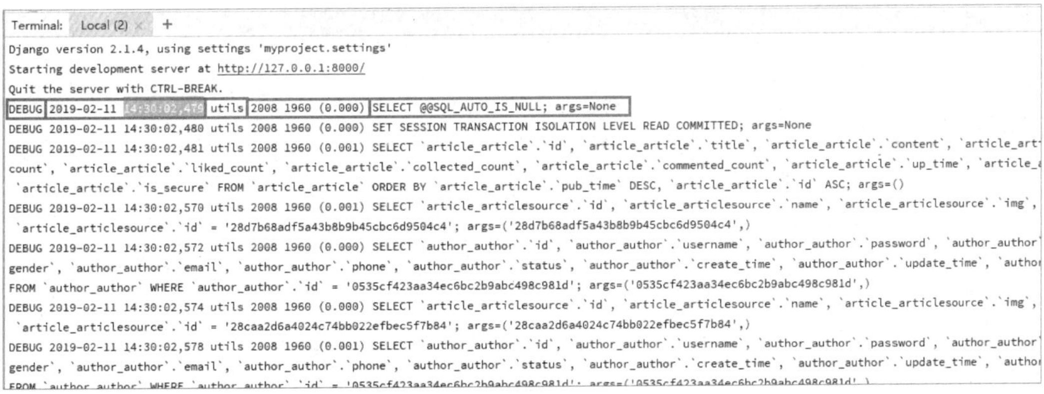

```
Terminal:  Local (2)  +
Django version 2.1.4, using settings 'myproject.settings'
Starting development server at http://127.0.0.1:8000/
Quit the server with CTRL-BREAK.
DEBUG 2019-02-11 14:30:02,479 utils 2008 1960 (0.000) SELECT @@SQL_AUTO_IS_NULL; args=None
DEBUG 2019-02-11 14:30:02,480 utils 2008 1960 (0.000) SET SESSION TRANSACTION ISOLATION LEVEL READ COMMITTED; args=None
DEBUG 2019-02-11 14:30:02,481 utils 2008 1960 (0.001) SELECT `article_article`.`id`, `article_article`.`title`, `article_article`.`content`, `article_art
count`, `article_article`.`liked_count`, `article_article`.`collected_count`, `article_article`.`commented_count`, `article_article`.`up_time`, `article_
 `article_article`.`is_secure` FROM `article_article` ORDER BY `article_article`.`pub_time` DESC, `article_article`.`id` ASC; args=()
DEBUG 2019-02-11 14:30:02,570 utils 2008 1960 (0.001) SELECT `article_articlesource`.`id`, `article_articlesource`.`name`, `article_articlesource`.`img`,
 `article_articlesource`.`id` = '28d7b68adf5a43b8b9b45cbc6d9504c4'; args=('28d7b68adf5a43b8b9b45cbc6d9504c4',)
DEBUG 2019-02-11 14:30:02,572 utils 2008 1960 (0.000) SELECT `author_author`.`id`, `author_author`.`username`, `author_author`.`password`, `author_author`
gender`, `author_author`.`email`, `author_author`.`phone`, `author_author`.`status`, `author_author`.`create_time`, `author_author`.`update_time`, `autho
FROM `author_author` WHERE `author_author`.`id` = '0535cf423aa34ec6bc2b9abc498c981d'; args=('0535cf423aa34ec6bc2b9abc498c981d',)
DEBUG 2019-02-11 14:30:02,574 utils 2008 1960 (0.000) SELECT `article_articlesource`.`id`, `article_articlesource`.`name`, `article_articlesource`.`img`,
 `article_articlesource`.`id` = '28caa2d6a4024c74bb022efbec5f7b84'; args=('28caa2d6a4024c74bb022efbec5f7b84',)
DEBUG 2019-02-11 14:30:02,578 utils 2008 1960 (0.001) SELECT `author_author`.`id`, `author_author`.`username`, `author_author`.`password`, `author_author`
gender`, `author_author`.`email`, `author_author`.`phone`, `author_author`.`status`, `author_author`.`create_time`, `author_author`.`update_time`, `autho
FROM `author_author` WHERE `author_author`.`id` = '0535cf423aa34ec6bc2b9abc498c981d'; args=('0535cf423aa34ec6bc2b9abc498c981d',)
```

图 7.2　记录到控制台的日志输出格式

7.3.4 记录到文件的日志配置规则

记录到控制台的日志比较适合用来在开发环境中对问题进行跟踪处理，在生产环境中更多的是将日志按照指定规则记录到文件中进行处理。与记录到控制台唯一不同的是，记录到文件需要修改日志处理程序为文件记录处理程序。修改项目配置文件 myproject/settings.py，配置如下：

```
# 将日志记录到文件中的操作
LOGGING = {
    # 日志记录配置版本信息
    'version': 1,
    # 启用已有的日志配置信息
    'disable_existing_loggers': False,
    # 配置日志格式化对象，定义消息格式
    'formatters': {
        'verbose': {
            'format': '{levelname} {asctime} {module} {process:d} {thread:d} {message}',
```

```
            'style': '{',
        },
        'simple': {
            'format': '{levelname} {message}',
            'style': '{',
        },
    },
    # 配置日志操作对象
    'handlers': {
        # 配置文件存储信息
        'file': {
            # 配置日志记录级别
            'level': 'DEBUG',
            # 配置日志处理程序
            'class': 'logging.handlers.RotatingFileHandler',
            # 配置每个日志文件最大为 10MB
            'maxBytes': 1024 * 1024 * 1024 * 10,
            # 配置最多备份多少条日志记录
            'backupCount': 10,
            # 配置日志文件名称和路径
            'filename': '/path/to/django/debug.log',
        },
    },
    # 配置日志记录器对象
    'loggers': {
        # 声明使用记录器
        'django': {
            'handlers': ['file'],
            'level': 'DEBUG',
            'propagate': True,
        },
    },
}
```

记录到文件的存储方式有很多种，可以是本地文件，也可以是指定网络协议的地址。在日志处理过程中，可以将所有日志都记录到一个文件中，也可以按照时间间隔拆分文件记录日志，还可以按照文件大小拆分文件记录日志。如果有个性化需求，则可以自定义日志记录方式。Django 框架中提供的文件记录日志的操作方式如表 7.1 所示。

表 7.1　Django 框架中提供的文件记录日志的操作方式

类型	描述
logging.FileHandler	普通日志，将日志记录到一个文件中
logging.handlers.RotatingFileHandler	按照文件大小拆分文件记录日志
logging.handlers.TimedRotatingFileHandler	按照时间间隔拆分文件记录日志
logging.handlers.WatchedFileHandler	按照日志文件是否被查看占用拆分文件记录日志
logging.handlers.SockerHandler	将日志数据添加到 Socket 管道中进行传输记录

续表

类型	描述
logging.handlers.DatagramHandler	通过 UDP 对日志数据进行传输记录
logging.handlers.SMTPHandler	通过 SMTP 对日志数据进行邮件记录
logging.handlers.HTTPHandler	通过 GET/POST 方式对日志数据进行网络记录

表中，logging.handlers.RotatingFileHandler 和 logging.handlers.TimedRotatingFileHandler 常使用在流量较大的网站上；其他的可以根据实际情况选择使用。

7.3.5 Django 中的日志模块 API

Django 框架中内建了很多与日志相关的功能模块，专门用于处理各种场景下的日志数据，可以满足大部分项目需求。

1. 记录器对象 logger 配置

Django 内建的记录器对象，分别用于处理不同作用域中的各种日志。

- django：Django 框架中用于抓取所有日志的顶层记录器对象。如果声明使用该日志记录器对象进行日志处理，则会处理所有的或者传送给该记录器对象的 Django 日志信息。
- django.request：处理与请求相关的日志信息。需要注意的是，发送给这个记录器对象的消息区分上下文响应状态码和请求对象。比较特殊的是，5xx 状态码记录 ERROR 级别的日志信息，4xx 状态码记录 WARNING 级别的日志信息。
- django.server：专门用于记录与开发服务器 runserver 接口请求相关的处理消息。比较特殊的是，5xx 状态码记录 ERROR 级别的日志信息，4xx 状态码记录 WARNING 级别的日志信息，其他相关日志信息被记录为 INFO 级别。
- django.template：专门用于记录与模板相关的日志信息。如果上下文变量出现作用域问题，比如变量丢失等，则会记录 DEBUG 级别的日志信息；如果要查询网页视图中模板语法操作的变量，则可以调整日志级别为 DEBUG 进行调取跟踪。
- django.db.backends：专门用于记录与数据库交互相关的日志信息。每个程序模块发起的 SQL 语句都会被记录为 DEBUG 级别的日志信息，其主要包含三部分内容，分别是耗费时间、SQL 执行语句以及语句使用的参数数据。需要注意的是，必须设置配置文件的调试模式 settings.DEBUG=True，才能启用该记录器对象的日志信息，但是不包含框架初始化日志信息和事务管理查询信息。
- django.security.*：安全认证日志记录器对象，用于记录与 SuspiciousOperation 以及其他安全相关的错误信息。每个错误子类型都会包含一个子记录器对象，日志级别取决于出现异常或者错误的位置，一般的异常或者错误信息都会被直接记录为 WARNING 级别的日志，如果错误信息到达 WSGI 处理程序进行处理，则会被定义为 ERROR 级别的日志。比如客户端向服务器发起了一个 HTTP 请求，但是没有和项目配置文件 settings.py 中的 ALLOWED_HOST 匹配成功，服务器就会返回一个 400 状态码，该错误码默认会被记录到 django.security.DisallowedHost 记录器中。通常这些错误日志记录器都会传递给 django 记录器对象进行处理。如果同时设置了 DEBUG=False，那么就会自动将错误信息通过邮件发送给管理员。

2. handlers 处理程序

除了上述日志模块提供的日志处理程序，Django 框架也内建了一些原生的日志处理功能，提供了基本的日志数据处理方式。比如 django.utils.log.AdminEmailHandler 类型的实例可以将重要信息发送到管理员的邮箱中，通过在项目配置文件 settings.py 中指定 handlers 配置选项来添加一个错误日志邮件处理程序。代码如下：

```
'handlers': {
    'mail_admins': {
        'level': 'ERROR',
        'class': 'django.utils.log.AdminEmailHandler',
        'include_html': True,
    }
},
```

在配置文件中指定了 handlers 配置选项，在项目的日志记录器中日志处理配置就生效了。项目中出现的错误信息，Django 框架会自动调用 AdminEmailHanlder 处理器来完成其发送。

7.3.6 Django 中的默认日志配置

在不进行任何编码和配置的情况下，Django 框架中的默认日志配置就会生效。通常 Django 框架中的错误日志输出与 DEBUG 配置选项有关，如果设置 DEUBG=True，则表示将所有的日志信息都传送到 django 记录器对象中，并输出 INFO 级别或者高于 INFO 级别的日志信息。

如果设置 DEBUG=False，则表示由 django 记录器对象将 ERROR 或者 CRITICAL 级别的日志信息传送到 AdminEmailHandler 邮件处理程序中进行处理，并将该级别的日志信息发送到管理员的邮箱中。

7.4 项目实战——日志记录

日志是项目中最重要的功能组件之一，它对于应用软件的开发调试和运行维护都非常重要，所以在开发过程中需要将多种日志处理方式合理地添加到整个业务流程中，并且配置将日志信息输出到控制台以方便业务功能测试，将日志信息输出到文件中以方便项目上线。在案例项目中，修改项目配置文件 settings.py，添加如下日志配置代码：

```
# 将日志记录到文件中的操作
LOGGING = {
```

```
    # 日志记录配置版本信息
    'version': 1,
    # 启用已有的日志配置信息
    'disable_existing_loggers': False,
    # 配置日志格式化对象，定义消息格式
    'formatters': {
        # 定义标准消息格式
        'standard': {
            'format': '{levelname} {asctime} {module} {process:d} {thread:d} {message}',
            'style': '{',
        },
        # 定义简单的消息格式，用于控制台操作
        'simple': {
            'format': '{levelname} {message}',
            'style': '{',
        },
    },
    # 配置过滤器对象
    'filters': {
        'require_debug_true': {
            '()': 'django.utils.log.RequireDebugTrue',
        },
    },
    # 配置定义处理程序
    'handlers': {
        # 配置控制台日志处理程序
        'console': {
            # 记录 INFO 及以上级别的日志
            'level': 'INFO',
            'filters': ['require_debug_true'],
            'class': 'logging.StreamHandler',
            # 使用建议的日志消息格式
            'formatter': 'simple'
        },
        # 配置文件日志处理程序
        'file': {
            # 记录 DEBUG 及以上级别的日志
            'level': 'DEBUG',
            # 使用标准消息格式进行记录
            'formatter': 'standard',
            'class': 'logging.handlers.RotatingFileHandler',
            'filename': os.path.join(BASE_DIR, 'log/blog.log'),
            # 备份文件数量
            'backupCount': 10,
            # 设置单个日志文件大小的上限
            'maxBytes': 1024 * 1024 * 1024 * 10,
        },
        # 配置邮件处理程序
        'mail_admins': {
            # 记录 ERROR 及以上级别的日志
```

```
            'level': 'ERROR',
            'class': 'django.utils.log.AdminEmailHandler'
        }
    },
    # 配置日志记录器对象
    'loggers': {
        'django': {
            'handlers': ['console', 'file'],
            'propagate': True,
            'level': 'DEBUG'
        },
        'django.request': {
            'handlers': ['mail_admins', 'file'],
            'level': 'ERROR',
            'propagate': False,
        },
        'myproject.custom': {
            'handlers': ['console', 'mail_admins', 'file'],
            'level': 'INFO',
        }
    }
}
```

结合上述配置选项，程序中的代码根据业务流程进行日志的详细记录，如案例项目中与用户模块相关的注册功能，在视图处理函数中就会增加如下日志记录代码：

```
import logging
# 创建日志记录器对象，使用myproject.custom名称（在配置文件中指定的处理器名称）
logger = logging.getLogger('myproject.custom')

@require_http_methods(['GET', 'POST'])
def author_register(request):
    '''作者注册'''
    # 判断请求方式
    if request.method == "GET":
        logger.debug("用户访问注册页面...")
        author_register_form = AuthorRegisterForm(auto_id='reg_%s')
        logger.debug("正确响应注册页面给用户渲染展示")
        return render(request, 'author/register.html', {'author_register_form':
author_register_form})
    elif request.method == "POST":
        # 获取前端页面中传递的数据
        logger.info("用户开启注册流程，提交数据到服务器")
        author_register_form = AuthorRegisterForm(request.POST)
        logger.debug(author_register_form)
        logger.debug("数据有效性验证...")
        if author_register_form.is_valid():
            logger.info("数据有效性验证通过，存储用户数据...")
            author_register_form.save()
```

```
            # 创建并保存用户扩展资料对象
            logger.debug("创建并存储用户扩展资料")
            authorprofile = AuthorProfile(author=author_register_form.instance)
            authorprofile.save()
        else:
            logger.info("数据有效性验证失败...",author_register_form.errors)
            return render(request, 'author/register.html',
                          {'author_register_form': author_register_form})
        # 返回登录页面
        logger.debug("注册成功，返回登录页面")
        return render(request,'author/login.html', {'msg_code': 0, 'msg_info': '
账号注册成功'})
```

运行项目并进行访问，分析控制台输出的日志信息，可以跟踪业务的详细执行过程。日志信息如下：

```
Django version 2.1.7, using settings 'myproject.settings'
Starting development server at http://127.0.0.1:8000/
Quit the server with CTRL-BREAK.
INFO "GET /author/register/ HTTP/1.1" 200 4939
INFO 用户开启注册流程，提交数据到服务器
INFO 数据有效性验证失败...
INFO "POST /author/register/ HTTP/1.1" 200 5055
```

记录到文件中的日志信息更加细致，在处理过程中可以根据实际流程跟踪问题。日志信息如下：

```
# myproject/log/blog.log 日志信息
DEBUG 2019-03-21 21:20:24,270 utils 8988 2964 (0.013) SELECT @@SQL_AUTO_IS_NULL;
args=None
DEBUG 2019-03-21 21:20:24,342 utils 8988 2964 (0.002) SET SESSION TRANSACTION
ISOLATION LEVEL READ COMMITTED; args=None
DEBUG 2019-03-21 21:20:24,497 utils 8988 2964 (0.155) SHOW FULL TABLES; args=None
DEBUG 2019-03-21 21:20:24,559 utils 8988 2964 (0.045) SELECT `django_migrations`.
`app`, `django_migrations`.`name` FROM `django_migrations`; args=()
DEBUG 2019-03-21 21:40:14,591 utils 11964 5656 (0.000) SELECT @@SQL_AUTO_IS_NULL;
args=None
DEBUG 2019-03-21 21:40:14,592 utils 11964 5656 (0.000) SET SESSION TRANSACTION
ISOLATION LEVEL READ COMMITTED; args=None
DEBUG 2019-03-21 21:40:14,606 utils 11964 5656 (0.013) SHOW FULL TABLES; args=None
DEBUG 2019-03-21 21:40:14,613 utils 11964 5656 (0.001) SELECT `django_migrations`.
`app`, `django_migrations`.`name` FROM `django_migrations`; args=()
INFO 2019-03-21 21:40:45,288 basehttp 11964 6080 "GET /author/register/ HTTP/1.1"
200 4939
INFO 2019-03-21 21:40:55,392 views 11964 6080 用户开启注册流程，提交数据到服务器
DEBUG 2019-03-21 21:40:55,402 utils 11964 6080 (0.001) SELECT @@SQL_AUTO_IS_NULL;
args=None
DEBUG 2019-03-21 21:40:55,402 utils 11964 6080 (0.000) SET SESSION TRANSACTION
```

```
ISOLATION LEVEL READ COMMITTED; args=None
    DEBUG 2019-03-21 21:40:55,403 utils 11964 6080 (0.000) SELECT (1) AS `a` FROM
`author_author` WHERE `author_author`.`username` = 'laoliu'  LIMIT 1; args=('laoliu',)
    DEBUG 2019-03-21 21:40:55,404 utils 11964 6080 (0.001) SELECT (1) AS `a` FROM
`author_author` WHERE `author_author`.`nickname` = 'laoliu'  LIMIT 1; args=('laoliu',)
    INFO 2019-03-21 21:40:55,404 views 11964 6080 数据有效性验证失败...
    INFO 2019-03-21 21:40:55,434 basehttp 11964 6080 "POST /author/register/ HTTP/1.1"
200 5055
```

7.5 本章小结

本章主要对项目中的各种日志操作进行了解析，详细介绍了记录日志的原因、记录日志的不同操作方式，以及每种操作方式的适用场景，尤其需要注意配置日志使用的是较为简单、风格统一且语法固定的格式。

本章的核心内容是日志在业务程序中的应用，需要根据实际项目中的业务流程来定义DEBUG、INFO 及其他级别日志的使用频率。日志操作对于提高开发效率的作用可能并不明显，是最容易被初学者遗漏的部分，在学习和开发过程中需要慎重，并养成从日志中查找问题和解决问题的习惯。

第 8 章　Django 2.x 扩展功能

一个完整的 Web 应用软件，除基本功能之外，还存在大量的辅助功能，用于提升用户的使用体验。本章将对 Django 2.x 框架中的扩展功能进行详细讲解，核心内容涵盖应用软件前后端异步交互技术 Ajax、邮件交互处理、数据的分页查询获取、站点地图的构建，以及应用软件中最重要的身份认证和权限管理，我们将会从需求剖析、流程分析、场景模拟以及实战应用等方面进行分步骤讲解和实践操作。

通过本章的学习，你将掌握以下内容：

- Ajax 异步数据交互的几种方式和适用场景。
- Django 框架中的邮件功能和几种操作方式。
- 项目数据查询时的分页功能及优化。
- 站点地图的自动化构建。
- Django 框架的身份认证和权限管理。

8.1　Ajax 异步数据交互

在 Web 应用软件开发过程中，我们会遇到一种较为特殊的处理功能，如文章评论或者信息留言板等，用户编写信息后的功能流程是，将该信息提交给后端服务进行持久化，然后刷新当前页面渲染新增的数据。以发表文章评论为例，流程如图 8.1 所示。

在常规情况下，上述业务流程是没有问题的，但是当涉及用户体验的提升和处理性能优化的操作时，该流程就会有较大的优化空间，主要体现在如下三点。

- 第①步和第⑥步，得到的是同一个网页视图，但是所有数据响应了两次。
- 第①步提交的数据，有效内容只是文章评论，但是导致了整个网页的刷新。
- 第⑥步的响应内容，还是第①步访问的网页，但是需要等待评论数据持久化和查询完成后才能正常响应，处理周期出现延迟。

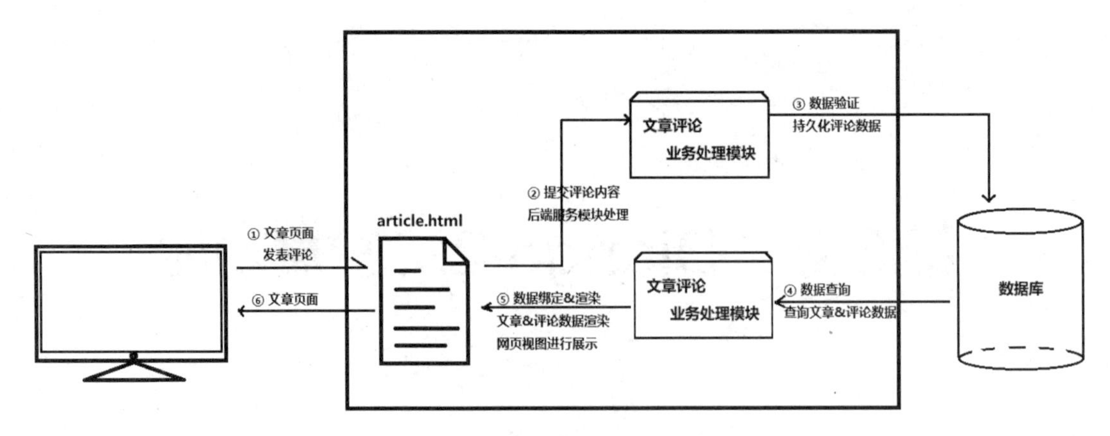

图 8.1 发表文章评论的流程图

针对上述问题，最简单的处理依据和解决思路总结如下。

- 处理依据：在功能流程中，处理前后的网页视图文件保持不变，网页中部分内容发生变化。
- 解决思路：网页整体不刷新，当用户完成了评论的编写，点击“提交”按钮时，异步提交数据到服务器进行处理，并异步获取服务器的响应数据，将响应数据通过网页中的JavaScript 动态加载到网页视图上。

如果实现如上两点，我们就会在不刷新网页的情况下，完成网页视图中局部内容的更新操作，处理过程如图 8.2 所示。

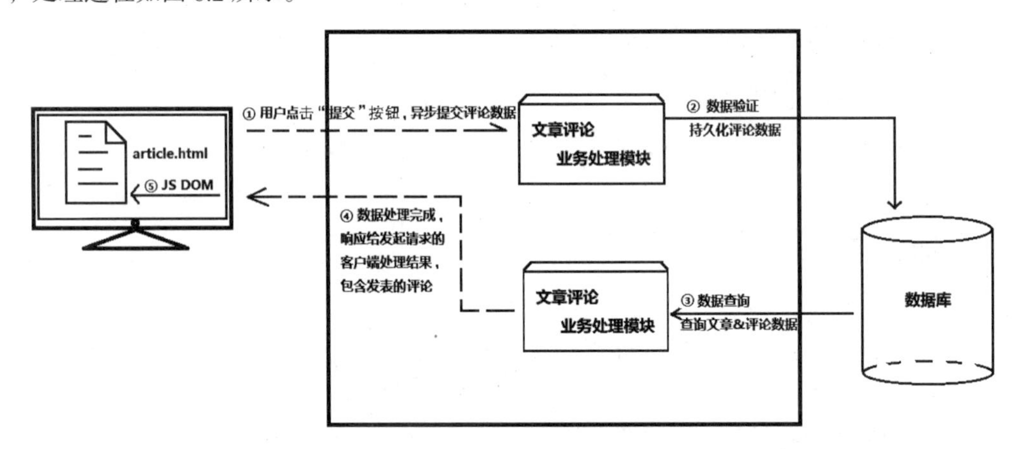

图 8.2 异步请求提交文章评论的处理过程

与图 8.1 所示的流程进行对比，就会发现在异步请求的处理流程中，网页视图和网页中的静态内容如样式、JavaScript 脚本、图片等，不需要再次向服务器发起请求进行刷新，浏览器和服务器之间的唯一交互就是提交的评论数据，这使得网络流量、处理性能以及用户体验等都有了很大的提升。

上述解决方案中的局部内容处理，就是在传统 Web 项目中所说的局部刷新技术，也称为异步数据处理技术，专业术语为 Ajax（Asynchronous JavaScript and XML，异步 JavaScript 和 XML）

技术——它是一种以 JavaScript 为核心操作，以 XML 为数据交互手段的组合技术。本节将对 Ajax 进行详细介绍和使用。

8.1.1 Ajax 的底层 JavaScript 实现

Ajax 并不是一种新的技术，其核心是使用 JavaScript 中的异步交互对象 XMLHttpRequest 完成数据异步处理的操作。Ajax 异步交互流程如图 8.3 所示。

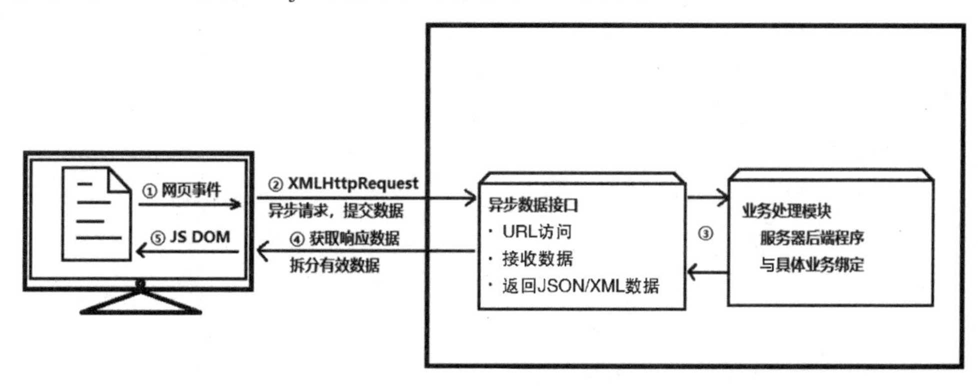

图 8.3 Ajax 异步交互流程图

本节介绍在案例项目中使用 JavaScript 技术完成异步数据交互，并通过对底层代码的操作，学习 Ajax 的处理流程，为后面的封装做好准备工作。

执行如下命令，创建项目 ajax_demo：

```
django-admin startproject ajax_demo
```

执行如下命令，创建子项目 ajax_js，使用原生 JavaScript 实现 Ajax 的应用子项目：

```
django-admin startapp ajax_js
```

在该应用子项目中，我们在视图处理模块中定义一个数据 API，返回一个最简单的字符串数据。编辑数据模型模块 ajax_js/models.py，代码如下：

```
# 引入 Django 渲染响应的依赖模块
from django.shortcuts import render
from django.http import JsonResponse
# 定义视图处理函数
def index(request):
    """首页视图处理函数，渲染返回 index.html 页面"""
    return render(request, 'ajax_js/index.html', {})
def get_data(request):
    """数据访问接口，返回 JSON 数据：字符串"""
    return JsonResponse("hello ajax", safe=False)
```

配置对应的映射关系，在路由模块 ajax_js/urls.py 中会涉及两部分功能的路由配置，分别是网页视图路由和数据接口路由，请读者在配置时注意位置区分。代码如下：

```
from django.urls import path                    # 引入路由配置模块 path
```

```
from . import views                        # 引入子项目中的视图模块
app_name = "ajax_js"                       # 当前路由模块命名
urlpatterns = [                            # 路由映射配置
    # 网页视图路由配置
    path("index/", views.index, name="index"),
    # 数据接口路由配置
    path("get_data/", views.get_data, name="get_data"),
]
```

接下来是最重要的一步，在前端网页视图中加载数据，并通过 JavaScript 完成请求的异步发送和数据处理。具体代码如下：

```
<!DOCTYPE html>
<html lang="en">
<head>
    <meta charset="UTF-8">
    <title>JavaScript 实现基本 Ajax 操作</title>
</head>
<body>
<h2>JavaScript 实现基本 Ajax 操作</h2>
<p>当前系统时间：<span id="current_time"></span></p>
<hr>
<button id="get_data_btn" style="height:40px;">点击按钮，异步访问服务器接口，获取数
据</button>
<div>
    <p>服务器返回的数据：<span id="info">请求待发起</span></p>
</div>
<script>
    // 获取当前系统时间
    function get_current_time(){
        var _current_time = new Date();
        return _current_time.getFullYear() + "年" + _current_time.getMonth() + "月" +
_current_time.getDate() + "日"
            + " " + _current_time.getHours() + ":" + _current_time.getMinutes() + ":" +
_current_time.getSeconds();
    }
    current_time.innerText = get_current_time();
    // 异步消息处理：发生鼠标点击按钮事件
    get_data_btn.onclick = function() {
        // 1. 创建异步交互对象
        var _http;
        if(window.XMLHttpRequest){
            _http = new XMLHttpRequest();
        } else {
            _http = new ActiveXObject("Microsoft.XMLHTTP");
        }
        // 2. 定义处理响应内容的事件函数
        _http.onreadystatechange = function() {
            // 判断服务器正确响应
            if (_http.readyState === 4 && _http.status === 200) {
```

```
                // 获取服务器返回的数据
                var _response_data = _http.responseText;
                // 将数据添加到页面中
                info.innerHTML = _response_data;
            }
        };
        // 3. 发送 Ajax GET 请求
        _http.open("get", "{% url 'ajax_js:get_data' %}", true);
        _http.send();
    }
</script>
</body>
</html>
```

上述 JavaScript 代码，实现了为按钮 get_data_btn 绑定鼠标点击事件，当点击按钮的操作发生时，就会通过 XMLHttpReqeust 对象向服务器发送异步请求，从服务器获取数据，当服务器正常返回数据时，触发 onreadystatechange 事件，在事件绑定函数中通过 JavaScript DOM 操作将数据渲染到 info 标签中。

鼠标点击事件的操作，通过原生 JavaScript 标签的绑定方式进行处理，代码如下：

```
// 给 id 为 get_data_btn 的按钮添加一个鼠标点击事件
get_data_btn.onclick = function() {
    // do something
}
```

一旦发生鼠标点击事件，就需要向服务器请求数据，通过打开指定 URL 地址服务器的连接，发起真实请求。代码如下：

```
// 打开指定 URL 地址服务器的连接，指定连接方式为 GET
_http.open("get", "{% url 'ajax_js:get_data' %}", true);
// 向服务器发送 GET 请求
_http.send();
```

异步请求发送的过程，包含了不同的处理步骤，分别如下。

- readyState:0：请求正在初始化。
- readyState:1：建立与服务器之间的连接。
- readyState:2：服务器已经接收到客户端请求。
- readyState:3：服务器正在处理请求。
- readyState:4：请求处理完成。

作为客户端浏览器，当异步请求发送之后，只需要关注服务器是否正常处理完成并返回响应数据，即上述最后一个步骤即可。操作响应数据的代码如下：

```
// 处理服务器响应的数据：通过 onreadystatechange 事件函数操作
_http.onreadystatechange = function() {
    // 判断服务器正确响应
```

```
    if (_http.readyState === 4 && _http.status === 200) {
        // 获取服务器返回的数据
        var _response_data = _http.responseText;
        // 将数据添加到页面中
        // JavaScript DOM Operation;
    }
};
```

通过上述几个环节的处理，使用 JavaScript 就可以完成数据的异步获取和加载，在提升用户体验的同时，不会再刷新整个页面数据，避免了网络带宽的浪费。

在操作过程中应注意，当网页刷新时页面中出现当前的时间值，在点击按钮后时间值没有发生任何变化，这说明该内容并没有刷新，但是按钮下方的数据出现了局部更新，效果如图 8.4 所示。

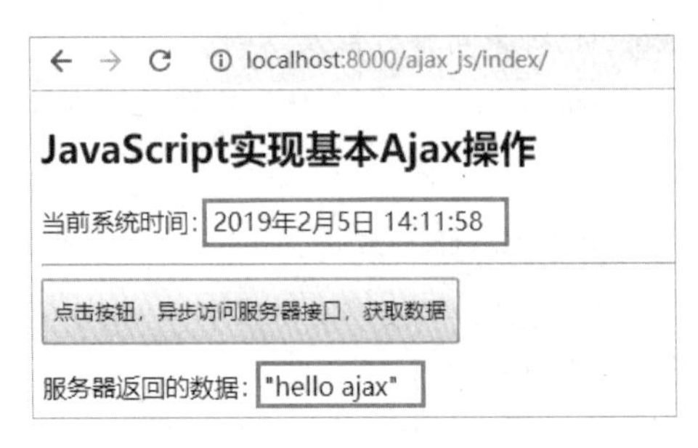

图 8.4 Ajax 异步刷新数据的效果

使用 JavaScript 完全可以实现异步数据交互，并且它是目前 Web 应用软件大部分异步交互的核心操作，但是在企业项目开发过程中，我们很少使用原生 JavaScript 进行操作，因为原生 JavaScript 存在大量的浏览器兼容性问题，同时代码操作较为烦琐。在开发时，我们一般会使用第三方 JavaScript 库或者框架来实现，如 jQuery 库、Angular.js 框架、Vue.js 框架等。

8.1.2 Ajax jQuery 实现

jQuery 是一个非常流行的前端 JavaScript 函数库，编写本书时，其最新稳定版本是 3.3.1。在开发过程中，我们主要使用它的三个版本。

- jQuery 1.8+：考虑不同浏览器以及古老浏览器的兼容性问题，这是使用最多的版本。
- jQuery 2.x.x：不考虑兼容古老浏览器，目前它几乎支持所有主流的浏览器。
- jQuery 3.x.x：最新版本，鉴于未知问题的存在，在企业项目开发中不推荐使用。

jQuery 的三个不同版本，其使用方式和语法操作基本一致，唯一的区别就在兼容性问题和一些新特性的处理细节上，对于常规项目开发没有影响。在本章的项目中，我们就以 jQuery 2 为例进行讲解。

在 jQuery 中对 Ajax 的封装实现较好，默认提供了如下异步请求处理函数。

- $.get()：发送异步 GET 方式的请求到服务器。
- $.post()：发送异步 POST 方式的请求到服务器。
- $.getJSON()：按照指定方式发送请求到服务器，请求获取 JSON 格式的数据。
- $.getScript()：按照指定方式发送请求到服务器，请求脚本文件数据。
- $.ajax()：Ajax 底层实现函数，也是项目中经常使用的函数。

创建基于 jQuery 实现 Ajax 的应用子项目 ajax_jquery，执行如下命令：

```
django-admin startapp ajax_jquery
```

关于视图处理模块，请参考 8.1.1 节中的操作，返回简单的字符串数据即可。我们需要重构的是网页视图中的 Ajax 异步请求代码，编辑 ajax_jquery/templates/ajax_jquery/index.html 文件，代码如下：

```
<!DOCTYPE html>
<html lang="en">
<head>
    <!-- 加载 static 模板标签-->
    {% load static %}
    <meta charset="UTF-8">
    <title>jQuery 实现基本 Ajax 操作</title>
</head>
<body>
<h2>JQuery 实现基本 Ajax 操作</h2>
<p>当前系统时间：<span id="current_time"></span></p>
<hr>
<button id="get_data_btn" style="height:40px;">点击按钮，异步访问服务器接口，获取数据</button>
<div>
    <p>服务器返回的数据：<span id="info">请求待发起</span></p>
</div>

<script src="{% static 'ajax_jquery/js/libs/jquery/jquery-2.2.4.min.js' %}"></script>
<script>
    $(function() {
        // 获取当前系统时间
        function get_current_time(){
            var _current_time = new Date();
            return _current_time.getFullYear() + "年" + _current_time.getMonth() + "月" +
_current_time.getDate() + "日"
                + " " + _current_time.getHours() + ":" + _current_time.getMinutes() + ":" +
_current_time.getSeconds();
        }
        $("#current_time").text(get_current_time());
        // 绑定鼠标点击按钮事件
        $("#get_data_btn").click(function() {
            // 发送异步请求
```

```
            $.ajax({
                url: "{% url 'ajax_jquery:get_data' %}",
                type: "get",
                success: function(data) {
                    // 服务器返回的数据
                    console.log(data);
                    // 将数据添加到网页视图中
                    $("#info").text(data);
                }
            })
        })
    });
</script>
</body>
</html>
```

与原生 JavaScript 的实现不同，在 jQuery 中如果需要异步请求获取数据，则可以直接通过指定函数如$.ajax 进行异步请求的定义和发送，具体的请求过程和响应过程已经封装在 jQuery 的底层代码实现中，不论是代码操作还是编码流程都得到了极大的简化，效果如图 8.5 所示。

图 8.5　使用 jQuery 实现 Ajax 异步数据交互效果

Ajax 异步数据交互是项目开发实现前后端分离的基础，网页前端有了 Ajax 的支持，前端开发技术不再依赖后端开发环境，是降低开发成本的一种操作模式，jQuery 实现的 Ajax 就是这些基础环节的搭建者。

8.1.3　文章评论异步交互

结合案例项目，为文章模块添加评论功能，我们通过一个独立的案例来说明在该功能中异步数据交互的操作模式。执行如下命令，创建文章评论子项目：

```
django-admin startapp ajax_comment
```

为子项目添加数据模型的定义，主要包括文章数据模型和评论数据模型，它们之间保持一对多的关联关系。修改数据模型模块 ajax_comment/models.py，代码如下：

```
from django.db import models
from django.urls import reverse
from uuid import uuid4
class Article(models.Model):
```

```
    """
    文章类型
    """
    id = models.UUIDField(verbose_name="文章编号", primary_key=True, default=uuid4)
    title = models.CharField(verbose_name="文章标题", max_length=50)
    content = models.TextField(verbose_name="文章内容")
    publish_time = models.DateTimeField(verbose_name="发布时间", auto_now_add=True)
    update_time = models.DateTimeField(verbose_name="修改时间", auto_now=True)
    def get_absolute_url(self):
        return reverse("ajax_comment:article_detail", kwargs={'article_id': self.id})
class Comment(models.Model):
    """
    文章评论
    """
    id = models.UUIDField(verbose_name="评论编号", primary_key=True, default=uuid4)
    content = models.TextField(verbose_name="评论内容")
    publish_time = models.DateTimeField(verbose_name="发布时间", auto_now_add=True)
    parent = models.ForeignKey(verbose_name="上级评论",
                    to="self", on_delete=models.CASCADE, blank=True, null=True)
    article = models.ForeignKey(verbose_name="评论文章",
                    to=Article, on_delete=models.CASCADE)
```

编辑视图处理模块，添加与文章相关的基本操作功能如下：

- 在首页可以查看所有文章，点击查看详情的链接可以查看文章详情。
- 发表文章。
- 查看文章详情。

编辑视图处理模块 ajax_comment/views.py，添加与文章相关的视图处理函数如下：

```
from django.shortcuts import render, redirect, get_object_or_404
from .models import Article, Comment
from .forms import ArticleForm
def index(request):
    # 加载所有文章
    articles = Article.objects.all()
    return render(request, 'ajax_comment/index.html', {'articles': articles})
def article_publish(request):
    if request.method == "GET":
        return render(request, 'ajax_comment/article_publish.html', {})
    elif request.method == "POST":
        # 获取发布文章的数据
        form = ArticleForm(request.POST)
        if form.is_valid():
            # 存储数据
            form.save()
        # 跳转到文章详情路由
        return redirect(form.instance)
def article_detail(request, article_id):
    """
```

```
    查看文章详情
    :param request: 请求
    :param article_id: 文章编号
    :return: 返回文章详情页面
    """
    article = get_object_or_404(Article, pk=article_id)
    return render(request, 'ajax_comment/article_detail.html', {'article': article})
```

此时，项目已经具备了基本功能，下面我们通过几个步骤来完成文章评论数据异步交互功能的开发。

1. 评论视图渲染

编辑文章详情页面，将文章评论的展示内容添加到网页视图中。在 Django 传统项目中，我们主要通过类型之间的关联查询完成数据的加载。编辑 ajax_comment/article_detail.html 文件，添加评论部分代码如下：

```
<hr>
<div id="comment_pub">
    评论内容：<textarea name="comment" id="comment" cols="30" rows="10" placeholder="请输入您的评论内容"></textarea><br />
        <button id="comment_publish_btn">发表评论</button>
</div>
<div id="comment_list">
    {% for comment in article.comment_set.all %}
    <div>
        <p>文章评论----</p>
        <p>评论内容：{{comment.content}}</p>
    </div>
    {% empty%}
    <div>文章暂时没有评论</div>
    {% endfor %}
</div>
```

2. 评论视图处理函数

完善项目后端评论功能，添加发表评论视图处理函数，该视图处理函数我们通过装饰器屏蔽了跨域令牌验证，提高了发表评论的处理效率。编辑视图处理模块 ajax_comment/views.py，代码如下：

```
@csrf_exempt
def comment_publish(request, article_id):
    """
    发表评论处理接口
    :param request:
    :return:
    """
    article = Article.objects.get(pk=article_id)
    # 接收并验证数据是否合法
    form = CommentForm(request.POST)
```

```
        if form.is_valid():
            # 存储数据
            comment = form.save(commit=False)
            comment.article = article
            comment.save()
            # 返回执行结果
            return JsonResponse(model_to_dict(comment), safe=False)
        return JsonResponse({"msg_code": "-1", "msg_info": "评论失败"}, safe=False)
```

将视图处理函数和对应的访问路径进行路由映射，添加路由映射关系。编辑路由模块 ajax_comment/ urls.py，配置路由代码如下：

```
    ......
    path("comment_publish/<uuid:article_id>/", views.comment_publish, name=
"comment_publish"),
    ......
```

3. jQuery 脚本操作

前端网页视图操作已经完成，后端程序逻辑也已经具备，在网页视图中我们通过 jQuery 完成评论数据的异步发送，并使用 jQuery DOM 操作完成服务器返回数据的页面渲染功能。编辑 ajax_comment/templates/article_detail.html 文件，操作异步请求处理，代码如下：

```
<script src="{% static 'ajax_comment/js/libs/jquery/jquery-2.2.4.min.js'%}"></script>
<script>
    $(function() {
        // 按钮点击事件绑定异步请求
        $("#comment_publish_btn").click(function() {
            // 获取发表评论的内容
            var _content = $("#comment").val();
            // 发送异步请求
            $.ajax({
                url: "{% url 'ajax_comment:comment_publish' article.id %}",
                type: "post",
                data: {
                    // 发送参数
                    "content": _content
                },
                success:function(data) {
                    // 请求处理完成，DOM 操作响应数据
                    var $div = $("<div>");

                    var $p1 = $("<p>").text("文章评论 Ajax 加载----");
                    var $p2 = $("<p>").text(data.content);

                    $div.append($p1).append($p2);

                    // 将评论追加到网页中
                    $("#comment_list").prepend($div)
```

```
                },
                error:function(){
                    console.log("发表失败....")
                }
            })
        })
    })
</script>
```

4. 效果测试

运行子项目 ajax_comment，发表几篇文章，在查看具体文章时，可以在文章底部填写并发表评论内容，此时的评论提交不再刷新整个页面，而是只对 jQuery 选中的标签进行处理，效果如图 8.6 所示。

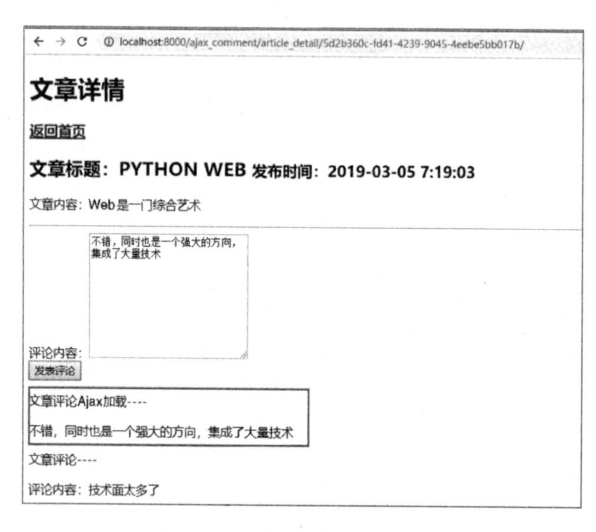

图 8.6　文章评论异步交互效果

这是一种非常简单的操作模式，只需要在前端网页视图中添加 jQuery 的基本异步操作和 DOM 结构的处理，后端提供对应的数据接口，即可完成异步数据交互效果，是项目优化和提升用户体验的重要操作手段。

8.2 Django 邮件操作

在构建动态网站功能的过程中，邮件是必不可少的功能组件，它对于一个网站中业务流程的辅助作用不言而喻。Python 内建模块本身就已经封装了对邮件的处理操作，但是原生 Python 处理方式则需要通过大量的业务编码实现和对应需求的契合。在 Django 框架中针对邮件的操作进行了二次封装，只需要进行基本的配置，就可以实现邮件的基本收发操作，同时也将邮件低级 API 提供给开发人员，让其针对具体业务需求进行处理。

本节主要讲解邮件功能、邮件操作和项目实战中的业务处理，来了解邮件的意义、作用以及在实际操作过程中的步骤和注意事项。

8.2.1　Web 中的邮件功能

邮件作为一个古老的功能组件，和现在的即时通信不同，它主要作为信息传递并整理记录的渠道而存在，通常在不需要立即得到回馈的业务、信息通告业务、知识库管理业务、内容管理业务等功能流程中使用。

在注册账号时，为了分流服务器的请求处理压力，同时保证数据的正确性，很多网站都会要求填写邮箱地址，并且将账号激活链接通过邮件的方式发送给用户，处理流程如图 8.7 所示。

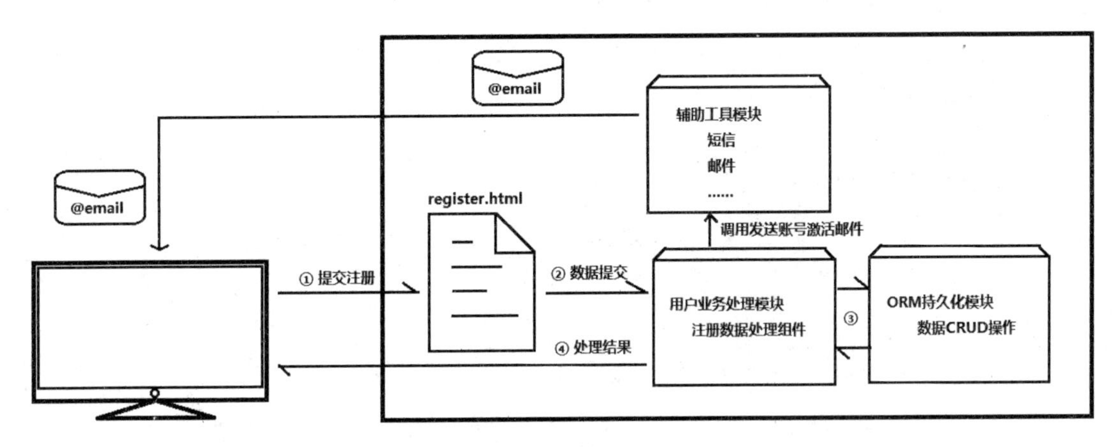

图 8.7　账号激活邮件处理流程

邮件功能的好处在于不需要即时处理，还能收集真实有效的数据，并且在一定程度上能有效延长业务流程，保证服务器在短时间内不会因为该业务的批量增长而导致压力过大，是 Web 应用软件中非常重要的一个功能操作手段。

8.2.2　Django 中的邮件配置

在 Django 中对于邮件的处理方式，主要封装了 Python 底层的 smtplib 邮件操作模块，通过配置文件中的配置选项，为开发人员提供一个功能接口。

对邮件的处理主要通过配置文件 settings.py 中的 EMAIL_HOST、EMAIL_PORT、EMAIL_HOST_USER 和 EMAIL_HOST_PASSWORD 配置选项完成，在实际操作时可以通过 EMAIL_USE_TLS 和 EMAIL_USE_SSL 选项控制是否使用安全连接通道。这些配置选项的含义分别如下。

（1）EMAIL_HOST：邮箱服务器，可以根据实际使用的邮箱服务器进行配置，如最常见的 SMPT 服务器。

（2）EMAIL_PORT：邮箱服务器连接端口，不同的邮箱服务器使用不同的端口。比如，一般 SMTP 服务器使用 25 端口，建立安全连接的 SMTP 服务器使用 465 端口等。

（3）EMAIL_HOST_USER：邮箱登录账号，就是你的邮箱账号。

（4）EMAIL_HOST_PASSWORD：邮箱登录密码，基于安全因素考虑，目前大部分邮箱登录密码设置使用登录授权码即可。

（5）EMAIL_USE_TLS：是否使用安全传输层协议，可以设置为 True/False。

（6）EMAIL_USE_SSL：是否使用安全套接层，可以设置为 True/False。它与 EMAIL_USE_TLS 互斥。

（7）DEFAULT_FROM_EMAIL：邮件发起用户，默认使用 EMAIL_HOST_USER 配置。

现在，我们演示使用 QQ 邮箱来完成邮件的发送，可以使用如下配置信息。编辑项目配置文件 settings.py，代码如下：

```
# QQ email configuration
EMAIL_HOST = "smtp.qq.com"
EMAIL_PORT = 25
EMAIL_HOST_USER = "1007821300@qq.com"
EMAIL_HOST_PASSWORD = "QQ 邮箱登录授权码"
EMAIL_USE_TLS = True
EMAIL_USE_SSL = False
DEFAULT_FROM_EMAIL = EMAIL_HOST_USER
```

使用其他邮箱的配置方式与之大致相同。需要注意的是，应登录邮箱检查是否开启了 SMTP 服务，同时在账号设置中获取授权第三方登录的授权码，如图 8.8 所示。

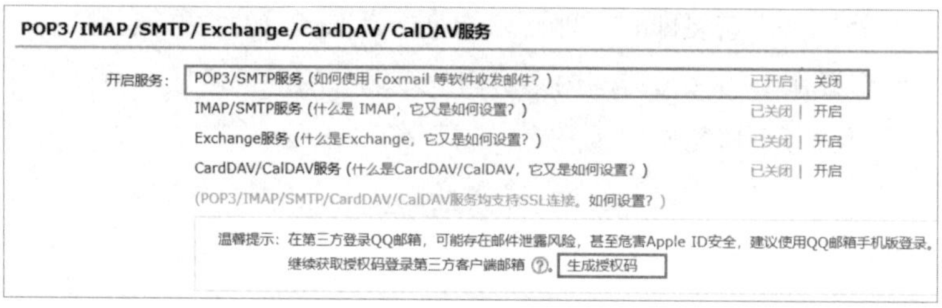

图 8.8　QQ 邮箱登录授权码

8.2.3　邮件的发送

在项目中添加了邮箱的基础配置后，就可以直接调用 Django 框架提供的邮箱操作 API 完成邮件的发送了。其核心模块位于 django.core.mail 程序包中，该模块提供了不同的操作方式以适应不同的处理场景。其核心处理函数如下。

（1）send_mail(*args, **kwargs)：简单邮件发送 API，可以使用基础邮件配置，完成指定单封邮件的发送操作。

（2）send_mass_mail(*args, **kwargs)：多邮件发送 API，可以在打开服务器连接后，一次

发送多封邮件。

（3）mail_admin(*args, **kwrags)：给超级管理员发送邮件的快捷函数，依赖 settings.py 文件中的 ADMINS 配置选项，在该配置选项中可以包含多个邮箱地址，但必须是经过验证的管理员邮箱。

（4）mail_manager(*args, **kwargs)：给普通管理员发送邮件的快捷函数，依赖 settings.py 文件中的 MANAGERS 配置选项，在该配置选项中可以包含多个邮箱地址，但同样必须是经过验证的管理员邮箱。

编辑项目中的视图处理模块 email_demo/email_simple/views.py，添加不同的邮件操作方式，代码如下：

```
from django.shortcuts import render
from django.core.mail import send_mail, send_mass_mail, mail_admins, mail_managers
from django.http import HttpResponse
def email_send_mail(request):
    """
    发送邮件
        使用 send_mail 发送邮件的操作
    :param request:
    :return:
    """
    print("邮件开始发送")
    send_mail(subject="邮件标题：来自大牧的邮件",
              message="邮件内容：鹿踏雾而来，鲸随浪而起，你未转身，怎么知道我已经到来.",
              from_email="1007821300@qq.com",
              recipient_list=["muwenbin@qikux.com", ],
              fail_silently=False)
    print("邮件发送完成...")
    return HttpResponse("send email ok!")
def email_send_mass_mail(request):
    """
    多邮件发送
    :param request:
    :return:
    """
    print("邮件开始发送")
    message1 = ("邮件标题：来自大牧的邮件",
                "邮件内容：传说，林深时见鹿，海蓝时见鲸，梦醒时见你.",
                "1007821300@qq.com",
                ["muwenbin@qikux.com", ])
    message2 = ("邮件标题：来自大牧的邮件",
                "邮件内容：可是，林深时雾起，海蓝时浪涌，梦醒时夜续...",
                "1007821300@qq.com",
                ["muwenbin@qikux.com", ])
    message3 = ("邮件标题：来自大牧的邮件",
                "邮件内容：鹿踏雾而来，鲸随浪而起，你未转身，怎么知道我已经到来.",
                "1007821300@qq.com",
```

```
                ["muwenbin@qikux.com", ])

    # 发送邮件
    send_mass_mail((message1, message2, message3), fail_silently=False)
    print("邮件发送完成...")
    return HttpResponse("send mass email ok!")
def email_mail_admin(request):
    """
    给超级管理员发送邮件
    :param request:
    :return:
    """
    print("管理员邮件发送中...").
    mail_admins("网站通知", "网站正在正常维护中...")
    print("成功通知管理员.")
    return HttpResponse("send mass email ok!")
def email_mail_manager(request):
    """
    给普通管理员发送邮件
    :param request:
    :return:
    """
    print("管理员邮件发送中...")
    mail_managers("网站通知", "网站正在正常维护中...")
    print("成功通知管理员.")
    return HttpResponse("send mass email ok!")
```

设置对应的路由映射关系，编辑路由模块 email_demo/email_simple/urls.py，将视图处理函数绑定到访问 URL 路由，代码如下：

```
from django.urls import path
from . import views
app_name = "email_simple"
urlpatterns = [
    # 发送普通邮件
    path("send_mail/", views.email_send_mail, name="send_mail"),
    # 发送多封邮件
    path("send_mass_mail/", views.email_send_mass_mail, name="send_mass_mail"),
    # 给超级管理员发送邮件
    path("mail_admin/", views.email_mail_admin, name="mail_admin"),
    # 给普通管理员发送邮件
    path("mail_manager/", views.email_mail_manager, name="mail_manager"),
]
```

此处需要注意的是，超级管理员和普通管理员的邮箱，是系统中已经配置内建的邮箱，并且该邮箱需要经过验证操作。比如在项目配置文件 settings.py 中，配置如下：

```
# 超级管理员邮箱列表
ADMINS = ['1007821300@qq.com',]
```

```
    # 普通管理员邮箱列表
    MANAGERS = ['muwenbin@qikux.com']
```

接下来进行测试。启动项目，访问对应的路由地址，在网页视图中显示的访问结果如图 8.9 所示。

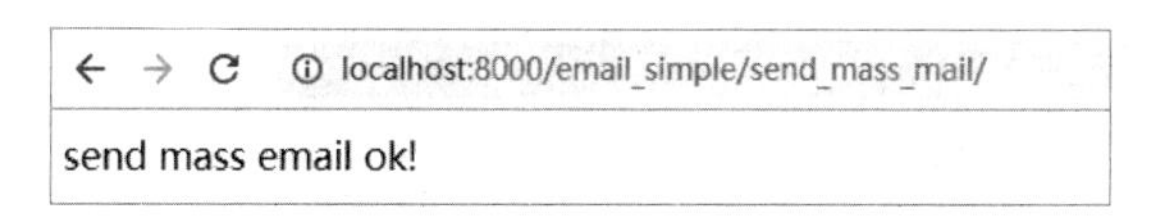

图 8.9　多封邮件发送测试效果

登录接收邮件的邮箱，查看接收到的邮件，如图 8.10 所示。

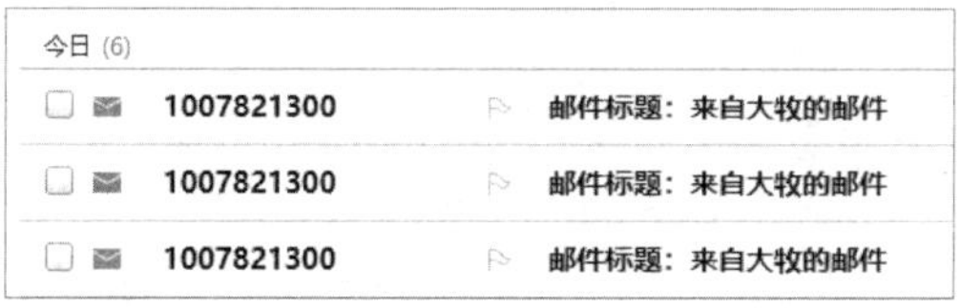

今日 (6)
1007821300　邮件标题：来自大牧的邮件
1007821300　邮件标题：来自大牧的邮件
1007821300　邮件标题：来自大牧的邮件

图 8.10　接收到的邮件列表

8.2.4　预防邮件头注入漏洞

邮件头注入是一个安全漏洞，攻击者可能会在邮件头信息中注入一些额外的元数据，如"from:"或者"to:"，来控制邮件中显示的发件人和收件人信息。比如攻击者给老王发送了一封邮件，但是通过邮件头注入的方式将发件人信息修改成了老王的朋友老李的邮箱地址，就会达到邮件欺诈的目的，如图 8.11 所示。

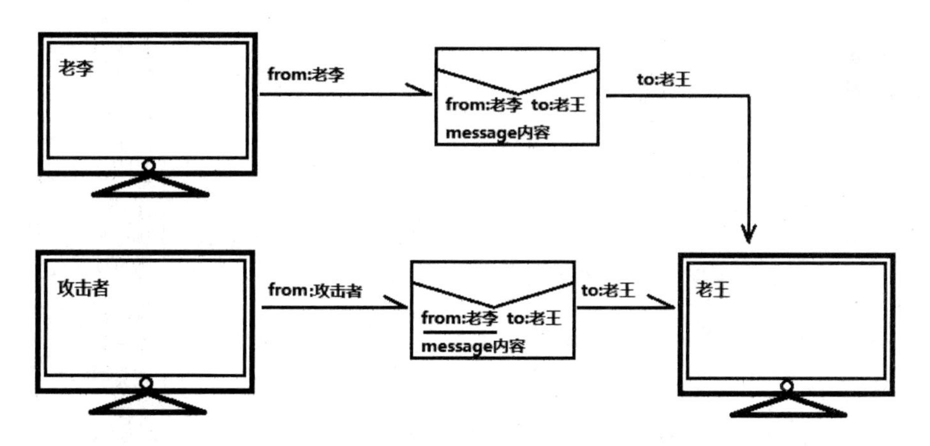

图 8.11　邮件头注入漏洞引发的邮件欺诈

邮件头注入漏洞在邮件的底层操作中是存在的，并且导致邮件欺诈攻击一度十分猖獗，之后大部分编程语言针对该漏洞都进行了底层构建和维护，在一定程度上降低了这种攻击行为的成功率。但是最好的防护手段还是要明确邮件的作用和意义，发送邮件只是一种非即时消息的通知、广播以及记录的行为，如果是重要的事务，还是需要与责任人直接进行沟通为好。

在 Django 框架中，针对该类型的头注入攻击已经做了处理，只要在 subject、from_email 或者 recipient_list 中出现了换行符，就会检测到可能存在头注入攻击，框架底层就会针对该情况直接抛出 BadHeadError 异常，以防范攻击行为。

这里以开发一个从网页发送邮件的功能为例，介绍如何防范邮件头注入攻击行为。编辑视图处理模块 email_simple/views.py，添加代码如下：

```
def email_injection(request):
    """邮件头注入操作"""
    if request.method == "GET":
        return render(request, "index.html", {})
    elif request.method == "POST":
        # 接收邮件数据
        subject = request.POST.get("subject")
        message = request.POST.get("message")
        from_email = request.POST.get("from_email")
        if subject and message and from_email:
            try:
                # 发送邮件
                send_mail(subject, message, from_email, ["1007821300@qq.com"])
            except BadHeaderError:
                return HttpResponse("无效的邮件格式")
            return HttpResponse("邮件发送成功.")
        else:
            return HttpResponse("请确认所有字段是否填写完整…")
```

在 email_simple 模块中，添加网页视图文件 email_simple/templates/index.html，编写发送邮件的表单代码如下：

```
<!DOCTYPE html>
<html lang="en">
<head>
    <meta charset="UTF-8">
    <title>邮件发送</title>
</head>
<body>
<form action="{% url 'email_simple:email_injection' %}" method="post">
    {% csrf_token %}
    标题: <input type="text" name="subject" id="subject"><br />
    内容: <textarea name="message" id="message" cols="30" rows="10"></textarea><br />
    发件人: <input type="text" name="from_email" id="from_email"><br />
    <input type="submit" value="发送邮件">
</form>
</body>
</html>
```

编辑路由模块 email_simple/urls.py，完善路由映射关系，代码如下：

```
path("email_injection/", views.email_injection, name="email_injection"),
```

至此，一个简单的从网页发送邮件的功能就完成了。启动项目，访问 http://localhost:8000/email_demo/email_injection/，打开发送邮件页面，如图 8.12 所示。

按照提示输入正确的内容，点击“发送邮件”按钮，邮件就会被正常发送给指定的收件人。如果邮件发送成功，就会给出接收到邮件的系统提示，如图 8.13 所示。

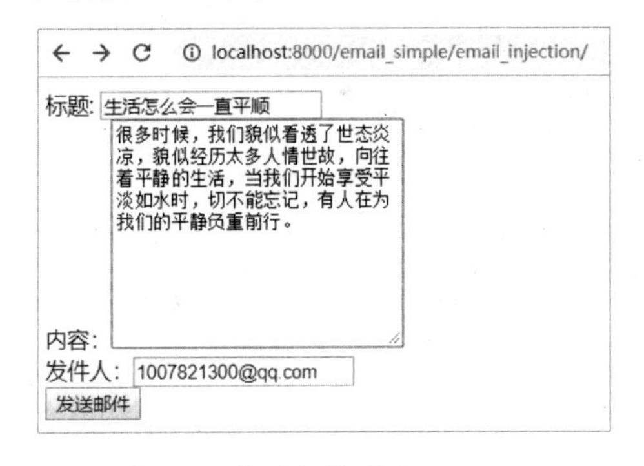

图 8.12 发送邮件页面

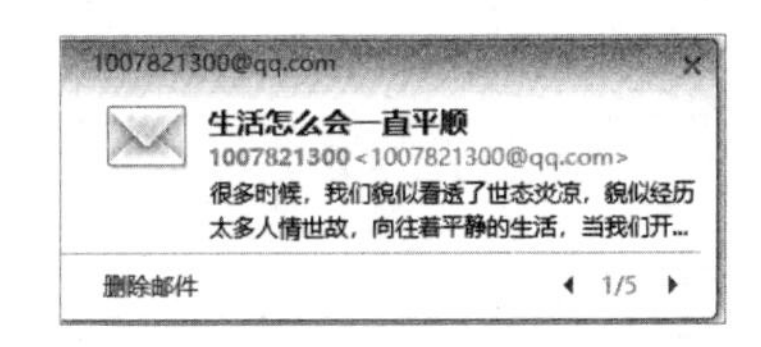

图 8.13 接收到邮件的系统提示

如果在“标题”中出现换行，如图 8.14 所示，此时点击“发送邮件”按钮，Django 框架就会检测到可能存在头注入攻击，于是直接抛出 BadHeaderError 异常，提示“无效的邮件格式”，发送失败，如图 8.15 所示。

图 8.14 在“标题”中换行输入标题

localhost:8000/email_simple/email_injection/

无效的邮件格式

图 8.15 邮件发送失败

8.2.5 EmailMessage

Django 框架中提供的 send_mail()和 send_mass_mail()函数，通过底层调用 EmailMessage 类型的对象完成了邮件操作的底层实现。

如果想要使用邮件的高级操作功能，如添加邮件附件等，则需要重新定义底层的 EmailMessage 类型实例。打开 EmailMessage，源代码如下：

```
class EmailMessage:
    """A container for email information.邮件类型"""
    content_subtype = 'plain'
    mixed_subtype = 'mixed'
    # 指定邮件编码，一般默认为UTF-8
```

```
    encoding = None     # None => use settings default
    def __init__(self, subject='', body='', from_email=None, to=None, bcc=None,
                 connection=None, attachments=None, headers=None, cc=None,
                 reply_to=None):
        """
        Initialize a single email message (which can be sent to multiple
        recipients).
        邮件内容初始化方法，可以选择创建发送多封邮件的实例
        """
        # 验证收件人，收件人必须是列表或者元组格式
        if to:
            if isinstance(to, str):
                raise TypeError('"to" argument must be a list or tuple')
            self.to = list(to)
        else:
            self.to = []
        # 邮件抄送人列表或者元组
        if cc:
            if isinstance(cc, str):
                raise TypeError('"cc" argument must be a list or tuple')
            self.cc = list(cc)
        else:
            self.cc = []
        # 邮件密送人列表或者元组
        if bcc:
            if isinstance(bcc, str):
                raise TypeError('"bcc" argument must be a list or tuple')
            self.bcc = list(bcc)
        else:
            self.bcc = []
        # 邮件回复的收件人列表或者元组
        if reply_to:
            if isinstance(reply_to, str):
                raise TypeError('"reply_to" argument must be a list or tuple')
            self.reply_to = list(reply_to)
        else:
            self.reply_to = []
        # 邮件发送人地址，默认使用配置文件中的 DEFAULT_FROM_EMAIL 配置选项
        self.from_email = from_email or settings.DEFAULT_FROM_EMAIL
        # 邮件标题
        self.subject = subject
        # 邮件内容
        self.body = body or ''
        # 邮件附件
        self.attachments = []
        if attachments:
            for attachment in attachments:
                if isinstance(attachment, MIMEBase):
                    self.attach(attachment)
```

```
            else:
                self.attach(*attachment)
        self.extra_headers = headers or {}
        self.connection = connection
```

EmailMessage 类型提供了如下操作属性和操作方法。

- subject：邮件标题。
- body：邮件内容，一般是纯文本内容。
- from_email：发件人邮箱地址。
- to：收件人列表或者元组。
- bcc：邮件密送人列表或者元组。
- cc：邮件抄送人列表或者元组。
- connection：与邮件服务之间的连接对象。
- attachments：邮件中的附件列表。
- headers：邮件中额外的标题头字典数据。
- reply_to：邮件回复的收件人列表或者元组。
- send()：使用构造好的邮件信息发送邮件。
- message()：消息构造方法，django.core.mail.SafeMIMEText 对象，如果要扩展 EmailMessage 类型，则需要重写该方法的实现。
- attach()：创建并添加附件到邮件中。
- attache_file()：使用文件系统中的文件创建邮件附件。
- recipients_list()：获取所有收件人列表。

在案例项目中添加复杂格式的邮件操作功能，修改视图处理模块 email_simple/views.py，在视图处理函数中为普通邮件添加图片附件。代码如下：

```
# 引入依赖的模块
from django.core.mail import EmailMessage
def email_emailmessage(request):
    """复杂邮件发送"""
    # 构建邮件对象
    print("开始发送邮件......")
    email = EmailMessage(
        subject='Hello',
        body='Body goes here',
        from_email='1007821300@qq.com',
        to=['muwenbin@qikux.com'],
        reply_to=['another@example.com'],
        headers={'Message-ID': 'foo'},
```

```
    )
    # 添加附件
    email.attach_file("static/images/att.jpg")
    # 发送邮件
    email.send()
    print("邮件发送完成。")
    return HttpResponse("包含附件的邮件发送成功。")
```

在子项目 email_simple 的路由中补充映射关系，打开路由模块 email_simple/urls.py，完善路由映射关系如下：

```
path("email_emailmessage/", views.email_emailmessage, name="email_emailmessage"),
```

重启项目，访问 http://localhost:8000/email_demo/email_emailmessage/，调用发送邮件的视图处理函数，结果如图 8.16 所示。

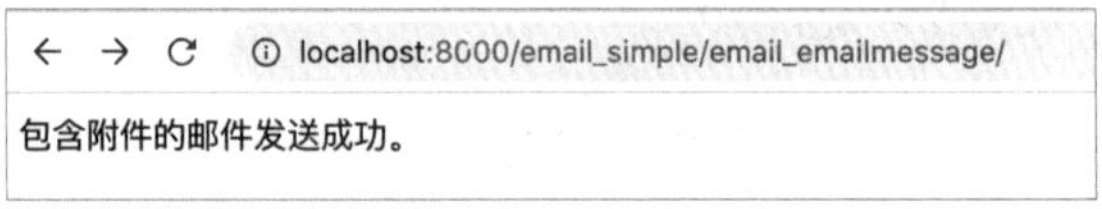

图 8.16　邮件发送结果

登录并查看邮件，可以看到如图 8.17 所示的内容，说明已经成功接收带附件的邮件。

图 8.17　成功接收带附件的邮件

在常规 Web 项目中，一般发送的都是普通文本邮件，对于复杂邮件操作，比如在博客项目中用户将自己发表的所有文章打包压缩，然后通过邮件发送到指定邮箱，此时就可以重构 EmailMessage 类型，通过该类型的对象发送附件为压缩文件的邮件。

8.2.6　用户账号激活

在案例项目中，我们通过使用注册邮箱发送验证码的方式来激活用户注册账号，演示邮件在 Django 项目中的使用方式。首先梳理整体业务处理步骤如下：

（1）打开用户注册页面，填写注册信息。

（2）如果账号可用，系统会给用户注册的邮箱中发送账号激活链接，并提示用户进入邮箱中点击激活链接来激活账号。

（3）用户登录邮箱，打开账号激活邮件，点击激活链接来激活账号，或者复制邮件中的链接，在浏览器中访问以激活账号。

（4）用户使用已经激活的账号登录系统。

在案例项目中实现上述功能，首先编辑数据模型模块 email_simple/models.py，添加用户数据信息如下：

```
from django.db import models
from uuid import uuid4
class Users(models.Model):
    """用户类型"""
    id = models.UUIDField(verbose_name="用户编号", primary_key=True, default=uuid4)
    username = models.CharField(verbose_name="登录账号", max_length=20)
    password = models.CharField(verbose_name="登录密码", max_length=20)
    email = models.EmailField(verbose_name="联系邮箱")
    is_active = models.BooleanField(verbose_name="用户状态", default=False)
```

在项目中创建用户表单模块，完善注册表单和登录表单的数据传递及验证功能。创建表单模块 email_simple/forms.py，编辑代码如下：

```
'''
AUTHOR: DAMU 大牧莫邪
VERSION:1.00
DESC: 项目表单操作封装模块
'''
from django import forms
from .models import Users
class UsersRegisterForm(forms.ModelForm):
    """用户表单"""
    confirm = forms.CharField(min_length=6, max_length=18)
    class Meta:
        model = Users
        fields = ['username', 'password', 'confirm', 'email']
    def clean_username(self):
        """验证账号是否存在"""
        print("开始验证账号是否可用…")
        user_list = Users.objects.filter(username=self.cleaned_data['username'])
        if len(user_list)>0:
            raise forms.ValidationError("账号已经存在")
```

```
        print("账号可用…")
        return self.cleaned_data['username']
    def clean_email(self):
        """验证邮箱是否可用"""
        print("开始验证邮箱",self.cleaned_data["email"])
        emails = Users.objects.filter(email=self.cleaned_data["email"])
        if len(emails) > 0:
            print("邮箱被占用")
            raise forms.ValidationError("邮箱已经被占用")
        print("邮箱可用…")
        return self.cleaned_data['email']
    def clean_confirm(self):
        """验证两次密码输入是否一致"""
        print("开始验证确认密码是否正确")
        password = self.cleaned_data['password']
        confirm = self.cleaned_data['confirm']
        if password != confirm:
            raise forms.ValidationError("两次密码输入不一致")
        print("验证通过…")
        return self.cleaned_data['password']
class UsersLoginForm(forms.ModelForm):
    """用户登录表单"""
    class Meta:
        model = Users
        fields = ['username', 'password']
    def clean(self):
        """验证账号和密码是否正确"""
        try:
            Users.objects.get(username=self.cleaned_data['username'],
                              password=self.cleaned_data['password'])
            return self.cleaned_data
        except:
            raise forms.ValidationError("账号或者密码有误")
```

定义好表单模块后，接下来完善视图处理函数。编辑视图处理模块 email_simple/views.py，添加用户注册、账号激活以及用户登录的视图处理函数，代码如下：

```
def register(request):
    """用户注册"""
    if request.method == "GET":
        form = UsersRegisterForm()
        return render(request, 'register.html', {'form': form})
    elif request.method == "POST":
        # 接收用户注册数据
        form = UsersRegisterForm(request.POST)
        if form.is_valid():
            print("验证通过，开始注册…")
            # 注册账号
            form.save()
            # 发送激活邮件
```

```
            u_id = form.instance.id
            send_mail(subject="来自大牧网站的账号激活邮件",
                      message="点击下面的链接激活您的账号\n: \
                              http://localhost:8000/email_simple/reg_active/" \
                              +u_id.urn[u_id.urn. rindex(':') + 1:],
                      recipient_list=[form.instance.email, ],
                      from_email='1007821300@qq.com')
            # 返回注册页面，提示注册结果
            return render(request, 'register.html', {'form': form,
                                                     'msg_code': 0,
                                                     'msg_info': "注册成功，请激活账号"})
        print(form.errors)
        return render(request, 'register.html', {'form': form,
                                                 'msg_code': -1,
                                                 'msg_info': "注册失败"})
def reg_active(request, users_id):
    """激活账号"""
    users = get_object_or_404(Users, pk=users_id)
    # 激活账号
    users.is_active = True
    return render(request, 'login.html', {'msg_code': 0,
                                          'msg_info': "账号激活成功"})
def login(request):
    """用户登录"""
    if request.method == "GET":
        form = UsersLoginForm()
        return render(request, 'login.html', {'form': form})
    elif request.method == "POST":
        # 接收用户数据
        form = UsersLoginForm(request.POST)
        # 验证注册信息
        if form.is_valid():
            # 登录成功
            return render(request, 'index.html', {'msg_code': 0,
                                                  'msg_info': '登录成功'})
        print(form.errors)
        return render(request, 'login.html', {'form': form,
                                              'msg_code': 0,
                                              'msg_info': '账号或者密码有误'})
```

创建简单的注册页面文件 email_simple/templates/register.html，代码如下：

```
<!DOCTYPE html>
<html lang="en">
<head>
    <meta charset="UTF-8">
    <title>Title</title>
</head>
<body>
<h2>会员注册</h2>
```

```
<h3>{{form.errors}}</h3>
<h3>{{msg_info}}</h3>
<form action="{% url 'email_simple:register'%}" method="POST">
    {% csrf_token %}
    账号：<input type="text" name="username" id="username"><br />
    密码：<input type="password" name="password" id="password"><br />
    确认密码：<input type="password" name="confirm" id="confirm"><br />
    邮箱：<input type="email" name="email" id="email"><br />
    <input type="submit" value="注册">
</form>
</body>
</html>
```

创建登录页面文件 email_simple/templates/login.html，代码如下：

```
<!DOCTYPE html>
<html lang="en">
<head>
    <meta charset="UTF-8">
    <title>Title</title>
</head>
<body>
<h2>会员登录</h2>
<h3>{{msg_info}}</h3>
<form action="{% url 'email_simple:login'%}" method="POST">
    {% csrf_token %}
    账号：<input type="text" name="username" id="username"><br />
    密码：<input type="password" name="password" id="password"><br />
    <input type="submit" value="登录">
</form>
</body>
</html>
```

完善路由映射关系，编辑路由模块 email_simple/urls.py，添加与用户操作相关的路由，代码如下：

```
# 注册账号
path("register/", views.register, name="register"),
# 激活链接
path("reg_active/<uuid:users_id>/", views.reg_active, name="reg_active"),
# 登录账号
path("login/", views.login, name="login"),
```

至此，在案例项目中已经实现了通过邮件激活注册账号的功能。现在重启项目，访问注册页面，在浏览器中打开 http://localhost:8000/email_simple/register/，效果如图 8.18 所示。

填写正确的、可用的注册信息，然后点击“注册”按钮，等待邮件发送完成。在操作过程中，为了提升用户体验，可以通过 celery 将邮件发送设置为异步操作，邮件发送完成后给出提示信息，如图 8.19 所示。

localhost:8000/email_simple/register/

会员注册

账号：muwenbin
密码：••••••••
确认密码：••••••••
邮箱：muwenbin@qikux.com
注册

图 8.18　注册页面

localhost:8000/email_simple/register/

会员注册

注册成功，请激活账号

账号：
密码：
确认密码：
邮箱：
注册

图 8.19　邮件发送完成后的提示信息

登录邮箱，打开账号激活邮件，可以看到账号激活链接，该链接地址在网页中不一定能够打开，所以可以提示点击或者复制链接地址到浏览器进行访问，如图 8.20 所示。

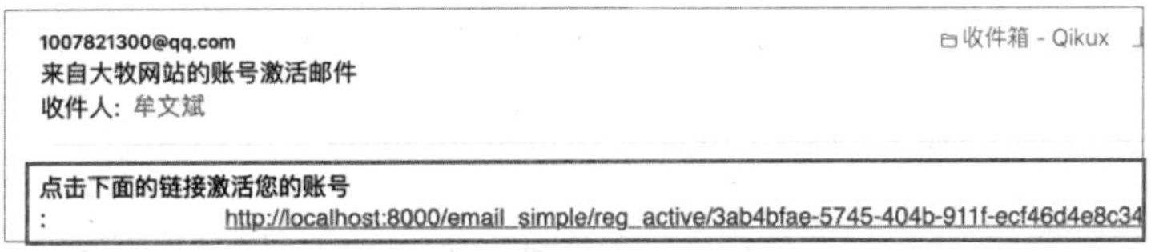

1007821300@qq.com
来自大牧网站的账号激活邮件
收件人：牟文斌
收件箱 - Qikux

点击下面的链接激活您的账号
：http://localhost:8000/email_simple/reg_active/3ab4bfae-5745-404b-911f-ecf46d4e8c34

图 8.20　账号激活邮件内容

打开邮件中的链接地址，就可以直接激活账号，跳转到登录页面，并提示账号激活成功，如图 8.21 所示。

localhost:8000/email_simple/reg_active/3ab4bfae-5745-404b-911f-ecf46d4e8c34

会员登录

账号激活成功

账号：
密码：
登录

图 8.21　登录页面

输入账号和密码后，点击“登录”按钮，就可以登录系统了。在整个业务操作流程中，功能逻辑较为简单，但是涉及很多底层基础技术点，在开发时注意细节控制即可。

8.3　数据查询分页

在 Web 应用项目中，主要是与用户交互来完成数据的展示和收集的，但是当需要展示的数据量过大时，如果一次性将所有的数据都展示到一页中，用户浏览起来会有一定的困难，所以出现了各种处理方式，分页无疑是最有效的一种。在项目中最常见的分页展示形式有如下两种。

第一种是通过页码控制展示的数据。由于每页展示的数据量有限，一般按照数据的创建时间倒序排列来展示数据，用户可以根据需要点击页面查看相应的数据。在展示每一页数据时，都会发送新的请求并刷新整个网页视图。

第二种是通过页码控制展示的数据，但数据是在同一页中进行展示的。当第一页内容滚动到底部时，浏览器自动请求并在网页底部加载第二页内容，依此类推。这样用户在查看后续页面数据时，不会影响查看之前的页面数据。

8.3.1 Django 的数据分页模块

在 Django 框架内建模块 django.core.paginator 中封装的 Paginator 类型主要用于实现分页功能，Paginator 的源代码如下：

```
class Paginator:
    """分页类型"""
    def __init__(self, object_list, per_page, orphans=0,
                 allow_empty_first_page=True):
        # 初始化分页属性、方法
        self.object_list = object_list
        self._check_object_list_is_ordered()
        self.per_page = int(per_page)
        self.orphans = int(orphans)
        self.allow_empty_first_page = allow_empty_first_page
    def validate_number(self, number):
        """Validate the given 1-based page number.
        页码验证方法
        """
        # do something
    def get_page(self, number):
        """Return a valid page, even if the page argument isn't a number or isn't
in range.
        获取页码的方法
        """
        # do something
    @cached_property
    def count(self):
        """Return the total number of objects, across all pages.
        从分页对象中获取分页数据的总量
        """
        # do something
    @cached_property
    def num_pages(self):
        """Return the total number of pages.
        返回有效的分页页面的总数
        """
        # do something
    @property
    def page_range(self):
        """Return a 1-based range of pages for iterating through within a template
for loop.
```

```
        得到分页页码数据的 range(1,n)列表
        """
        # do something
```

django.core.paginator.Paginator 类型的核心属性和处理方法如下。

- count：获取分页数据的总记录数。
- num_pages：获取分页的总页数。
- page_range：获取分页页码的 range(1, n)生成器。
- object_list：获取当前页码对象中的数据记录。
- has_next：获取当前页面中是否存在下一页页码记录。
- has_previous：获取当前页面中是否存在上一页页码记录。
- has_other_page：获取当前页面中是否存在其他页码记录。
- next_page_number：获取当前页面的下一页页码数据。
- previous_page_number：获取当前页面的上一页页码数据。
- start_index：获取当前页面中的起始数据的索引编号。
- end_index：获取当前页面中的结束数据的索引编号。
- EmptyPage：在分页操作中，如果出现页码对应的查询数据不存在的情况，则抛出 EmptyPage 异常。
- per_page：在分页操作中每页展示的对象的数量。
- orphans：如果分页的页数和数据的总记录数不匹配，则会导致最后一页显示少量数据。该属性用于控制是否将最后一页的数据添加到上一页中展示。比如数据总记录数为 23 条，每页展示 10 条数据，在正常情况下应该分三页展示数据，其中第一页和第二页分别展示 10 条数据，第三页展示 3 条数据。但是如果将 orphans 设置为 5，3<5 的判断结果为 True，就会将数据分两页展示，其中第一页展示 10 条数据，第二页展示 13 条数据。
- allow_empty_first_page：如果分页查询数据为空，该属性用于控制第一页是否以空白页展示。如果将 allow_empty_first_page 设置为 False 并且查询数据为空，那么第一页就会出现空白页，抛出 EmptyPage 异常。该属性的默认值为 True，一般操作时保持默认设置即可。

在视图处理函数中，通过构建 Paginator 实例将查询到的数据进行分页展示，代码如下：

```
from django.core.paginator import Paginator
from django.shortcuts import render
# 分页查询数据，获取数据列表
def listing(request):
    # 通过 ORM 操作查询对象的所有数据
```

```
    contact_list = Contacts.objects.all()
    # 构建 Paginator 实例，通过参数控制每页展示 25 条记录，每次查询 25 条记录
    paginator = Paginator(contact_list, 25)
    # 获取当前页面页码
    page = request.GET.get('page')
    # 从分页对象中获取页码对应的数据列表
    contacts = paginator.get_page(page)
    return render(request, 'list.html', {'contacts': contacts})
```

封装好自定义的分页处理函数 listing(request)，在网页视图中就可以通过循环模板标签直接渲染展示数据，同时还可以将页码展示在页面中。代码如下：

```
# 展示分页数据
{% for contact in contacts %}
    {# Each "contact" is a Contact model object. #}
    {{ contact.full_name|upper }}<br>
    ……
{% endfor %}
<!-- 展示分页页码 -->
<div class="pagination">
    <span class="step-links">
    <!-- 判断是否展示上一页 -->
        {% if contacts.has_previous %}
            <a href="?page=1">&laquo; first</a>
            <a href="?page={{ contacts.previous_page_number }}">previous</a>
        {% endif %}
        <!-- 展示当前页面 -->
        <span class="current">
            Page {{ contacts.number }} of {{ contacts.paginator.num_pages }}.
        </span>
        <!-- 判断是否展示下一页 -->
        {% if contacts.has_next %}
            <a href="?page={{ contacts.next_page_number }}">next</a>
            <a href="?page={{ contacts.paginator.num_pages }}">last &raquo;</a>
        {% endif %}
    </span>
</div>
```

上面代码的逻辑较为简单，Django 框架在内建模块中实现了基本的分页功能，为项目添加了分页功能支持。如果网站涉及大量数据或者海量数据的操作，并且要考虑性能和安全问题，那么就需要通过一些高性能的分页插件来实现分页操作。

8.3.2 文章分页展示功能

在案例项目中，重构子项目 ajax_demo 中的文章查看功能，添加分页支持。复制 ajax_demo 项目并重命名为 paginator_demo，编辑视图处理模块 paginator_demo/ajax_comment/views.py，代码如下：

```
def index(request):
    # 加载所有文章
```

```
    articles = Article.objects.all()
    # 添加分页支持
    paginator = Paginator(articles, 2)
    # 获取当前页面
    page = request.GET.get("page")
    print("-------------->", page)
    if page is None:
        page = 1
    # 获取当前页面内容
    context = paginator.get_page(page)
    return render(request, 'ajax_comment/index.html', {'context': context})
```

添加了分页功能支持之后，在 ajax_comment/templates/index.html 文件中，重构文章和页码展示部分的代码如下：

```
<h1>首页：展示所有文章列表</h1>
<h3><a href="{% url 'ajax_comment:article_publish'%}">发表文章</a></h3>
<ul>
    {% for article in context.object_list %}
    <li>
        <a href="{% url 'ajax_comment:article_detail' article.id %}">
        {{article.title}} -- 摘要内容：{{article.content | truncatechars:10 }}
        </a>
    </li>
    {% empty %}
    <li>在当前系统中没有发表任何文章</li>
    {% endfor %}
</ul>
<!-- 分页内容：上一页 -->
{% if context.has_previous %}
<a href="?page={{context.previous_page_number}}">上一页</a>
{% else %}
<span style="color:gray;">上一页</span>
{% endif %}
<!-- 分页内容：当前页面 -->
{% for page in context.paginator.page_range %}
{% if page == context.number%}
<span style="color:red;font-weight:bolder;font-size:18px;">{{context.number}}</span>
{% else %}
<a href="?page={{page}}">{{page}}</a>
{% endif %}
{% endfor %}
<!-- 分页内容：下一页 -->
{% if context.has_next %}
<a href="?page={{context.next_page_number}}">下一页</a>
{% else %}
<span style="color:gray;">下一页</span>
{% endif %}
```

重启项目，打开浏览器访问 http://localhost:8000/ajax_comment/index/，在首页中已经按照分

页方式展示了多篇文章，如图 8.22 所示。

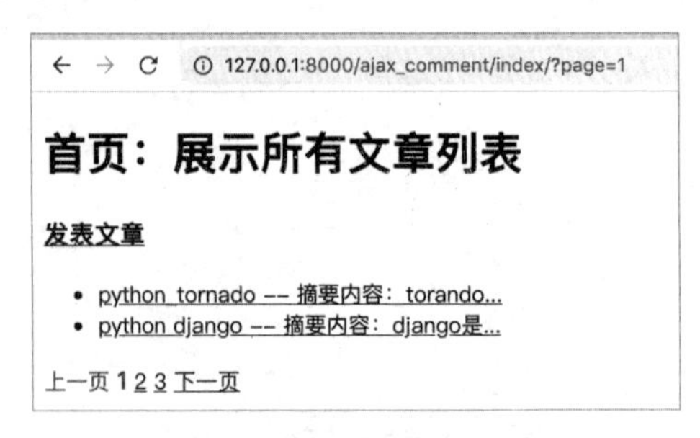

图 8.22 分页展示文章

分页是 Web 应用项目中最常规的功能之一，在数据量较多的业务流程中，可以很好地优化处理性能，同时提升用户的使用体验。

8.4 站点地图

Web 网站搭建完成，并完成线上部署后，其主要盈利点在于网站的流量产生的间接价值，所以增加网站用户流量是提高网站价值的核心操作。在正常情况下，用户访问一个 Web 网站有多种不同的访问方式，常见的访问方式如下：

- 通过域名访问，如通过 http://www.baidu.com 访问百度网站。
- 通过 IP 地址访问，如通过 http://115.239.210.27 访问百度网站。

备注： 可以在命令行窗口中执行 ping www.baidu.com，获取本地区百度服务器的 IP 地址。

- 通过搜索引擎访问，打开搜索引擎如百度，搜索“大牧莫邪”，就可以访问大牧在不同社交平台上的个人主页。

在上述三种访问方式中，普通用户主要通过搜索引擎访问网站，使用搜索引擎是网站流量提升最大的访问方式。要提高网站在搜索引擎中的排名，可以利用 SEO 技术，即搜索引擎优化技术，其核心就是提取网站中设计搜索的关键词。同理，为了让搜索引擎更好地进行信息整合，还可以利用网站中所有数据的访问导航信息，即站点地图。本节就对用户访问网站的站点地图的建设进行介绍。

8.4.1 Django 中的站点地图

在 Django 框架中提供了 django.contrib.sitemaps 模块，专门用于构建站点地图。根据网站规模和网站内容的不同，构建站点地图有三种不同的方式。

- 静态站点地图的构建。针对由大量静态地址构建的网站模型，使用固定的构建模式，通过硬编码直接将网站中各类静态资源的访问地址构建成站点地图。
- 站点地图的快捷构建。针对中小型网站，提供不同动态处理功能的模块、不同的网站资源包含了大量动态网络地址，通过资源数据对象的查询路由构建站点地图。

- 站点地图的标准构建。不论是由静态地址构建的网站模型，还是包含大量动态网络地址的网站模型，都可以使用Django框架中提供的站点地图API进行底层站点地图的构建，并统一进行组织管理，通过配置指定的路由进行访问。

接下来，我们将通过案例项目对三种不同的构建方式进行讲解，并梳理总结固定的开发步骤，方便在企业项目开发中进行规范的整理和整合。

以 ajax_demo 为项目模板，新建一个项目 sitemap_demo，在这个项目中进行站点地图的构建操作。首先添加站点地图的功能支持，同时确保将 TEMPLATES 配置选项中的 APP_DIRS 设置为 True。修改项目配置文件 settings.py，代码如下：

```
INSTALLED_APPS = [
    ……
    # 添加站点地图功能模块
    'django.contrib.sitemaps',
    ……
]
```

配置完成后，执行如下迁移命令，将站点地图功能数据迁移到数据库中：

```
python manage.py migrate
```

1. 静态站点地图的构建

在案例项目中，创建一个用于构建静态站点地图的模块 sitemaps.py，一般自定义的站点地图实现类型，需要继承框架内建的 django.contrib.sitemaps.Sitemap 类型，并通过硬编码指定资源访问路径。代码如下：

```
# 引入依赖的模块
from django.contrib import sitemaps
from django.urls import reverse
class StaticViewSitemap(sitemaps.Sitemap):
    # 设置展示优先级和更新频率
    priority = 0.5
    changefreq = 'daily'
    # 获取资源对象列表：所有的访问路径，全部硬编码
    def item(self):
        return ["ajax_js:index",
            "ajax_js:get_data",
            "ajax_jquery:index",
            "ajax_jquery:get_data",
            "ajax_comment:index",
            "ajax_comment:article_publish"]
    # 匹配本地路径
    def location(self, item):
        return reverse(item)
```

将上述硬编码的站点地图模型添加到路由映射关系中，并通过框架内建的 sitemaps 自动构建站点地图。编辑 sitemap_demo/urls.py，添加路由映射关系如下：

```
# 引入依赖的模块
from django.contrib import admin
from django.urls import path, include
from django.contrib.sitemaps.views import sitemap
# 引入本地模块
from .sitemaps import  StaticViewSitemap
# 路由映射关系
urlpatterns = [
    # 资源路由映射
    path('admin/', admin.site.urls),
    path("ajax_js/", include('ajax_js.urls')),
    path("ajax_jquery/", include('ajax_jquery.urls')),
    path("ajax_comment/", include('ajax_comment.urls')),
    # 静态站点地图资源映射
    path("sitemaps.xml", sitemap, {
        "sitemaps": {"static": StaticViewSitemap}
    }, name="django.contrib.sitemaps.views.sitemap")
]
```

重启项目，访问 http://localhost:8000/sitemaps.xml，得到静态站点地图数据，如图 8.23 所示。

图 8.23　静态站点地图数据

通过上面的操作，我们大致了解了站点地图的结构及其构建过程。但是通过硬编码构建静态站点地图这种方式太固化，无法将大量的动态数据路由添加进来，如每一篇文章的详细展示路由，手动添加该类型的动态数据路由明显不可取。所以，针对由固定网络地址构建的网站，非常适合采用静态方式来构建站点地图。

2. 站点地图的快捷构建

一个成熟的网站中会包含大量动态数据，比如在案例项目中，随着文章的发表，文章数据会越来越多。如果网站中包含的动态数据所属的类型较少，则完全可以通过 Django 框架中提供的快捷方式来构建站点地图。

站点地图的快捷构建方式由 django.contrib.sitemaps.GenericSitemap 类型实例化后进行处理，在 GenericSitemap 实例中至少要包含一个 queryset 属性，用于指定某个类型对象的查询结果集，同时要包含一个 data_field 属性，用于指定检索数据的日期，调用 lastmod()函数展示站点地图数据。

重构项目，在路由模块 sitemap_demo/urls.py 中直接构建站点地图，代码如下：

```
# 引入依赖的模块
from django.contrib import admin
from django.urls import path, include
from django.contrib.sitemaps.views import sitemap
from django.contrib.sitemaps import GenericSitemap
# 引入本地模块
from ajax_comment.models import Article
# 路由映射关系
urlpatterns = [
# 资源路由映射
    path('admin/', admin.site.urls),
    path("ajax_js/", include('ajax_js.urls')),
    path("ajax_jquery/", include('ajax_jquery.urls')),
    path("ajax_comment/", include('ajax_comment.urls')),
    # 使用动态数据构建站点地图
    path("sitemaps.xml", sitemap, {
        "sitemaps": {"article": GenericSitemap({
            "queryset": Article.objects.all(),
            "data_field": "publish_time",
        })}
    }, name="django.contrib.sitemaps.views.sitemap")
]
```

在上述路由模块中，针对文章详情的路由进行了站点地图的快捷构建，不论是一篇文章还是多篇文章，都可以在站点地图中动态创建对应的关联地址，运行结果如图 8.24 所示。

```
127.0.0.1:8000/sitemaps.xml
This XML file does not appear to have any style information associated with it. The docu
▼<urlset xmlns="http://www.sitemaps.org/schemas/sitemap/0.9">
  ▼<url>
    ▼<loc>
      http://127.0.0.1:8000/ajax_comment/article_detail/617e16df-f1b3-43b4-b537-c6d91e93dc24/
    </loc>
  </url>
  ▼<url>
    ▼<loc>
      http://127.0.0.1:8000/ajax_comment/article_detail/5d2b360c-fd41-4239-9045-4eebe5bb017b/
    </loc>
  </url>
</urlset>
```

图 8.24　快捷构建的站点地图数据

3. 站点地图的标准构建

一个站点地图的标准构建操作，是通过自定义站点地图类型，对需要添加到站点地图中的数据进行检索定义完成的。比如在案例项目中，创建自定义的站点地图类型，将文章数据添加到站点地图中。编辑 sitemap_demo/sitemaps.py 文件，代码如下：

```
class ArticleSitemap(Sitemap):
    """自定义文章站点地图类型"""
    # 设置展示优先级
    priority = 0.6
    # 设置更新频率
    changereq = 'daily'
    def items(self):
        return Article.objects.all()
    def last_mod(self, obj):
        return obj.publish_time
```

将上面创建的文章站点地图类型，添加到路由映射关系中构建站点地图。编辑路由模块 sitemap_demo/urls.py，代码如下：

```
# 标准构建站点地图，路由映射
path("sitemaps.xml", sitemap, {
    "sitemaps": {"article": ArticleSitemap }
}, name="django.contrib.sitemaps.views.sitemap")
```

重启项目，访问 http://localhost:8000/sitemaps.xml，经过分析我们看到，标准构建的站点地图数据和前面快捷构建的站点地图数据是一致的，如图 8.25 所示。

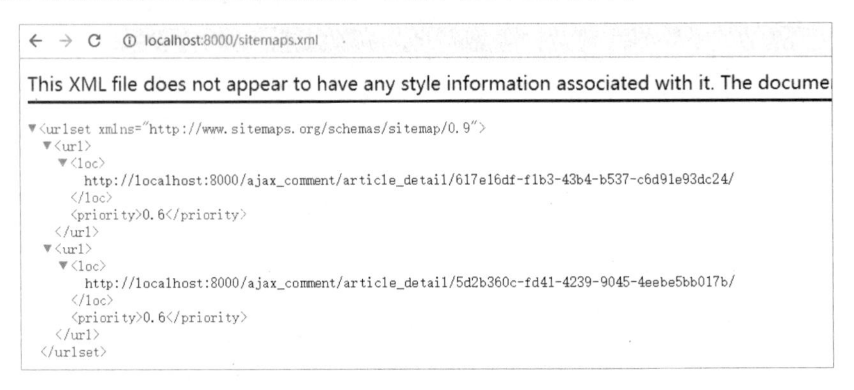

图 8.25　标准构建的站点地图数据

与快捷构建不同的是，在标准构建的类型中可以添加更多的过滤条件，同时可以针对不同的处理函数如 last_mod()添加更多的自定义规则，这在站点地图的构建流程中非常重要。

8.4.2　项目实战：站点地图操作

在博客项目的根管理项目 myproject08 中，添加站点地图的功能支持。首先编辑项目配置文件 myproject08/settings.py，添加 django.contrib.sitemaps 模块配置。代码如下：

```
……
INSTALLED_APPS = [
    'django.contrib.admin',
    'django.contrib.auth',
    'django.contrib.contenttypes',
    'django.contrib.sessions',
    'django.contrib.messages',
    'django.contrib.staticfiles',
    "django.contrib.sitemaps",
    'common',
    'author',
    'article',
    'comment',
    'message',
    'album',
]
……
```

在根管理项目 myproject08 中创建站点地图模块 sitemaps.py，分别添加静态访问路径以及动态数据类型的站点地图，代码如下：

```
from django.contrib.sitemaps import Sitemap
from django.urls import reverse
from django.contrib.auth.models import User
from article.models import Article, ArticleSource, ArticleSubject
class StaticSitemap(Sitemap):
    """静态资源 站点地图"""
    priority = 0.6
    changereq = "daily"
    def items(self):
        return [
            "common:index",
            "author:register",
            "author:login",
            "author:logout",
            "author:chgpasswd",
            "author:personal_edit",
            "article:articles_list",
            "article:article_publish",
            "article:article_subject_create",
        ]
    def location(self, item):
        return reverse(item)
class UserSitemap(Sitemap):
    """作者数据 站点地图"""
    priority = 0.6
    changereq = "daily"
    def items(self):
        return User.objects.all()
    def last_mod(self, obj):
        return obj.date_joined
```

```
class ArticleSitemap(Sitemap):
    """文章数据 站点地图"""
    priority = 0.6
    changereq = "daily"
    def items(self):
        return Article.objects.all()
    def last_mod(self, obj):
        return obj.date_joined
```

修改路由映射关系，将我们定义的站点地图映射到访问路由。打开 myproject08/urls.py，编辑代码如下：

```
......
urlpatterns = [
    path('admin/', admin.site.urls),
    path('', include('common.urls')),   # 公共模块
    path('', include('author.urls')),   # 用户模块
    path('', include('article.urls')),  # 文章模块
    path('', include('comment.urls')),  # 评论模块
    path('', include('album.urls')),    # 相册模块
    path('', include('message.urls')),  # 私信/留言板模块
    # 站点地图
    path("sitemaps.xml", sitemap, {
        "sitemaps": {
            "static": StaticSitemap,     # 静态资源站点地图
            "user": UserSitemap,         # 用户类型站点地图
            "article": ArticleSitemap    # 文章类型站点地图
        }
    }, name="django.contrib.sitemaps.views.sitemap")
]
```

启动项目，访问 http://localhost:8000/sitemaps.xml，可以看到配置到站点地图中的数据都被正常处理了，如图 8.26 所示。

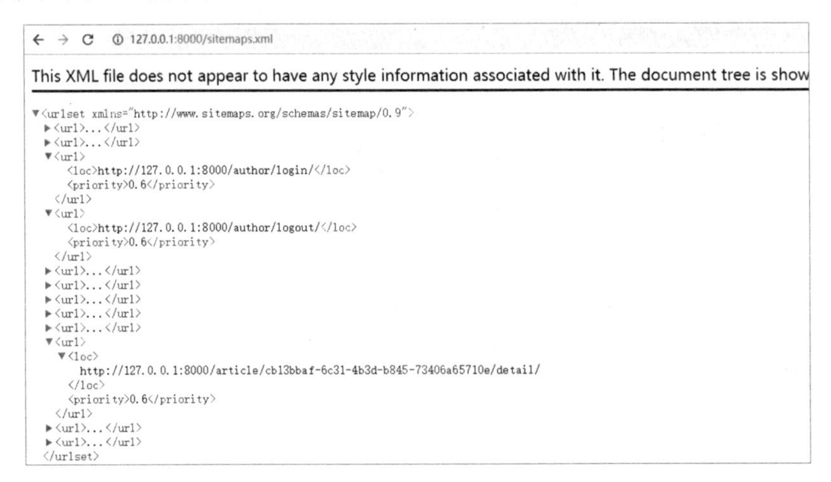

图 8.26　案例项目的站点地图数据

在综合性项目应用中，结合使用静态构建、快捷构建和标准构建三种构建站点地图的方式，

最终得到了完整的站点地图。注意，不需要将所有的路由都配置到站点地图中。站点地图的作用是让搜索引擎更好地检索网站，同时提高访问引流的用户量，所以站点地图中的路径主要以查询视图为主。

最终实现的站点地图需要提交给搜索引擎，才能让搜索引擎更好地对网站信息提供搜索支持。比如提交给百度搜索引擎，可以访问百度的资源管理平台，找到链接引入选项，导入地图模块即可，这里不再赘述。

8.5 权限认证

Django 框架对 Web 应用软件中的基本功能模块提供了友好支持，比如对于网站中数据资源的统一管理，表现为不同角色或者拥有不同权限的用户能够访问网站中的不同数据资源，通过角色和权限控制，实现了网站中用户与数据资源之间的动态维护。这就是网站中的权限认证功能。

Django 框架中的 django.contrib.auth 模块提供了完善的用户身份认证功能和项目资源访问权限管理功能，满足了大多数 Web 应用软件的要求。本节主要针对 Django 框架内建的用户身份认证功能和权限管理功能进行详细讲解，在项目中完成用户身份认证操作和资源访问限制操作。

8.5.1 身份认证模块

Django 框架内建的用户模块主要包含在 django.contrib.auth.models.User 类型中，该类型通过定义网站中用户的基本数据完成身份认证功能支持。该类型默认包含的属性如表 8.1 所示。

表 8.1 User 类型默认包含的属性

属性	描述
username	必需属性。用户的登录账号，最多包含 150 个字符，可以包含的特殊符号有：-、@、+、_、.。如果需要用更多的字符表示，则可以通过自定义用户属性的方式来实现。但需要注意的是，如果使用的是 MySQL 数据库，并指定了字段类型为 utf8mb4，那么该属性字段的长度不要超过 191 个字符，因为 MySQL 的索引限制默认最多为 191 个字符
email	可选属性。用户的电子邮箱，可以为空
password	必需属性。用户的登录密码。在 Django 框架中默认该字段可以包含任何字符，在存储时会使用哈希算法对明文密码进行加密。**注意：**框架不会存储明文密码
first_name	可选属性。名（英文姓名表示习惯），可以为空，最多包含 30 个字符
last_name	可选属性。姓（英文姓名表示习惯），可以为空，最多包含 150 个字符
is_active	账号是否激活，即用户是否活跃。默认值为 True
is_staff	带默认值的属性，取值为 True/False。限制账号是否可以访问后台管理系统，可以通过 staff_member_required 装饰器进行访问权限控制。默认值为 False

续表

属性	描述
is_superuser	带默认值的属性，取值为 True/False。是否是管理员账号，可以通过管理员账号访问后台管理系统，管理员账号拥有对网站中所有数据模型的管理权限。默认值为 False
date_joined	账号创建日期，在创建账号时由系统自动生成
groups	用户所属组，和 django.contrib.auth.models.Group 之间是多对多的关联关系
user_permissions	用户权限，和 django.contrib.auth.models.Permission 之间是多对多的关联关系
last_login	用户上一次登录系统的时间记录
is_authenticated	用户是否通过身份认证，如果通过身份认证，则返回 True。通常使用中间件 AuthenticationMiddleware 的方法对用户身份进行记录并填充到 request.user 中，如果正常填充则返回 True，否则返回 False
is_anonymous	是否是匿名用户。匿名用户其实就是正常访问网站的游客用户

User 类型中还提供了相应的访问方法，如表 8.2 所示。通过这些方法可以获取对应对象提供的一些快捷操作功能。

表 8.2 User 类型中提供的方法

方法	描述
get_username()	获取当前用户名称，一般在查询数据时使用，替代直接访问 username 属性的方式
get_full_name()	获取用户的 first_name 和 last_name 属性数据，使用空格分隔
get_short_name()	获取用户名称，返回用户的 first_name 属性数据
set_password(r_password)	为用户设置密码，会调用框架内置的哈希算法，对明文密码进行加密处理
check_password(r_password)	检查 r_password 是否是当前用户实例的密码，它在修改用户密码的业务中使用起来比较方便
get_group_permissions(g=None)	获取用户在所属用户组中的权限集合。如果为参数 g 指定一个用户组名称，则将返回该用户组中该用户的所有权限集合
get_all_permissions()	获取用户拥有的所有权限集合
has_perm(perm, obj=None)	检查用户是否拥有 perm 权限。perm 权限名称的格式是固定的，即 <app label>.<permission codename>。如果给定 obj 参数，则只检查是否在对象 obj 上拥有 perm 权限
has_perms(perm_list, obj=None)	检查用户是否拥有 perms 列表中包含的所有权限。与 has_perm 的操作方式一致，perm_list 参数同样是带有固定格式的权限字符串
has_module_perms(pkg_name)	检查用户是否拥有操作 pkg 程序包的权限。pkg 是 Django 框架中 App 的名称
email_user(s, m, from,**kw)	给用户发送邮件，如果 from 为空，则默认使用配置文件 settings.py 中的 DFFAULT_FROM_EMAIL 配置信息

在 Django 框架的用户身份认证体系中，访问网站的所有接口流量都可以称为用户，对于没有用户身份信息的访问者，框架通过 django.contrib.auth.models.AnonymousUser 类型为其赋予了一个匿名用户身份。AnonymousUser 类型中包含的属性/方法如表 8.3 所示。

表 8.3 AnonymousUser 类型中包含的属性/方法

属性/方法	默认取值描述
id	None
username	""（空白字符串）
get_username()	返回空白字符串
is_anonymous	True
is_authenticated	False
is_staff	False
is_superuser	False
groups	set()，默认不属于任何用户组
user_permissions	set()，默认不带任何权限
set_password()	默认方法不可调用，raise NotImplementedError，直接抛出异常信息
check_password()	默认方法不可调用，raise NotImplementedError，直接抛出异常信息
save()	默认方法不可调用，raise NotImplementedError，直接抛出异常信息
delete()	默认方法不可调用，raise NotImplementedError，直接抛出异常信息

在正常情况下，拥有上述用户资料的用户在一个成熟的网站中，用户的资料是不完整的，在项目中可以根据需求自定义用户的扩展资料，将扩展资料和内建用户进行一对一关联，在添加了关联关系之后，用户的资料就会得到大幅度扩展。

此外，Django 框架内建的 django.contrib.auth 模块中封装了身份认证和状态保持操作，可以使用 django.contrib.auth.authenticate 完成核心的身份认证处理。其源代码如下：

```
# 内建的 django.contrib.auth.authenticate 身份认证函数
def authenticate(request=None, **credentials):
    """
    If the given credentials are valid, return a User object.
    """
    for backend, backend_path in _get_backends(return_tuples=True):
        try:
            inspect.getcallargs(backend.authenticate, request, **credentials)
        except TypeError:
            # This backend doesn't accept these credentials as arguments. Try the next one.
            continue
        try:
            # 后端认证处理
            user = backend.authenticate(request, **credentials)
        except PermissionDenied:
            # This backend says to stop in our tracks - this user should not be allowed in at all.
            break
```

```
            if user is None:
                continue
            # Annotate the user object with the path of the backend.
            user.backend = backend_path
            return user
        # The credentials supplied are invalid to all backends, fire signal
        user_login_failed.send(sender=__name__,
                    credentials=_clean_credentials(credentials), request=request)
```

同时使用 django.contrib.auth 模块中封装的 login()函数完成了状态保持，将登录用户保持到当前会话中。其源代码如下：

```
# Django 在 login()中封装了状态保持操作，用于保持用户登录之后的登录状态
def login(request, user, backend=None):
    """
    Persist a user id and a backend in the request. This way a user doesn't
    have to reauthenticate on every request. Note that data set during
    the anonymous session is retained when the user logs in.
    """
    session_auth_hash = ''
    if user is None:
        user = request.user
    if hasattr(user, 'get_session_auth_hash'):
        session_auth_hash = user.get_session_auth_hash()
    if SESSION_KEY in request.session:
        if _get_user_session_key(request) != user.pk or (
                session_auth_hash and
                not constant_time_compare(
                   request.session.get(HASH_SESSION_KEY, ''), session_auth_hash)):
            # To avoid reusing another user's session, create a new, empty
            # session if the existing session corresponds to a different
            # authenticated user.
            request.session.flush()
    else:
        request.session.cycle_key()
    try:
        backend = backend or user.backend
    except AttributeError:
        backends = _get_backends(return_tuples=True)
        if len(backends) == 1:
            _, backend = backends[0]
        else:
            raise ValueError(
                'You have multiple authentication backends configured and '
                'therefore must provide the `backend` argument or set the '
                '`backend` attribute on the user.'
            )
    else:
        if not isinstance(backend, str):
            raise TypeError('backend must be a dotted import path string (got %r).' % backend)
```

```
    request.session[SESSION_KEY] = user._meta.pk.value_to_string(user)
    request.session[BACKEND_SESSION_KEY] = backend
    request.session[HASH_SESSION_KEY] = session_auth_hash
    if hasattr(request, 'user'):
        request.user = user
    rotate_token(request)
    user_logged_in.send(sender=user.__class__, request=request, user=user)
```

还可以移除保持的状态数据，主要通过 django.contrib.auth.logout 操作函数进行处理，其源代码如下：

```
# Django 框架内建的退出登录的处理函数，在函数中完成登录状态的清除操作
def logout(request):
    """
    Remove the authenticated user's ID from the request and flush their session
    data.
    """
    # Dispatch the signal before the user is logged out so the receivers have a
    # chance to find out *who* logged out.
    user = getattr(request, 'user', None)
    if not getattr(user, 'is_authenticated', True):
        user = None
    user_logged_out.send(sender=user.__class__, request=request, user=user)
    # remember language choice saved to session
    language = request.session.get(LANGUAGE_SESSION_KEY)
    request.session.flush()
    if language is not None:
        request.session[LANGUAGE_SESSION_KEY] = language
    if hasattr(request, 'user'):
        from django.contrib.auth.models import AnonymousUser
        request.user = AnonymousUser()
```

接下来通过案例项目来介绍身份认证和状态保持操作。执行如下命令创建项目 perm_demo，在该项目中完成本节讲解的知识点的运用。

```
# 创建项目 perm_demo
django-admin startproject perm_demo
# 在 perm_demo 项目中创建 blog 子项目
cd perm_demo/
django-admin startapp blog
```

打开 blog 子项目并编辑数据模型模块 models.py，添加用户类型的扩展资料，代码如下：

```
# 创建自定义类型，扩展内建用户资料
class UserProfile(models.Model):
    """用户扩展资料"""
    C_GENDER = (
        ("0", "女"),
        ("1", "男"),
    )
    # 关联内建用户
```

```
    user = models.OneToOneField(verbose_name="用户", to=User,
                          related_name="profile", on_delete=models.CASCADE)
    # 用户性别
    gender = models.CharField(verbose_name="性别", max_length=5,
                          choices=C_GENDER, default="1")
    # 用户年龄
    age = models.IntegerField(verbose_name="年龄", default=0)
    # 联系方式
    phone = models.CharField(verbose_name="手机", max_length=15, null=True, blank=True)
    # 所属组织
    org = models.CharField(verbose_name="组织", max_length=200, null=True, blank=True)
    # 个人介绍
    intro = models.TextField(verbose_name="简介", null=True, blank=True)
```

在项目中创建注册表单模块 forms.py，编写与用户相关的注册表单代码如下：

```
# 表单模块
from django import forms
from django.contrib.auth.models import User
class UserRegisterForm(forms.ModelForm):
    """用户注册表单"""
    confirm = forms.CharField(label='确认密码', min_length=6, max_length=18)
    class Meta:
        model = User
        fields = ['username', 'password', 'confirm']
    def clean_username(self):
        """自定义用户名验证规则"""
        u_list = User.objects.filter(username=self.cleaned_data['username'])
        if len(u_list) > 0:
            raise forms.ValidationError("账号已经存在，请使用其他账号注册")
        return self.cleaned_data['username']
    def clean_confirm(self):
        """自定义确认密码验证规则"""
        if self.cleaned_data['password'] != self.cleaned_data['confirm']:
            raise forms.ValidationError("两次密码输入不一致")
        return self.cleaned_data['confirm']
```

相对于用户注册，用户登录通过自定义参数封装的方式进行处理，在项目中通过框架内建的身份认证和状态保持功能完成用户模块操作。编辑视图处理模块 blog/views.py，代码如下：

```
# 博客项目的视图处理模块
from django.shortcuts import render, redirect
from django.urls import reverse
from django.contrib.auth import authenticate, login, logout
from django.contrib.auth.decorators import login_required, permission_required
from django.contrib.auth.models import User
from . import forms
from .models import Article
def user_login(request):
    """用户登录"""
    if request.method == "GET":
```

```
        return render(request, 'blog/login.html', {})
    elif request.method == "POST":
        # 接收登录数据
        username = request.POST.get("username")
        password = request.POST.get("password")
        # 验证表单数据
        user = authenticate(request, username=username, password=password)
        if user and user.is_active:
            login(request, user)
            # 返回首页
            return render(request, 'blog/index.html')
        else:
            return render(request, 'blog/login.html', {'msg_code': "-1",
                                        'msg_info': "账号或者密码有误."})
def user_logout(request):
    """用户退出"""
    logout(request)
    return redirect(reverse("blog:user_index"))
def user_register(request):
    """用户注册"""
    if request.method == "GET":
        return render(request, "blog/register.html", {})
    elif request.method == "POST":
        # 接收用户注册数据
        form_register = forms.UserRegisterForm(request.POST)
        # 判断注册数据的有效性
        if form_register.is_valid():
            # 验证通过，创建用户对象
            User.objects.create_user(username=form_register.instance.username,
                              password=form_register.instance.password)
            # 跳转到登录页面
            return redirect(reverse("blog:user_login"), kwargs={"msg_code": "0",
                                             "msg_info": "账号注册成功"})
        else:
            return render(request, "blog/register.html", {"form":form_register,
                                               "msg_code": "-1",
                                               "msg_info": "注册失败"})
def user_index(request):
    # 查看文章列表
    articles = Article.objects.all()
    return render(request, "blog/index.html", {"articles": articles})
```

在项目中创建网页目录 blog/templates/blog/，添加相关网页文件，定义文件结构如下：

```
|-- blog/templates/blog/
    |-- base.html        基础视图模块，专门用于继承
    |-- index.html       系统首页
    |-- login.html       登录页面
    |-- register.html    注册页面
```

在添加了网页文件之后，对项目的路由进行构建。创建路由模块 blog/urls.py，编写路由映射关系如下：

```
# 路由映射关系
from django.urls import path
from . import views
app_name = 'blog'
urlpatterns = [
    # 用户登录路由处理
    path("login/", views.user_login, name="user_login"),
    # 用户注册路由处理
    path("register/", views.user_register, name="user_register"),
    # 首页路由处理
    path("", views.user_index, name="user_index"),
]
```

创建用户登录页面文件 blog/login.html，编写登录表单代码如下：

```
# 用户登录表单视图
{% extends 'blog/base.html' %}
{% block title %}个人博客用户登录{% endblock %}
{% block page_body %}
    <h2>会员登录</h2>
    <p>
    {{ form.errors }}
    {{ msg_info }}
    </p>
    <form action="{% url 'blog:user_login' %}" method="POST">
        {% csrf_token %}
        <label for="username">账号: </label>
        <input type="text" name="username" id="username">
        <span style="color:red">{{ form.errors.username }}</span>
        <br />
        <label for="password">密码: </label>
        <input type="password" name="password" id="password">
        <span style="color:red">{{ form.errors.password }}</span>
        <br />
        <input type="submit" value="登录">
    </form>
{% endblock %}
```

创建注册页面文件 blog/register.html，编写注册表单代码如下：

```
# 用户注册表单视图
{% extends 'blog/base.html' %}
{% block title %}个人博客用户注册{% endblock %}
{% block page_body %}
    <h2>新用户注册
        <small>{{ form.errors }}</small>
    </h2>
    <hr>
```

```
    <form action="{% url 'blog:user_register' %}" method="POST">
        {% csrf_token %}
        <label for="username">账号：</label>
        <input type="text" name="username" id="username"><br />
        <label for="password">密码：</label>
        <input type="password" name="password" id="password"><br />
        <label for="confirm">确认密码：</label>
        <input type="password" name="confirm" id="confirm"><br />
        <input type="submit" value="提交注册">
    </form>
{% endblock %}
```

在项目首页中可以访问当前登录用户，通过 request.user 直接获取登录状态。首页代码如下：

```
# 首页视图
{% extends 'blog/base.html' %}
{% block title %}个人博客首页{% endblock %}
{% block page_body %}
    <h2>个人博客首页
        <small>尊敬的用户{{ request.user }}，欢迎访问本系统</small>
    </h2>
    <hr>
    <a href="{% url 'blog:user_logout'%}">退出</a>
    <p>博客网页内容</p>
{% endblock %}
```

启动项目，访问首页，默认以匿名用户身份进行访问，显示如图 8.27 所示。

图 8.27 匿名用户访问首页

通过注册表单完成用户注册并登录，登录页面如图 8.28 所示。

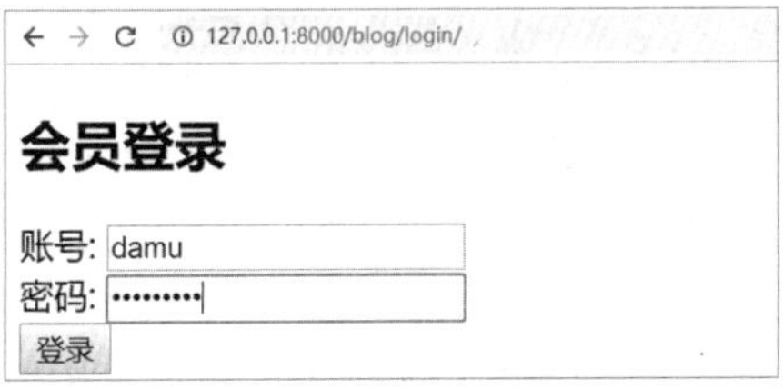

图 8.28 登录页面

用户登录成功后，自动跳转到首页，显示如图 8.29 所示。

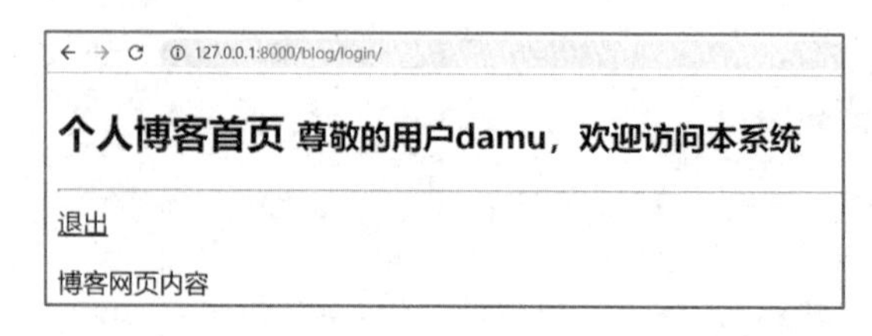

图 8.29 登录用户访问首页

使用 Django 框架内建的用户认证模块，可以快速实现项目结构中的通用用户功能。这也是基于 Django 框架进行项目开发经常采用的一种操作方式，同时也是大部分公司封装的内建身份认证模块的底层构建基础。

8.5.2 权限管理架构

权限是对资源的一种访问控制，在一个完善的项目中，主要是指用户对网站资源的访问管理操作，而对于不同身份的用户，其对资源的访问方式应该有所区分，这就是项目常规操作中基于资源的权限管理。

权限是连接访问用户和项目资源的桥梁，用户对所有资源的访问，都要先判断权限限制条件是否满足，只有在满足条件的情况下才能访问资源，如图 8.30 所示。

图 8.30 权限是连接访问用户和项目资源的桥梁

当项目中定义的数据资源类型较多且相互关联关系较为复杂的时，需要设置大量的权限来配合用户使用。对于功能级别相似的网站用户，权限的设置会造成大量的代码冗余，于是项目中引入了“角色”的概念，通过角色对相同权限集合进行管理，将角色赋予用户，相当于用户拥有了该角色所有的权限。用户、角色、权限和资源之间的关联关系如图 8.31 所示。

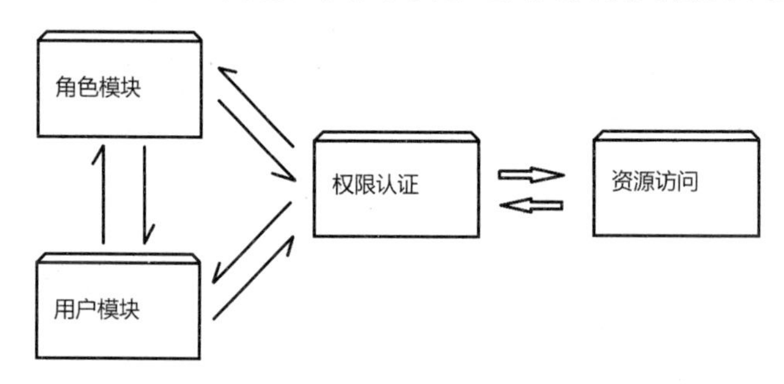

图 8.31 用户、角色、权限和资源之间的关联关系

在 Django 框架中封装的用户模块、角色模块和权限模块如下：

- django.contrib.auth.models.User：框架内建的用户模块中的用户类型。
- django.contrib.auth.models.Group：框架内建的用户模块中的用户组类型。

- django.contrib.auth.models.Permission：框架内建的权限模块中的权限类型。

Django 框架内建的 django.contrib.auth 模块中除了封装上述用于描述实例的模块，也封装了用于身份认证和权限管理功能的函数，如用户身份认证函数 authenticate()、需要登录认证访问的处理函数 login_required()等。常见的管理方式如下：

（1）django.contrib.auth.authenticate：用户身份认证函数，传入用户身份信息，默认参数为账号、密码。如果身份认证通过，则返回当前用户对象，否则返回 None。

（2）django.contrib.auth.login：用户身份状态记录函数，传入请求对象和需要记录的用户对象。该函数负责将用户身份信息记录到请求所属的会话对象中存储。

（3）django.contrib.auth.logout：登录状态清除函数，传入请求对象，将记录在当前请求所属会话中的用户对象 user 清空并设置匿名用户 Anonymous。

（4）django.contrib.auth.decorators.login_required：用户身份认证资源访问装饰器，验证用户是否通过身份认证，如果验证通过，则允许该用户访问该装饰器绑定的函数，否则跳转到 login_url 参数指定的登录路径。如果不提供 login_url 参数，则会自动获取配置文件 settings.py 中的 LOGIN_URL 配置路径。

（5）django.contrib.auth.decorators.permission_required：数据资源访问装饰器，验证当前用户是否拥有指定权限，如果验证通过，则允许该用户访问该装饰器绑定的函数，否则跳转到 login_url 参数指定的登录路径。如果不提供 login_url 参数，则会自动获取配置文件 settings.py 中的 LOGIN_URL 配置路径。

（6）django.views.decorators.http.require_GET：请求访问限制装饰器，只允许使用 GET 请求方式访问绑定的函数。

（7）django.views.decorators.http.require_POST：请求访问限制装饰器，只允许使用 POST 请求方式访问绑定的函数。

（8）django.views.decorators.http.require_http_method：请求访问限制装饰器，只允许使用 HTTP 标准访问方式访问绑定的函数。

用户通过身份认证之后，在操作过程中就可以根据实际场景进行用户组和用户权限的独立分配。处理函数如下。

- user.groups.set([group_list])：为用户设置用户组，可以将当前用户添加到列表中的所有用户组中。
- user.groups.add(group1, group2,...)：为用户设置用户组，可以将当前用户添加到指定的用户组中。
- user.groups.remove(group1, group2...)：将当前用户从指定的用户组中删除。
- user.groups.clear()：将用户从所有的用户组中删除。

- user.user_permissions.set([permission_list])：为用户设置权限，可以将权限列表中的所有权限授予当前用户。
- user.user_permissions.add(perm1, perm2..)：为用户设置权限，可以将指定的权限授予当前用户。
- user.user_permissions.remove(perm1, perm2..)：从当前用户拥有的权限中删除指定的权限。
- user.user_permissions.clear()：删除当前用户拥有的所有权限。

以上都是 django.contrib.auth 模块中封装的身份认证及权限管理的最基本的处理函数，该模块是项目配置文件 settings.py 中的 INSTALLED_APPS 配置选项默认添加的。在项目中自动设置了 INSTALLED_APPS 中 App 内部模型类的默认访问权限，如下所示：

- add：如 blog.add_article，增加文章类型的权限。
- change：如 blog.change_article，修改文章类型的权限。
- delete：如 blog.delete_article，删除文章类型的权限。
- view：如 blog.view_article，查看文章类型的权限。

我们修改数据模型模块 models.py，添加文章类型 Article。然后登录后台管理系统，查看权限分配情况，如图 8.32 所示。

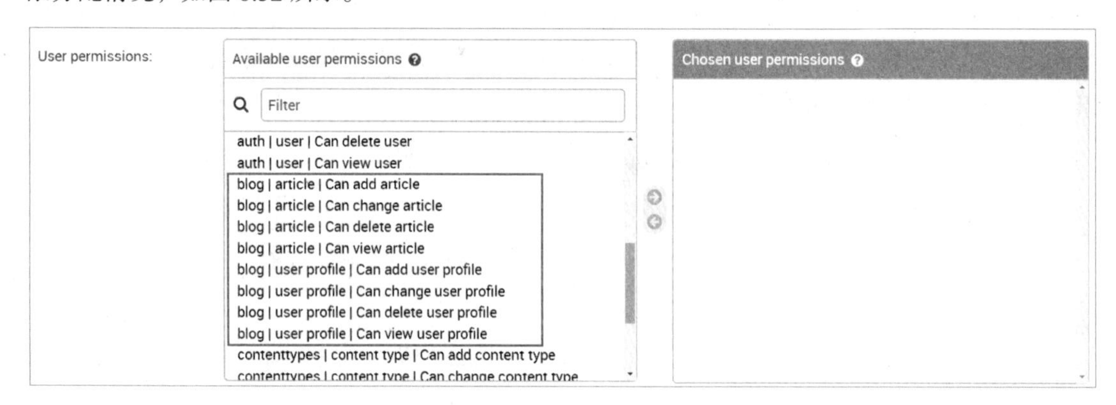

图 8.32 权限分配情况

如果在视图处理函数上添加了@permission_required 进行权限认证，那么就可以对资源进行权限访问控制，同时也可以通过自定义权限进行资源的访问管理操作。

8.5.3 资源访问管理

在案例项目中增加文章数据模型，用来完成用户对文章的处理操作。编辑数据模型模块 blog/models.py，增加代码如下：

```
# 新增模型类
class Article(models.Model):
    """文章类型"""
```

```
    # 文章编号，主键
    id = models.UUIDField(verbose_name="文章编号", primary_key=True, default=uuid4)
    # 文章标题
    title = models.CharField(verbose_name="文章标题", max_length=20)
    # 文章内容
    content = models.TextField(verbose_name="文章内容")
    # 发表时间
    publish_time = models.DateTimeField(verbose_name="发表时间", auto_now_add=True)
    # 修改时间
    update_time = models.DateTimeField(verbose_name="修改时间", auto_now=True)
    # 文章作者
    author = models.ForeignKey(verbose_name="作者", to=User, on_delete=models.CASCADE)
    def get_absolute_url(self):
        # 当前类型访问路径
        return reverse("blog:article_detail", kwargs={"article_id": self.id})
```

django.contrib.auth 模块默认已经被添加到 INSTALLED_APPS 配置选项中，通过权限管理对用户访问文章数据的操作进行控制。首先确定文章操作功能与权限名称的对应关系如下：

- 查看文章功能，权限名称为 blog.view_article。
- 发表文章功能，权限名称为 blog.add_article。
- 编辑文章功能：权限名称为 blog.change_article。
- 删除文章功能：权限名称为 blog.delete_article。

对用户权限进行管理，最简单的方式是通过后台管理系统对当前已有用户的权限进行分配。比如为案例项目中的用户添加查看文章和编辑文章的权限，如图 8.33 所示。

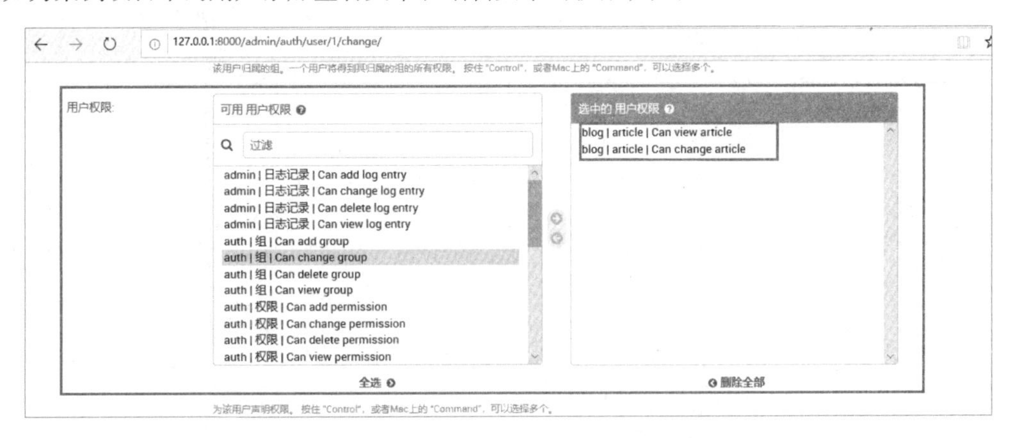

图 8.33 为用户添加查看文章和编辑文章的权限

重构视图处理模块 blog/views.py，在与文章相关的视图处理函数中添加权限认证操作，通过 permission_required 限制访问权限。代码如下：

```
# 与文章相关的视图处理函数，增加权限限制
@permission_required("blog.view_article")
@require_GET
def user_index(request):
```

```
    # 查看文章列表
    articles = Article.objects.all()
    print(request.user.get_all_permissions())
    print(request.user.has_perm("blog.view_article"))
    return render(request, "blog/index.html", {"articles": articles})
@login_required
@permission_required("blog.add_article")
def article_publish(request):
    """发表文章"""
    if request.method == "GET":
        return render(request, "blog/article_publish.html", {})
    elif request.method == "POST":
        # 接收文章数据
        form = forms.ArticleForm(request.POST)
        # 验证文章数据是否正确
        if form.is_valid():
            # 发表文章
            form.save()
            # 跳转到文章详情页面
            return redirect(form.instance)
        return render(request, "blog/article_publish.html", {'form': form})
@permission_required("blog.view_article")
@require_GET
def article_detail(request, article_id):
    """查看文章"""
    if request.method == "GET":
        article = get_object_or_404(Article, pk=article_id)
        return render(request, "blog/article_detail.html", {"article": article})
@login_required
@permission_required("blog.change_article")
def article_update(request, article_id):
    """修改文章"""
    article = get_object_or_404(Article, pk=article_id)
    if request.method == "GET":
        return render(request, "blog/article_update.html", {"article": article})
    elif request.method == "POST":
        # 接收文章数据
        form = forms.ArticleForm(request.POST, instance=article)
        # 验证文章数据是否正确
        if form.is_valid():
            # 存储文章数据
            form.save()
            # 跳转到文章详情页面
            return redirect(form.instance)
        return render(request, "blog/article_update.html", {'form': form})
@login_required
@permission_required("blog.delete_article")
def article_delete(request, article_id):
    """删除文章"""
```

```
    # 查询文章数据
    article = get_object_or_404(Article, pk=article_id)
    # 删除文章
    article.delete()
    # 返回首页
    return redirect(reverse("blog:user_index"))
```

从上面的代码中可以看到，访问首页（user_index()）和查看文章详情（article_detail()），都需要当前用户拥有 blog.view_articles 权限；而发表文章（article_publish()）和修改文章（article_update()），则分别需要当前用户拥有 blog.add_article 和 blog.change_article 权限。有了权限的控制，操作数据就会更加灵活且更加安全了。

启动项目，使用前面已经授权的普通用户账号登录系统，由于拥有 blog.view_article 和 blog.change_article 权限，所以可以查看所有文章、查看每一篇文章的详细信息以及修改文章，但是对于发表文章和删除文章是没有权限进行操作的。

登录系统，查看所有文章，如图 8.34 所示。

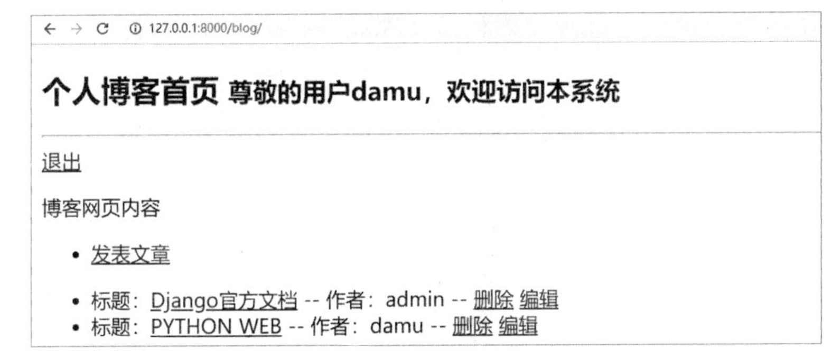

图 8.34　拥有 blog.view_article 权限，可以查看所有文章

点击文章标题，查看文章内容，如图 8.35 所示。

图 8.35　拥有 blog.view_article 权限，可以查看文章内容

点击“发表文章”或者“删除”，得到没有权限访问该资源的提示，如图 8.36 所示。

图 8.36　用户访问受到限制的提示

上述案例我们通过权限管理限制了用户对文章的操作，在视图处理函数上绑定权限认证，是企业项目中使用最多的一种限制操作方式。

上面介绍的权限管理功能已经可以满足大多数项目的需求，如果在项目中需要开发自定义的权限管理架构，则可以参考 Django 框架中的实现。

在扩展项目功能时，如果涉及权限管理功能，则可以通过 8.5.1 节中介绍的用户组和权限设置方法进行操作，完成资源访问限制和管理。

8.6 本章小结

本章内容属于 Django 框架中扩展功能部分，不涉及具体的业务流程，属于网站建设的辅助功能。本章介绍的相关功能，使得 Web 应用项目的功能完善度、流程处理性能以及资源访问管理有了大幅度的提升，提高了项目的使用体验和项目整体的健壮性。

第 9 章　Django REST 框架

在企业项目开发中，传统的项目结构已经无法满足时下日益增长的用户需求，但是由于项目结构的纵向扩展在一定程度上受到了项目技术和硬件本身的限制，因此横向扩展变成了满足高并发性、高可用性的最佳实现，项目结构由单一的上下级依赖关系，逐步演变为分布式、多节点、微服务的横向结构。在这样的结构模式下，前后端程序之间的数据交互、分布式程序之间的数据通信、服务之间的数据通信都需要通过数据接口来实现。

本章主要讲解在 Django 项目中如何实现数据接口提供数据服务，主要内容包括：

- 面向接口编程概述。
- Django 项目中接口的操作方式。
- REST 框架的快速入门。
- REST 框架的请求对象和响应对象。
- REST 框架的基于类型的视图构建。
- REST 框架的数据模型关联操作。
- REST 框架的视图和路由处理。

9.1　面向接口编程概述

开发 Web 应用软件，根据不同的需要，有适合不同场景的软件开发模型，在以提供数据服务为核心的软件开发模型中，数据接口的开发是最直观和最有效的实现。本节就对数据接口的意义、项目规范和开发操作进行详细讲解。

9.1.1　什么是接口

接口本身有两种不同的含义，描述一种数据规范或者数据交互的 I/O 端口，分别在不同的场合下被广泛使用。

在软件架构设计中，我们会设计不同的组件模块，它们通过接口进行数据通信，以实现软件整体功能的构建。这里提到的接口主要指的是数据接口，如图 9.1 所示。

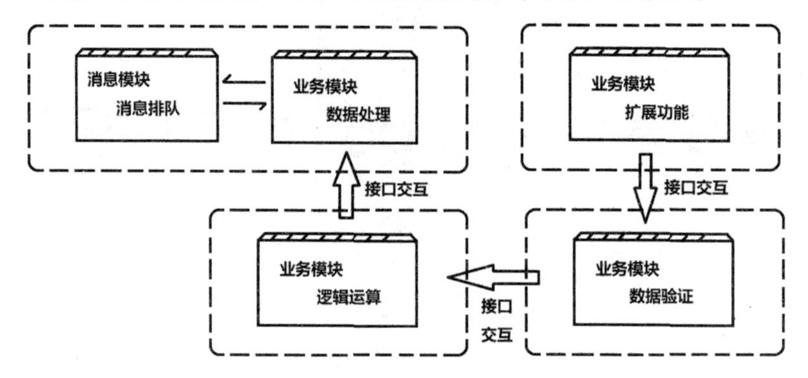

图 9.1 软件不同组件模块之间的数据接口通信

在软件开发中，有一条面向对象的设计原则是依赖倒置，它将程序中不同数据类型之间的依赖关系，从依赖具体类型转换为依赖抽象类型，也就是俗称的面向抽象，用于降低不同类型之间的耦合度，提高功能扩展性。在开发项目时，为了能更加规范和友好地表示此类情况，可以将抽象再次升级为接口，通过接口规范项目中的类型关系，如图 9.2 所示。

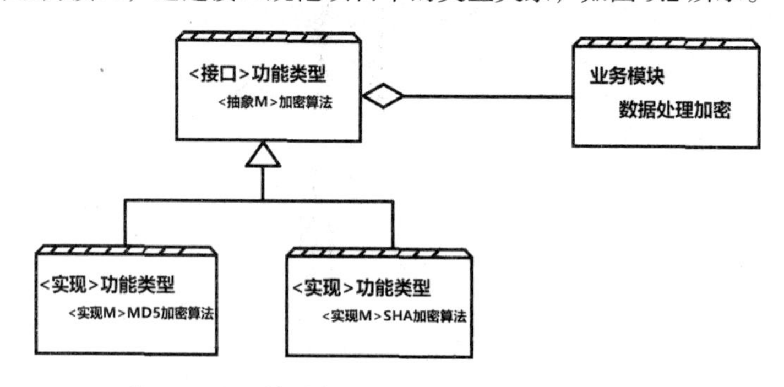

图 9.2 编程模型中的依赖倒置原则——依赖接口

在常规项目开发中，在软件功能设计及开发的不同场景下，接口的含义和功能会有所不同，所以需要在开发之初就按照规范形成文档，以项目文档（如软件详细设计文档、软件开发手册）为标准进行开发，才能更好地使用功能强大的接口，避免在协作中出现问题。

9.1.2 接口定义规范

在企业项目开发中，接口最基础的规范就是符合需求场景下的数据交互，其核心要素是数据，操作方式是传输。对于一个完善的、成熟的接口，接口规范主要提供了如下信息：

- 接口功能描述。
- 接口入参描述。
- 接口返回数据描述。
- 接口使用场景及注意事项。

在软件详细设计文档中，如果涉及数据交互接口的设计定义，则必须按照约定的格式确定接口规范，以便在后续协同开发中正确使用接口。

这里举一个例子。表 9.1 中给出了账单支付接口规范，在开发项目时可以作为参考。

表 9.1　账单支付接口规范

请求地址				
环境	HTTPS 请求地址			
正式环境	https://openapi.alipay.com/gateway.do			
公共请求参数				
参数	**类型**	**是否必需**	**最大长度（字节）**	**描述**
app_id	String	是	32	分配给开发者的应用 ID
method	String	是	128	接口名称
format	String	否	40	仅支持 JSON 格式
app_auth_token	String	否	40	详见官方应用授权文档
其他参数（略）				
请求参数				
参数	**类型**	**是否必需**	**最大长度（字节）**	**描述**
out_trade_no	String	可选	64	订单支付时传入的商户订单号
其他参数（略）				
公共响应参数				
参数	**类型**	**是否必需**	**最大长度（字节）**	**描述**
code	String	是	—	网关返回码
其他参数（略）				
响应参数				
参数	**类型**	**是否必需**	**最大长度（字节）**	**描述**
buyer_logon_id	String	是	100	用户的登录 ID
其他参数（略）				

9.1.3　接口编程应用

在 Django 项目中可以独立完成接口的开发，通常根据项目应用的不同场景，有两种不同的接口操作：

- 定义数据接口，提供不同组件之间的数据交互服务。
- 定义数据接口，为 Web 应用软件前后端分离开发提供基础。

现在创建一个 Django 项目 tutorial_book，并创建一个子项目 booklibrary，代码如下：

```
# 创建项目
django-admin startproject tutorial_book
```

```
cd tutorial
# 创建子项目
django-admin startapp booklibrary
```

编辑数据模型模块 booklibrary/models.py，创建图书数据模型，代码如下：

```
# booklibrary/models.py
from django.db import models
from django.contrib.auth.models import User
from uuid import uuid4
class Book(models.Model):
    """图书类型"""
    id = models.UUIDField(verbose_name='图书编号', primary_key=True, default=uuid4)
    title = models.CharField(verbose_name='图书名称', max_length=100)
    summer = models.TextField(verbose_name='图书摘要')
    author = models.TextField(verbose_name='作者列表')
    user = models.ForeignKey(verbose_name='操作用户', to=User, on_delete=models.CASCADE)
```

编辑视图处理模块 booklibrary/views.py，添加查询图书数据的视图处理函数，并将查询到的数据使用 Django 框架内建的序列化组件进行转换，最后返回给客户端。代码如下：

```
# booklibrary/views.py
from django.core.serializers import serialize
from django.http import JsonResponse
from .models import Book
def book_list(request):
    """查询图书列表"""
    books = Book.objects.all()
    serialize_books = serialize('json', books)
    return JsonResponse(serialize_books, safe=False)
```

编辑项目路由模块 booklibrary/urls.py，完善路由映射关系，代码如下：

```
# booklibrary/urls.py
from django.urls import path
from . import views
app_name = 'booklibrary'
urlpatterns = [
    path("book_list/", views.book_list, name="book_list"),
]
```

在项目主目录下执行数据迁移命令，将在子项目中创建的数据模型迁移到指定的数据库中。命令如下：

```
python manage.py makemigrations
python manage.py migrate
```

执行 python manage.py shell 命令进入交互式命令行模式，添加图书测试数据，如下所示：

```
>python manage.py shell
Python 3.7.0 (v3.7.0:1bf9cc5093, Jun 27 2018, 04:59:51) [MSC v.1914 64 bit (AMD64)]
Type 'copyright', 'credits' or 'license' for more information
```

```
    IPython 7.2.0 -- An enhanced Interactive Python. Type '?' for help.
    In [1]: from django.contrib.auth.models import User
    In [2]: from booklibrary.models import Book
    In [3]: u = User.objects.get(pk=1)
    In [4]: b1 = Book(title="神级仙医在都市", summer="仙医者，生死人，肉白骨。神级仙医者，敢改阎王令，逆天能改命...", author="掠痕", user=u)
    In [5]: b1.save()
    In [6]: b2 = Book(title="武道至尊", summer="冷冷地看着身边那些带着讥讽的眼神看着自己的人，王辰眼神如刃，毅然决然...", author="暗夜幽殇", user=u)
    In [7]: b2.save()
```

启动项目，访问指定的 URL 地址：http://localhost:8000/booklibrary/book_list/，显示数据如图 9.3 所示。

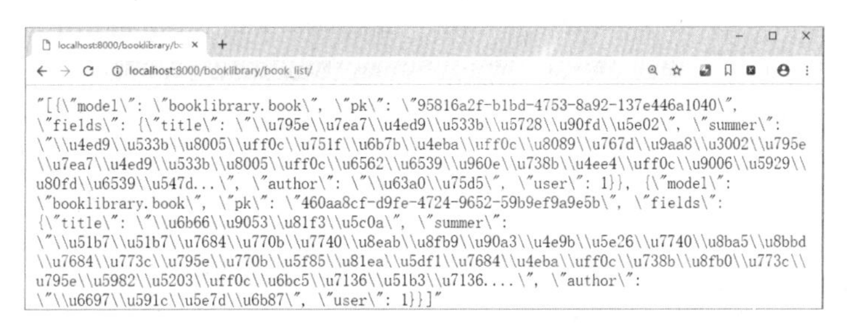

图 9.3　通过数据接口访问图书数据

但是 Django 框架本身对数据接口开发的支持并不是很友好，对于数据的序列化操作、数据格式的定义以及数据的安全性处理，都需要开发人员进行大量的编码来实现。开发数据接口，在企业项目中通常需要使用第三方框架 Django rest_framework 进行操作，下面就对此进行详细讲解。

9.2　Django rest_framework

Django rest_framework 是第三方框架，为在 Django 项目中实现 RESTful 风格的数据接口提供了非常友好的支持。本节将针对 Django rest_framework 的使用进行整体介绍，并在项目中使用 Django rest_framework 实现数据接口的基本功能。

9.2.1　安装与配置

目前 Django rest_framework 支持 Django 1.x 和 Django 2.x 版本，执行如下命令安装 Django rest_framework 框架：

```
    pip install django                    # 安装 Django 框架
    pip install djangorestframework       # 安装 rest_framework 框架
```

在项目开发过程中，创建虚拟环境，用于部署和配置项目。执行如下命令安装虚拟环境模块：

```
pip install virtualenv                    # 安装虚拟环境模块
pip install virtualenvwrapper             # 安装虚拟环境包装模块（非 Windows 系统）
pip install virtualenvwrapper-win         # 安装虚拟环境包装模块（Windows 系统）
```

为当前项目环境创建对应的虚拟环境，并切换到虚拟环境，执行命令如下：

```
mkvirtualenv env                 # 创建虚拟环境
workon env                       # 切换到虚拟环境
```

在当前项目环境中，执行如下命令进行数据库迁移：

```
python manage.py migrate
```

在项目主目录下执行下面的命令，为当前项目创建账号为 admin 的超级管理员用户：

```
python manager createsuperuser  --email admin@example.com  --username admin
```

9.2.2 创建项目

基于 Django 框架创建一个项目 tutorial，并创建一个子项目 quickstart，执行命令如下：

```
# 创建项目
django-admin startproject tutorial
# 创建子项目
cd tutorial
django-admin startapp quickstart
```

在 tutorial 项目的根管理项目中，将 quickstart 子项目注册添加到项目配置模块 settings.py 的 INSTALLED_APPS 配置选项中：

```
INSTALLED_APPS = [
    ……
    "rest_framework",
    "quickstart",
    ……
]
```

在项目中添加 Django rest_framework 框架支持，主要用于后端项目的数据接口开发，不需要处理网页视图，所以不需要再创建网页文件结构。此时的项目文件结构如下：

```
|-- tutorial/                             # 项目主目录
    |-- tutorial/                         # 根管理项目
        |-- __init__.py                   # 包声明模块
        |-- settings.py                   # 项目配置模块
        |-- urls.py                       # 项目主路由模块
        |-- wsgi.py                       # WSGI 协议模块
    |-- quickstart/                       # 子项目
        |-- __init__.py                   # 包声明模块
        |-- admin.py                      # 后台模型注册管理模块
        |-- app.py                        # 子项目配置模块
        |-- models.py                     # 数据模型模块
        |-- views.py                      # 视图处理模块
```

```
        |-- test.py                     # 单元测试模块
        |-- migrations/                 # 数据迁移模块
    |-- manager.py                      # 项目命令支持模块
```

9.2.3　数据序列化

在数据接口中最重要的就是数据模型的序列化方式，对程序中的数据对象按照框架指定的配置方式进行配置管理。

在 quickstart 子项目中创建序列化模块 serializers.py，在该模块中定义内建用户和用户组的序列化操作。这里以项目内建用户为例进行序列化操作，完成数据接口的定义。代码如下：

```
# 引入依赖的模块
from django.contrib.auth.models import User, Group
from rest_framework import serializers
class UserSerializer(serializers.HyperlinkedModelSerializer):
    """用户序列化组件"""
    # 链接
    url = serializers.HyperlinkedIdentityField(view_name='quickstart:user-detail')
    class Meta:
        model = User                                        # 关联数据模型
        fields = ('url', 'username', 'email', 'groups')  # 添加数据接口属性字段
class GroupSerializer(serializers.HyperlinkedModelSerializer):
    """用户组序列化组件"""
    class Meta:
        model = Group                       # 关联数据模型
        fields = ('url', 'name')            # 添加数据接口属性字段
```

9.2.4　视图操作

在视图处理模块中，定义与用户数据和用户组数据相关的数据接口，通过 Django rest_framework 框架提供的 ModelViewSet 类型来实现，并在该类型中指定序列化时的操作类型。编辑 quickstart/views.py，代码如下：

```
# 引入依赖的模块
from django.contrib.auth.models import User, Group
from rest_framework import viewsets
from .serializers import UserSerializer, GroupSerializer
class UserViewSet(viewsets.ModelViewSet):
    """用户视图集"""
    queryset = User.objects.all().order_by('-date_joined')       # 数据查询
    serializer_class = UserSerializer                              # 序列化类型
class GroupViewSet(viewsets.ModelViewSet):
    """用户组视图集"""
    queryset = Group.objects.all()          # 数据查询
    serializer_class = GroupSerializer      # 序列化类型
```

9.2.5 路由映射

Django rest_framework 框架提供的数据接口的路由定义，与普通 Django 项目的路由操作大同小异，常规的路由操作支持完善的 HTTP 协议，但是对于每种请求方式都需要自定义处理代码块，在 RESTful 风格下对于 GET、PUT、DELETE、POST 请求方式的处理，我们使用 Django rest_framework 提供的 routers 路由进行配置操作。编辑 quickstart/urls.py，代码如下：

```
# 引入依赖的模块
from django.urls import path, include
from rest_framework import routers
from . import views                                 # 引入视图处理模块
app_name = 'quickstart'                             # 命名路由模块
route = routers.DefaultRouter()                     # 使用默认的路由类型构建路由对象
route.register(r'users', views.UserViewSet)         # 注册用户的路由映射关系
route.register(r'groups', views.GroupViewSet)       # 注册用户组的路由映射关系
urlpatterns = [
    # 将 route 路由对象包含注册到项目中
    path('', include(route.urls)),
    path('api-auth/', include('rest_framework.urls', namespace='rest_framework')),
]
```

9.2.6 分页配置

为了更好地进行数据访问，Django rest_framework 框架提供了数据分页配置方式，可以实现数据分页处理。编辑 tutorial/settings.py，配置代码如下：

```
# 分页配置
REST_FRAMEWORK = {
    # 默认的数据分页处理模块
    'DEFAULT_PAGINATION_CLASS': 'rest_framework.pagination.PageNumberPagination',
    # 每页展示的数据量
    'PAGE_SIZE': 10
}
```

9.2.7 数据访问测试

在项目主目录下，执行如下命令启动项目：

```
python manage.py runserver
```

打开浏览器，访问项目首页（地址是 http://localhost:8000），可以看到项目中的数据接口信息，如图 9.4 所示。

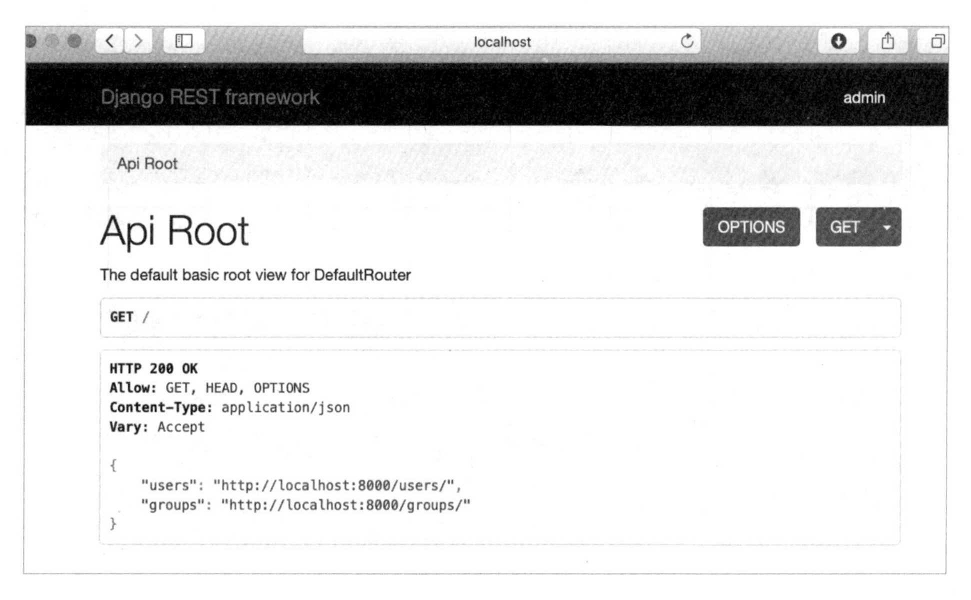

图 9.4　项目中的数据接口信息

点击图 9.4 中“users”对应的数据接口，访问用户数据接口，可以看到用户数据的分页展示效果，如图 9.5 所示。

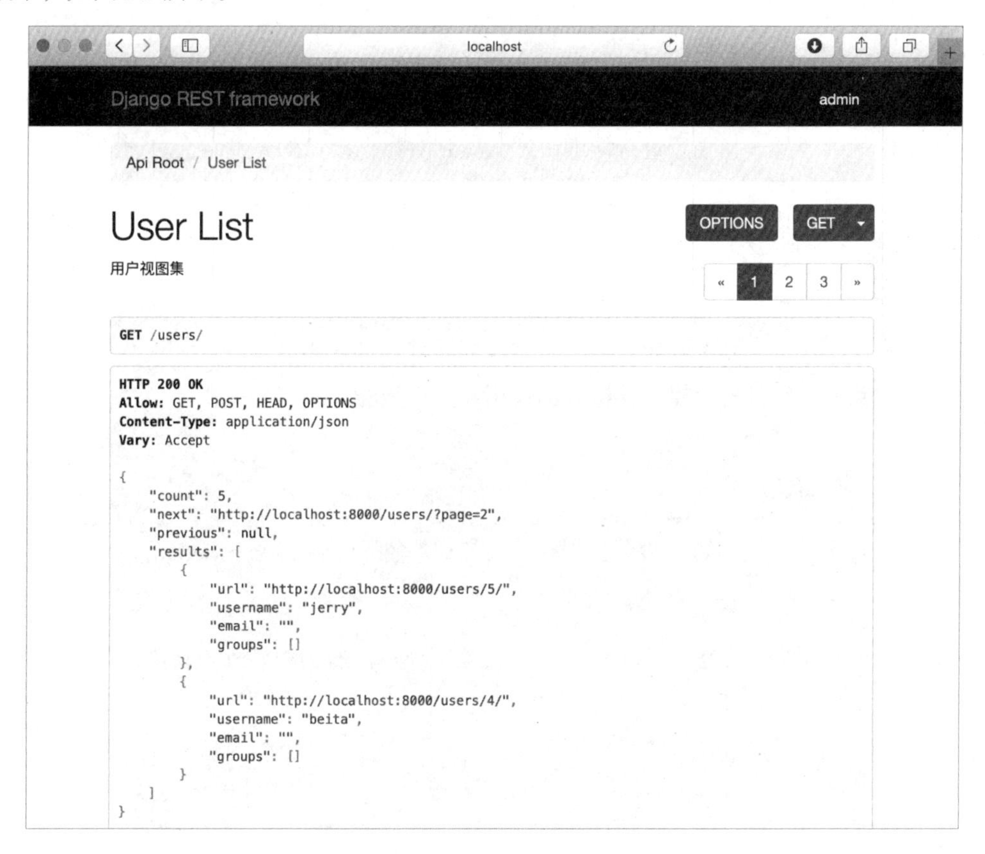

图 9.5　用户数据分页展示效果

在上述查看用户数据接口的基础上，可以根据查询得到的用户 URL 地址，访问某个用户的详情信息，如图 9.6 所示。

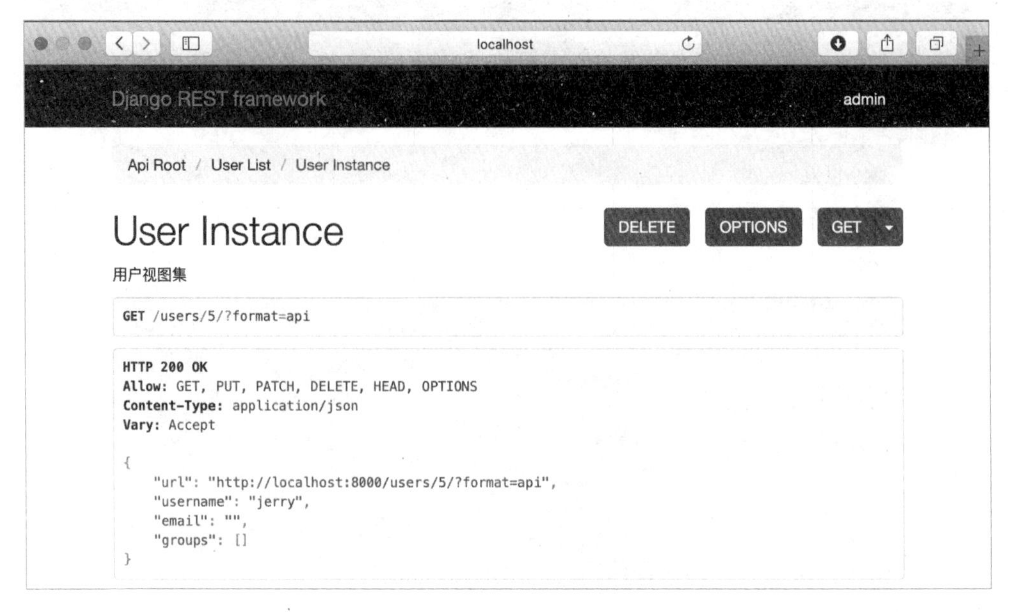

图 9.6　访问用户详情信息

上述通过对用户相关数据接口的开发，介绍了数据接口的基本开发方式和开发步骤，在项目操作过程中，这已经可以满足常见的数据接口需求和功能了。在后面的章节中，我们将针对每一个步骤中的细节操作和配置进行详细讲解，达到对数据接口的开发融会贯通的目的。

9.3 数据序列化

数据的序列化操作，是项目中数据接口提供有效数据的核心处理功能，本节将通过一个知识库管理子项目来介绍框架中序列化组件的使用和操作步骤。

9.3.1 项目初始化

在项目主目录下，执行如下命令，创建一个知识库管理子项目 knowledge：

```
django-admin startapp knowledge
```

在知识库管理子项目中创建路由模块，并将该子项目注册到根管理项目中。编辑主路由模块和项目配置文件，代码如下：

```
# tutorial/urls.py
......
urlpatterns = [
    ......
    path("knowledge/", include("knowledge.urls")),
```

```
        ……
    ]
    ------------------------------------------------------------------------------------
    # tutorial/settings.py
    ……
    INSTALLED_APPS = [
        ……
        'knowledge',
        ……
    ]
```

9.3.2　自定义数据模型

在知识库管理子项目中，编辑数据模型模块 models.py，自定义知识项数据模型，代码如下：

```
# 引入依赖库
from django.db import models
from uuid import uuid4
class KnowledgeItem(models.Model):
    """知识项数据模型"""
    id = models.UUIDField(verbose_name="编号", primary_key=True, default=uuid4)
                                                                    # 编号
    title = models.CharField(verbose_name="标题", max_length=100)  # 标题
    content = models.TextField(verbose_name="内容")                # 内容
    # 知识发布时间
    publish_time = models.DateTimeField(verbose_name="发布时间",
                                        auto_now_add=True)
    # 知识修改时间
    last_update_time = models.DateTimeField(verbose_name="修改时间",
                                            auto_now=True)
    # 知识备注
    remark = models.TextField(verbose_name="备注", null=True, blank=True)
```

9.3.3　序列化组件操作

在知识库管理子项目中，创建序列化模块 serializers.py，用于定义项目中数据模型对象的序列化组件。代码如下：

```
# knowledge/serializers.py
from rest_framework import serializers
from .models import KnowledgeItem
class KnowledgeSerializer(serializers.Serializer):
    """知识项序列化类型"""
    id = serializers.UUIDField(read_only=True)                          # 编号
    title = serializers.CharField(required=True, max_length=100)       # 标题
    content = serializers.CharField(required=True)                      # 内容
    remark = serializers.CharField(required=False, allow_blank=True, allow_null=True)# 备注
    def create(self, validated_data):
```

```
        """使用封装后的验证方法返回知识项对象"""
        return KnowledgeItem.objects.create(**validated_data)
    def update(self, instance, validated_data):
        """使用更新已有对象属性的方法"""
        instance.title = validated_data.get("title", instance.title)
        instance.content = validated_data.get("content", instance.content)
        instance.remark = validated_data.get("remark", instance.remark)
```

上述序列化操作方式，是 Django rest_framework 框架提供的底层序列化操作方式，可以对指定的数据模型对象进行数据序列化转换。与我们前面学习的表单模型对象 forms.Form 类似，这里也出现了大量的属性代码冗余，所以框架提供了 ModelSerializer 类型专门用于数据模型对象的序列化操作。

编辑序列化模块 knowledge/serializers.py，使用 ModelSerializer 类型进行知识项对象的序列化定义，代码如下：

```
# knowledge/serializers.py
class KnowledgeSerializer(ModelSerializer):
    """知识项序列化类型"""
    class Meta:
        model = KnowledgeItem                                     # 关联数据模型
        fields = ('id', 'title', 'content', 'remark')             # 关联操作字段
```

9.3.4 视图处理组件

在处理完自定义数据模型的序列化组件后，我们编辑视图处理模块，定义视图处理函数以响应通过数据接口接收到的客户端请求。打开视图处理模块 knowledge/views.py，定义知识项列表的视图处理函数，通过 GET 方式获取数据，通过 POST 方式新增知识项数据。代码如下：

```
# 引入依赖的模块
from django.http import HttpResponse, JsonResponse
from django.shortcuts import get_object_or_404
from django.views.decorators.csrf import csrf_exempt
from rest_framework.renderers import JSONRenderer
from rest_framework.parsers import JSONParser
from .models import KnowledgeItem
from .serializers import KnowledgeSerializer
def knowledge_list(request):
    """知识项列表视图处理函数"""
    if request.method == "GET":
        # 查询所有的知识项数据
        knowledges = KnowledgeItem.objects.all()
        # 序列化对象数据
        serializers = KnowledgeSerializer(knowledges, many=True)
        # 返回查询到的知识项数据
        return JsonResponse(serializers.data, safe=False)
    elif request.method == "POST":
```

```
        data = JSONParser().parse(request)                    # 获取新的知识项数据
        serializers = KnowledgeSerializer(data=data)          # 反序列化数据
        if serializers.is_valid():                            # 验证有效性
            serializers.save()                                # 存储数据
            return JsonResponse(serializers.data, status=201)# 返回操作的数据
        return JsonResponse(serializers.errors, status=400)
```

对数据模型的操作，主要有 CRUD（增删改查）四种，在 RESTful 风格的操作模式下，分别通过 POST 方式新增数据、GET 方式获取数据、PUT 方式更新数据、DELETE 方式删除数据。在查询知识项数据和新增知识项数据的基础上，我们添加 GET、PUT 和 DELETE 三种请求方式对应的视图处理函数。编辑视图处理模块 knowledge/views.py，代码如下：

```
# 引入依赖的模块
from django.http import HttpResponse, JsonResponse
from django.shortcuts import get_object_or_404
from django.views.decorators.csrf import csrf_exempt
from rest_framework.renderers import JSONRenderer
from rest_framework.parsers import JSONParser
from .models import KnowledgeItem
from .serializers import KnowledgeSerializer
@csrf_exempt
def knowledge_detail(request, pk):
    """知识项操作视图处理函数"""
    # 通过查询获取对应的知识项对象
    knowledge = get_object_or_404(KnowledgeItem, pk=pk)
    # 判断不同请求方式下的数据处理
    if request.method == "GET":
        """获取知识项对象"""
        serializer = KnowledgeSerializer(knowledge)
        return JsonResponse(serializer.data)
    elif request.method == "PUT":
        """更新知识项对象"""
        data = JSONParser().parse(request)                    # 获取请求中的数据
        serializer = KnowledgeSerializer(knowledge, data=data)   # 序列化数据
        if serializer.is_valid():                             # 验证并存储数据
            serializer.save()                                 # 存储数据
            return JsonResponse(serializer.data)
        return JsonResponse(serializer.errors, status=400)
    elif request.method == "DELETE":
        knowledge.delete()                # 删除知识项对象数据
        return HttpResponse(status=204)
```

在定义好视图处理函数后，完善项目中的路由映射关系。编辑路由模块 knowledge/urls.py，添加路由映射关系代码如下：

```
# knowledge/urls.py
from django.urls import path
```

```
from . import views
app_name = 'knowledge'
urlpatterns = [
    path("<uuid:pk>/", views.knowledge_detail),          # 增删改查知识项对象数据
    path("", views.knowledge_list),                      # 查询知识项列表数据
]
```

9.3.5 数据接口测试

进入 Django 项目的交互命令行模式，执行下面的命令，新增测试数据：

```
# 交互命令行模式
>python manage.py shell
Python 3.7.0 (v3.7.0:1bf9cc5093, Jun 27 2018, 04:59:51) [MSC v.1914 64 bit (AMD64)]
Type 'copyright', 'credits' or 'license' for more information
IPython 7.2.0 -- An enhanced Interactive Python. Type '?' for help.
In [1]: from knowledge.models import KnowledgeItem
In [2]: ki = KnowledgeItem(title="金鱼有记忆吗？", content="金鱼有记忆，但是不是传说的七秒")
In [3]: ki.save()
In [4]: ki = KnowledgeItem(title="铁锈是铁吗？", content="铁锈是四氧化三铁，不是纯铁，也不能给人体补铁哦")
In [5]: ki.save()
In [6]: quit()
```

启动项目，访问 http://localhost:8000/knowledge/，显示如图 9.7 所示。

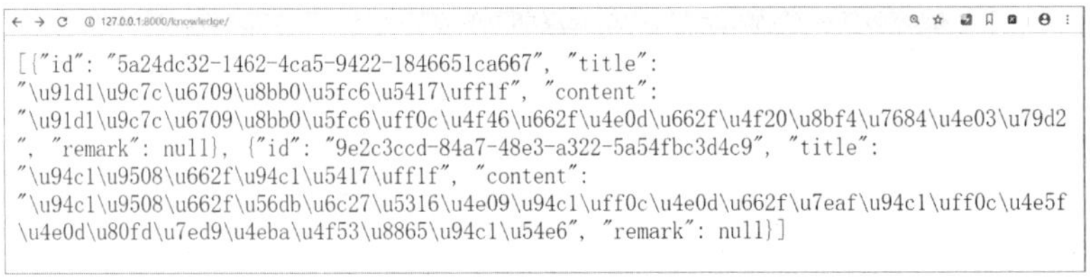

127.0.0.1:8000/knowledge/

[{"id": "5a24dc32-1462-4ca5-9422-1846651ca667", "title": "\u91d1\u9c7c\u6709\u8bb0\u5fc6\u5417\uff1f", "content": "\u91d1\u9c7c\u6709\u8bb0\u5fc6\uff0c\u4f46\u662f\u4e0d\u662f\u4f20\u8bf4\u7684\u4e03\u79d2", "remark": null}, {"id": "9e2c3ccd-84a7-48e3-a322-5a54fbc3d4c9", "title": "\u94c1\u9508\u662f\u94c1\u5417\uff1f", "content": "\u94c1\u9508\u662f\u56db\u6c27\u5316\u4e09\u94c1\uff0c\u4e0d\u662f\u7eaf\u94c1\uff0c\u4e5f\u4e0d\u80fd\u7ed9\u4eba\u4f53\u8865\u94c1\u54e6", "remark": null}]

图 9.7 访问接口获取知识项数据

通过上述接口已经获取到知识项数据列表，通过指定知识项数据的 id，可以访问对应的单个知识项数据，如图 9.8 所示。

127.0.0.1:8000/knowledge/5a24dc32-1462-4ca5-9422-1846651ca667/

{"id": "5a24dc32-1462-4ca5-9422-1846651ca667", "title": "\u91d1\u9c7c\u6709\u8bb0\u5fc6\u5417\uff1f", "content": "\u91d1\u9c7c\u6709\u8bb0\u5fc6\uff0c\u4f46\u662f\u4e0d\u662f\u4f20\u8bf4\u7684\u4e03\u79d2", "remark": null}

图 9.8 通过 id 访问接口获取知识项数据

9.3.6 数据接口测试工具

在数据接口开发过程中，直接通过浏览器访问数据并不是很友好，并且对于不同的请求处

理过程，直接使用浏览器测试效率比较低下，同时也不能满足所有的测试需求。所以，一般使用第三方测试工具，比如 Postman，对项目中数据接口的功能可用性进行测试。

Postman 是一个独立的 PC 端软件，从其官方网站下载后进行安装。该软件提供了针对不同操作系统的安装包，可以在不同的操作系统上非常友好地完成数据请求操作。该软件也提供了不同浏览器的插件，可以在浏览器中直接以插件的形式进行操作。

启动 Postman，针对不同的请求方式对项目数据接口进行测试。首先通过 GET 请求方式访问 http://localhost:/8000/knowledge/，获取所有的知识项数据，如图 9.9 所示。

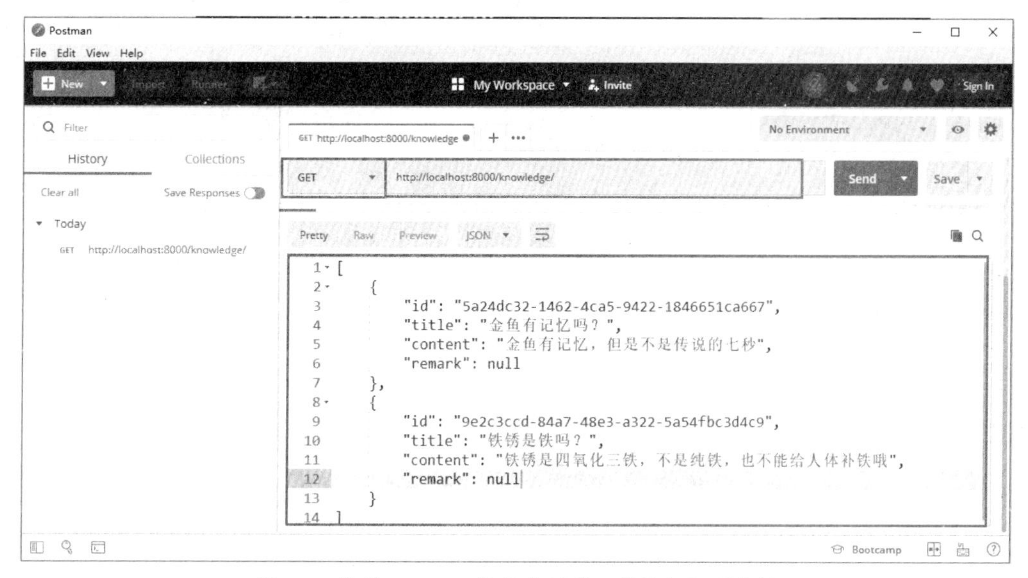

图 9.9　使用 Postman 访问数据接口获取知识项数据

也可以通过给定的 id 访问具体的知识项数据，如图 9.10 所示。

图 9.10　通过 id 访问知识项数据

接下来通过 POST 请求方式向服务器提交新的知识项数据，如图 9.11 所示。

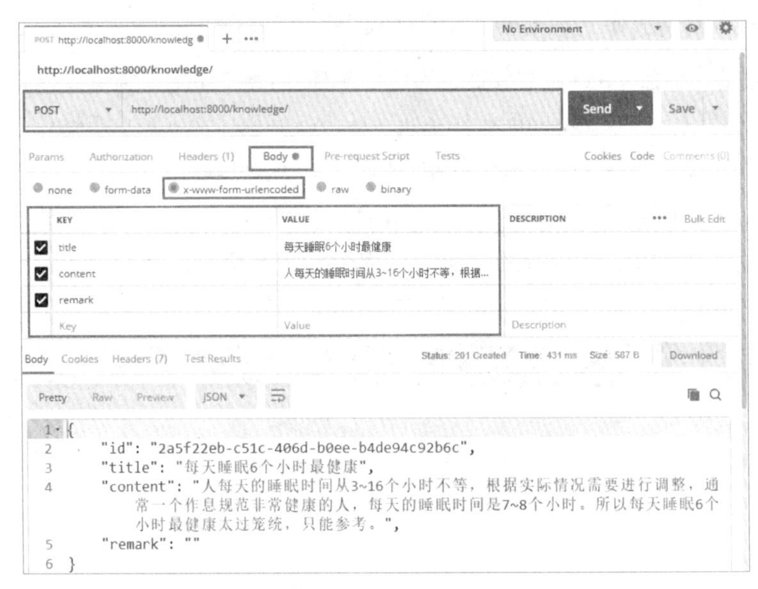

图 9.11 使用 Postman 访问数据接口提交数据

9.4 请求和响应

请求对象（Request）和响应对象（Response）是 Web 应用开发中的两个核心对象，用来表达客户端和服务器之间的数据交互过程。Django rest_framework 框架对这两个对象进行了再次封装以扩展其功能，方便在开发数据接口时提供必要的支持。

9.4.1 请求对象和响应对象

rest_framework 框架在 Django 的基础上封装了 Request 对象，提供了 request.data 数据访问方式，它是对 Django 框架中的 request.POST 数据访问方式的扩展，使得数据操作更具通用性。

- request.POST：Django 框架中的数据访问方式，其只能获取 POST 请求数据。
- request.data：rest_framework 框架扩展的数据访问方式，其可以获取 POST、PUT、PATCH 请求数据。

Django rest_framework 框架同样封装了 Response 对象，这个对象可以根据客户端发送的请求头中规范的请求格式，对响应数据进行格式转换和渲染。

```
return Response(data)  # 根据客户端请求格式进行数据转换和渲染
```

9.4.2 视图渲染

使用 Django 框架自定义的视图处理模块，可以通过视图处理函数或者视图类型组件来处理请求。如果要使用 Django rest_framework 框架扩展的请求对象和响应对象，同时简化视图处理操作，则可以使用 Django rest_framework 框架指定的视图处理方式。

- @api_view 装饰器，用于装饰视图处理函数，通过视图处理函数处理客户端请求。
- APIView 类型：提供了基于类型的视图组件支持，通过该组件的对象处理客户端请求。

上述两种视图处理方式，都是在 Django 框架提供的用户请求类型的基础功能上，对客户端请求进行封装得到 Request 对象进行具体业务处理的，在处理完成后通过 Response 对象对响应数据进行转换和渲染。

9.4.3　业务处理

在案例项目中，我们不再使用 JsonResponse 这样的响应类型进行请求的响应操作，而是使用@api_view 装饰器，将视图处理函数直接提升为 Django rest_framework 中封装的视图处理函数。编辑视图处理模块 knowledge/views.py，代码如下：

```
# knowledge/views.py
@csrf_exempt
@api_view(['GET', 'POST'])
def knowledge_list(request):
    """知识项列表视图处理函数"""
    if request.method == "GET":
        # 查询所有的知识项数据
        knowledges = KnowledgeItem.objects.all()
        # 序列化对象数据
        serializers = KnowledgeSerializer(knowledges, many=True)
        # 返回查询到的知识项数据
        return JsonResponse(serializers.data, safe=False)
    elif request.method == "POST":
        # 获取新的知识项数据
        # data = JSONParser().parse(request)
        # 反序列化数据
        serializers = KnowledgeSerializer(data=request.data)
        # 验证有效性
        if serializers.is_valid():
            # 存储数据
            serializers.save()
            # 返回操作的数据
            return Response(serializers.data, status=status.HTTP_201_CREATED)
        return Response(serializers.errors, status=status.HTTP_400_BAD_REQUEST)
```

对于其他请求方式的处理，与 GET、POST 请求方式的处理类似。编辑视图处理模块 knowledge/views.py，代码如下：

```
# knowledge/views.py
@csrf_exempt
@api_view(['GET', 'PUT', 'DELETE'])
def knowledge_detail(request, pk):
```

```
    """知识项操作视图处理函数"""
    # 查询获取对应的知识项对象
    knowledge = get_object_or_404(KnowledgeItem, pk=pk)
    # 判断不同请求方式下的数据处理
    if request.method == "GET":
        """查询获取知识项对象"""
        serializer = KnowledgeSerializer(knowledge)
        return Response(serializer.data)
    elif request.method == "PUT":
        """更新知识项对象"""
        # 根据请求提交的数据反序列化数据
        serializer = KnowledgeSerializer(knowledge, data=request.data)
        if serializer.is_valid():                       # 验证有效性
            serializer.save()                           # 存储数据
            return Response(serializer.data)
        return Response(serializer.errors, status=status.HTTP_400_BAD_REQUEST)
    elif request.method == "DELETE":
        # 删除对象数据
        knowledge.delete()
        return Response(status=status.HTTP_204_NO_CONTENT)
```

9.4.4 请求数据格式化

为了提升用户的使用体验，Django rest_framework 框架通过添加请求格式标识的方式，提供了更加友好的访问操作。重构视图处理函数的声明如下：

```
def knowledge_list(request, format=None):
    """查看知识项列表"""
    pass
def knowledge_detail(request, pk, format=None):
    """知识项操作详情"""
    Pass
```

接下来完善路由模块，将请求格式标识添加到路由模块中，并注册给当前项目的路由组件。代码如下：

```
# 引入依赖的模块
from django.urls import path
from rest_framework.urlpatterns import format_suffix_patterns
from . import views
app_name = 'knowledge'
urlpatterns = [
    path("<uuid:pk>/", views.knowledge_detail),      # 增删改查知识项对象数据
    path("", views.knowledge_list),                  # 查询知识项列表数据
]
urlpatterns = format_suffix_patterns(urlpatterns)   # 添加请求路由后缀
```

重启项目，我们看一下修改前后访问数据操作的区别。修改前，访问数据的方式，比如 http://127.0.0.1:8000/knowledge/ Accept: application/json，表示访问指定的 URL 地址，同时限制

接收 JSON 格式的数据（Accept: application/json）。

修改后，可以通过在访问路由后添加后缀名称，直接规定访问数据的格式，并从接口中提取数据，比如 http://127.0.0.1:8000/knowledge/.json，表示直接从接口中提取 JSON 格式数据，如图 9.12 所示。

```
GET    http://localhost:8000/knowledge/.json    Send    Save
Pretty  Raw  Preview  JSON

1  [
2      {
3          "id": "5a24dc32-1462-4ca5-9422-1846651ca667",
4          "title": "金鱼有记忆吗？",
5          "content": "金鱼有记忆，但是不是传说的七秒",
6          "remark": null
7      },
8      {
9          "id": "9e2c3ccd-84a7-48e3-a322-5a54fbc3d4c9",
10         "title": "铁锈是铁吗？",
11         "content": "铁锈是四氧化三铁，不是纯铁，也不能给人体补铁哦",
12         "remark": null
13     }
14 ]
```

图 9.12　添加后缀支持的访问限定格式

9.5　CBV 构建

为了适应不同的开发规范和需求场景，Django 框架提供了视图处理函数和视图类型组件两种不同的方式来构建视图模块。同样地，Django rest_framework 框架也提供了基于类型的视图组件构建方式，也就是 CBV（Class Base Views）构建方式。

9.5.1　基于类型的视图组件构建

Django rest_framework 框架提供了一种操作方式，即通过 APIView 类型实现基于类型的视图组件构建支持。重构知识库管理子项目 knowledge 中的视图处理模块 views.py，重新定义数据的请求访问方式，代码如下：

```
# knowledge/views.py
from rest_framework import status
from rest_framework.views import APIView
from rest_framework.response import Response
from .models import KnowledgeItem
from .serializers import KnowledgeSerializer
class KnowledgeView(APIView):
    """知识项视图组件"""
    def get(self, request, format=None):
        """GET 请求处理方法"""
        knowledges = KnowledgeItem.objects.all()         # 查询所有的知识项对象
        serializers = KnowledgeSerializer(knowledges, many=True) # 序列化数据
        return Response(serializers.data)                 # 返回响应数据
```

```
    def post(self, request, format=None):
        """新增知识项数据"""
        # 接收请求中包含的数据，并序列化数据
        serializer = KnowledgeSerializer(data=request.data)
        # 验证有效性
        if serializer.is_valid():
            # 存储数据
            serializer.save()
            # 返回新增数据
            return Response(serializer.data, status=status.HTTP_201_CREATED)
        return Response(serializer.errors, status=status.HTTP_400_BAD_REQUEST)
```

对于知识项详情处理的 GET、PUT、DELETE 请求方式，在基于类型的视图组件构建中，操作步骤一致。编辑视图处理模块 knowledge/views.py，添加处理代码如下：

```
# knowledge/views.py
class KnowledgeDetailView(APIView):
    """知识项详情视图组件"""
    def get_object(self, pk):
        """获取知识项对象的方法"""
        return get_object_or_404(KnowledgeItem, pk=pk)
    def get(self, request, pk, format=None):
        """GET 请求处理方法"""
        serializer = KnowledgeSerializer(self.get_object(pk))
        return Response(serializer)
    def put(self, request, pk, format=None):
        """PUT 请求处理方法"""
        serializer = KnowledgeSerializer(self.get_object(pk), request.data)
        if serializer.is_valid():
            serializer.save()
            return Response(serializer.data, status=status.HTTP_201_CREATED)
        return Response(serializer.errors, status=status.HTTP_400_BAD_REQUEST)
    def delete(self, request, pk, format=None):
        """DELETE 请求处理方法"""
        knowledge = self.get_object(pk)
        knowledge.delete()
        return Response(status=status.HTTP_204_NO_CONTENT)
```

Django rest_framework 提供的 APIView 类型，为视图处理模块添加了基于类型的视图组件构建支持，在类型中可以通过指定名称的不同方法，分别绑定不同的请求方式，用于实现 RESTful 风格下的不同操作需求。

9.5.2 基于类型的路由完善

添加了类型支持的视图组件，在路由映射关系中，同样需要按照类型映射的方式进行操作。打开路由模块 knowledge/urls.py，修改路由映射关系代码如下：

```
# knowledge/urls.py
……
urlpatterns = [
```

```
    path("<uuid:pk>/", views. KnowledgeDetailView.as_view()),
                                                        # 增删改查知识项对象数据
    path("", views.KnowledgeView.as_view()),            # 查询知识项列表数据
]
urlpatterns = format_suffix_patterns(urlpatterns)
```

路由中的映射关系，通过父类 APIView 中的 as_view()方法进行绑定，其接收到请求后，会根据不同的请求方式，自动调用类型中相应的请求处理方法。访问知识项对象数据，结果如图 9.13 所示。

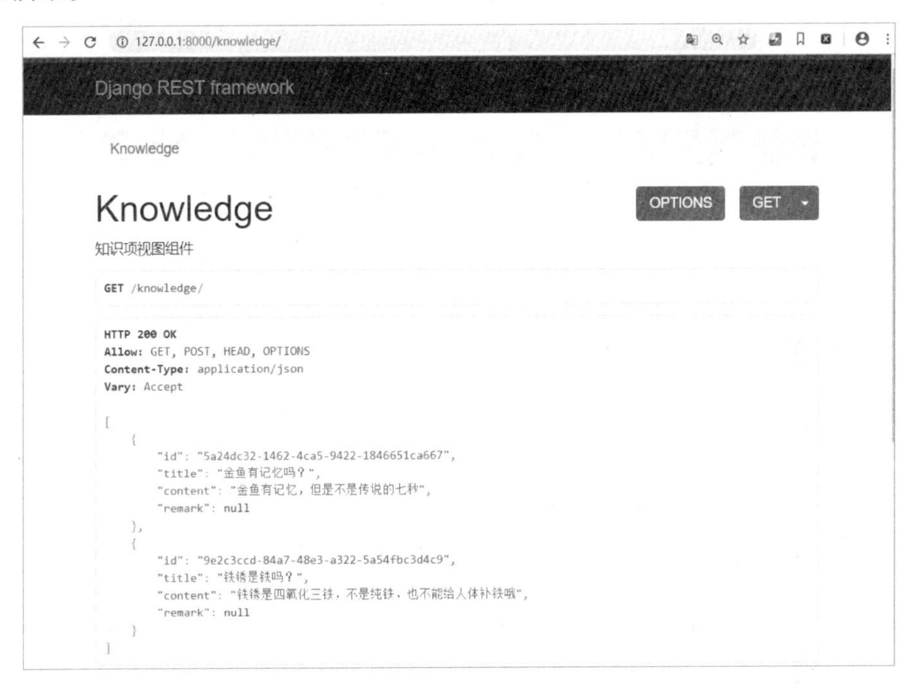

图 9.13　访问知识项对象数据

9.5.3　基于类型的视图功能扩展

在企业项目开发中，我们会发现大量的项目处理方式都是基于数据模型的 CRUD 操作的，它们分别对应于不同的请求方式。

- POST：用于新增数据。
- PUT：用于更新数据。
- GET：用于获取数据。
- DELETE：用于删除数据。

通过 APIView 类型，Django rest_framework 框架提供了基于类型的视图组件构建方式，优化了视图处理函数。为了提高项目开发效率，Django rest_framework 框架对项目中常见的操作功能进行了封装，并提供了 mixins 组件供开发人员调用执行。

编辑视图处理模块 knowledge/views.py，知识项列表查询以及新增知识项数据操作代码如下：

```
# knowledge/views.py
from rest_framework import mixins, status, generics
from rest_framework.response import Response
from .models import KnowledgeItem
from .serializers import KnowledgeSerializer
class KnowledgeView(generics.GenericAPIView,    # 视图组件
                   mixins.CreateModelMixin,     # 创建数据对象组件
                   mixins.ListModelMixin,):     # 查看对象列表组件
    """知识项视图处理类型"""
    # 关联数据查询结果集
    knowledges = KnowledgeItem.objects.all()
    # 关联数据序列化组件
    serializer_class = KnowledgeSerializer
    def get(self, request, *args, **kwargs):
        """GET 请求处理方法"""
        return self.list(request, *args, **kwargs)
    def post(self, request, *args, **kwargs):
        """POST 请求处理方法"""
        return self.create(request, *args, **kwargs)
```

对于其他请求方式，Django rest_framework 框架同样提供了不同的 mixins 组件，支持不同的操作，如下所示。

- mixins.RetrieveModelMixin：查询数据对象组件。
- mixins.UpdateModelMixin：更新数据对象组件。
- mixins.DestroyModelMixin：删除数据对象组件。

编辑视图处理模块 knowledge/views.py，代码如下：

```
# knowledge/views.py
class KnowledgeDetailView(generics.GenericAPIView,      # 视图组件
                         mixins.RetrieveModelMixin,     # 数据对象查询组件
                         mixins.UpdateModelMixin,       # 数据对象更新组件
                         mixins.DestroyModelMixin,):    # 数据对象删除组件
    # 关联数据查询结果集
    queryset = KnowledgeItem.objects.all()
    # 关联数据序列化组件
    serializer_class = KnowledgeSerializer
    def get(self, request, *args, **kwargs):
        """GET 请求处理方法"""
        return self.retrieve(request, *args, **kwargs)
    def put(self, request, *args, **kwargs):
        """PUT 请求处理方法"""
        return self.put(request, *args, **kwargs)
    def delete(self, request, *args, **kwargs):
        """DELETE 请求处理方法"""
        return self.delete(request, *args, **kwargs)
```

上述是在基于类型的视图组件构建基础上进行的 CRUD 优化操作，所有路由模块的构建使用的还是原来的路由映射关系。

启动项目，再次访问知识项对象数据，结果如图 9.14 所示。

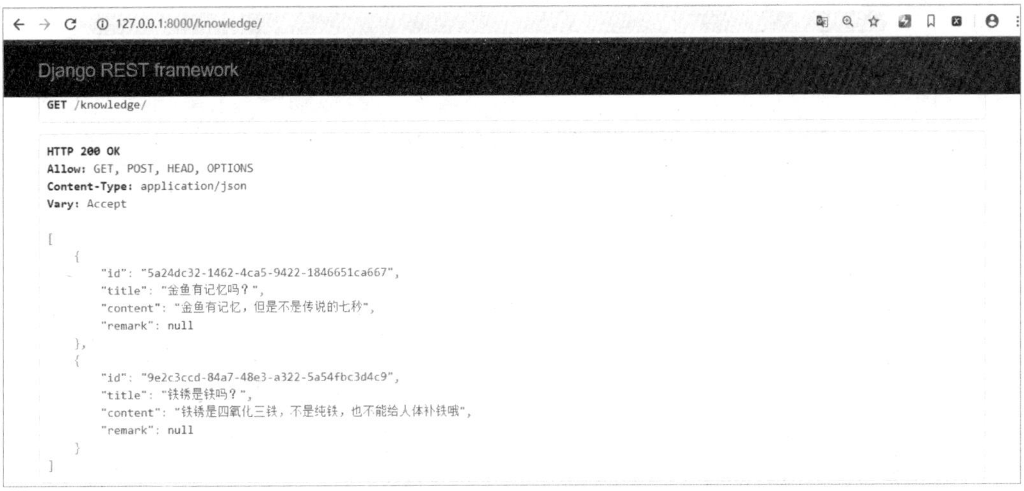

```
127.0.0.1:8000/knowledge/
Django REST framework
GET /knowledge/

HTTP 200 OK
Allow: GET, POST, HEAD, OPTIONS
Content-Type: application/json
Vary: Accept

[
    {
        "id": "5a24dc32-1462-4ca5-9422-1846651ca667",
        "title": "金鱼有记忆吗？",
        "content": "金鱼有记忆，但是不是传说的七秒",
        "remark": null
    },
    {
        "id": "9e2c3ccd-84a7-48e3-a322-5a54fbc3d4c9",
        "title": "铁锈是铁吗？",
        "content": "铁锈是四氧化三铁，不是纯铁，也不能给人体补铁哦",
        "remark": null
    }
]
```

图 9.14　再次访问知识项对象数据

9.5.4　基于类型的视图功能封装

通过 mixins 组件对项目中常见的操作功能进行封装之后，视图组件的开发已经得到很好的优化，但是对于常规的操作方式，我们发现不同数据模型对象的增删改查方式大同小异，所以 Django rest_framework 框架对数据模型对象的 CRUD 操作进行了再次封装，提供了如下常规视图组件类型。

- generics.ListAPIView：查看列表视图组件类型。
- generics.ListCreateAPIView：查看列表及新增数据视图组件类型。
- generics.RetrieveAPIView：对象详情视图组件类型。
- generics.UpdateAPIView：更新对象信息视图组件类型。
- generics.DestroyAPIView：销毁对象视图组件类型。
- generics.RetrieveUpdateDestroyAPIView：删除、修改、查询对象视图组件类型。

再次更新视图处理模块，将原来的基于函数的视图处理方式修改为基于类型的视图组件。编辑视图处理模块 knowledge/views.py，代码如下：

```
# knowledge/views.py
from rest_framework import generics
from .serializers import KnowledgeSerializer
from .models import KnowledgeItem
class KnowledgeView(generics.ListCreateAPIView):
```

```
    """知识项视图处理组件"""
    queryset = KnowledgeItem.objects.all()      # 指定查询结果集
    serializer_class = KnowledgeSerializer      # 指定序列化组件
class KnowledgeDetailView(generics.RetrieveUpdateDestroyAPIView):
    """知识项删除、修改、查询处理组件"""
    queryset = KnowledgeItem.objects.all()      # 指定查询结果集
    serializer_class = KnowledgeSerializer      # 指定序列化组件
```

经过优化的处理组件，通过系统内建的常规处理操作，对不同的 HTTP 请求进行数据逻辑处理，在一定程度上简化了项目开发并提高了开发效率。

9.6 身份认证和权限管理

到目前为止，数据接口的数据服务已经开发完成，但是只要知晓数据接口就可以访问并操作数据，数据的安全性得不到保障。为此，还需要为数据接口添加如下功能：

- 知识库管理子项目中的知识项对象，与创建用户相关联。
- 经过身份认证之后，才能在知识库管理子项目中创建知识项对象。
- 只有创建知识项对象的用户，才能更新和删除该知识项对象。
- 没有经过身份认证的未授权用户，只能读取知识项对象数据。

本节我们就以用户发表的文章数据为例，讲解客户端通过数据接口访问数据的权限限制操作。

9.6.1 创建基础项目

在案例项目 tutorial 中创建一个文章子项目 articles，执行如下命令：

```
cd tutorial                             # 进入项目主目录
django-admin startapp articles          # 创建 articles 子项目
```

在文章子项目 articles 中构建文章数据模型，与框架内建用户模块 django.contrib.auth.models.User 进行外键关联。编辑数据模型模块 articles/models.py，代码如下：

```
# articles/models.py
from django.db import models
from django.contrib.auth.models import User
from uuid import uuid4
class Article(models.Model):
    """文章数据类型"""
    id = models.UUIDField(verbose_name="文章编号", primary_key=True, default=uuid4)
    title = models.CharField(verbose_name="文章标题", max_length=100)
    content = models.TextField(verbose_name="文章内容")
    publish_time = models.DateTimeField(verbose_name="发表时间", auto_now_add=True)
    update_time = models.DateTimeField(verbose_name="修改时间", auto_now=True)
```

```
    user = models.ForeignKey(verbose_name="作者", to=User,
                             related_name='articles', on_delete=models.CASCADE)
```

在文章子项目 articles 中，创建序列化模块 serializers.py，添加系统用户数据序列化类型和文章数据序列化类型。编辑 articles/serializers.py，代码如下：

```
# articles/serializers.py
from rest_framework.serializers import (ModelSerializer,
                                        PrimaryKeyRelatedField)
from django.contrib.auth.models import User
from .models import Article
class UserSerializer(ModelSerializer):
    """用户数据序列化组件"""
    # 关联文章数据
    articles = PrimaryKeyRelatedField(many=True, queryset=Article.objects.all())
    class Meta:
        model = User                                          # 关联数据模型
        fields = ('id', 'username', 'email', 'articles')     # 关联属性字段
class ArticleSerializer(ModelSerializer):
    """文章数据序列化组件"""
    class Meta:
        model = Article                               # 关联数据模型
        fields = ('id', 'title', 'content', )         # 关联属性字段
```

在视图处理模块的模型类中，我们使用 Django rest_framework 框架内建的简化视图组件，优化视图处理类型。编辑视图处理模块 articles/views.py，代码如下：

```
# articles/views.py
from rest_framework import status, generics
from django.contrib.auth.models import User
from .models import Article
from .serializers import UserSerializer, ArticleSerializer
class UserListView(generics.ListCreateAPIView):
    """用户列表视图组件类型"""
    queryset = User.objects.all()            # 视图结果集
    serializer_class = UserSerializer        # 指定序列化类型
class UserDetailView(generics.RetrieveUpdateDestroyAPIView):
    """用户详情操作视图组件类型"""
    queryset = User.objects.all()            # 视图结果集
    serializer_class = UserSerializer        # 指定序列化类型
class ArticleView(generics.ListCreateAPIView):
    """文章列表查看组件类型"""
    queryset = Article.objects.all()         # 视图结果集
    serializer_class = ArticleSerializer     # 指定序列化类型
class ArticleDetailView(generics.RetrieveUpdateDestroyAPIView):
    """文章数据详情操作组件类型"""
    queryset = Article.objects.all()         # 指定数据查询集
```

```
    serializer_class = ArticleSerializer    # 指定序列化类型
```

最后完善路由映射关系，完成项目的构建。

现在进入系统交互命令行模式，添加文章内容如下：

```
>python manage.py shell
Python 3.7.0 (v3.7.0:1bf9cc5093, Jun 27 2018, 04:59:51) [MSC v.1914 64 bit (AMD64)]
Type 'copyright', 'credits' or 'license' for more information
IPython 7.2.0 -- An enhanced Interactive Python. Type '?' for help.
In [1]: from django.contrib.auth.models import User
In [2]: u = User.objects.get(pk=1)
In [3]: from articles.models import Article
In [4]: a = Article(title="那些年", content="愿你三冬暖，愿你春不寒，愿你天黑有灯，下雨有伞，愿你一路上，有良人相伴", user=u)
In [5]: a.save()
In [6]: u = User.objects.get(pk=2)
In [7]: a = Article(title="回忆", content="林深处见鹿，海蓝时见鲸，夜深时见你", user=u)
In [8]: a.save()
In [9]: a = Article(title="回忆", content="林深时雾起，海蓝时浪涌，梦醒时夜续", user=u)
In [10]: a.save()
In [11]: a = Article(title="回忆", content="鹿踏雾而来，鲸随浪而起，你未曾转身，怎知我已到来..", user=u)
In [12]: a.save()
In [13]: quit()
```

我们为第一个用户添加了一篇文章，为第二个用户添加了三篇文章。接下来打开浏览器，访问文章数据接口，结果如图 9.15 所示。

```
127.0.0.1:8000/articles/articles/
Django REST framework

HTTP 200 OK
Allow: GET, POST, HEAD, OPTIONS
Content-Type: application/json
Vary: Accept

[
    {
        "id": "a7d9cccc-a2d3-4b2f-90ef-dfbb545dfa5e",
        "title": "那些年",
        "content": "愿你三冬暖，愿你春不寒，愿你天黑有灯，下雨有伞，愿你一路上，有良人相伴"
    },
    {
        "id": "7d89d63b-60b3-44f9-be8d-499c1e4ec7ee",
        "title": "回忆",
        "content": "林深处见鹿，海蓝时见鲸，夜深时见你"
    },
    {
        "id": "eca24f9f-2f34-45d8-b94d-278aae21dea3",
        "title": "回忆",
        "content": "林深时雾起，海蓝时浪涌，梦醒时夜续"
    },
    {
        "id": "3d3ff93f-d0e2-41a5-8740-4d03edbc4485",
        "title": "回忆",
        "content": "鹿踏雾而来，鲸随浪而起，你未曾转身，怎知我已到来.."
    }
]
```

图 9.15　文章数据接口访问测试结果

查看其中的一篇文章，并修改文章内容，如图 9.16 所示。

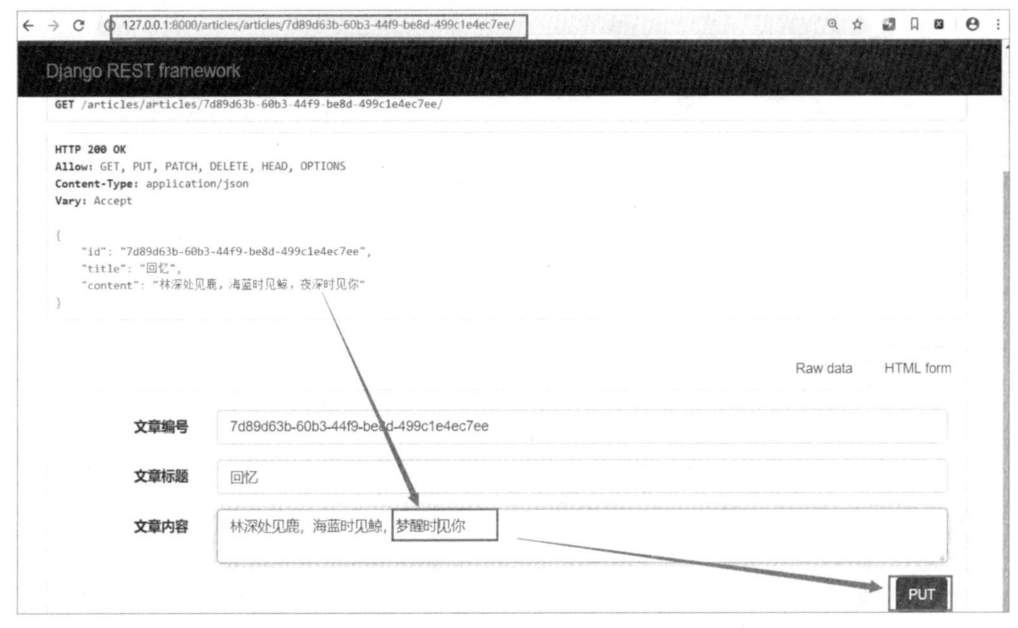

图 9.16　通过数据接口修改文章内容

当前的用户只是一个未经授权的匿名访问用户，但是该用户同样可以通过数据接口修改文章内容，这使得系统数据的安全性得不到保障，因此需要对访问权限进行限制。

9.6.2　权限限制

Django rest_framework 框架提供了内建的权限认证模块 rest_framework.permissions，通过该模块内建的标准权限结构，为系统的数据访问提供权限限制，同时它也提供了扩展 API，方便开发人员自定义权限对象进行操作。

修改案例项目的视图处理模块，为用户数据添加访问权限限制。编辑 articles/views.py，代码如下：

```
# 引入依赖的模块
from rest_framework import status, generics, permissions
from django.contrib.auth.models import User
from .models import Article
from .serializers import UserSerializer, ArticleSerializer
......
class UserDetailView(generics.RetrieveUpdateDestroyAPIView):
    """用户详情操作视图组件类型"""
    queryset = User.objects.all()                              # 视图结果集
    serializer_class = UserSerializer                          # 指定序列化类型
    permission_classes = (permissions.IsAuthenticated,)        # 权限设置
```

此时普通用户可以访问所有的用户信息，但是不允许访问用户详情数据。打开 Postman 工

具，访问所有的用户信息和用户详情数据，结果分别如图 9.17 和图 9.18 所示。

```
127.0.0.1:8000/articles/
Django REST framework
Allow: GET, POST, HEAD, OPTIONS
Content-Type: application/json
Vary: Accept

[
    {
        "id": 1,
        "username": "admin",
        "email": "admin@example.com",
        "articles": [
            "a7d9cccc-a2d3-4b2f-90ef-dfbb545dfa5e"
        ]
    },
    {
        "id": 2,
        "username": "tom",
        "email": "tom@example.com",
        "articles": [
            "7d89d63b-60b3-44f9-be8d-499c1e4ec7ee",
            "eca24f9f-2f34-45d8-b94d-278aae21dea3",
            "3d3ff93f-d0e2-41a5-8740-4d03edbc4485"
        ]
```

图 9.17 访问用户信息的结果（未添加权限限制）

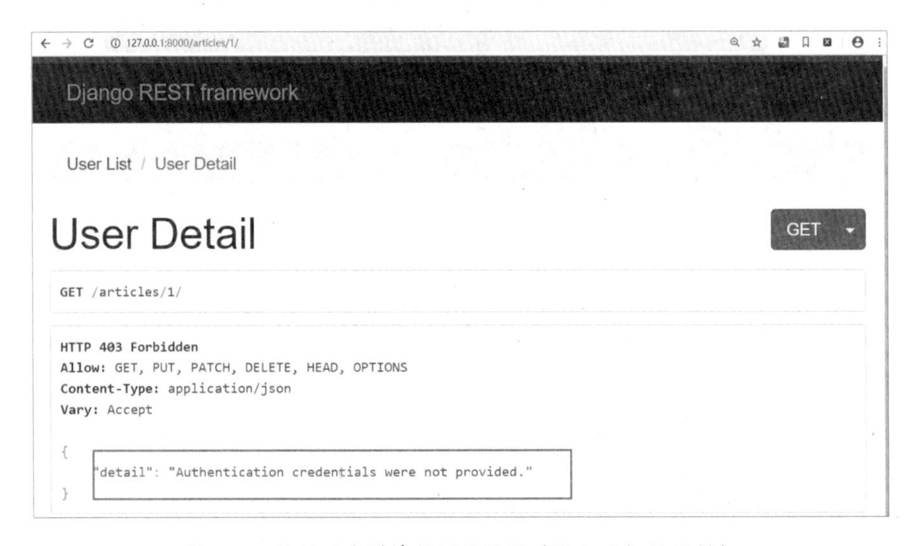

图 9.18 访问用户详情数据的结果（添加了权限限制）

9.6.3 身份认证 API

在 9.6.2 节已经完成了数据访问的基本限制，但是数据接口本身就是为数据访问而存在的，目前我们开发的数据接口通过权限限制拒绝了数据访问，那么如何才能让用户通过身份认证访问到限制了权限的接口中的数据，是本节要讨论的问题。

在项目主路由模块中，添加 Django rest_framework 框架内建的身份认证管理子路由。编辑项目主路由模块 tutorial/urls.py，添加路由映射关系代码如下：

```
# tutorial/urls.py
from django.contrib import admin
from django.urls import path, include
urlpatterns = [
    path('admin/', admin.site.urls),
    path('quickstart/', include('quickstart.urls')),
    path('knowledge/', include('knowledge.urls')),
    path('articles/', include('articles.urls')),
    path("api-auth/", include("rest_framework.urls", namespace="rest_framework")),
]
```

在 Django rest_framework 框架的子路由中，包含了如下两个路由：

- api-auth/login/：用于用户身份认证、登录的路由。
- api-auth/logout/：用于已认证、登录的用户退出的路由。

启动项目，访问 http://localhost:8000/api-auth/login/，可以看到如图 9.19 所示的登录界面。

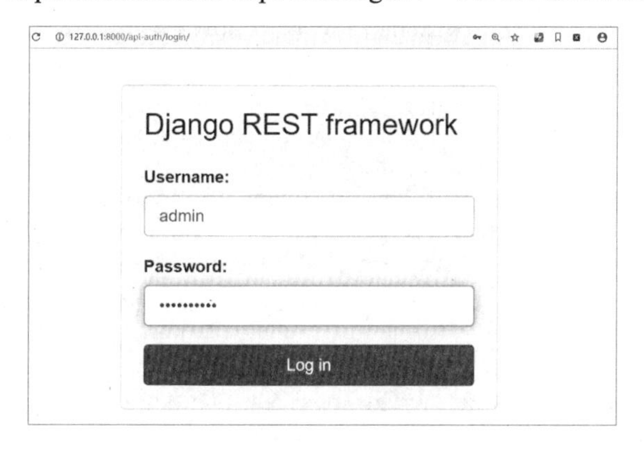

图 9.19　登录界面

输入正确的账号和密码，登录后继续访问系统的数据接口，可以看到无论是否添加了权限认证视图组件，都能正常访问到数据，如图 9.20 所示。

```
127.0.0.1:8000/articles/1/
Django REST framework                admin

HTTP 200 OK
Allow: GET, PUT, PATCH, DELETE, HEAD, OPTIONS
Content-Type: application/json
Vary: Accept

{
    "id": 1,
    "username": "admin",
    "email": "admin@example.com",
    "articles": [
        "a7d9cccc-a2d3-4b2f-90ef-dfbb545dfa5e"
    ]
}
```

图 9.20　已认证用户访问数据接口的结果

9.6.4 自定义认证权限

Django 框架内建的数据接口，已经可以满足常规的数据操作，但是根据不同的接口需求，它不一定适合所有的项目场景，比如在项目中只允许发表文章的用户修改、删除自己的文章，其他用户只能查看文章，这时使用框架内建的默认权限就无法操作了。

Django rest_framework 框架内建的权限认证模块提供了权限操作 API，可以让开发人员通过 permissions.BasePermission 类型扩展创建自定义的权限策略，以满足个性化的接口使用场景。在 permissions.BasePermission 类型中主要提供了如下两个权限认证方法。

- has_permission(self, request, view)：判断用户是否拥有访问视图组件中的类型/函数的权限。
- has_object_permission(self, request, view, obj)：判断用户是否拥有访问视图组件中的类型/函数或者操作对象的权限。

在文章子项目 articles 中，为已认证用户创建修改和删除自己发表的文章的权限。首先创建权限认证模块 permissions.py，添加自定义权限类型，代码如下：

```
# articles/permissions.py
# 引入依赖的模块
from rest_framework.permissions import BasePermission, SAFE_METHODS
class IsOwnerPermission(BasePermission):
    """自定义权限"""
    def has_object_permission(self, request, view, obj):
        """判断对指定对象 obj 的操作权限"""
        if request.method == SAFE_METHODS:
            # 判断请求方式是 GET、HEAD、OPTIONS 安全请求，直接返回 True
            return True
        # 验证操作文章对象的用户是否是发表文章的用户
        return obj.user == request.user
```

接下来修改视图处理模块，添加与访问文章相关的权限。编辑 articles/views.py，代码如下：

```
# articles/views.py
# 引入依赖的模块
from rest_framework import status, generics, permissions
from django.contrib.auth.models import User
from .models import Article
from .serializers import UserSerializer, ArticleSerializer
from .permissions import IsOwnerPermission
class ArticleView(generics.ListCreateAPIView):
    """文章列表查看组件类型"""
    queryset = Article.objects.all()                                # 查询结果集
    serializer_class = ArticleSerializer                            # 指定序列化类型
    permission_classes = (permissions.IsAuthenticatedOrReadOnly,)# 权限设置
class ArticleDetailView(generics.RetrieveUpdateDestroyAPIView):
    """文章数据详情操作组件类型"""
    queryset = Article.objects.all()                # 查询结果集
```

```
    serializer_class = ArticleSerializer        # 指定序列化类型
    permission_classes = (permissions.IsAuthenticatedOrReadOnly,
                          IsOwnerPermission) # 权限设置
```

启动项目，用户登录后，如果访问的不是自己发表的文章并修改文章内容，那么将得到如图 9.21 所示的结果。

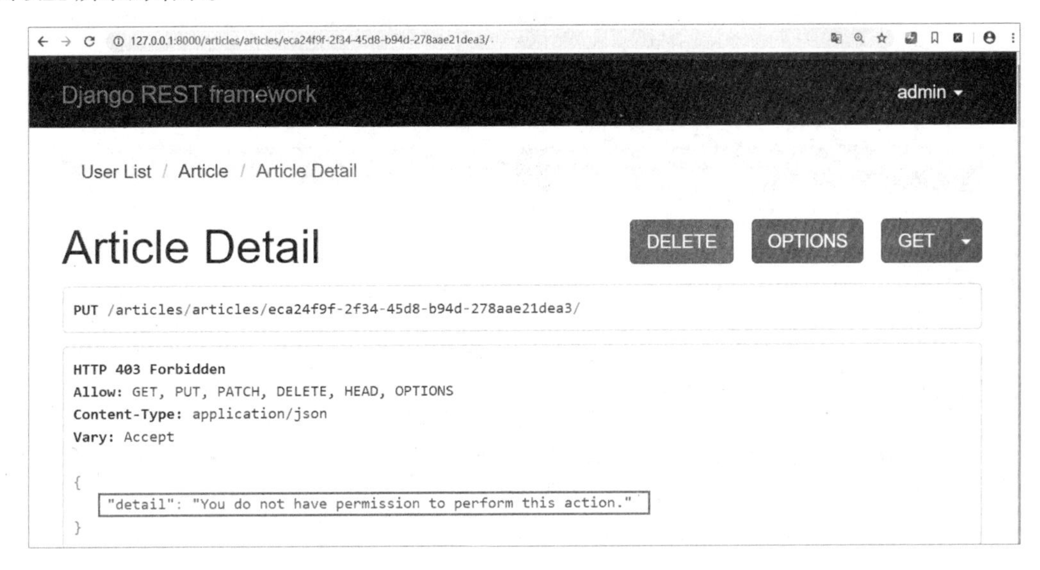

图 9.21　自定义权限限制访问数据接口的结果

9.7　规范构建数据接口

项目中数据接口功能的开发，以及数据接口的访问限制，常规操作已经完成，并且可以在项目中应用了。本节关注数据接口开发完成后的工作，我们需要手工整理所有的数据接口提供给客户端使用。如果开发的数据接口服务过于庞大，那么手工整理的过程就会非常烦琐，不利于后期项目的交接。因此，我们可以使用 Django rest_framework 框架中提供的一种操作方式，在开发时就将数据接口规范整理好，方便开发人员针对不同的客户端进行数据接口的统一管理，后期进行项目交接时直接提供完整且完善的接口文档即可。

在文章子项目 articles 的视图处理模块中定义一个视图处理函数，专门用于管理项目中指定的数据接口信息。编辑 articles/views.py，代码如下：

```
# articles/views.py
# 引入依赖的模块
from rest_framework import status, generics, permissions
from rest_framework.response import Response
from rest_framework.decorators import api_view
from rest_framework.reverse import reverse
……
@api_view(["GET"])
```

```
def api_root(request, format=None):
    return Response({
        'users':reverse('articles:user_list', request=request, format=format),
        'articles':reverse('articles:article_list', request=request, format=format),
    })
```

重构项目路由模块，完善路由映射关系。编辑 articles/urls.py，代码如下：

```
# articles/urls.py
# 引入依赖的模块
from django.urls import path, include
from . import views
app_name = "articles"
urlpatterns = [
# 完善路由映射关系
    path("", views.api_root),
    path("users/", views.UserListView.as_view(), name='user_list'),
    path("users/<int:pk>/", views.UserDetailView.as_view(), name='user_detail'),
    path("articles/", views.ArticleView.as_view(), name='article_list'),
    path("articles/<uuid:pk>/", views.ArticleDetailView.as_view(), name='article_detail'),
]
```

启动项目并访问首页，可以通过浏览器访问到项目中配置好的数据接口，这对于客户端访问项目数据接口有非常大的辅助作用，这也是最直接的管理数据接口的方式，如图 9.22 所示。

图 9.22　首页展示数据接口

点击数据接口中的路由地址，可以直接访问数据接口，在访问过程中，如果出现数据关联，则需要自定义关联数据的展示字段。比如点击查看文章列表中的文章数据详情，可以看到如图 9.23 所示的展示视图，在用户属性字段中展示的是用户编号数据。

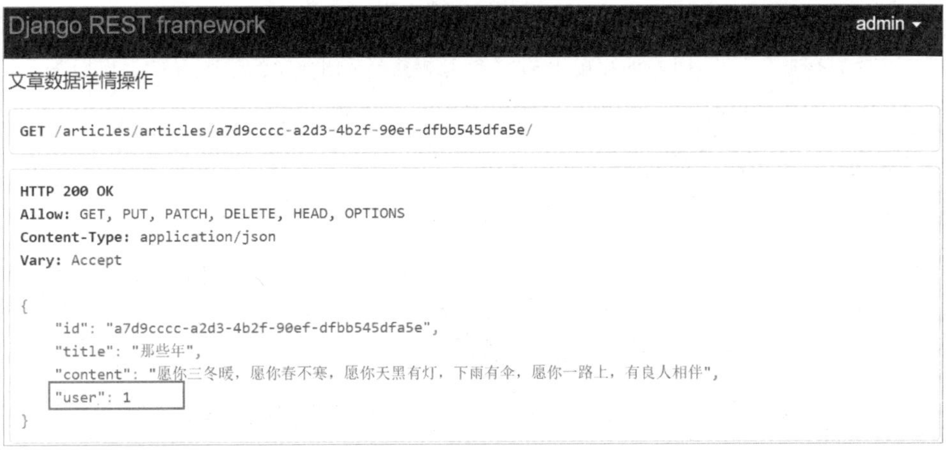

```
Django REST framework                                                admin ▾
文章数据详情操作
GET /articles/articles/a7d9cccc-a2d3-4b2f-90ef-dfbb545dfa5e/

HTTP 200 OK
Allow: GET, PUT, PATCH, DELETE, HEAD, OPTIONS
Content-Type: application/json
Vary: Accept

{
    "id": "a7d9cccc-a2d3-4b2f-90ef-dfbb545dfa5e",
    "title": "那些年",
    "content": "愿你三冬暖，愿你春不寒，愿你天黑有灯，下雨有伞，愿你一路上，有良人相伴",
    "user": 1
}
```

图 9.23 关联数据展示 1

为了更加友好地展示数据，我们修改视图处理模块中的文章数据序列化类型，使文章数据序列化类型 ArticleSerializer 不再继承 ModelSerializer 类型，而是继承从该类型派生的 HyperLinkedModelSerializer 类型，并且在该类型中指定关联字段的展示方式。编辑序列化模块 articles/serializers.py，代码如下：

```
from rest_framework.serializers import HyperlinkedModelSerializer, ReadOnlyField
class ArticleSerializer(HyperlinkedModelSerializer):
    """文章数据序列化组件"""
    user = ReadOnlyField(source='user.username')
    class Meta:
        model = Article                                    # 关联数据模型
        fields = ('id', 'title', 'content', 'user')        # 关联数据属性字段
```

启动项目，访问文章数据接口，可以看到文章对应的作者属性已经按照序列化类型中指定的 username 进行了渲染展示，如图 9.24 所示。

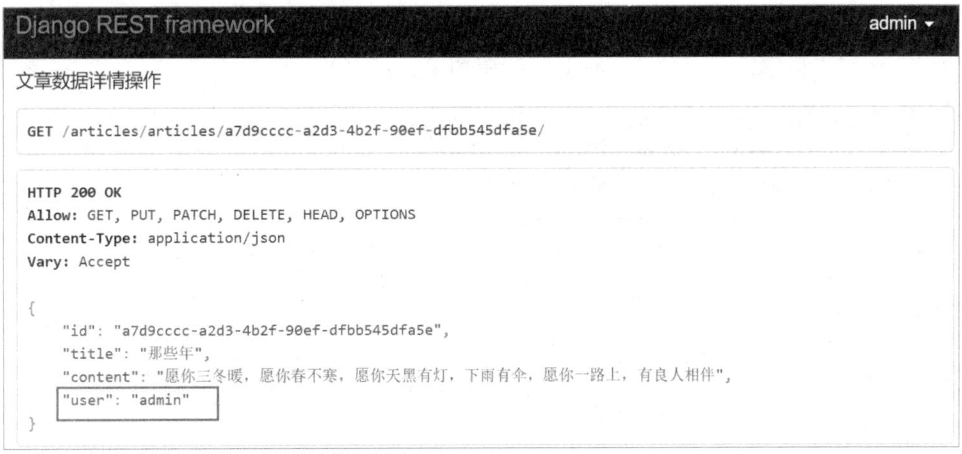

```
Django REST framework                                                admin ▾
文章数据详情操作
GET /articles/articles/a7d9cccc-a2d3-4b2f-90ef-dfbb545dfa5e/

HTTP 200 OK
Allow: GET, PUT, PATCH, DELETE, HEAD, OPTIONS
Content-Type: application/json
Vary: Accept

{
    "id": "a7d9cccc-a2d3-4b2f-90ef-dfbb545dfa5e",
    "title": "那些年",
    "content": "愿你三冬暖，愿你春不寒，愿你天黑有灯，下雨有伞，愿你一路上，有良人相伴",
    "user": "admin"
}
```

图 9.24 关联数据展示 2

至此，项目中数据接口的访问展示，以及接口数据的规范展示全部开发完成，我们可以在此基础上进行数据接口服务相关项目的开发，也可以进行前后端分离 Web 项目的开发了。

9.8 视图集及路由配置

数据处理的通用性，是数据接口功能扩展的前提，对数据处理的 CRUD 操作方式进行高层次抽象，最终会形成统一的、更加少量的操作代码。Django rest_framework 框架提供了两种数据接口开发方式，以满足不同需求层次的项目开发。

- 数据接口基本操作：通过 Django rest_framework 框架内建的 generics 模块中提供的简洁视图操作方式，构建基于类型的数据接口，为整体的项目平台提供数据支持，是常规的开发手段，也是技术成本相对较低、开发效率较高的一种开发方式。
- 数据接口封装视图集：Django rest_framework 框架还提供了一个高度抽象的视图集 ViewSets，它与路由组件 rest_framework.urls.routers 配合，实现了数据接口的自动封装和数据请求的自动处理。采用这种方式开发效率高，但是会有一定的技术实现成本。

上述第一种开发方式，如果开发人员掌握了 Django 框架技术，那么很快就能上手执行基于 REST 框架的数据接口的开发及维护；而第二种开发方式，不仅需要开发人员掌握 Django 框架技术，而且对于 REST 框架本身需要有一定的了解，才能正常开发和维护数据接口。在实际操作过程中，项目组可以根据自身情况进行选型。本节主要介绍高度抽象的视图集组件配合路由组件实现数据接口的开发过程。

Django rest_framework 框架提供的 ViewSets 组件，可以让开发人员更专注于 API 的开发和业务交互，该组件本身对 URL 的不同请求方式使用通用的约定自动进行处理。在 ViewSets 组件中，不再提供如 get、post 等类似的请求处理方法，而是在操作过程中由路由模块动态地将 ViewSets 组件绑定到请求方式，将请求的复杂度封装在框架内部进行处理。

在文章子项目 articles 的视图处理模块中，我们使用 ViewSets 重构用户视图处理组件，替换原来的视图组件。编辑 articles/views.py，代码如下：

```
# articles/views.py
from rest_framework import viewsets
from django.contrib.auth.models import User
from .serializers import UserSerializer
class UserViewSet(viewsets.ReadOnlyModelViewSet):
    """用户视图集"""
    # 指定查询结果集
    queryset = User.objects.all()
    # 指定序列化组件
    serializer_class = UserSerializer
```

使用 viewsets.ReadOnlyModelViewSet 构建一个只读的数据访问视图集，替代原来定义的 UserList 和 UserDetail 两个视图类型组件。在操作过程中，我们同样可以使用内建的视图集组件替换文章数据操作的处理组件。重构视图处理模块 articles/views.py，为文章添加视图集，代码如下：

```
# articles/views.py
class ArticleViewSet(viewsets.ModelViewSet):
    """文章视图集"""
    # 指定查询结果集
    queryset = Article.objects.all()
    # 指定序列化组件
    serializer_class = ArticleSerializer
    # 指定权限操作
    permission_classes = (permissions.IsAuthenticatedOrReadOnly, IsOwnerPermission)
```

使用 viewsets.ModelViewSet 构建的数据访问视图集，涵盖了以 GET 方式查询数据结果、以 POST 方式创建对象、以 PUT 方式更新数据、以 DELETE 方式删除数据的各种请求操作。

使用内建的通用视图集 ViewSets 完成数据接口视图组件的重构后，还需要在路由映射关系中定义不同的请求方式对应的处理操作。编辑 articles/urls.py，代码如下：

```
# articles/urls.py
# 用户视图集底层请求构建
user_list = views.UserViewSet.as_view({
    'get': 'list'
})
user_detail = views.UserViewSet.as_view({
    'get': 'retrieve'
})
# 文章视图集底层请求构建
article_list = views.ArticleViewSet.as_view({
    'get': 'list',
    'post': 'create'
})
article_detail = views.ArticleViewSet.as_view({
    'get': 'retrieve',
    'put': 'update',
    'patch': 'partial_update',
    'delete': 'destroy'
})
# 将视图集构建对象映射到路由关系中
urlpatterns = [
    path("", views.api_root),
    path("users/", user_list, name="user_list"),
    path("users/<int:pk>/", user_detail, name="user_detail"),
    path("articles/", article_list, name="article_list"),
    path("articles/<uuid:pk>/", article_detail, name="article_detail"),
]
```

在路由对象的构建代码中，我们可以看到在路由模块中针对不同的请求方式进行了限定操作，也就是在客户端使用数据接口访问数据时，框架底层自动完成了客户端的请求地址和视图集组件之间的路由。上述代码是为了方便读者理解视图集如何区分不同的请求方式而编写的，在项目开发中，我们一般会通过框架内建的路由模块直接绑定视图集。编辑 articles/urls.py，代码如下：

```
# articles/urls.py
from rest_framework import routers
# 构建路由对象
router = routers.DefaultRouter()
# 注册视图集
router.register(r'users', views.UserViewSet)
router.register(r'articles', views.ArticleViewSet)
# 添加路由映射关系
urlpatterns = [
    path("", include(router.urls))
]
```

这样就将通过视图集构建的视图组件注册添加到路由映射关系中了，并且针对不同的请求方式的数据操作，由框架按照内建的通用约定方式进行了自动处理。

启动项目，访问文章数据详情的 URL 地址，结果如图 9.25 所示。

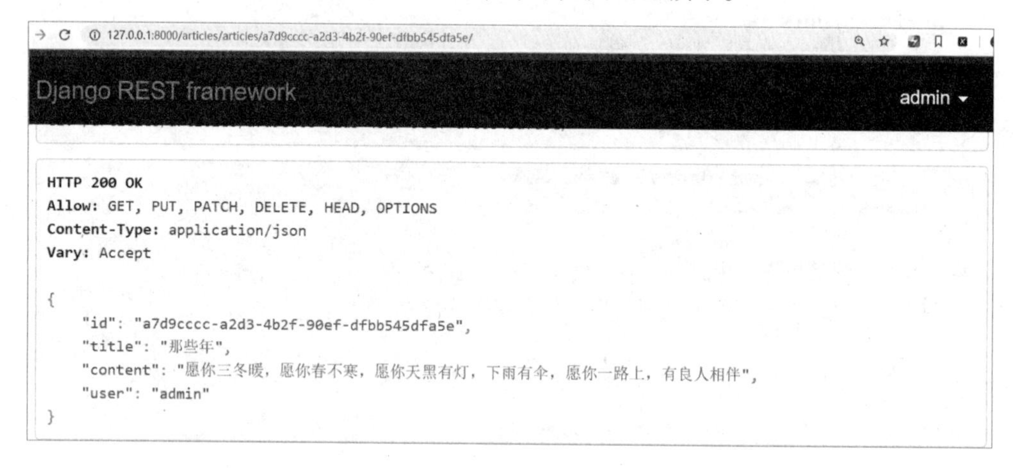

图 9.25　基于 ViewSets 组件开发的数据接口和访问结果

9.9　本章小结

通过本章的学习，我们了解了一种新的编程思想——面向接口编程，同时了解了它的两种应用场景，分别是数据接口服务项目开发和前后端分离的 Web 应用软件开发。本章的学习重点是通过 Django rest_framework 框架实现数据接口的开发方式和开发步骤，以及在开发过程中需要注意的问题。从数据接口定义、数据序列化、请求对象和响应对象的封装，以及构建适应不同场景的视图组件入手，掌握数据接口开发的核心技术要素，可以在最短时间内上手开发接口项目。

第3篇

项目实战

第 10 章　项目实战——社区交流平台

本章主要对一个社区交流平台项目进行分析和讲解，通过对开发流程的还原，重现项目的设计思路和开发过程，完成项目开发步骤的梳理。本章从需求分析到软件详细设计，从代码开发到单元测试，涵盖了项目开发最重要的核心内容，主要包括：

- 项目开发流程概述。
- 需求分析及分析文档编写注意事项。
- 详细设计及设计文档编写注意事项。
- 项目分析及分模块功能开发。
- Web 项目云服务器部署操作。

10.1　项目开发流程

针对不同的场景，Web 应用项目的开发流程不同，在专业术语中，“软件开发模型”主要是指软件开发的全过程、任务分配以及数据交互的软件架构。

软件的整个生命周期包括需求分析、详细设计架构、编码开发、测试以及运行维护等各个阶段，一个良好的软件开发模型能够准确地描述各个阶段的工作任务以及分工协作。作为软件开发的基础建设，合理的软件开发模型能最大程度地优化开发流程并降低开发成本。

这里不对传统的各种开发模型进行详细介绍，而是针对软件整体架构的模型进行阐述，主要分为前后端耦合开发模式和前后端分离开发模式。

10.1.1　前后端耦合开发模式

网站开发区分为前端和后端的开发，前端主要是与用户交互的界面部分，后端主要包含服务器上的数据运算处理和数据存储等，如图 10.1 所示。

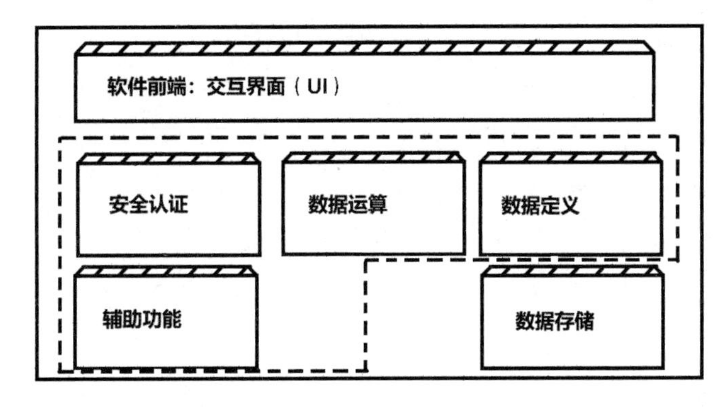

图 10.1　前后端耦合开发模式下的前端和后端

前后端耦合开发模式主要具有如下几个特点：

- 前端和后端在一个项目环境中进行开发，数据交互效率较高，可以直接按照指定的方式进行数据交互处理。
- 前端通过 HTML、CSS 编写，可以使用依赖后端语言环境的特定语法进行数据渲染，数据运算效率较高。

在前后端耦合的软件开发模型中，软件处理效率会得到极大的提高，所以该软件开发模型一直沿用至今，它是很多大型 Web 网站开发的首选模型。

但是这种软件开发模型对开发人员的技术要求较高，不仅要求其精通软件后端的业务流程和技术，而且要求其熟练掌握前端开发技术并具备良好的设计能力，而这样的人才比较稀缺，所以在企业开发团队中通常既有前端开发工程师，又有后端开发工程师，他们共同完成项目开发。

在前后端开发工程师共同完成项目开发的过程中，由于前后端开发的历程不一致，前后端开发人员会相互等待对方的功能开发完成，才能继续下一个环节的开发，从而导致项目延期。我们通常的做法是在开发团队中安排技术较为全面的核心开发人员统筹前后端开发进度，尽可能遵照开发过程中的计划安排，以达到开发效率的最大化。

10.1.2　前后端分离开发模式

前后端分离开发模式是最近几年流行起来的一种新型开发模式，它是一种将软件前端界面和后端数据处理部分进行拆分，通过异步数据交互完成数据运算的开发模型，如图 10.2 所示。

前后端分离开发模式主要具有如下几个特点：

- 前端使用 HTML、CSS 以及 JavaScript 库/框架进行开发，不依赖后端语言环境，后端程序只需要提供符合约定协议的数据访问接口即可。
- 后端开发不再考虑前端的展示需要，只需按照约定的交互协议，将处理好的数据通过约定的数据接口提供给访问者即可，甚至不需要关心具体的访问者是谁。

- 前后端通过 Ajax 交互方式，完成数据的传递以及整体数据处理功能。

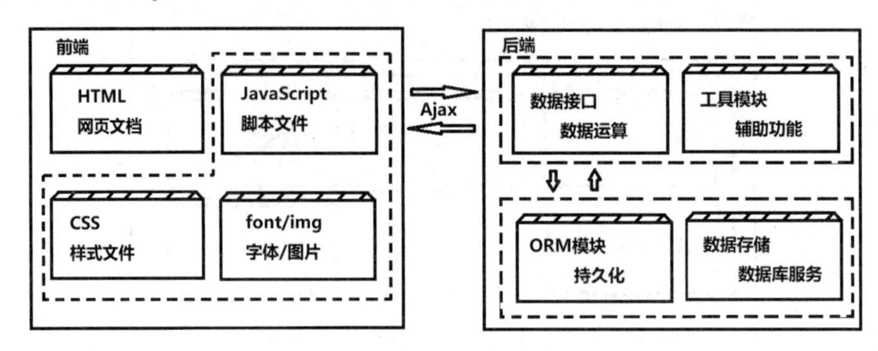

图 10.2 前后端分离开发模式下的前端和后端

在前后端分离开发模式下，软件前端作为一个独立的项目存在，可以由前端工程师独立开发和测试，所需数据可以通过 JSON 数据文件进行模拟，项目上线时将模式数据的调用转换为接口调用即可。前端开发过程不再依赖后端开发进度，开发效率得到了极大的提高。

后端开发人员在进行业务流程开发时，同样不需要依赖前端开发进度，提供数据后通知前端开发人员修改接口，即可完成数据功能的联调，降低了业务复杂度，极大地提高了开发效率。

尤其是最近几年前端技术的蓬勃发展，出现了大量类似于后端项目开发使用的框架，如 Angular.js、Vue.js 等，不仅优化了从接口获取数据的操作方式，而且对前端的网页文件和静态文件进行了压缩处理，优化了网络传输效率。随着开发框架的出现，以及前端 UI 框架的引入，使得前端视图的开发，尤其是适配移动端的界面开发，开发效率得到了前所未有的提升。

如果说前后端耦合开发模式侧重于软件的稳定性，适合大型项目开发场景的话，那么前后端分离开发模式已经逐步适合各种开发场景，是软件开发模型的主要趋势。

10.2 需求分析

需求分析，指对用户的功能需求以及功能开发的限制条件进行分析，分析用户提出的功能在技术上的可实现性以及流程处理的逻辑可行性。

参与需求分析的产品经理和技术人员，需要根据用户的原始需求文档进行分析梳理，得到技术可行性较好的需求分析文档。一份良好的需求分析文档应具备以下几个部分。

- 更改履历：需求分析文档每次改动的版本记录、用户记录以及改动摘要等信息，在开发过程中对需求分析文档的每项改动进行详细记录。
- 原始需求：用户的原始需求摘要，针对需要开发的软件项目进行简要描述，是需求分析文档中进行需求关联的标记。
- 需求分析——功能流程分析：针对用户需要的功能进行流程分析，通过分析组织不同的功能模块。

- 需求分析——数据模块分析：根据功能流程，梳理数据的来源和处理结果的不同情况，归纳核心数据以及数据属性定义。
- 需求分析——扩展功能分析：根据软件使用场景，分别从软件的使用性能处理和用户的使用体验角度添加相关的辅助功能。

社区交流平台，其核心业务是数据的共享和交流，边缘功能就是网站在数据处理过程中的数据安全防护、数据处理效率，以及各种业务处理流程的辅助工具模块。社区交流平台的核心模块如图 10.3 所示。

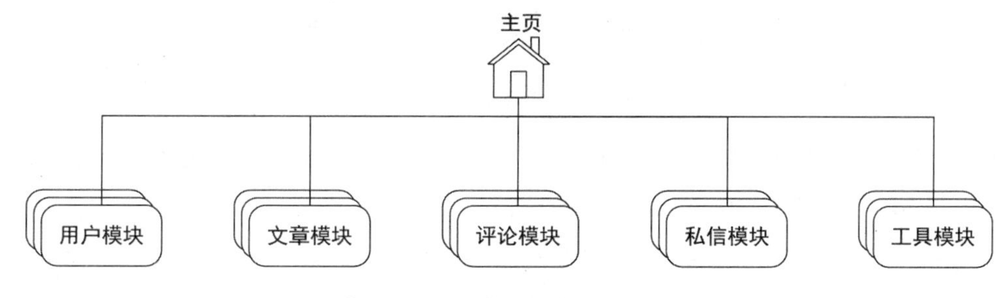

图 10.3　社区交流平台的核心模块

在案例项目中主要集成了五大核心模块，完成核心业务的开发，后期也可以在此基础上进行横向扩展。各模块的主要功能如下。

- 用户模块：操作系统数据，包含用户注册、邮件确认、账号激活、用户登录，以及用户密码修改、用户密码重置、用户资料完善等功能。
- 文章模块：支撑系统数据，包含查看文章列表、发表文章、查看文章详情、文章推荐、文章加精，以及文章点赞、喜欢、收藏等功能。
- 评论模块：支撑系统数据，包含文章评论、回复评论等功能。
- 私信模块：扩展系统数据，包含特定用户信息的发送和接收、信息统计等功能。
- 工具模块：支撑系统数据功能，包含系统数据分页展示、系统数据缓存、后台数据管理以及系统日志等功能。

10.2.1　用户模块

系统用户模块用于操作网站数据和访问网站，用户分为系统管理员和普通会员。系统管理员可以登录独立的后台管理系统管理网站中的数据，比如网站首页轮播、网站友情链接、网站的各种菜单等。系统管理员功能用例如图 10.4 所示。

系统管理员角色不能由用户注册得到，而应由系统创建，并就管理员的操作权限在后台管理系统中进行限制，以方便不同的系统管理员操作不同的数据模块。

我们可以根据项目规模创建管理员账号，并针对不同的数据模块进行细粒度的权限分配，以得到精细的项目管理模式。当然，如果项目规模较小，那么初始的超级管理员完全可以应对网站中所有数据的改动，也就没有必要创建新的管理员账号了。

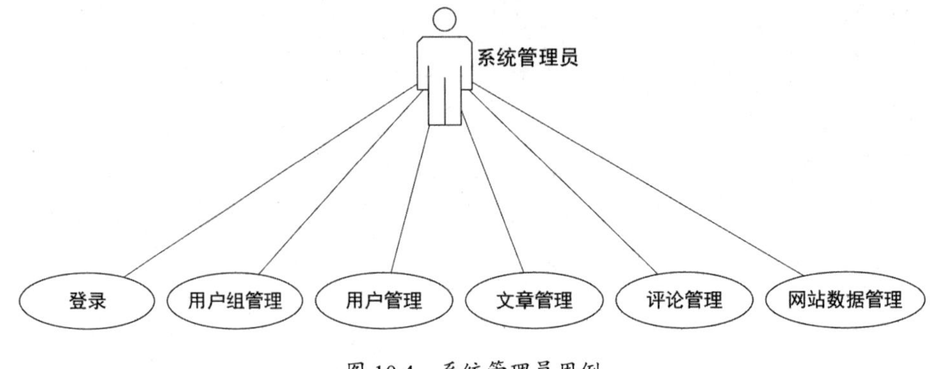

图 10.4 系统管理员用例

普通会员在访问网站的过程中，我们需要针对其数据访问控制进行导航式的主动引导。普通会员用例如图 10.5 所示。

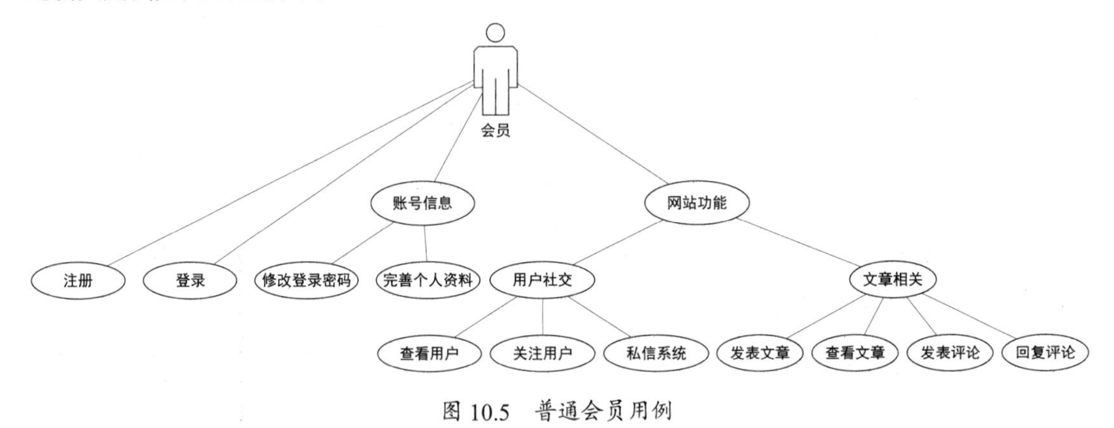

图 10.5 普通会员用例

在图 10.5 中，对项目中普通会员的基本操作功能进行了展示，但是在实际操作中，还有各项辅助功能需要开发。下面对基本操作功能进行介绍。

- 登录：普通会员要求使用注册账号或者注册邮箱进行登录，也可以通过关联第三方账号进行登录，如 GitHub、QQ、百度或者微博的账号等。
- 注册：注册时必须添加可用邮箱，注册信息会通过邮箱进行确认，确认成功后注册账号才能正常使用。
- 账号信息：登录系统之后，可以对账号信息进行完善，主要包括修改用户登录密码、修改用户验证邮箱以及完善用户基本资料三个方面的信息处理。
- 网站功能：普通会员登录网站之后，可以浏览全站内容，关注其他用户，查看自己关注的用户，也可以对感兴趣的文章进行点赞、喜欢或者收藏操作，同样提供了快速通道访问用户不同操作关联的文章数据等。

用户模块的核心功能及辅助功能较多，这里不再赘述。上述功能的描述和图解过程，在需求分析文档中需要非常细致地给出，以方便开发人员通过技术进行功能实现。

10.2.2 文章模块

文章模块是网站核心数据的支撑模块，也是社区交流平台不同用户之间进行数据共享的主要载体。在整个网站中，文章模块几乎贯穿于所有的网页视图，其用例如图 10.6 所示。

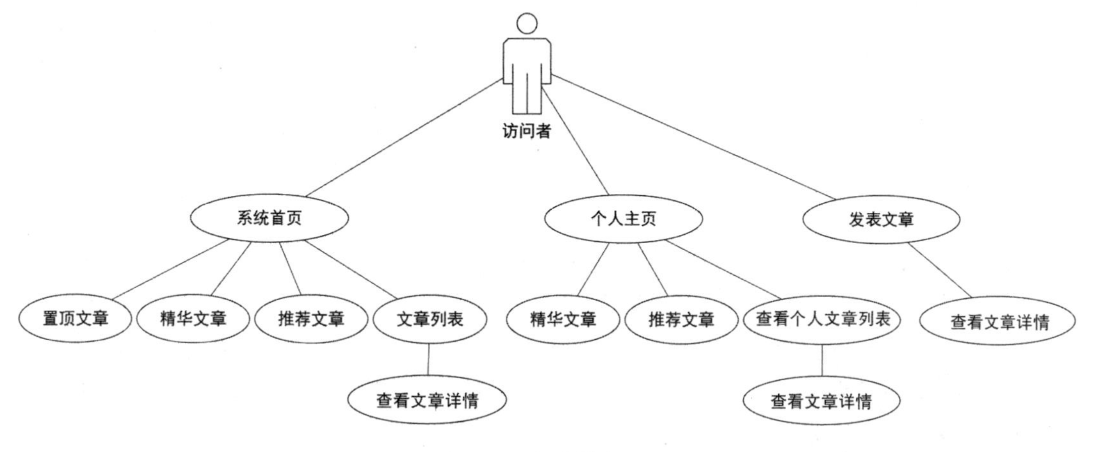

图 10.6 文章模块用例

在操作文章数据时，主要分查看和编辑两个部分，其中查看文章数据不需要进行权限控制，但是需要预留该功能，方便项目后期添加用户等级，不同等级的用户可以查看不同的文章数据。编辑文章需要用户登录后才能进行操作。

社区交流平台的定位主要是技术交流和行业交流，所以发表文章时不能使用简单的文本框进行操作，可以使用富文本编辑器，首选百度的 UEditor。当然，也可以结合使用 CKEditor 和 CKFinder。还可以使用近年来较为流行的 Markdown 编辑器，首选既经典又好用的 Editor.md。不论使用上述哪种编辑器，它们都是在发表文章功能中需要添加到项目中的基本组件。

发表文章之后，查看文章详情，需要按照发表文章的格式进行友好展示，包括文字段落样式、图片以及代码高亮渲染等。另外，需要根据所使用的核心组件进行扩展渲染，不能添加过多的插件，否则容易造成客户端响应延迟。

与文章相关的细节功能较多，如文章来源定义、文章专题归属定义、文章标签划分等，这里不再赘述，请读者参考项目代码的设计实现。

10.2.3 评论模块

评论模块是社区交流平台上的一项重要功能，也是平台中不同用户之间进行数据通信和共享的手段之一。在评论模块中对核心问题进行交流是平台上用户互动的主要手段。

评论是两个或者多个用户之间进行交互的一种业务功能，通过评论和评论回复的功能完成数据的交互处理。评论模块用例如图 10.7 所示。

在评论的回复过程中会形成一个评论链，访问用户可以选择该评论链中的任意一条评论进行回复，完成评论内容的交互。

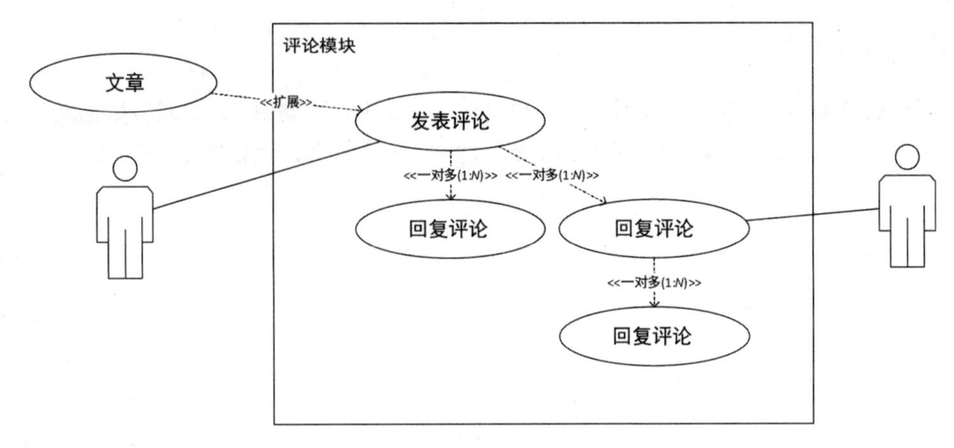

图 10.7 评论模块用例

评论模块主要涉及的相关数据包括发表和回复评论的用户信息、评论的文章信息以及评论内容指向的上一级评论信息。这需要在技术实现上进行合理的规划，避免造成数据的冗余，导致系统资源过度消耗。

10.2.4 私信模块

私信模块类似于评论模块，但是其处理过程更加简单，主要实现两个用户之间的信息沟通。私信模块的业务流程主要分两个阶段。

（1）第一阶段，可以将该模块定义成私信留言板，用户间可以进行信息留言。对于私信留言板，可以设置是否允许其他用户访问，用户也可以关注其他留言者的信息，为社区交流平台的信息交互提供一个较好的平台。

（2）第二阶段，根据用户对私信留言板的使用情况，可以将其拆分为用户间一对一沟通的私信模块，以及用户间进行信息交流的留言板，为网站用户建立良好的沟通桥梁。私信模块用例如图 10.8 所示。

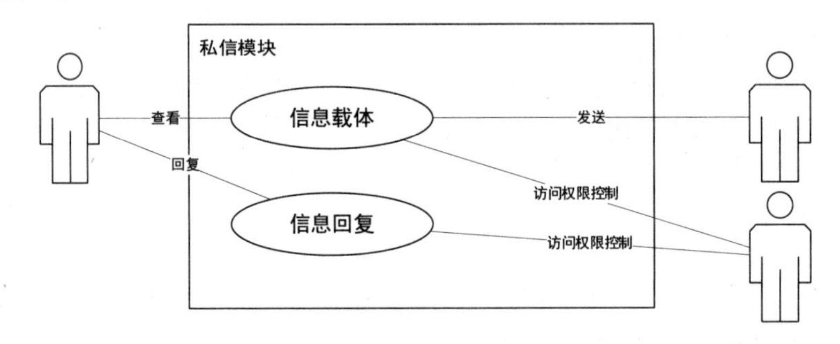

图 10.8 私信模块用例

对私信数据的操作和对网站中其他数据的操作类似，都需要依赖项目中的权限控制。权限控制在平台网站建设前期可以通过私信相关用户、私信无关用户进行区分，以达到对私信数据访问的基本保护。

10.2.5　工具模块

在社区交流平台正式上线使用前，还需要通过工具模块来添加各项辅助功能，比如以第三方账号登录、数据访问的缓存优化、数据分页展示等。

10.3　详细设计

对需求分析文档中用户需要的功能进行梳理，通过对软件开发模型的整体架构进行设计，完成软件框架的搭建；通过对功能流程的分析，完成数据模型的设计，以及与数据模型相关的流程处理；通过细化各项功能的细节，实现软件的核心功能；最后在迭代过程中完成软件的整体功能开发。

任何软件的详细设计都需要经过逐步完善的过程。因为一旦需求出现了变动，或者在开发过程中不同功能相互关联影响，就会涉及软件关联部分的设计重构。只有在迭代过程中逐步完善设计，才能形成成熟的设计方案。

10.3.1　系统数据模型设计

系统数据模型主要分为三大部分：用户模块相关数据模型、文章模块相关数据模型和评论模块相关数据模型。

项目中的用户模块使用 Django 框架的内建用户模块来实现，但是内建用户模块的属性不足以支持项目中的用户信息，所以我们通过添加用户资料类型，与系统内建用户模块进行一对一关联来完成用户资料的扩展。用户模块数据模型设计如图 10.9 所示。

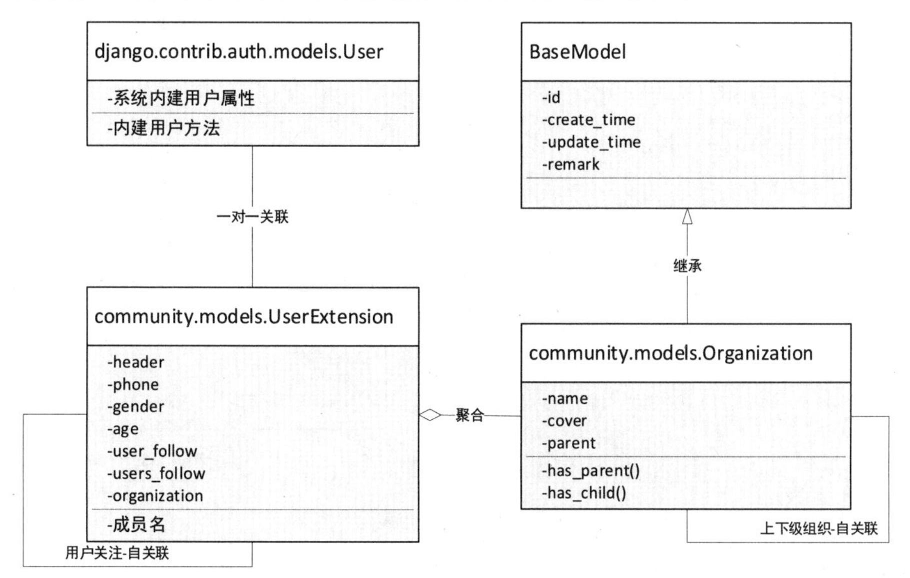

图 10.9　用户模块数据模型设计

对于项目中的文章类型数据，我们通过与文章专题类型数据建立多对多关联，同时对文章的来源进行划分，完成文章模块数据模型的设计，如图 10.10 所示。

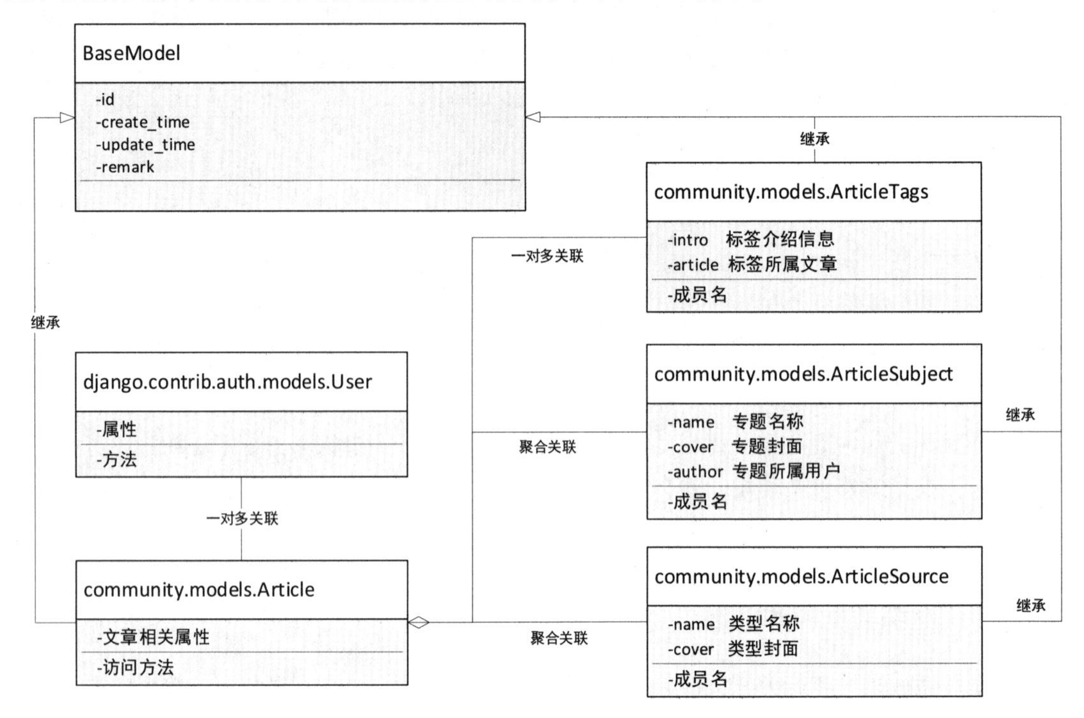

图 10.10 文章模块数据模型设计

评论模块是对文章模块的功能支撑和扩展，它是用户数据和文章数据之间的桥梁。我们通过用户、文章和评论的关联关系完成评论模块数据模型的设计，如图 10.11 所示。

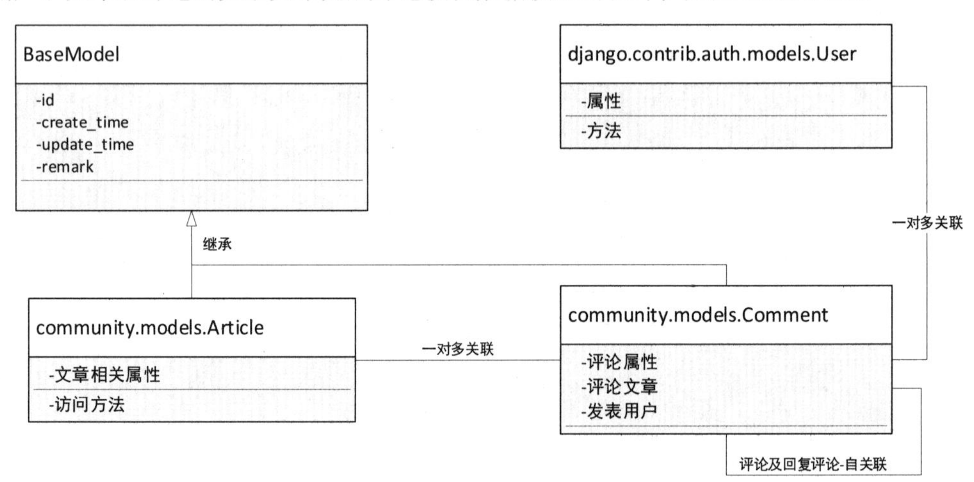

图 10.11 评论模块数据模型设计

在社区交流平台中私信模块的数据模型是最简单的，其添加了私信类型与用户类型之间的关联关系，如图 10.12 所示。

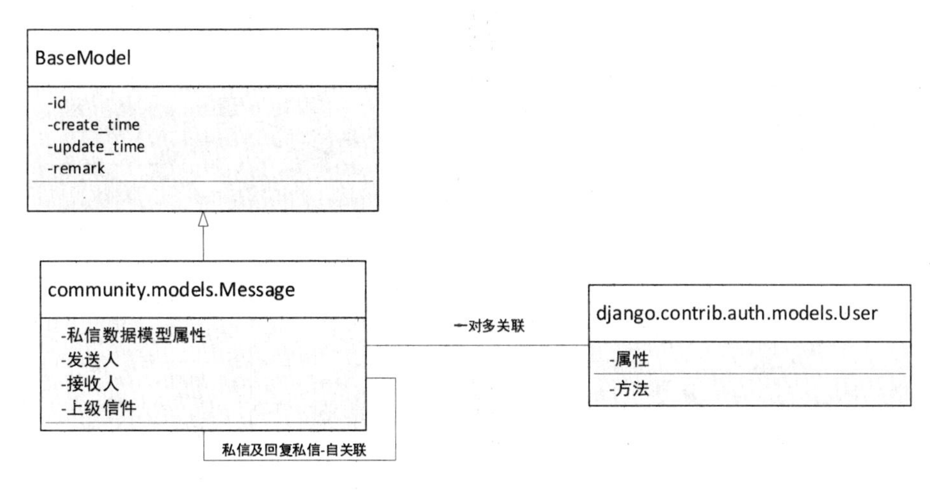

图 10.12　私信模块数据模型设计

通过以上数据模型的设计，就可以完成项目中基本数据类型架构的搭建，满足核心业务功能的基本开发需要。

10.3.2　用户模块功能流程设计

用户模块的开发是社区交流平台的基础开发任务，在开发过程中满足与用户相关的基本操作功能，以及第三方账号的登录引流功能。相关处理功能如下：

- 账号注册。
- 账号登录。
- 第三方账号登录。
- 注册账号邮箱验证及激活。
- 修改用户头像。
- 修改用户登录密码。
- 完善用户资料。
- 更改验证邮箱。
- 扩展功能。

本节将针对上述功能的处理流程进行详细设计，并对在处理流程中可能发生的各种用户误操作情况进行完善处理，为项目搭建完整且成熟的逻辑架构。

1. 账号注册

账号注册是在社区交流平台的注册网页中来完成的，主要分为注册和激活两步。账号注册前端处理流程如图 10.13 所示。

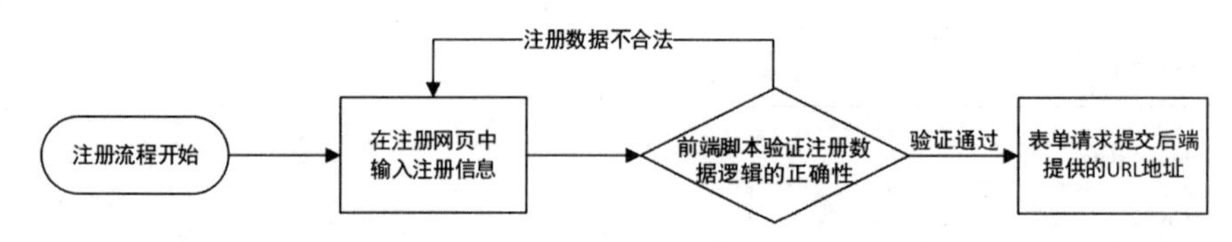

图 10.13 账号注册前端处理流程

账号注册后端处理流程如图 10.14 所示。

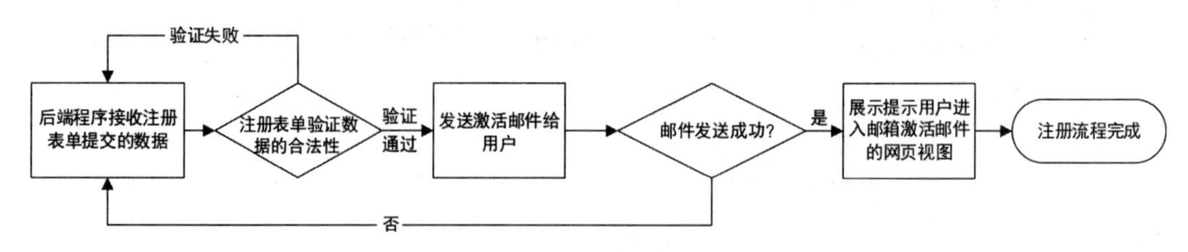

图 10.14 账号注册后端处理流程

在账号注册过程中，通过向注册邮箱发送激活链接的方式，保证接入社区交流平台的每个用户都能正常使用邮件收发消息，也实现了社区交流平台用户之间通过邮箱进行通信的功能。

2. 账号登录

账号登录，首先要保证用户可以正常登录。然后，在此基础上扩展登录功能，让用户可以使用第三方账号，比如 GitHub、QQ、微博的账号进行登录，并关联添加为平台的正式用户。账号登录处理流程如图 10.15 所示。

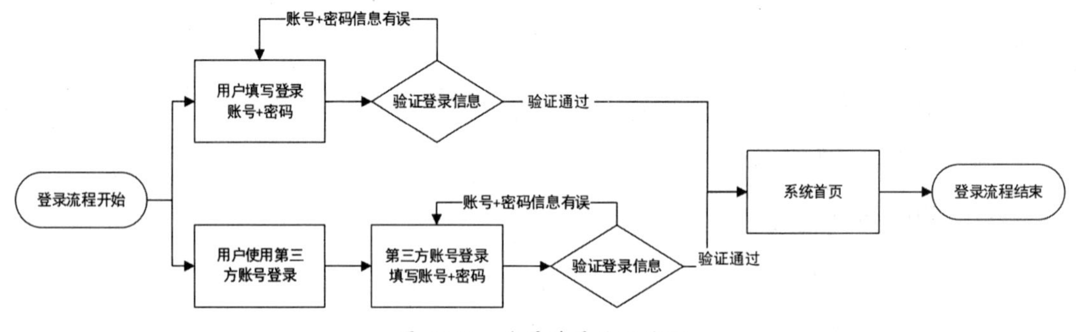

图 10.15 账号登录处理流程

3. 更改验证邮箱

验证邮箱是用户身份认证的一条重要途径，如果用户需要更改验证邮箱，则可以在登录平台之后通过更改验证邮箱功能来完成。更改验证邮箱的处理流程如图 10.16 所示。

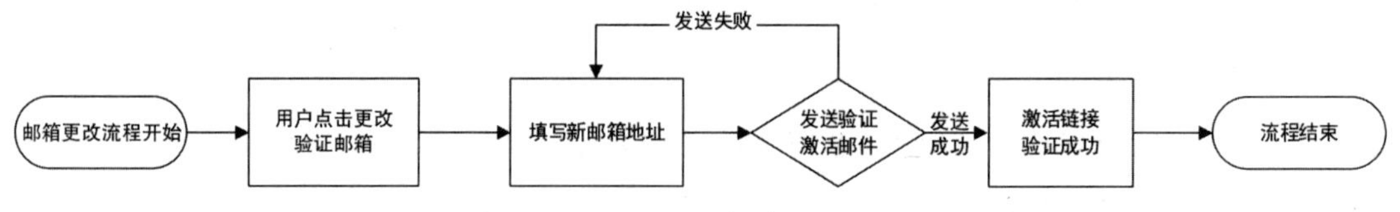

图 10.16 更改验证邮箱的处理流程

4. 完善用户资料

用户登录后，可以通过指定的链接完善个人资料信息。完善个人资料信息包含两个功能，即更换用户头像和更新基本资料。完善用户资料的处理流程如图 10.17 所示。

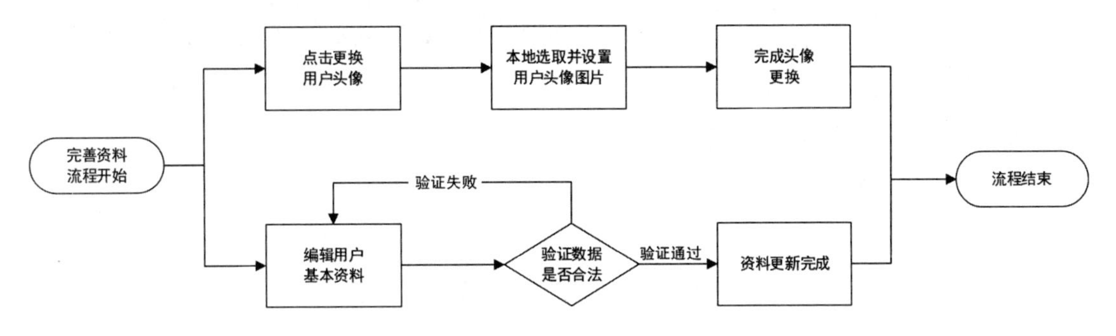

图 10.17　完善用户资料的处理流程

5. 其他功能

用户模块的其他功能处理流程，与上面的功能处理流程类似，都以流程图的形式呈现在文档中，并针对可能出现的各种细节问题进行处理，以便在编写代码时能有一个良好的流程参考体系，提高开发效率。

10.3.3　文章模块功能流程设计

社区交流平台中的文章模块，其相关功能主要有发表文章、查看文章列表以及查看文章详情等。

1. 发表文章

在平台建设初期，发表文章是用户添加文章数据的唯一方式。项目中每个前端网页都可以包含发表文章的链接，以方便用户在登录状态随时发表自己的文章。并且在发表文章的前端网页中添加 Markdown 编辑器支持，完成数据验证即可完成文章的发表。发表文章的处理流程如图 10.18 所示。

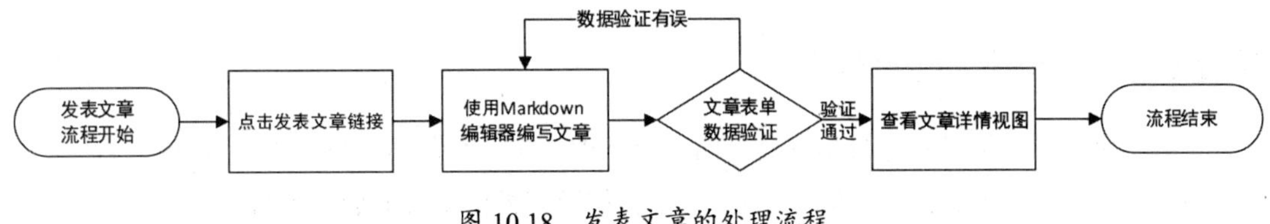

图 10.18　发表文章的处理流程

2. 查看文章

查看文章是共享数据的最直接方式。在网站中查看文章的入口有多个，我们从处理流程图中可以看到，如图 10.19 所示。

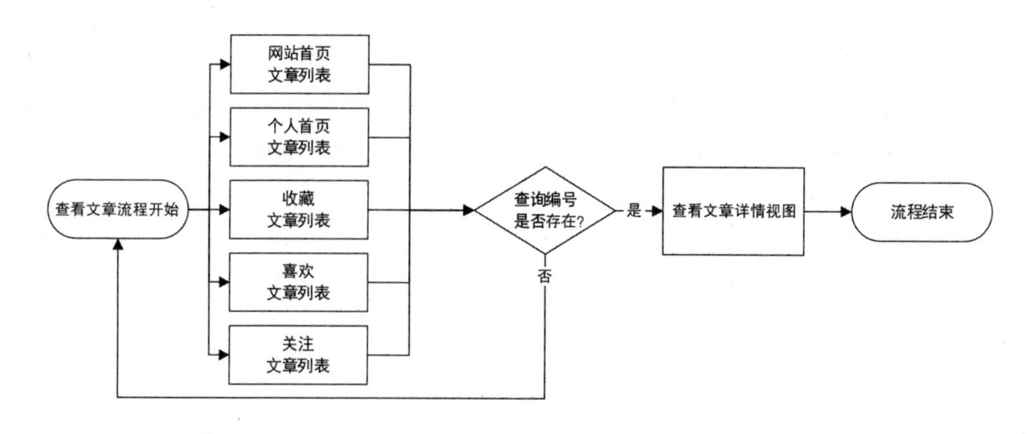

图 10.19 查看文章的处理流程

10.3.4 评论模块功能流程设计

评论模块是文章模块的功能扩展，是发表文章之后进一步的交互方式，是社区交流平台中重要的业务功能之一。

1. 发表评论

在查看文章详情时，可以在文章详情页面编辑并发表评论内容。发表评论完成后，可以直接在当前页面中查看。发表评论的处理流程如图 10.20 所示。

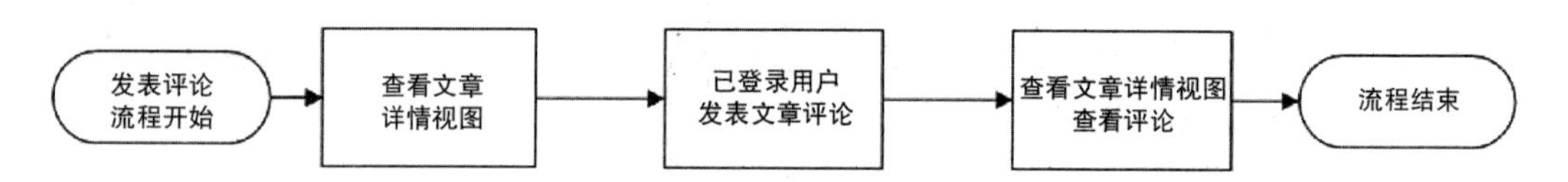

图 10.20 发表评论的处理流程

2. 回复评论

回复评论的处理流程和发表评论的处理流程一致，唯一需要关注的是回复评论和原始评论都属于评论，所以在操作过程中应注意区分，并进行分类展示。

10.3.5 私信模块功能流程设计

私信模块是平台用户间进行私信交流的一个处理功能，在网站开发过程中可以根据是否允许其他用户查看自己的私信，将私信模块扩展为私信留言板模块。网站初始设计中的私信功能，可以添加在用户主页上以方便操作。

1. 发送私信

用户登录后，可以在平台中查看其他注册用户并查看其首页，通过其首页中提供的发送私信的链接，完成私信的私密发送。

2. 回复私信

任何登录用户都可以在个人主页中展示自己收到的未读私信的数量，并且可以通过点击“我的私信”，查看收到的所有私信信息，同时可以回复私信，实现用户间的交流与沟通功能。

10.3.6 辅助功能

在网站建设过程中，为了提升用户的使用体验，还需要在业务功能的基础上添加各种优化功能，提高数据处理性能和数据渲染效果。下面我们以添加缓存功能和数据分页功能为例进行介绍。

添加缓存功能，可以有效提升查询展示网站数据的处理效率，提高用户访问网站数据的处理效率，在一定程度上提高多用户并发访问时网站的响应性能。其具体的操作，可以根据实际访问网站的用户量进行配置处理。

数据分页展示是目前大多数网站的主流做法，其主要分为通过页码分页和通过 Ajax 单页分页两种方式，使得在访问和展示数据时能有一个良好的渲染效果，同时节省网站流量。

最后需要注意的是，任何软件的设计开发都是一个长期的过程。在软件架构的初期，都是基本框架的搭建和核心功能的开发，后期会根据技术的可实现性对项目进行分解并逐步完善，也就是项目的重构和迭代开发，这样才能保障项目的成功上线。

10.4 开发与测试

在项目开发初期，已经有了需求分析文档，用于分析原始功能的流程参考和功能还原；在软件架构过程中，也包含了软件详细设计文档，可以根据文档设计流程完成技术实现。在完成项目的功能开发之后，通过项目的各项测试数据还原用户提出的原始功能，并最终完成用户需要的软件开发。这是软件开发的完整周期。

社区交流平台项目的技术选型如下。

- 开发平台：Windows 10。
- 开发工具：PyCharm 2019.1。
- 后端开发环境：Python 3.7。
- Web 框架：Django 2.1。
- 数据库：MySQL 5.7、Redis 5.0。
- 前端：Bootstrap 4。
- 第三方工具库。

执行下面的命令，创建社区交流平台项目及子项目：

```
$ django-admin startproject pychain
$ cd pychain
$ django-admin startapp community
```

10.4.1 用户模块功能开发

社区交流平台的用户入口，除了注册用户可以正常登录，还可以使用第三方账号，比如GitHub、微博、百度等的账号进行登录，我们使用 django-allauth 模块进行处理。首先在项目开发环境中安装 django-allauth 模块，执行如下命令：

```
pip install django-allauth
```

在 django-allauth 模块中已经封装了第三方账号的处理流程，我们根据项目需要进行定制化操作即可。首先在项目中添加 allauth 模块支持，修改项目配置文件 pychain/settings.py，添加 INSTALLED_APPS 及其他登录配置选项，代码如下：

```
# 添加基本支持
INSTALLED_APPS = [
    'django.contrib.admin',
    'django.contrib.auth',
    ……
    # 设置第三方账号登录的依赖
    'django.contrib.sites',
    'allauth',
    'allauth.account',
    'allauth.socialaccount',
    # 添加微博、百度、GitHub 的账号关联
    'allauth.socialaccount.providers.weibo',
    'allauth.socialaccount.providers.baidu',
    'allauth.socialaccount.providers.github',
]
SITE_ID = 1
# 指定后端身份认证操作模块
AUTHENTICATION_BACKENDS = (
    'django.contrib.auth.backends.ModelBackend',
    'allauth.account.auth_backends.AuthenticationBackend'
)
# 用户登录方式，指定可以使用账号或者邮箱登录
ACCOUNT_AUTHENTICATION_METHOD = 'username_email'
# 注册时是否需要邮箱
ACCOUNT_EMAIL_REQUIRED = True
# 注册邮箱验证，mandatory 表示强制，optional 表示可选，none 表示否
ACCOUNT_EMAIL_VERIFICATION = 'mandatory'
# 登录后的跳转链接
LOGIN_REDIRECT_URL = '/'
# 系统退出后的跳转链接
ACCOUNT_LOGOUT_REDIRECT_URL = "/"
# 设置修改密码后是否自动退出系统
ACCOUNT_LOGOUT_ON_PASSWORD_CHANGE = True
```

```
# 设置重置密码后是否自动登录系统
ACCOUNT_LOGIN_ON_PASSWORD_RESET = False
# 设置登录失败后，连续尝试登录的次数
ACCOUNT_LOGIN_ATTEMPTS_LIMIT = 3
# 设置登录失败后禁止登录的时间
ACCOUNT_LOGIN_ATTEMPTS_TIMEOUT = 600
# 设置验证邮件发送后的有效时间
ACCOUNT_EMAIL_CONFIRMATION_COOLDOWN = 180
# 设置验证邮件的有效天数
ACCOUNT_EMAIL_CONFIRMATION_EXPIRE_DAYS = 1
# 设置注册不能使用的用户名列表
ACCOUNT_USERNAME_BLACKLIST = ['admin', 'administrator', 'manager', ]
# 设置用户名的最小有效长度
ACCOUNT_USERNAME_MIN_LENGTH = 8
```

我们使用 Django 框架内建的 django.contrib.auth.models.User 完成用户身份认证，但是系统用户的资料有限，所以需要针对系统用户属性进行扩展，添加一对一关联的用户扩展资料 UserExtension 对象。编辑数据模型模块 community/models.py，添加基础数据类型如下：

```
# 引入系统依赖的模块
from uuid import uuid4
from django.urls import reverse
from django.shortcuts import redirect
from django.db import models
from django.contrib.auth.models import User
from django.dispatch import receiver
from django.db.models.signals import post_save
class BaseModel(models.Model):
    '''基础数据类型'''
    id = models.UUIDField(verbose_name='编号', primary_key=True, default=uuid4)
    create_time = models.DateTimeField(verbose_name='创建时间', auto_now_add=True)
    update_time = models.DateTimeField(verbose_name='修改时间', auto_now=True)
    remark = models.TextField(verbose_name='备注', null=True, blank=True)
    class Meta:
        abstract = True
        ordering = ['-create_time', '-id']
```

在模块中需要添加与用户相关的数据类型，如限制用户注册的邀请码类型、用户组织类型、内建用户的扩展资料类型等。代码如下：

```
# community/models.py
class Invitation(BaseModel):
    '''邀请码：扩展功能'''
    code = models.UUIDField(verbose_name='邀请码', default=uuid4, auto_created=True)
    class Meta:
        verbose_name = '邀请码'
        verbose_name_plural = verbose_name
    def __str__(self):
        return self.code
class Organization(BaseModel):
```

```
    '''用户组织结构'''
    name = models.CharField(verbose_name='组织名称', max_length=50)
    cover = models.ImageField(verbose_name='封面', upload_to='org/', default=
'org/default.jpeg')
    parent = models.ForeignKey('self', on_delete=models.CASCADE,
                            verbose_name='所属组织', null=True, blank=True)
    def __str__(self):
        return self.name
    def has_child(self):
        return True if self.organization_set.exists() else False
    def has_parent(self):
        return True if self.parent else False
    class Meta:
        verbose_name = '用户组织'
        verbose_name_plural = verbose_name
class UserExtension(BaseModel):
    '''用户扩展资料'''
    GENDER = (('0', '女'), ('1', '男'))
    user = models.OneToOneField(User, verbose_name='关联用户',
                        on_delete=models.CASCADE, related_name='extension')
    header = models.ImageField(verbose_name='用户头像',
                        upload_to='header/', default='header/defaultman.jpeg')
    phone = models.CharField(verbose_name='手机号码', max_length=20, null=True, blank=True)
    gender = models.CharField(verbose_name='性别', max_length=5,
                        choices=GENDER, null=True, blank=True)
    age = models.IntegerField(verbose_name='年龄', default=0)
    organization = models.ForeignKey(Organization, verbose_name='所属组织',
                        on_delete=models.SET_NULL, null=True,
                              blank=True)
    users_follow = models.ManyToManyField(verbose_name='关注的用户',
                        related_name='follows', to=User)
    user_follow = models.OneToOneField(verbose_name='特别关注', related_name='follow',
                        to=User, on_delete=models.SET_NULL, null=True, blank=True)
    class Meta:
        verbose_name = '用户扩展资料'
        verbose_name_plural = verbose_name
    def __str__(self):
        return self.user.username
```

用户扩展资料和内建用户一对一关联，在业务操作过程中处理用户数据时，需要同步用户扩展资料，在定义数据模型时，同步处理关联数据。可以通过 Django 中的信号处理函数进行关联并添加，信号处理函数如下：

```
# community/models.py
@receiver(post_save, sender=User)
def create_user_extension(sender, instance, created, **kwargs):
    '''信号处理函数：当存储 User 类型的对象时，自动创建并存储 UserExtension 对象'''
    if created:
        UserExtension.objects.create(user=instance)
    else:
```

```
        instance.extension.save()
```

在添加了用户基础数据类型之后，继续完善项目的路由配置，将 django-allauth 模块中的业务处理流程添加到项目中。编辑项目路由模块 pychain/urls.py，添加 allauth 模块路由如下：

```
# pychain/urls.py
......
urlpatterns = [
    path('admin/', admin.site.urls),                    # 系统后台模块
    path('account/', include('allauth.urls')),          # allauth 路由配置
    path('accounts/', include('allauth.urls')),         # allauth 路由兼容配置
    # 添加静态文件
    re_path('^media/(?P<path>.*)/$', serve, {'document_root': MEDIA_ROOT}),
    # 子项目路由配置
    path('', include('community.urls', namespace='community')),
]
```

在用户认证模块 allauth 中，预定义了大量的和用户操作相关的路由及处理网页视图，可以完成基本的用户操作功能。它们位于 site-packages/allauth/templates/目录下，分别如下。

- email.html：查看、操作已验证邮箱网页视图。
- email_confirm.html：提示邮件激活账号网页视图。
- login.html：用户登录网页视图。
- logout.html：退出系统的二次确认网页视图。
- password_change.html：修改登录密码网页视图。
- password_reset.html：重置密码第一步，输入验证邮箱网页视图。
- password_reset_done.html：重置密码第二步，验证链接发送提示网页视图。
- profile.html：完善用户资料网页视图。
- signup.html：用户注册网页视图。
- verification_send.html：注册用户链接发送提示网页视图。

我们在项目中创建网页视图模板文件夹 templates，在该文件夹中添加 account 子文件夹，将自定义的网页视图按照规范的名称添加到项目中。此时项目文件结构如下：

```
|-- pychain/                            # 项目根目录
    |-- pychain/                        # 根管理项目
    |-- community/                      # 社区交流平台子项目
    |-- templates/                      # 网页视图模板文件夹
        |-- account/                    # 和用户操作相关的网页视图文件夹
            |-- email.html
            |-- email_confirm.html
            |-- login.html
            |-- logout.html
            |-- password_change.html
```

```
            |-- password_reset.html
            |-- password_reset_done.html
            |-- password_reset_from_key.html
            |-- password_reset_from_key_done.html
            |-- profile.html
            |-- signup.html
            |-- verification_send.html
            |-- verified_email_required.html
        |-- base_main.html                    # 自定义网页视图的父模板
    |-- manager.py
```

至此，项目用户模块的基本结构搭建完成。

1. 用户注册、邮箱验证及登录功能

我们根据 allauth/templates/中提供的模板代码，完善自定义的网页视图，比如 allauth 模块中的用户注册网页视图，代码如下：

```
    # allauth 模块中的用户注册网页视图
    {% extends "account/base.html" %}
    {% load i18n %}
    # 网页标题
    {% block head_title %}{% trans "Signup" %}{% endblock %}
    # 网页内容
    {% block content %}
    # 提示标题
    <h1>{% trans "Sign Up" %}</h1>
    <p>{% blocktrans %}Already have an account? Then please <a href="{{ login_url }}">
sign in</a>.{% endblocktrans %}</p>
    # 注册表单
    <form class="signup" id="signup_form" method="post" action="{% url 'account_signup' %}">
      {% csrf_token %}
      {{ form.as_p }}
      {% if redirect_field_value %}
      <input type="hidden" name="{{ redirect_field_name }}" value=
"{{ redirect_field_value }}" />
      {% endif %}
      <button type="submit">{% trans "Sign Up" %} &raquo;</button>
    </form>
    {% endblock %}
```

根据项目需要，可以对模板代码进行修改，然后添加到自定义的用户注册网页视图中。编辑 pychain/templates/account/signup.html，代码如下：

```
    # pychain/templates/account/signup.html
    # 继承自定义的父模板
    {% extends 'base_mine.html' %}
    {% block title %}-新用户注册{% endblock %}
    {% block page_body %}
      ……
      # 用户注册相关表单
```

```
        <form class="signup" id="signup_form" method="post"
                                action="{% url 'account_signup' %}">
            {% csrf_token %}
          {% if redirect_field_value %}
          <input type="hidden" name="{{ redirect_field_name }}" value=
"{{ redirect_field_value }}"/>
          {% endif %}
        <!-- 注册邮箱-->
        <div class="form-group row mt-3">
          <label for="email" class="offset-sm-1 col-sm-3 col-form-label">邮箱</label>
          <div class="col-sm-7 col-xs-7">
              <input type="email" class="form-control" id="email" name="email"
                 value="{% firstof form.email.value '' %}" placeholder="输入注册邮箱">
              <small id="emailHelp" class="form-text text-danger">
                                        {{ form.errors.email.0 }} </small>
          </div>
        </div>
        <!-- 注册账号 -->
        <div class="form-group row">
          <label for="username" class="offset-sm-1 col-sm-3 col-form-label">账号</label>
          <div class="col-sm-7 col-xs-7">
              <input type="text" class="form-control" name="username"
                                          id="username" placeholder="请输入账号">
              <small id="emailHelp" class="form-text text-danger">
                                          {{ form.errors.username.0 }}
              </small>
          </div>
        </div>
        <!-- 注册密码 -->
        <div class="form-group row">
          <label for="password" class="offset-sm-1 col-sm-3 col-form-label">密码</label>
          <div class="col-sm-7">
              <input type="password" class="form-control" id="password1"
                                        name="password1" placeholder="请输入密码">
              <small id="emailHelp" class="form-text text-danger">
                                         {{ form.errors.password1.0 }}
              </small>
          </div>
        </div>
        <!-- 确认密码 -->
        <div class="form-group row">
          <label for="password" class="offset-sm-1 col-sm-3 col-form-label">确认密
码</label>
          <div class="col-sm-7">
              <input type="password" class="form-control" id="password2"
                                        name="password2" placeholder="请确认密码">
              <small id="emailHelp" class="form-text text-danger">
                                         {{ form.errors.password2.0 }}
              </small>
          </div>
```

```
        </div>
        <div class="form-group row">
            <div class="col-sm-3 offset-sm-4">
                <button type="submit" class="btn btn-primary">注  册</button>
            </div>
        </div>
    </form>{% endblock %}
```

执行如下命令，生成迁移数据脚本，并执行脚本将数据同步到数据库中：

```
python manage.py makemigrations
python manage.py migrate
```

启动项目，访问 http://localhost:8000/account/signup/，可以看到如图 10.21 所示的用户注册网页视图。

图 10.21 用户注册网页视图

填写注册信息，然后点击“注册”按钮。注册完成后，系统会自动向注册邮箱中发送一封邮件，并提示点击链接完成注册流程，如图 10.22 所示。

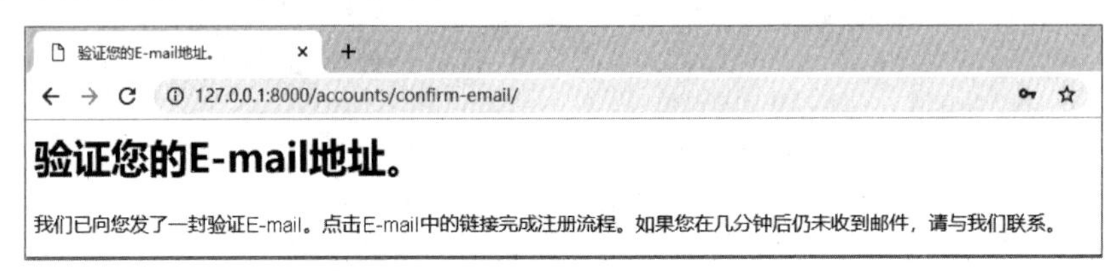

图 10.22 提示邮件激活账号网页视图

打开邮箱，进入激活账号邮件中，邮件内容如图 10.23 所示。我们使用的是 allauth 模块中默认的邮件格式，可以通过自定义模板进行更改。

由于项目是在本地运行的，所以激活账号的链接地址是 http://127.0.0.1 开头的。等在 10.5 节中完成网络部署之后，就可以使用网络 IP 地址或者域名来进行激活账号的操作了。账号激活后，确认关联邮箱，如图 10.24 所示。

图 10.23　激活账号邮件内容

图 10.24　确认关联邮箱

账号激活后，会自动跳转到用户登录网页视图，填写正确的账号和密码进行登录操作，如图 10.25 所示。

图 10.25　用户登录网页视图

2. 完善用户资料、更换用户头像及用户关注

登录成功后，将自动跳转到系统首页，在首页中定义了与用户相关的功能，比如修改用户登录密码、完善用户资料、设置用户验证邮箱以及用户退出等功能。完善项目的视图处理模块，在 allauth 模块的基础上，添加首页及个人主页的视图处理函数。编辑 community/views.py，代码如下：

```
# 引入系统依赖的模块
from django.contrib.auth.decorators import login_required
from django.views.decorators.csrf import csrf_exempt
from django.views.decorators.gzip import gzip_page
from django.core.paginator import Paginator
from django.contrib.auth.decorators import permission_required
from django.conf import settings
#################################################################
# 首页相关
#################################################################
@require_GET
@gzip_page
def c_index(request):
    """社区首页"""
    # 查询所有的作者
    users = User.objects.all()[:10]
    return render(request, 'index.html', {'users': users })
@require_GET
@gzip_page
def c_main(request, author_id):
    """个人主页"""
    author = User.objects.get(pk=author_id)
    return render(request, 'main.html', {'author': author})
```

完善用户资料，处理更换用户头像时的异步上传操作，完善视图处理函数如下：

```
# community/views.py
#################################################################
# 完善用户资料
#################################################################
@login_required
def user_profile(request):
    """更新用户资料"""
    if request.method == "GET":
        # 构建用户表单对象
        user_form = UserForm(instance=request.user)
        user_extension_form = UserExtensionForm(instance=request.user.extension)
        return render(request, 'account/profile.html', {'user_form': user_form,
                                      'user_extension_form': user_extension_form})
    else:
        # 根据 POST 更新数据构建用户表单对象、扩展表单对象
```

```
        user_form = UserForm(request.POST, instance=request.user)
        user_extension_form = UserExtensionForm(request.POST,
                                            instance=request.user.extension)
        # 验证表单数据的合法性，并存储用户资料和扩展资料数据
        if user_form.is_valid() and user_extension_form.is_valid():
            user_form.save()
            user_extension_form.save()
        return redirect('community:user_profile')
####################################################################
# 上传用户头像
####################################################################
@login_required
@require_POST
@csrf_exempt
@gzip_page
def user_profile_headerimg(request):
    """上传用户头像"""
    # 获取用户头像数据
    header_img = request.POST['header_img']
    # 拆分编码数据，得到 base64 编码的图片数据
    img = header_img[header_img.find(',') + 1:]
    # 图片数据转换
    img = base64.b64decode(img)
    # 定义存储图片文件的路径
    filename = 'media/header/' + uuid.uuid4().hex + ".png"
    # 存储用户上传的图片数据
    with open(filename, 'wb') as f:
        f.write(img)
    # 获取当前登录用户，并设置用户扩展属性
    user = request.user
    user.extension.header = filename[filename.find('/'):]
    user.extension.save()
    request.user = user
    # 返回 JSON 响应数据
    return JsonResponse('{"msg_code": "1", "msg_info": "上传成功"}', safe=False)
```

在项目模块中添加用户扩展功能，并添加用户与用户之间的相互关注及特别关注的业务处理功能，完善对应的视图处理函数如下：

```
# community/views.py
####################################################################
# 关注用户功能的视图处理函数
####################################################################
@login_required
@require_GET
def user_follow(request, author_id, flag, special, app_name, route_name, id_desc,
obj_id):
    """关注用户"""
    # 查询要关注的用户
```

```
        author = User.objects.get(pk=author_id)
        if flag == 'follow':
            # 查询是否是特别关注
            if special == 'spe':
                # 查询原有特别关注的用户
                user = User.objects.get(username=request.user.extension.follow.username)
                # TODO 设置为普通关注
            else:
                # 关注用户
                request.user.extension.users_follow.add(author)
        elif flag == 'unfollow':
            if special == 'spe':
                # TODO 取消特别关注
                pass
            else:
                request.user.extension.users_follow.remove(author)
        return redirect(reverse(f'{app_name}:{route_name}', kwargs={f'{id_desc}': obj_id}))
    @login_required
    @require_GET
    @gzip_page
    def follow_users(request, user_id):
        """查看关注用户"""
        user_ = get_object_or_404(User, pk=user_id)
        return render(request, 'users.html', {'user_': user_})
```

编辑 community/urls.py，完善路由映射关系，代码如下：

```
    # community/urls.py
    from django.urls import path, include, re_path
    from . import views
    app_name = 'community'
    urlpatterns = [
        path('account/', include([
            # 完善用户资料
            path('profile/', views.user_profile, name='user_profile'),
            # 上传用户头像
            path('header_img/', views.user_profile_headerimg, name='user_profile_headerimg'),
            # 查看关注用户
            path('follow_users/<str:user_id>/', views.follow_users, name='follow_users'),
            # 关注及特别关注的用户
            path('user_follow/<str:author_id>/<str:flag>/<str:special>/
<str:app_name>/<str:route_name>/<str:id_desc>/<str:obj_id>/', views.user_follow,
name='user_follow'),
        ])),
       ......
    ]
```

重启项目，用户登录系统，可以在首页菜单中选择完善用户资料，进入更新用户资料网页视图，如图 10.26 所示。

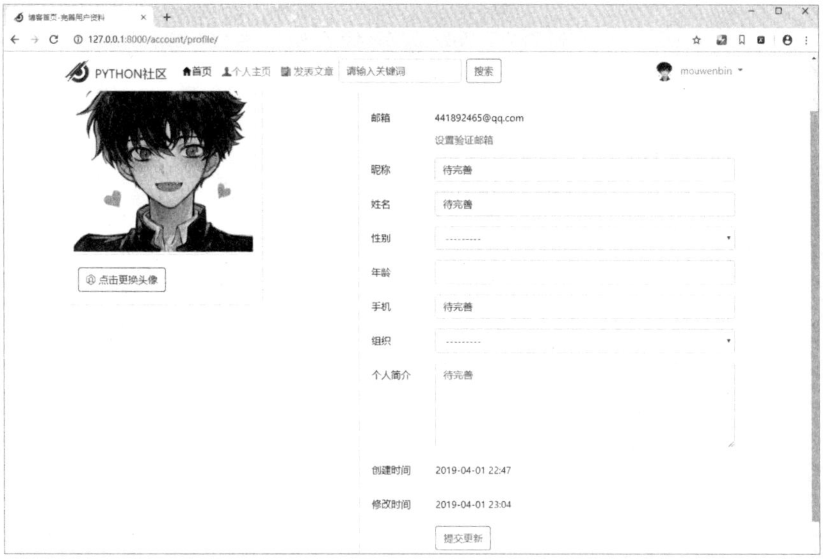

图 10.26　更新用户资料网页视图

在更换头像时，我们使用 jQuery 插件 Cropper 进行处理。编辑 templates/profiles.html，代码如下：

```
<!-- 头像部分 HTML 代码 -->
<div class="col-md-5">
    <div class="card" style="width: 20rem;">
        <img id="user-photo" src="/media/{{ user.extension.header }}"
             class="card-img-top img-thumbnail mx-2" alt="">
        <div class="card-body">
            <button class="btn btn-outline-dark" data-target="#changeModal"
data-toggle="modal">
                <i class="iconfont icon-touxiang"></i> 点击更换头像
            </button>
            <input type="file" style="display:none;" class="form-control"
id="header_img" name="header_img">
        </div>
    </div>
</div>
```

在更换头像过程中，通过点击弹出模态对话框进行操作，以提高用户的使用体验。代码如下：

```
<!-- 头像部分弹出模态对话框 -->
<div class="modal fade" id="changeModal" tabindex="-1" role="dialog" aria-hidden=
"true">
        <div class="modal-dialog">
            <div class="modal-content">
                <div class="modal-header">
                    <button type="button" class="close"
                            data-dismiss="modal" aria-hidden="true">×</button>
```

```
                    <h4 class="modal-title text-primary">
                        <i class="fa fa-pencil"></i>
                        更换头像
                    </h4>
                </div>
                <div class="modal-body">
                    <!-- 选择并预览图片 -- >
                    <p class="tip-info text-center">
                        未选择图片
                    </p>
                    <div class="img-container hidden">
                        <img src="" alt="" id="photo">
                    </div>
                    {% comment %}<div class="img-preview-box hidden">
                        <hr>
                        <!-- 不同尺寸的预览效果 -- >
                        <span>150*150:</span>
                        <div class="img-preview img-preview-lg">
                        </div>
                        <span>100*100:</span>
                        <div class="img-preview img-preview-md">
                        </div>
                        <span>30*30:</span>
                        <div class="img-preview img-preview-sm">
                        </div>
                    </div>{% endcomment %}
                </div>
                <div class="modal-footer">
                    <label class="btn btn-danger pull-left" for="photoInput">
                        <input type="file" class="sr-only" id="photoInput" accept="image/*">
                        <span>打开图片</span>
                    </label>
                    <button class="btn btn-default disabled" disabled="true"
onclick="sendPhoto();">确认图片</button>
                    <button class="btn btn-close" aria-hidden="true" data-dismiss=
"modal">取消</button>
                </div>
            </div>
        </div>
    </div>
```

在模态对话框中，将用户选择的图片渲染到指定的窗口中，在窗口中完成图片尺寸的调整。在网页的 JavaScript 脚本中核心配置选项如下：

```
# templates/profile.html
    ......
    // 图片预览效果核心配置选项
    var initCropperInModal = function (img, input, modal) {
        var $image = img;
        var $inputImage = input;
```

```
        var $modal = modal;
        var options = {
            aspectRatio: 1, // 纵横比
            viewMode: 2,
            preview: '.img-preview' // 预览图的 class 名
        };
```

模态对话框隐藏后需要保存的数据对象，通过 JavaScript 进行数据提取，并在网页中渲染展示。代码如下：

```
# templates/profile.html
<script>
    ……
        var saveData = {};
        var URL = window.URL || window.webkitURL;
        var blobURL;
        $modal.on('show.bs.modal', function () {
            // 打开模态对话框后，没有选择文件，就点击“打开图片”按钮
            if (!$inputImage.val()) {
                $inputImage.click();
            }
        }).on('shown.bs.modal', function () {
            // 重新创建模态对话框
            $image.cropper($.extend(options, {
                ready: function () {
                    // 当前界面就绪后，恢复数据
                    if (saveData.canvasData) {
                        $image.cropper('setCanvasData', saveData.canvasData);
                        $image.cropper('setCropBoxData', saveData.cropBoxData);
                    }
                }
            }));
        }).on('hidden.bs.modal', function () {
            // 保存相关数据
            saveData.cropBoxData = $image.cropper('getCropBoxData');
            saveData.canvasData = $image.cropper('getCanvasData');
            // 销毁模态对话框并将图片保存在 img 标签中
            $image.cropper('destroy').attr('src', blobURL);
        });
        if (URL) {
            $inputImage.change(function () {
                var files = this.files;
                var file;
                if (!$image.data('cropper')) {
                    return;
                }
                if (files && files.length) {
                    file = files[0];
                    if (/^image\/\w+$/.test(file.type)) {
                        if (blobURL) {
```

```
                            URL.revokeObjectURL(blobURL);
                        }
                        blobURL = URL.createObjectURL(file);
                        // 重置 cropper，替换图片
                        $image.cropper('reset').cropper('replace', blobURL);
                        // 选择文件后，显示和隐藏相关内容
                        $('.img-container').removeClass('hidden');
                        $('.img-preview-box').removeClass('hidden');
                        $('#changeModal .disabled').removeAttr('disabled').
removeClass('disabled');
                        $('#changeModal .tip-info').addClass('hidden');
                    } else {
                        window.alert('请选择一个图片文件！');
                    }
                }
            });
        } else {
            $inputImage.prop('disabled', true).addClass('disabled');
        }
    };
```

完成在网页视图中读取图片并渲染之后，就可以通过 Ajax 将图片数据异步提交到服务器上进行处理了。具体操作代码如下：

```
# templates/profile.html
<script>
    ......
    var sendPhoto = function () {
        ......
        $.ajax({
            url: '{% url "community:user_profile_headerimg" %}', // 上传的地址
            type: 'post',
            data: {
                'header_img': photo
            },
            dataType: 'json',
            success: function (data) {
                data = JSON.parse(data);
                console.log(data.msg_code);
                if (data.msg_code == 1) {
                    // 填入上传的头像地址。为了保证不缓存加一个随机数
                    $('.user-photo').attr('src', '头像地址?t=' + Math.random());
                    $('#changeModal').modal('hide');
                } else {
                    alert(data.info, data.status);
                }
            }
        });
```

```
        };
        $(function () {
            initCropperInModal($('#photo'), $('#photoInput'), $('#changeModal'));
        });
    </script>
{% endblock %}
```

此时点击“点击更换头像”按钮，将出现“更换头像”对话框，选择图片后可以调整图片尺寸，点击“确认图片”按钮后可以自动提交图片数据，如图 10.27 所示。

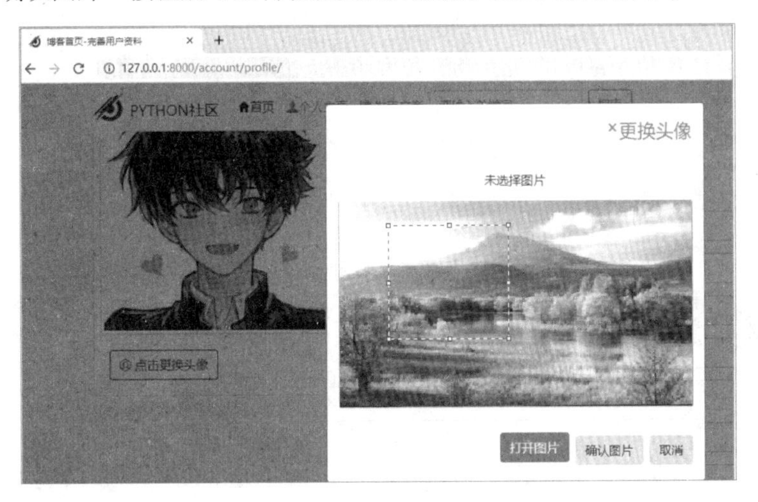

图 10.27　更换头像

同时在当前网页视图中，可以完成基本用户资料的完善操作，如图 10.28 所示。

图 10.28　基础资料完善网页视图

3. 修改登录密码、更改验证邮箱及用户退出

将 allauth 模块提供的修改登录密码、更改验证邮箱及用户退出功能，添加到社区交流平台项目的功能中。

（1）修改登录密码。访问 http://localhost:8000/account/password/change/，打开修改登录密码网页视图，如图 10.29 所示。

图 10.29 修改登录密码网页视图

修改登录密码操作较为简单，修改完成后，点击“重置密码”按钮，会自动跳转到登录页面，其主要是通过项目配置模块中的 ACCOUNT_LOGOUT_ON_PASSWORD_CHANGE = True 执行的功能操作。

（2）更改验证邮箱。更改验证邮箱操作使用的也是 allauth 模块的内置功能。访问 http://localhost:8000/accounts/email/，打开更改验证邮箱网页视图，如图 10.30 所示。

图 10.30 更改验证邮箱网页视图

在该网页视图中，可以添加邮箱地址，但是每个用户只能有一个用于接收系统消息的邮箱，也就是首选邮箱。

（3）用户退出。登录用户的退出功能，在 allauth 模块中提供了内置的视图操作，在使用该模块时，只需要调用用户退出的命名路由 account_logout 即可。代码如下：

```
<a href="{% url 'account_logout'%}">退出</a>
```

以上介绍的就是社区交流平台中用户模块的基本操作功能。用户模块是项目操作的基本模块，我们将在此基础上扩展社区交流平台项目，完成项目整体功能的开发。

10.4.2　文章模块功能开发

根据需求分析文档中描述的文章模块功能，以及详细设计文档中描述的流程，我们在社区交流平台项目 community 的数据模型模块 models.py 中添加与文章相关的类型定义、扩展数据类型定义。代码如下：

```
# community/models.py
##################################################################
# 文章来源数据模型
##################################################################
class ArticleSource(BaseModel):
    '''文章来源'''
    SOURCE = (
        ('原创', '原创'),
        ('转载', '转载'),
        ('翻译', '翻译')
    )
    name = models.CharField(verbose_name='类型', choices=SOURCE, max_length=5)
    cover = models.ImageField(verbose_name='封面',
                         upload_to='source/', default='source/default.jpg')
    def __str__(self):
        return self.name
    class Meta:
        verbose_name = '文章类型'
        verbose_name_plural = verbose_name
##################################################################
# 文章专题数据模型
##################################################################
class ArticleSubject(BaseModel):
    '''文章专题'''
    name = models.CharField(verbose_name='专题名称', max_length=200)
    cover = models.ImageField(verbose_name='专题封面',
                       upload_to='subject/', default='subject/default.jpg')
    author = models.ForeignKey(verbose_name='所属作者',
                       on_delete=models.CASCADE, to=User)
    class Meta:
        verbose_name = '文章专题'
        verbose_name_plural = verbose_name
    def __str__(self):
        return self.name
    def get_absolute_url(self):
        return reverse('community:c_main', kwargs={'author_id': self.author.id})
```

文章数据模型的定义，通过外键与文章所属类型和文章专题类型关联。代码如下：

```
# community/models.py
####################################################################
# 文章数据模型
####################################################################
class Article(BaseModel):
    '''文章'''
    title = models.CharField(verbose_name='文章标题', max_length=50)
    content = models.TextField(verbose_name='文章内容')
    readed_count = models.IntegerField(verbose_name='阅读次数', default=0)
    liked_count = models.IntegerField(verbose_name='喜欢次数', default=0)
    collected_count = models.IntegerField(verbose_name='收藏次数', default=0)
    admired_count = models.IntegerField(verbose_name='点赞次数', default=0)
    is_recommended = models.BooleanField(verbose_name='推荐', default=False)
    recommended_priority = models.IntegerField(verbose_name='推荐优先级', default=1)
    is_essense = models.BooleanField(verbose_name='精华', default=False)
    essense_priority = models.IntegerField(verbose_name='精华优先级', default=1)
    is_top = models.BooleanField(verbose_name='置顶', default=False)
    top_priority = models.IntegerField(verbose_name='置顶优先级', default=1)
    source = models.ForeignKey(verbose_name='文章来源', to=ArticleSource,
                               on_delete=models.SET_NULL, null=True, blank=True)
    subject = models.ManyToManyField(to=ArticleSubject, verbose_name='专题',
                               related_name='article')
    users_liked = models.ManyToManyField(verbose_name='喜欢的用户',
                               related_name='liked', to=User)
    users_collected = models.ManyToManyField(verbose_name='收藏的用户',
                               related_name='collected', to=User)
    users_admired = models.ManyToManyField(verbose_name='点赞的用户',
                               related_name='admired', to=User)
    author = models.ForeignKey(User, on_delete=models.CASCADE, verbose_name='作者')
    def __str__(self):
        return self.title
    class Meta:
        verbose_name = '文章'
        verbose_name_plural = verbose_name
        permissions = (('article_add', '发表文章'),)
        ordering = ['-create_time']
    def get_absolute_url(self):
        return reverse('community:article_detail', kwargs={'article_id': self.id})
####################################################################
# 文章标签数据模型
####################################################################
class ArticleTags(BaseModel):
    '''文章标签'''
    intro = models.CharField(verbose_name='标签', max_length=200)
    article = models.ForeignKey(verbose_name='所属文章',
                               on_delete=models.CASCADE, to=Article)
    def __str__(self):
        return self.intro
    class Meta:
        verbose_name = '文章标签'
```

```
        verbose_name_plural = verbose_name
```

我们通过表单对象来处理发表文章和编辑文章的操作，使用 Django 框架中的 ModelForm 来完成文章数据封装。编辑表单模块 community/forms.py，代码如下：

```
# community/forms.py
from django.forms import ModelForm
from django.contrib.auth.models import User
from .models import ArticleSubject, Article
class ArticleSubjectForm(ModelForm):
    '''文章专题表单'''
    class Meta:
        model = ArticleSubject
        fields = ['name', 'cover']
class ArticlePublishForm(ModelForm):
    '''发表/编辑文章表单'''
    class Meta:
        model = Article
        fields = ['title', 'content', 'source', 'subject']
```

编辑视图处理模块，添加与文章操作相关的视图处理函数。在 community/views.py 中，首先处理首页文章发表操作，视图处理函数如下：

```
# community/views.py
#################################################################
# 首页数据加载
#################################################################
@require_GET
@gzip_page
def c_index(request):
    """社区首页"""
    # 查询推荐的 10 篇文章
    articles_recommended = Article.objects.filter(is_recommended=True)[:10]
    # 查询 10 篇精华文章
    articles_essense = Article.objects.filter(is_essense=True)[:10]
    # 查询指定的 10 篇文章
    articles_top = Article.objects.filter(is_top=True)[:10]
    # 查询所有文章专题
    article_subjects = ArticleSubject.objects.all()[:10]
    # 查询所有的作者
    users = User.objects.all()[:10]
    return render(request, 'index.html', {'articles': articles,
                               'articles_recommended': articles_recommended,
                               'articles_essense': articles_essense,
                               'articles_top': articles_top,
                               'article_subjects': article_subjects,
                               'users': users})
```

重构个人主页的视图处理函数，添加当前用户的文章查询功能，以便在跳转到指定用户的个人主页时展示用户的文章。代码如下：

```
# community/views.py
####################################################################
# 个人主页数据加载
####################################################################
@require_GET
@gzip_page
def c_main(request, author_id):
    """个人主页"""
    author = User.objects.get(pk=author_id)
    # 分页查询当前用户的文章
    articles = Article.objects.filter(author=author)
    return render(request, 'main.html', {'author': author, "articles": articles})
```

对文章数据的核心操作主要包括发表文章、编辑文章、查看文章列表、查看文章详情、删除文章等。对于发表文章和编辑文章操作，可以封装成表单数据进行交互。代码如下：

```
# community/views.py
####################################################################
# 发表文章
####################################################################
@login_required
@gzip_page
def article_publish(request):
    """发表文章"""
    subjects = ArticleSubject.objects.filter(author=request.user)
    if request.method == "GET":
        article_form = ArticlePublishForm()
        return render(request, 'article/article_publish.html', {'article_form':
                                                    article_form, 'subjects': subjects})
    elif request.method == "POST":
        # 封装发表文章表单对象
        article_form = ArticlePublishForm(request.POST)
        if article_form.is_valid():
            article = article_form.save(commit=False)
            article.author = request.user
            article.save()
            subject = ArticleSubject.objects.get(pk=request.POST['subject'])
            subject.article.add(article)
            subject.save()
            return redirect(article)
        return render(request, 'article/article_publish.html', {'article_form':
                                                    article_form, 'subjects': subjects})
####################################################################
# 编辑文章
####################################################################
@login_required
@gzip_page
def article_edit(request, article_id):
    """编辑文章"""
    article = get_object_or_404(Article, pk=article_id)
```

```
    if request.method == "GET":
        article_form = ArticlePublishForm(instance=article)
        return render(request, 'article/article_edit.html', {'article_form': article_form})
    elif request.method == "POST":
        # 封闭编辑文章表单对象
        article_form = ArticlePublishForm(request.POST, instance=article)
        if article_form.is_valid():
            article = article_form.save(commit=False)
            # article.author = request.user
            article.save()
            # 移除原来的所属专题文章
            subject = ArticleSubject.objects.get(pk=request.POST['subject'])
            # 添加新的专题文章
            subject.article.add(article)
            subject.save()
            return redirect(article)
        return render(request, 'article/article_publish.html',
                              {'article_form': article_form})
```

对于查看文章详情和删除文章操作，则需要在网页视图中传递文章编号，指定要处理的文章。编辑视图处理函数如下：

```
# community/views.py
################################################################
# 查看文章详情
################################################################
@require_GET
@gzip_page
def article_detail(request, article_id):
    """查看文章详情"""
    article = get_object_or_404(Article, pk=article_id)
    article.readed_count += 1
    article.save()
    return render(request, 'article/article_detail.html', {'article': article})
################################################################
# 删除文章
################################################################
@login_required
@gzip_page
def article_delete(request, article_id):
    """删除文章"""
    article = get_object_or_404(Article, pk=article_id)
    author = article.author
    article.delete()
    return redirect(reverse('community:c_main', kwargs={'author_id': author.id})
```

完成了文章的基本操作功能后，接下来完成文章的扩展功能，使得用户在浏览文章时可以随时喜欢、收藏文章或者为文章点赞。通过编辑文章属性来实现用户和文章之间的关联关系，代码如下：

```
# community/views.py
#####################################################################
# 喜欢文章功能
#####################################################################
@login_required
@gzip_page
def article_liked(request, article_id):
    """喜欢文章"""
    article = Article.objects.get(pk=article_id)
    if article in request.user.liked.all():
        article.liked_count -= 1
        request.user.liked.remove(article)
    else:
        article.liked_count += 1
        request.user.liked.add(article)
    article.save()
    return redirect(article)
#####################################################################
# 收藏文章功能
#####################################################################
@login_required
@gzip_page
def article_collected(request, article_id):
    """收藏文章"""
    article = Article.objects.get(pk=article_id)
    if article in request.user.collected.all():
        article.collected_count -= 1
        request.user.collected.remove(article)
    else:
        article.collected_count += 1
        request.user.collected.add(article)
    article.save()
    return redirect(article)
#####################################################################
# 为文章点赞功能
#####################################################################
@login_required
@gzip_page
def article_admired(request, article_id):
    """为文章点赞"""
    article = Article.objects.get(pk=article_id)
    if article in request.user.admired.all():
        article.admired_count -= 1
        request.user.admired.remove(article)
    else:
        article.admired_count += 1
        request.user.admired.add(article)
    article.save()
    return redirect(article)
#####################################################################
```

```
# 查看所有文章：点赞的文章、喜欢的文章、收藏的文章
# flag 标记参数
#################################################################
@gzip_page
def articles_list(request, flag='collected'):
    """
    查看点赞、喜欢、收藏的文章
    :param requset:
    :return:
    """
    articles = None
    if flag == 'collected':
        articles = request.user.collected.all()
    elif flag == 'admired':
        articles = request.user.admired.all()
    elif flag == 'liked':
        articles = request.user.liked.all()
    return render(request, 'article/articles.html', {'articles': articles})
```

在社区交流平台中，最重要的是将价值较高的文章推荐给更多的用户。在系统中，我们设置了首页置顶栏目和精华文章板块，专门针对用户发表的具有较高价值的文章进行首页置顶和精华操作。其对应的视图处理函数如下：

```
# community/views.py
#################################################################
# 推荐、精华、置顶
#################################################################
def article_recommended(request, article_id, flag='recommended'):
    """ 推荐文章 精华文章 置顶文章 """
    article = get_object_or_404(Article, pk=article_id)
    if flag == 'recommend':
        '''按照默认优先级推荐/取消推荐文章'''
        article.is_recommended = not article.is_recommended
    elif flag == 'essense':
        '''按照默认优先级设为精华/取消精华文章'''
        article.is_essense = not article.is_essense
    elif flag == 'top':
        '''按照默认优先级置顶/取消置顶文章'''
        article.is_top = not article.is_top
    # 直接跳转到查看文章详情页面
    article.save()
    return redirect(article)
```

和文章数据直接关联的是统一整理文章的专题对象，通过文章专题和文章之间的一对多关联关系，可以完成专题文章数据的收集和整理。代码如下：

```
# community/views.py
#################################################################
# 添加文章专题
#################################################################
```

```
@login_required
@gzip_page
@require_POST
def subject_add(request):
    """添加文章专题"""
    # 根据文章专题表单获取专题名称和专题封面图片
    subject_form = ArticleSubjectForm(request.POST, request.FILES)
    if subject_form.is_valid():
        # 存储文章专题数据
        subject = subject_form.save(commit=False)
        subject.author = request.user
        subject.save()
    return redirect(subject)
################################################################
# 查看专题文章
################################################################
@gzip_page
def subject(request, subject_id):
    """查看专题文章"""
    # 根据编号查询专题文章
    subject = get_object_or_404(ArticleSubject, pk=subject_id)
    return render(request, 'article/subject.html', {'subject': subject})
################################################################
# 删除文章专题
################################################################
def subject_delete(request, subject_id):
    # 根据编号查询文章专题数据
    subject = get_object_or_404(ArticleSubject, pk=subject_id)
    author = subject.author
    # 删除文章专题
    subject.delete()
    return redirect(reverse('community:c_main', kwargs={'author_id': author.id}))
```

完善路由映射关系，在路由模块 community/urls.py 中添加上下级路由映射关系，包括文章和文章专题相关操作的路由映射关系。代码如下：

```
# community/urls.py
from django.urls import path, include, re_path
from . import views
# 路由名称
app_name = 'community'
urlpatterns = [
    ……
    # 文章相关操作路由
    path('article/', include([
        # 发表文章
        path('article_publish/', views.article_publish, name='article_publish'),
        # 编辑文章
        path('article_edit/<uuid:article_id>', views.article_edit, name='article_edit'),
        # 文章详情
```

```
        path('article_detail/<uuid:article_id>/', views.article_detail, name='article_detail'),
        # 删除文章
        path('article_delete/<uuid:article_id>/', views.article_delete, name='article_delete'),
        # 喜欢文章
        path('article_liked/<uuid:article_id>/', views.article_liked, name='article_liked'),
        # 收藏文章
        path('article_collected/<uuid:article_id>/',
             views.article_collected, name='article_collected'),
        # 为文章点赞
        path('article_admired/<uuid:article_id>/',
             views.article_admired, name='article_admired'),
        # 按照指定方式查看文章列表
        path('articles_list/<str:flag>/', views.articles_list, name='articles_list'),
        # 置顶、精华文章
        path('article_recommended/<uuid:article_id>/<str:flag>/',
                views.article_recommended, name='article_recommended'),
        path('uploadfile/', views.upload_file, name='upload_file'),
    ])),
    # 文章专题相关操作路由
    path('subject/', include([
        # 添加文章专题
        path('subject_add/', views.subject_add, name='subject_add'),
        # 删除文章专题
        path('subject_delete/<uuid:subject_id>/',
                     views.subject_delete, name='subject_delete'),
        # 查看文章专题
        path('subject/<uuid:subject_id>/', views.subject, name='subject'),
    ])),
……
]
```

在项目的网页视图模板文件夹 pychain/templates/中，添加与文章和文章专题相关的网页视图。针对发表文章的功能添加 Editor.md 插件支持，也就是添加 Markdown 编辑器的功能，同时在 JavaScript 脚本代码中添加图片粘贴上传功能。编辑 pychain/templates/articles/article_publish.html，添加视图处理代码如下：

```
# pychain/templates/articles/article_publish.html
……
<!-- 编辑文章表单 -->
                <form action="{% url 'community:article_publish'%}" method="POST">
                    {% csrf_token %}
                    <div id="layout">
                        <header>
                            <h4>
                                <label for="title">文章标题: </label>
                                <input type="text" name="title" id="title"
class="form-control" placeholder="请输入标题">
                            </h4>
                        </header>
```

```
        <div id="test-editormd">
<textarea name="content" style="display:none;">
   # 发表文章
</textarea>
        </div>
    </div>
    <div class="row">
        <div class="col-md-6">
            <div class="form-group">
                <label for="articlesubject">文章专题</label>
                <select name="subject" id="articlesubject"
                                          class="form-control">
                    {% for sub in article_form.subject %}
                        {{ sub }}
                    {% empty %}
                        <option value="-1">没有专题</option>
                    {% endfor %}
                </select>
                <span>{{ article_form.errors.subject.value }}</span>
            </div>
        </div>
        <div class="col-md-6">
            <div class="form-group">
                <label for="articlesource">文章类型</label>
                <select name="source" id="articlesource"
                                        class="form-control">
                    {% for source in article_form.source %}
                        {{ source }}
                    {% empty %}
                        <option value="-1">
                        没有查询到文章类型，请初始化
                        </option>
                    {% endfor %}
                </select>
                <span>{{ article_form.errors.source.value }}</span>
            </div>
        </div>
    </div>
    <div class="form-group">
        <label for="articletags">
          自定义标签（多个标签之间使用英文逗号分隔）
        </label>
        <input type="text" class="form-control"
                           id="articletags" name="articletags">
        <span>{{ article_form.errors.articletags.value }}</span>
    </div>
    <div class="form-group">
        <input type="submit" value="发表文章" class="btn btn-outline-danger">
    </div>
</form>
```

为网页视图添加 Markdown 语法支持，将 Editor.md 插件添加到网页中，并完成插件的核心配置操作。代码如下：

```
# pychain/templates/articles/article_publish.html
{% block js_mine %}
    <script src="{% static 'js/libs/editor.md-master/editormd.min.js' %}"></script>
    <script type="text/javascript">
        // Markdown 编辑器配置
        var testEditor;
        $(function () {
            testEditor = editormd("test-editormd", {
                width: "100%",
                height: 640,
                syncScrolling: "single",
                path: "{% static 'js/libs/editor.md-master/lib/' %}",
                imageUpload: true,
                imageFormats: ["jpg", "jpeg", "gif", "png", "bmp", "webp"],
                imageUploadURL: "{% url 'community:upload_file' %}",
                saveHTMLToTextarea: true,
                emoji: true,
                onload: function () {
                    this.on('paste', function () {
                        console.log(1);
                    });
                }
            });
```

Markdown 编辑器中提供了上传图片的默认配置，但是功能较为简单，如果要在文章中插入图片，则需要将图片独立上传，然后再插入文章的指定位置，这样操作用户的使用体检比较差。

在原有功能的基础上，通过 JavaScript 脚本添加复制、粘贴图片的功能。通过触发粘贴事件，在事件操作中完成图片的粘贴上传功能，并将图片添加到文章中光标所在的位置进行渲染展示。代码如下：

```
# pychain/templates/articles/article_publish.html
<script>
……
      /**
       * 粘贴上传图片
       */
      $("#test-editormd").on('paste', function (ev) {
          var data = ev.clipboardData;
          var items = (event.clipboardData || event.originalEvent.clipboardData).items;
          for (var index in items) {
              var item = items[index];
              if (item.kind === 'file') {
                  var blob = item.getAsFile();
                  var reader = new FileReader();
```

```
                    reader.onload = function (event) {
                        var base64 = event.target.result;
                        // Ajax 上传图片
                        $.post("{% url 'community:upload_file' %}",{base:base64},
                        function (ret) {
                                  {#layer.msg(ret.msg);#}
                                  console.log(ret.code);
                                  if (ret.code === "1") {
                                   // 在新的一行显示图片
                                   testEditor.insertValue("\n![大牧莫邪示例图片](" +
ret.url + ")");
                                  }
                              });
                          }; // data url!
                          var url = reader.readAsDataURL(blob);
                      }
                  }
              });
              {#$(".editormd-html-textarea").attr("name", "content");#}
          });
      </script>
    {% endblock %}
```

添加了 Markdown 编辑器的功能后，启动社区交流平台项目，用户登录系统后，可以使用 Markdown 编辑器来编辑文章，然后发表文章，如图 10.31 所示。

图 10.31 使用 Markdown 编辑器编辑文章

发表文章后，在展示文章详情的网页视图中，可以使用 Editor.md 添加文章预览功能，预览文章如图 10.32 所示。

图 10.32　预览文章

其他功能，如在博客首页查看文章、在个人主页查看文章、喜欢文章、收藏文章、编辑文章、为文章点赞等的操作流程类似。

10.4.3　评论模块功能开发

文章评论是文章类型的相关功能之一，在设计中需要完成直接评论和回复评论的功能，在开发数据模型时通过外键进行自关联操作。编辑 community/models.py，添加文章评论数据模型如下：

```
# community/models.py
########################################################################
# 文章评论数据模型
########################################################################
class Comment(BaseModel):
    '''评论'''
    content = models.TextField(verbose_name='评论内容')
    article = models.ForeignKey(verbose_name='评论文章',
        to=Article, on_delete=models.CASCADE)
    user = models.ForeignKey(verbose_name='发表用户', to=User, on_delete=models.CASCADE)
    parent = models.ForeignKey(verbose_name='父级评论', to='self',
        on_delete=models.CASCADE, null=True, blank=True, related_name='comments')
```

```
    parent_top = models.ForeignKey(verbose_name='顶级评论', to='self',
        on_delete=models.CASCADE, null=True, blank=True, related_name='comment')
    class Meta:
        verbose_name = '文章评论'
        verbose_name_plural = verbose_name
        ordering = ['create_time']
    def __str__(self):
        return self.content
```

添加文章评论表单，封装评论数据。编辑 community/forms.py，代码如下：

```
# community/forms.py
class CommentForm(ModelForm):
    """文章评论表单"""
    class Meta:
        # 关联评论数据模型
        model = Comment
        # 关联评论属性字段
        fields = ['content', 'article', 'user', 'parent', 'parent_top']
```

编辑视图处理模块 community/views.py，完成文章评论和回复评论的操作。代码如下：

```
# community/views.py
################################################################
# 评论相关：发表评论和回复评论
################################################################
@login_required
@require_POST
def comment_publish(request):
    """用户发表评论"""
    comment_form = CommentForm(request.POST)
    print("--------------->", comment_form.errors)
    if comment_form.is_valid():
        comment_form.save()
    return redirect(Article.objects.get(pk=request.POST.get('article')))
```

完善路由映射关系，编辑 community/urls.py，代码如下：

```
# community/urls.py
......
path('comment/', include([
    path('comment_publish/', views.comment_publish, name='comment_publish'),
])),
......
```

启动项目，点击查看文章详情的链接，在文章详情页面中发表评论，如图 10.33 所示。

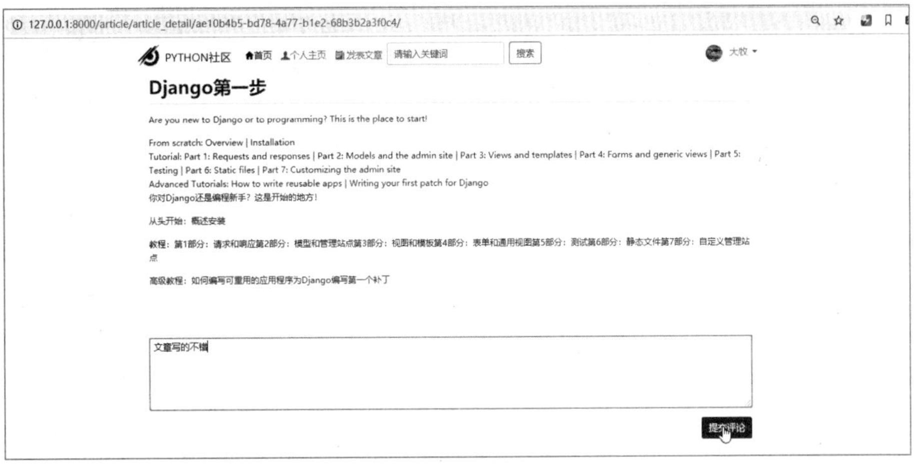

图 10.33　发表评论

在查看评论的过程中，可以点击已经收到的评论进行回复，如图 10.34 所示。

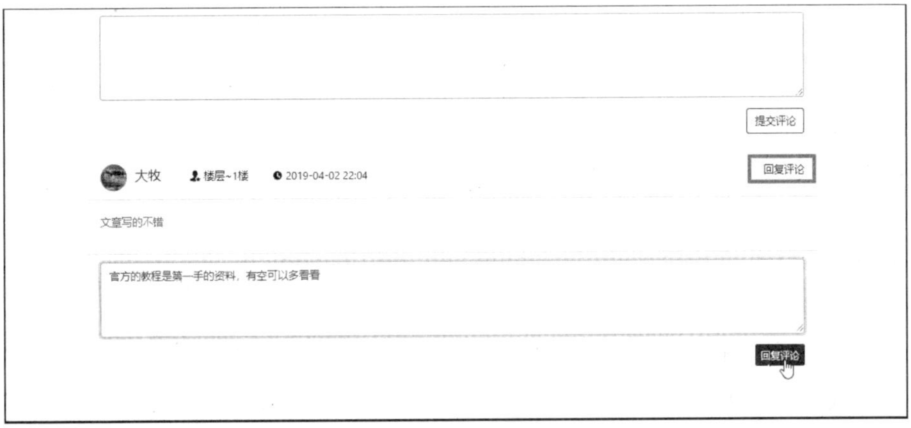

图 10.34　回复评论

在评论功能中，当前文章的作者可以对其他用户发表的评论进行回复。在网页视图中，点击评论右侧的“回复”按钮进行操作，如图 10.35 所示。

图 10.35　多级评论回复

有了这样的操作，可以让评论功能更加完善并且更有针对性，在文章的末尾形成评论的树状结构，方便用户查看。

10.4.4 私信模块功能开发

私信的操作流程和发表文章评论的流程类似，都是用户与用户之间的数据交互，也都包含了发送数据和接收数据的功能。编辑项目中的数据模型模块 community/models.py，代码如下：

```
# community/models.py
######################################################################
# 私信相关数据模型
######################################################################
class Message(BaseModel):
    '''私信'''
    content = models.TextField(verbose_name='私信内容')
    status = models.CharField(verbose_name='私信状态', default='未读', max_length=10)
    sender = models.ForeignKey(verbose_name='发表用户', related_name='sender',
                               to=User, on_delete=models.CASCADE)
    recv = models.ForeignKey(verbose_name='接收用户', related_name='recv',
                               to=User, on_delete=models.CASCADE)
    parent = models.ForeignKey(verbose_name='父级私信', to='self',
       on_delete=models.CASCADE, null=True, blank=True, related_name='messages')
    class Meta:
        verbose_name = '用户私信'
        verbose_name_plural = verbose_name
        ordering = ['-create_time']
```

我们将私信操作功能添加到用户的个人主页中，在个人主页中完成信息的发送和查看。编辑视图处理模块，添加私信的发送和接收功能，代码如下：

```
# community/views.py
######################################################################
# 发送私信
######################################################################
@login_required
def messages(request, recv_user_id, parent):
    """给用户发送私信"""
    user = get_object_or_404(User, pk=recv_user_id)
    if request.method == "GET":
        return render(request, "messages.html", {"author": user})
    elif request.method == "POST":
        # 接收私信数据
        msg = request.POST['message']
        # 存储数据
        if parent == "nobody":
            parent = None
        else:
            parent = get_object_or_404(Message, pk=parent)
        message = Message(content=msg, sender=request.user, recv=user, parent=parent)
```

```
        message.save()
        if message.parent:
            message.parent.status = "未读"
            message.parent.save()
        return JsonResponse('{"msg_code": "1", "msg_info": "发表成功"}', safe=False)
#################################################################
# 查看私信
#################################################################
@login_required
def message_detail(request, message_id):
    """查看信息"""
    message = get_object_or_404(Message, pk=message_id)
    message.status = "已读"
    message.save()
    # 更新所有子信息
    for msg in message.messages.all():
        msg.status = "已读"
        msg.save()
    return render(request, "message_detail.html", {"message": message})
```

完善私信操作路由映射关系，编辑 community/urls.py，代码如下：

```
# community/urls.py
......
path('message/', include([
    # 发送私信
    path('send/<str:recv_user_id>/<str:parent>/', views.messages, name='message_send'),
    # 查看私信
    path('detail/<str:message_id>/', views.message_detail, name='message_detail')
])),
......
```

管理员登录系统，查看用户并给用户发送私信，如图 10.36 所示。

图 10.36　给用户发送私信

用户查看私信，如图 10.37 所示。

图 10.37　用户查看私信

用户查看私信并进行回复，如图 10.38 所示。

图 10.38　用户回复私信

至此，我们完成了私信操作的基础功能。在项目开发过程中，我们可以根据实际需要调整私信交流或留言板功能。

10.4.5　辅助功能开发

在项目开发过程中，还要添加友情链接、首页轮播等功能。同时对数据进行分页处理，以便分页展示数据。

1. 业务功能：友情链接、首页轮播

编辑 community/models.py，添加友情链接和首页轮播的数据模型，代码如下：

```
# community/models.py
##################################################################################
```

```
# 友情链接数据模型
##################################################################
class FriendsLink(BaseModel):
    '''友情链接'''
    name = models.CharField(verbose_name='链接名称', max_length=20)
    url = models.CharField(verbose_name='链接地址', max_length=500)
    priority = models.IntegerField(verbose_name='优先级', default=1)
    class Meta:
        verbose_name = '友情链接'
        verbose_name_plural = verbose_name
        ordering = ['-priority', '-create_time']
##################################################################
# 首页轮播数据模型
##################################################################
class Bannel(BaseModel):
    '''首页轮播图片'''
    cover = models.ImageField(verbose_name='播放图片', upload_to='bannel/')
    priority = models.IntegerField(verbose_name='播放优先级', default=1)
    url = models.CharField(verbose_name='关联链接', max_length=200)
    title = models.CharField(verbose_name='描述标题', max_length=50,
                             null=True, blank=True)
    intro = models.TextField(verbose_name='描述内容', null=True, blank=True)
    class Meta:
        ordering = ['-priority', '-id']
        verbose_name = '首页轮播'
        verbose_name_plural = verbose_name
```

系统管理员可以在后台直接操作友情链接和首页轮播功能，不需要进行额外的功能处理。访问 http://localhost:8000/admin/，以管理员账号登录系统，在后台可以看到友情链接和首页轮播功能，如图 10.39 所示。

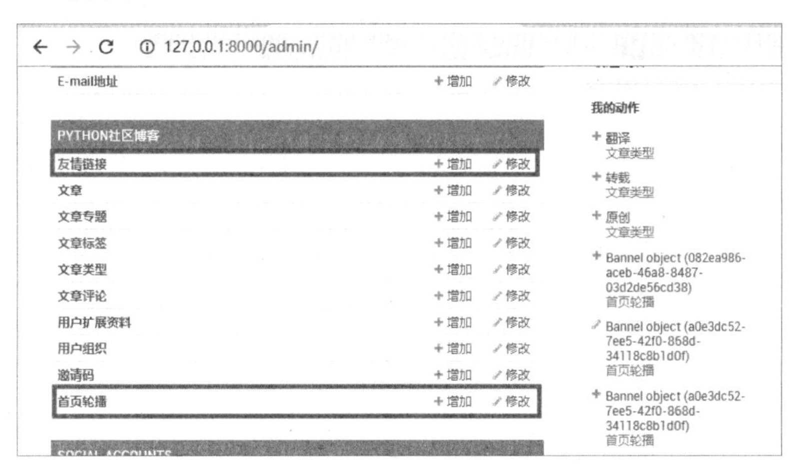

图 10.39　首页轮播和友情链接功能

点击图 10.39 中标出的“增加”按钮，可以添加轮播数据和友情链接数据。在完成数据的添加之后，重新访问系统首页，可以看到所添加的轮播图数据已经展示，如图 10.40 所示。

图 10.40　首页轮播效果

2. 辅助功能：分页支持

在访问项目数据时，由于数据较多，我们通过 Django 框架封装的分页模块 django.utils.paginator.Paginator 进行处理。修改首页视图处理函数，代码如下：

```
# community/views.py
#################################################################
# 首页视图处理函数：添加分页支持
#################################################################
@require_GET
@gzip_page
def c_index(request):
    """社区首页"""
    # 分页查询文章数据
    paginator = Paginator(Article.objects.all(), settings.INDEX_PAGE_COUNT)
    # 获取当前页码
    page_no = request.GET.get("page_no")
    if page_no is None:
        page_no = "1"
    print("--------------->", page_no)
    articles = paginator.get_page(page_no)
    # 查询推荐的 10 篇文章
    articles_recommended = Article.objects.filter(is_recommended=True)[:10]
    # 查询 10 篇精华文章
    articles_essense = Article.objects.filter(is_essense=True)[:10]
    # 查询指定的 10 篇文章
    articles_top = Article.objects.filter(is_top=True)[:10]
    # 查询所有文章专题
    article_subjects = ArticleSubject.objects.all()[:10]
    # 查询所有的作者
    users = User.objects.all()[:10]
    # 查询所有轮播图片
```

```
    bannels = Bannel.objects.all()
    # 查询所有友情链接
    friends_links = FriendsLink.objects.all()
    return render(request, 'index.html', {'articles': articles,
                                           'articles_recommended':
                                           articles_recommended,
                                           'articles_essense': articles_essense,
                                           'articles_top': articles_top,
                                           'article_subjects': article_subjects,
                                           'users': users,
                                           'bannels': bannels,
                                           'friends_links': friends_links})
```

在首页视图中，添加分页支持功能。编辑 templates/index.html，代码如下：

```
# templates/index.html
……
{% if articles.has_previous %}
    <li class="page-item">
        <a class="page-link" href="?page_no={{ articles.previous_page_number }}">
上一页</a>
    </li>
{% else %}
    <li class="page-link text-secondary">上一页</li>
{% endif %}
{% for page in articles.paginator.page_range %}
    {% if page == articles.number %}
        <li class="page-item"><a class="page-link text-white bg-dark"
                                href="#">{{ articles.number }}</a></li>
    {% else %}
        <li class="page-item"><a class="page-link text-dark"
                                href="?page_no={{ page }}">{{ page }}</a></li>
    {% endif %}
{% endfor %}
<li class="page-item">
    {% if articles.has_next %}
        <a class="page-link" href="?page_no={{ articles.next_page_number }}">下一页</a>
    {% else %}
        <span class="page-link text-secondary">下一页</span>
    {% endif %}
</li>
……
```

访问首页数据，可以看到分页展示效果如图 10.41 所示。

在完成了项目的核心功能和辅助功能开发后，接下来的任务就是将项目部署到网络服务器上进行发布，至此项目开发阶段完成。

图 10.41　首页数据分页展示效果

10.5　云服务器项目部署

在软件生命周期中，最重要的一个环节就是将开发完成的项目进行线上部署。目前比较流行的是云服务器项目部署，这种部署最节约成本。通常，出于对网站安全性和在线运营成本的考虑，很多公司会购买第三方服务商提供的云服务器来线上部署项目。而且可选的云服务器提供商比较多，配置性多样，方便企业对服务器进行选择。

10.5.1　云服务器的配置选型

针对项目支持的并发量以及网站负载量，合理地选择云服务器的配置。云服务器的配置选型如图 10.42 所示。

图 10.42　云服务器的配置选型

在选择了合适的服务器并购买之后，可以在管理控制台查看所购买的服务器信息，并对操作系统及细节信息进行配置操作，如图 10.43 所示。

图 10.43　在管理控制台进行配置操作

针对云服务器的具体操作系统平台的选型和远程配置，可以在“实例”中进行操作，如图 10.44 所示。

图 10.44　云服务器“实例”操作中心

以上介绍的是云服务器的配置选型，在确定信息后，接下来就可以针对远程云服务器进行定制化配置了。

10.5.2　服务器环境初始化

所购买的云服务器会提供私有的 IP 地址和公共的 IP 地址，其中私有的 IP 地址用于云服务器的集群配置和部署；公共的 IP 地址用于远程连接进行数据操作。

我们通常会选择使用 SecureCRT、Xshell、Termius 等远程终端软件连接远程服务器，这里以 Termius 为例进行讲解。

打开 Termius，新建远程终端连接，如图 10.45 所示。

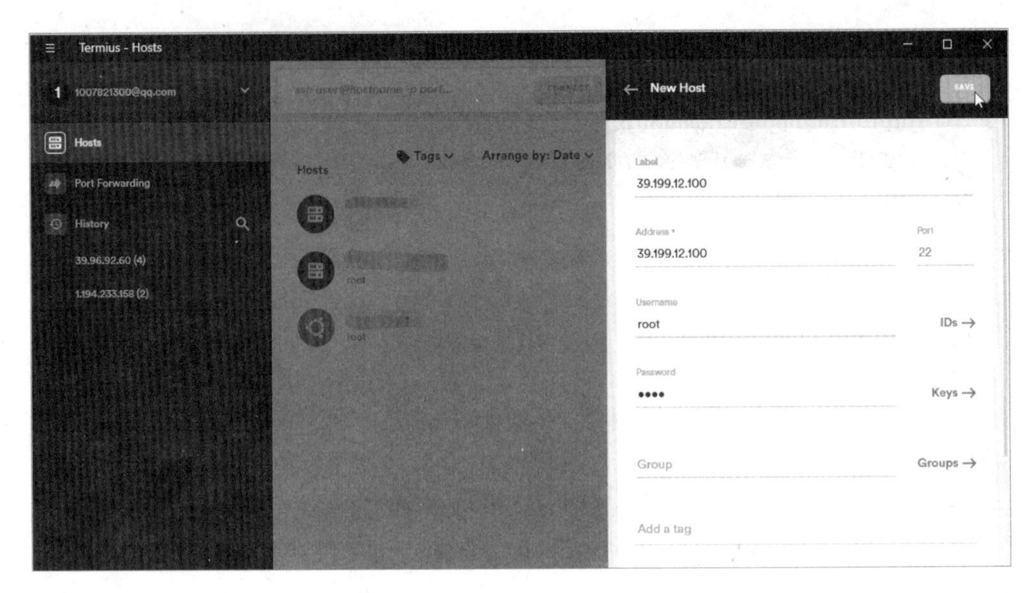

图 10.45 新建远程终端连接

远程终端连接成功后，可以根据需要通过远程终端连接云服务器，并在服务器上安装项目运行环境，如图 10.46 所示。

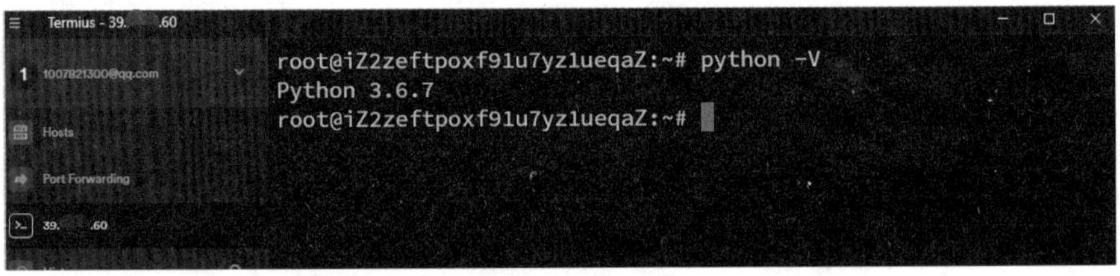

```
root@iZ2zeftpoxf91u7yz1ueqaZ:~# python -V
Python 3.6.7
root@iZ2zeftpoxf91u7yz1ueqaZ:~#
```

图 10.46 远程终端连接云服务器

在项目中执行如下命令收集环境依赖：

```
pip freeze > package.list
```

将所有收集到的依赖添加到 package.list 文件中，方便在服务器上进行依赖安装。将该文件通过 SCP 远程上传到云服务器后，可以执行如下命令安装项目依赖：

```
pip install -r package.list
```

至此，远程主机的环境就配置完成了。

10.5.3 项目远程部署概述

在云服务器上进行项目部署时，我们通常会选择使用远程终端连接云服务器，执行服务器环境初始化、项目部署配置、运行测试等各项操作功能。

在与云服务器进行文件交互时，传统方式是使用 FTP 进行操作，但是更加安全的操作模式是使用 SCP 远程传输命令完成文件的上传和下载。

有了远程终端和远程传输命令的基础配置，在上传项目时，通常需要通过软件将项目打包成 zip 或 gz 压缩包，这样可以最大程度地避免文件在传输过程中造成损坏。

10.5.4 项目部署和备案管理

在云服务器上选择经典的 uWSGI+Nginx 项目部署方式，进行项目的在线部署操作。具体的部署方式如图 10.47 所示。

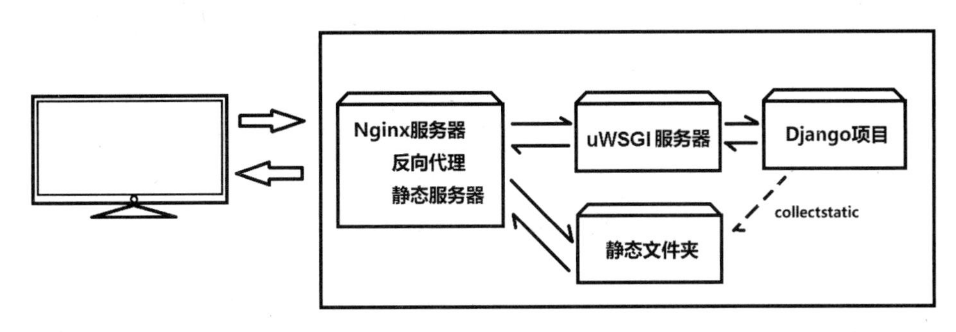

图 10.47 uWSGI+Nginx 项目部署方式

uWSGI 服务器对服务动态数据的处理性能较好，因此我们使用 uWSGI 服务器对项目进行动态业务处理。Nginx 对静态文件的访问性能较好、对负载的反向代理的处理效率较高，所以我们使用 Nginx 作为静态文件服务器，同时使用 Nginx 进行 uWSGI 服务器的反向代理，完成用户请求的负载转发操作。

对于项目的部署操作，我们可以按照下面的步骤进行。

- 搭建服务器项目文件结构。
- 收集整理项目静态文件。
- 创建数据库及数据迁移。
- Nginx 服务器的安装及配置。
- uWSGI 服务器的安装及配置。

（1）构建服务器项目文件结构

在服务器上创建项目管理文件夹 www，将本地项目打包上传到该文件夹中进行部署，并在文件根目录下创建 static 文件夹。此时项目文件结构如下：

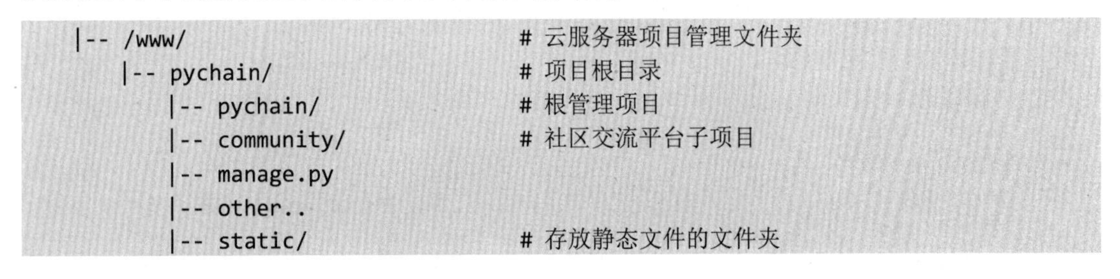

```
|-- /www/                       # 云服务器项目管理文件夹
    |-- pychain/                # 项目根目录
        |-- pychain/            # 根管理项目
        |-- community/          # 社区交流平台子项目
        |-- manage.py
        |-- other..
        |-- static/             # 存放静态文件的文件夹
```

修改配置文件 pychain/settings.py，添加存放静态文件的文件夹配置信息如下：

```
# 存放静态文件的文件夹配置
STATIC_ROOT = os.path.join(BASE_DIR, 'static')
```

（2）收集整理项目静态文件

有了第一步的配置，我们将项目中的所有前后端静态文件收集整理到指定的文件夹中，以方便 Nginx 服务器进行引用。在项目根目录下执行如下命令收集整理静态文件：

```
python manage.py collectstatic
```

（3）创建数据库及数据迁移

在服务器上安装 MySQL 数据库，并登录数据库，创建操作项目需要的数据库。执行命令如下：

```
create database pychain default charset 'utf8';
```

进入项目根目录下，执行如下命令迁移项目中的数据：

```
python manage.py migrate
```

（4）Nginx 服务器的安装及配置

在完成配置项目数据之后，执行如下命令安装 Nginx 服务器：

```
apt-get install nginx
```

修改 Nginx 服务器配置文件/etc/nginx/nginx.conf，指定静态文件的代理，配置信息如下：

```
http {
# 服务器配置
    server {
        listen 80;
        # 静态文件代理配置
        location /static {
            alias /www/project1/pychain/static;
        }
    }
}
```

（5）uWSGI 服务器的安装及配置

在项目根目录下创建 uwsgi.ini 配置文件，用于 uWSGI 服务器的核心配置。添加服务器的配置信息如下：

```
[uwsgi]
# 服务器连接配置
http=127.0.0.1:8000
# 指定项目文件目录
chdir=/www/pychain
# 指定 WSGI 协议文件
wsgi-file=pychain/wsgi.py
```

```
# 主管理线程配置
master=true
# 工作进程配置
processes=2
# 工作线程配置
threads=2
# 日志记录信息
daemonize=uwsgi.log
# 服务进程编号 ID 记录
pidfile=uwsgi.pid
```

接下来修改 Nginx 服务器的配置文件，完成反向代理配置。打开/etc/nginx/nginx.conf，添加配置信息如下：

```
http {
        # 负载均衡配置
        upstream myblog {
                server 127.0.0.1:8000;
                #server 127.0.0.1:8001;
                #server 127.0.0.1:8002;
                #server 127.0.0.1:8003;
        }
        # 服务器配置
        server {
                listen 80;
                # 静态文件代理配置
                location /static {
                        alias /www/project1/pychain/static;
                }
                # uWSGI 反向代理配置
                location / {
                        proxy_pass http://myblog;
                }
        }
}
```

完成上述配置后，就完成了项目的整体部署。

（6）启动项目

通过指定的配置文件启动 uWSGI 服务，进入项目根目录下，执行如下命令：

```
uwsgi --ini uwsgi.ini
```

执行进程查询命令，查看 uWSGI 服务进程的启动情况：

```
# ps -ef|grep uwsgi
root     12488 12395  0 03:28 pts/0    00:00:00 grep --color=auto uwsgi
root     32305     1  0 Mar23 ?       00:00:39 uwsgi --ini uwsgi.ini
root     32307 32305  0 Mar23 ?        00:00:16 uwsgi --ini uwsgi.ini
root     32308 32305  0 Mar23 ?        00:01:14 uwsgi --ini uwsgi.ini
root     32309 32305  0 Mar23 ?        00:00:00 uwsgi --ini uwsgi.ini
```

程序正常启动之后，我们执行如下命令启动 Nginx 服务器：

```
# nginx
```

执行进程查询命令，查看 Nginx 进程启动是否正常：

```
# ps -ef|grep nginx
root        586     1  0 Jan30 ?        00:00:00 nginx: master process
/usr/sbin/nginx -g daemon on; master_process on;
www-data  4524   586  0 Feb02 ?        00:00:04 nginx: worker process
root     12499 12395  0 02:30 pts/0    00:00:00 grep --color=auto nginx
```

程序正常启动之后，可以直接通过 IP 地址远程访问服务，检查部署是否正常，在本地浏览器中通过远程云服务器 IP 地址访问我们部署的项目，如图 10.48 所示。

图 10.48 访问云服务器项目

（7）购买域名及配置

通过 IP 地址直接访问云服务器项目，对于用户操作非常不友好，所以企业通常都会选择购买域名的方式，通过域名进行访问。

域名同样可以从国内的几家服务商的官方网站上进行购买，购买后可以在控制中心进行域名和 IP 地址的绑定配置，如图 10.49 所示。

解析设置 python top　　云解析DNS"免费版"与"付费版"的功能对比!

全部记录　精确搜索　输入关键字　搜索　新手引导　请求量统计　添加记录　导入/导出

记录类型	主机记录	解析线路(isp)	记录值	MX优先级	TTL	状态	操作
A	@	默认	39. .60	--	10 分钟	正常	修改 暂停 删除 备注
A	www	默认	39. .60	--	10 分钟	正常	修改 暂停 删除 备注

暂停　启用　删除　更换分组　　共2条　1　10 条/页

图 10.49 域名访问解析配置

配置完成后，就可以在当前网站中申请网站备案，根据系统提示录入网站维护人员信息。一般情况下，可以在一个工作周完成整体的备案工作。在备案完成之前，可以看到通过域名访问时的备案提示信息，如图 10.50 所示。并且可以在域名后添加一个小数点进行域名测试访问，如图 10.51 所示。

图 10.50　网站备案提示信息

图 10.51　未备案网站测试访问

至此，我们就完成了一个项目的完整部署流程。在此基础上，我们可以对项目进行后续的迭代开发。

10.6　本章小结

通过本章的学习，我们对开发流程和开发步骤有了一个整体的认知。本章对需求分析、详细设计以及编码开发进行了有针对性的讲解，可以作为企业项目开发的参考。

第 11 章　项目实战——图书管理系统

本章主要围绕开发图书管理系统项目进行讲解。该项目使用前后端分离架构模型，从项目需求分析到项目架构设计，对每个部分的细节信息进行介绍。

本章内容包括：

- 项目需求分析及接口规范定义。
- 基于 Vue.js 的前端项目构建。
- 基于 Django 的后端项目构建。
- 功能接口开发及调测。

11.1　项目需求分析及接口规范定义

图书管理系统是一套完整的内容管理系统（Content Management System，CMS），其通用性较高，主要用于管理图书信息。本节我们将针对项目开发平台及技术选型进行介绍，同时对图书管理系统项目的需求进行用例分析以及流程设计。

11.1.1　项目环境及技术选型

在企业项目开发中，需要考虑开发团队的实际技术情况，选择熟悉的操作系统和熟练掌握的技术，这样能最大程度地控制成本。这里以 Windows 操作系统为基础平台、以 Django Web 为核心开发技术来进行介绍。技术选型如下：

1. 开发环境

- 操作系统：Windows 10。
- 开发工具：PyCharm 2019 Community、HBuilderX。
- 运行环境：Python 3.7。

- 数据库：MySQL 5。
- 前端应用技术：Vue.js + ElementUI。
- 服务端应用技术：Django + Django rest_framework。

2. 生产环境

- 硬件配置：云服务器。
- CPU：Intel Xeon Platinum 8163（Skylake）2.5GHz 4 核。
- 内存：8GB。
- 硬盘：500GB。
- 网络：20Gb/s。
- 操作系统：CentOS。
- 运行环境：Python 3.7。
- 数据库：MySQL 5。

国内大部分企业在进行软件开发，尤其是 Web 软件开发时，通常会选择使用 Windows 操作系统，因为很多软件在 Windows 系统中的通用性较好，当软件开发测试通过之后，再通过远程终端部署到 UNIX/Linux 服务器系统中进行在线运维。这也是本章选择使用 Windows 操作系统的原因。但是如果涉及 Python 数据爬虫项目，则通常会选择使用多用户、多任务的 MacOS 操作系统或者 UNIX/Linux 桌面版系统。图书管理系统项目开发及生产环境部署如图 11.1 所示。

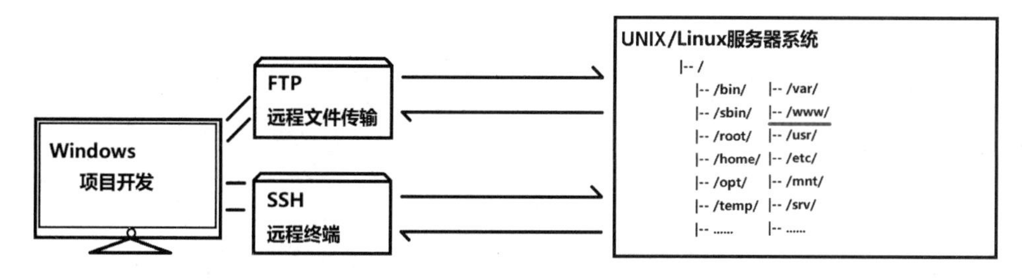

图 11.1　图书管理系统项目开发及生产环境部署

11.1.2　需求分析：用例分析

在图书管理系统项目中，主要的操作用户有系统管理员、图书管理员和普通会员。系统管理员主要针对系统数据进行维护，一般不涉及具体的业务处理；图书管理员主要维护项目的核心数据，并对数据进行增删改查操作；而普通会员作为项目的消费者，主要涉及图书借阅、申请延期、图书归还等业务功能。

系统管理员主要维护三部分数据，包括图书管理员账号（添加账号、重置密码、锁定账号、删除账号）、重要图书信息（新增、修改、锁定、下架、删除）和普通会员账号信息。系统管理员用例如图 11.2 所示。

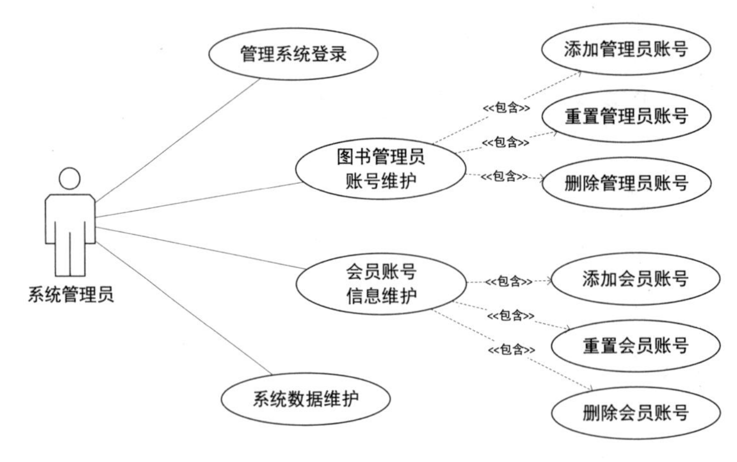

图 11.2 系统管理员用例

图书管理员负责维护项目的核心数据，主要完成图书的登记上架、图书的借阅信息管理、图书延期罚款处理、损坏图书的修护以及淘汰图书的下架等工作。图书管理员用例如图 11.3 所示。

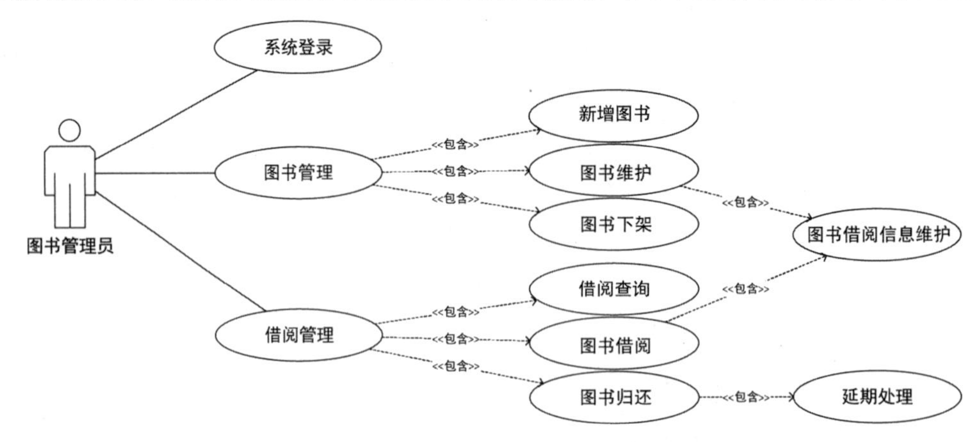

图 11.3 图书管理员用例

普通会员，即图书管理系统中的消费者，系统中的数据来源主要是借阅图书、借阅时间、延期记录以及归还图书等业务操作。普通会员用例如图 11.4 所示。

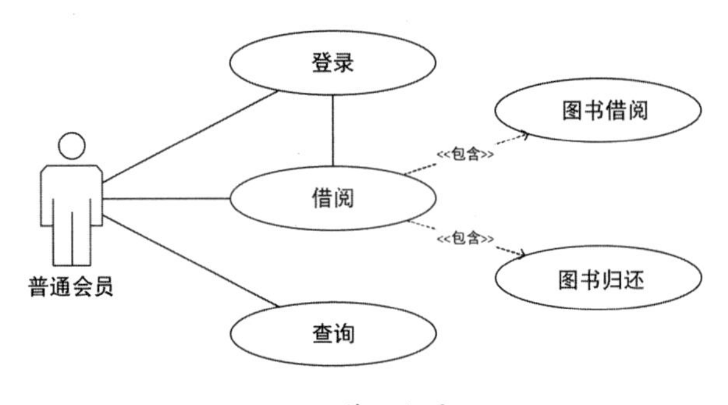

图 11.4 普通会员用例

11.1.3　详细设计：流程设计

图书管理系统本身围绕的核心是不同用户对图书数据的操作，根据实际操作需求，系统管理员可以直接使用 Django 框架内建的超级管理员用户进行操作，图书管理员和普通会员需要独立定义，我们可以在框架内建的 django.contrib.auth.models.User 的基础上进行扩展实现。与用户相关的具体类型结构如图 11.5 所示。

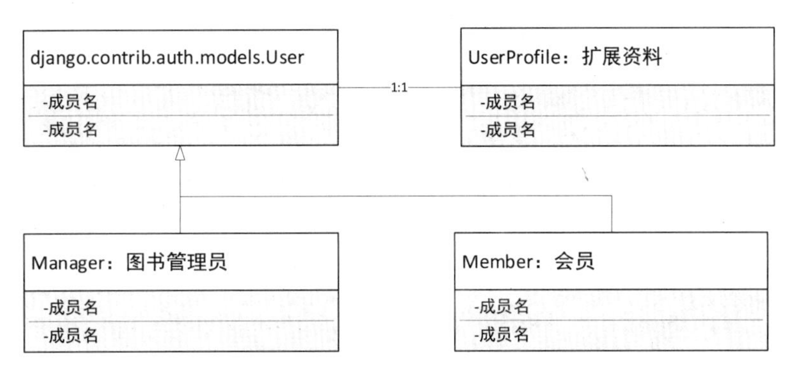

图 11.5　与用户相关的具体类型结构

图书数据是项目的核心数据，需要考虑存放图书的图书馆大楼、图书馆的楼层、书架等信息，可以通过定义不同的数据类型并通过组合关系实现关联操作，完成图书数据的定义。与图书相关的具体类型结构如图 11.6 所示。

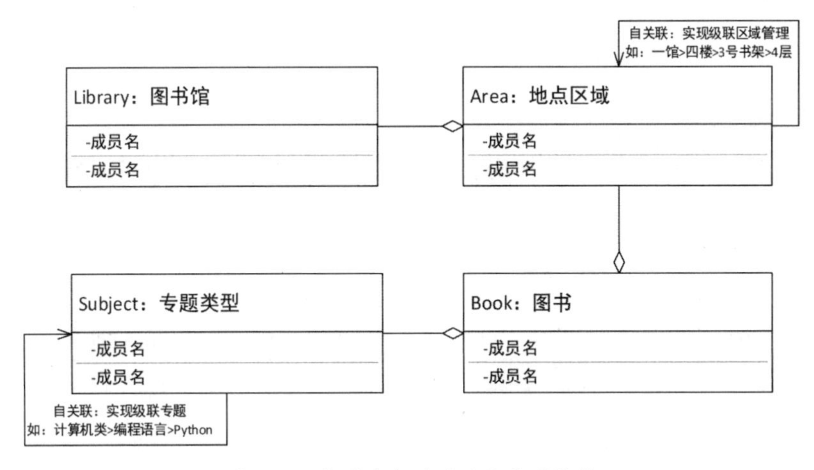

图 11.6　与图书相关的具体类型结构

在项目操作流程中，核心业务主要围绕图书的上架、借阅、归还的过程展开，在业务操作中对用户的借阅流程进行解析，从点到面完成整体业务架构的设计。

1. 新增图书

新增图书操作，主要由图书管理员来完成。新增图书的业务流程时序图如图 11.7 所示。

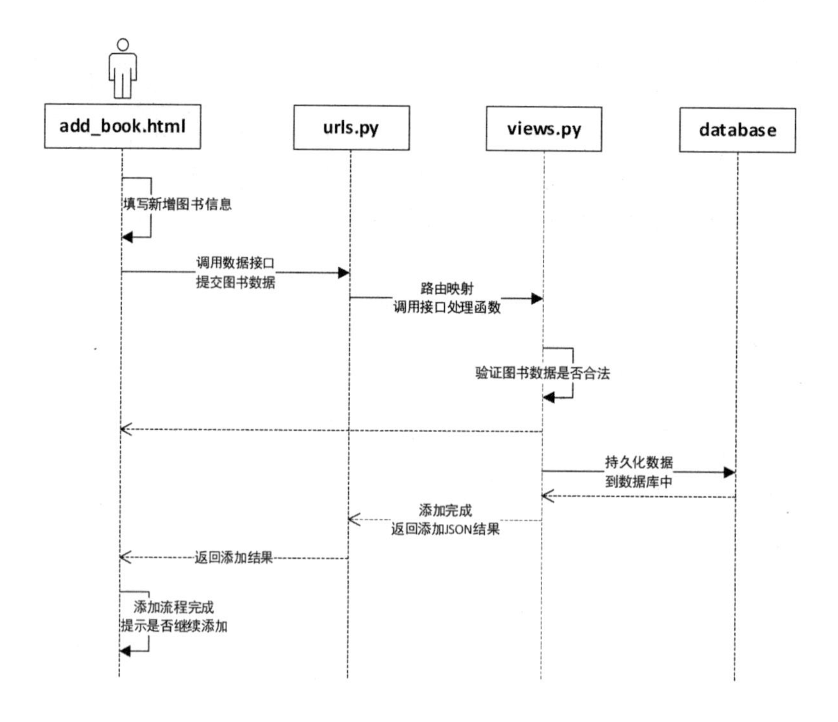

图 11.7 新增图书的业务流程时序图

在新增图书时，在 add_book.html 页面中填写图书信息，并选择对应的图书馆、存放区域以及图书类型，然后就可以提交给服务端的数据接口进行业务处理了。在数据存储完成后，根据服务端返回的数据提示用户业务处理的结果。

2. 借阅图书

借阅图书是图书管理系统的核心业务操作，在操作过程中普通会员借阅图书的业务流程较为简单，其时序图如图 11.8 所示。

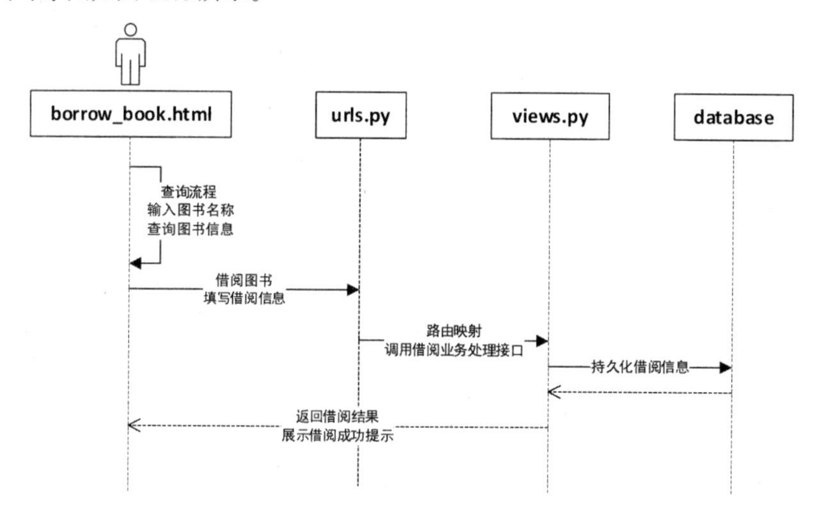

图 11.8 借阅图书的业务流程时序图

借阅图书的流程是，启动图书查询流程，查询会员要借阅的图书信息，在得到图书信息后进行借阅登记，登记完成后图书借阅成功。

3. 归还图书

归还图书是图书借阅流程的后续业务环节，在归还图书时需要针对图书的借阅信息进行查询，确认图书是正常归还还是延期归还；如果是延期归还，查询是否申请延期，并对未申请延期的图书归还信息进行备案登记。归还图书的业务流程时序图如图 11.9 所示。

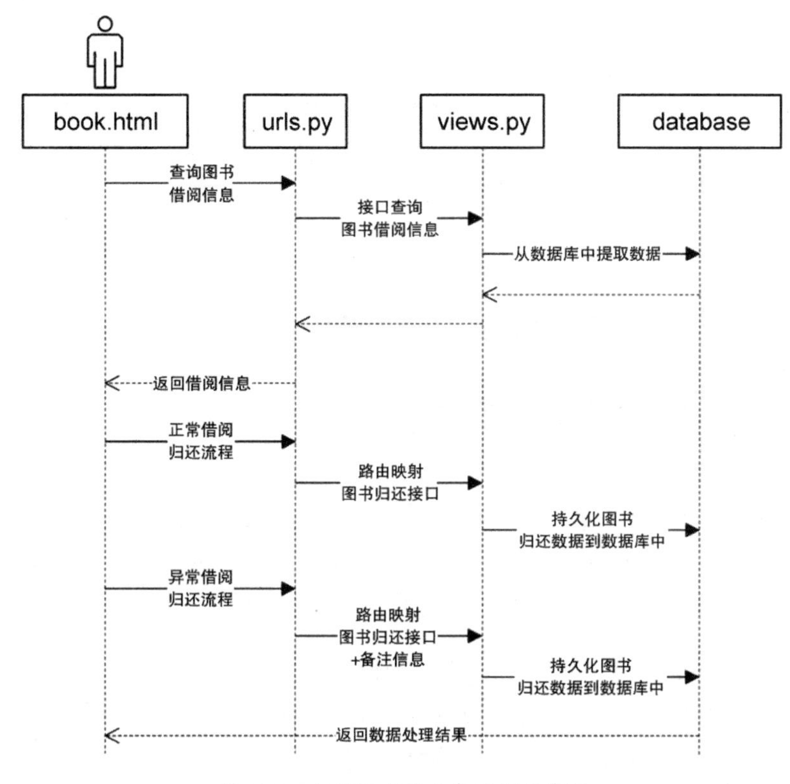

图 11.9　归还图书的业务流程时序图

在归还图书的流程中，需要配合使用借阅信息查询接口和图书归还接口。这里设置了备注信息，主要针对不同的用户群体以及延期归还的措施，通过备注记录延期信息，达到项目业务流程的通用性。

4. 图书下架

图书下架是图书管理系统中图书数据操作的最后业务流程，针对已经损坏或者淘汰的图书进行下架处理，避免进一步损坏图书或者浪费资源，是图书管理系统中非常重要的一个环节。图书下架的业务流程时序图如图 11.10 所示。

在图书下架操作过程中，可能会有图书尚处于借阅中，这时需要在标记下架的图书时同步标记借阅信息，以方便进行借阅图书的归还业务操作。同时，可以查询被标记为下架的图书信息，但是不再开启其借阅状态，也就是不再允许执行借阅该图书的业务操作了。

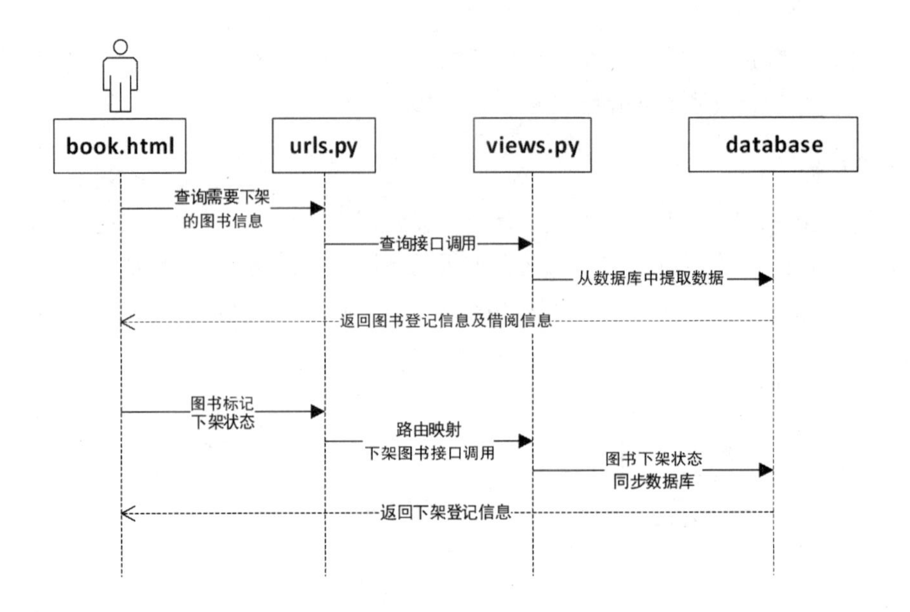

图 11.10 图书下架的业务流程时序图

11.2 基于 Vue.js 的前端项目构建

在前后端分离开发的项目流程中，前端主要通过以 HTML、CSS 和 JavaScript 语言为基础的函数库或者框架完成整体网页结构的搭建。但是考虑到项目性能，一般会采用近些年流行的前端构建框架，如 Angular.js、Vue.js、React.js 等。

在前端开发框架中，将项目流程中的路由处理从后端提升到了前端来实现，服务端程序只需要提供操作数据即可。这在一定程度上封装了数据流程处理过程，对数据的安全性起到了非常大的保护作用。尤其是当网络爬虫采集网站数据时对数据的保护措施更加突出，同时对网站整体的数据处理性能有非常大的提升。

11.2.1 项目初始化结构

在 Vue.js 项目的开发过程中，手工搭建项目结构的操作方式较为烦琐，一般会采用基于 Vue.js 框架提供的脚手架命令 vue-cli 实现项目的自动化构建，完成单页面应用（Single Page Application，SPA）的开发。

使用 Vue.js 框架的脚手架命令，首先搭建前端的 Node.js 开发环境，通过 npm 命令（Node Package Manager，Node 包管理器）完成相应的操作。

1. 搭建 Node.js 开发环境

从 Node.js 的官方网站下载 Node.js 安装包或者软件压缩包，如图 11.11 所示。

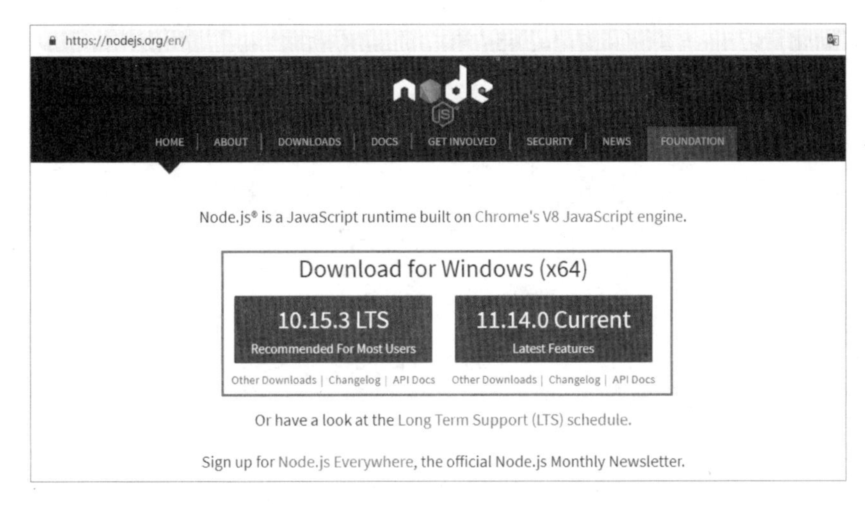

图 11.11 Node.js 的官方网站

安装 Node.js 开发环境，可以通过安装或者配置 Path 环境变量的方式来完成。接下来，在系统命令提示符窗口中，执行命令测试 Node.js 开发环境是否安装成功，如图 11.12 所示。

```
C:\WINDOWS\system32\cmd.exe
Microsoft Windows [版本 10.0.18356.1]
(c) 2019 Microsoft Corporation。保留所有权利。

C:\Users\DAMU>node -v
v11.14.0

C:\Users\DAMU>npm --version
6.7.0
```

图 11.12 测试 Node.js 开发环境是否安装成功

2. 初始化 Vue.js 开发环境

当 Node.js 开发环境安装完成后，执行如下命令，完成 vue-cli 脚手架命令模块的安装：

```
npm install -g @vue/cli
```

当安装完成后，执行“vue -version”命令，测试 vue-cli 脚手架命令模块是否安装成功，如图 11.13 所示。

```
C:\WINDOWS\system32\cmd.exe
Microsoft Windows [版本 10.0.18356.1]
(c) 2019 Microsoft Corporation。保留所有权利。

C:\Users\DAMU>vue --version
3.6.3
```

图 11.13 测试 vue-cli 脚手架命令模块是否安装成功

本书成书时，Vue.js 框架的最新版本是 2.6，脚手架命令模块的最新版本是 3.6.3，它们的版本并不是同步的，需要区分清楚。

3. 构建 Vue.js 项目

Vue.js 框架的脚手架命令模块安装完成后，我们通过脚手架命令模块提供的 vue 命令，完成项目的初始化构建：

```
vue create library_management
```

执行命令后，出现如下提示信息，描述项目构建过程中的详细信息：

```
Vue CLI v3.6.3
? Please pick a preset: default (babel, eslint)
Vue CLI v3.6.3
✨ Creating project in E:\WORKSPACE\library_management.
� Initializing git repository...
⚙ Installing CLI plugins. This might take a while...
Installing a flat node_modules. Use flat node_modules only if you rely on buggy
dependencies that you cannot
fix.
Resolving: total 16, reused 0, downloaded 0
```

4. 项目文件结构

Vue.js 项目的初始化结构搭建完成后，我们需要了解单页面应用（SPA）中的文件结构系统以及不同文件的含义，以便后续进行项目开发。项目文件结构如下：

```
|-- library_management/              # 项目主目录
    |-- node_modules/                # 项目依赖文件夹
    |-- public/                      # 公共文件文件夹
        |-- index.html               # 项目首页文件
    |-- src/                         # 源代码文件夹
        |-- assets/                  # 项目静态文件文件夹
        |-- components/              # 项目通用组件文件夹
        |-- plugins/                 # 项目插件文件夹
        |-- views/                   # 项目单页面组件文件夹
        |-- App.vue                  # 项目根 Vue 组件
        |-- main.js                  # 项目主 JavaScript 模块
    |-- .gitignore                   # Git 忽略管理信息配置文件
    |-- babel.config.js              # Babel 配置文件
    |-- package.json                 # Webpack 配置文件
    |-- README.md                    # 项目说明文件
```

在开发前端网页项目时，更多地需要关注第三方 JavaScript 模块或者组件的引入，以及 Vue 单页面组件的开发。重要文件介绍如下：

- /library_management/package.json：Webpack 打包依赖管理文件，在当前项目中很少手工配置，基本都是通过脚手架命令自动添加依赖的，只有极其特殊的依赖需要手工添加。
- /library_management/.gitignore：如果将项目托管给 Git 进行管理，则需要配置该文件，忽略 node_modules 依赖文件夹的提交管理，所有的依赖信息都已经包含在 package.json 文件中，不需要再同步这些依赖的模块，否则过于消耗系统运行资源和存储空间。
- /library_management/src/main.js：项目主 JavaScript 模块。项目中需要的各种第三方 JavaScript 库或框架以及第三方组件，都需要在该 JavaScript 模块中完成导入管理。

- /library_management/src/App.vue：项目运行的核心组件，该组件是 SPA 的根组件，是项目界面的入口容器。
- /library_management/src/views/：项目中各种主要 Vue 组件的存放文件夹，可以与路由直接进行关联，框架根据接收到的不同的路由信息，展示该文件夹下的不同视图组件。
- /library_management/src/components/：项目中不同的视图组件所使用的公共视图部分，可以定义成单独的组件存放在该文件夹下，实现视图组件代码的复用。
- /library_management/src/assets/：项目中的组件同样需要依赖静态文件，一般将静态文件存放在该文件夹中。也有一些项目组的规范要求在 src 文件夹中创建新的文件夹 static，用于存放静态文件，它们的功能是相同的。

11.2.2　项目结构完善及路由分析

在前后端项目分离开发的架构模式下，我们使用 Vue.js 搭建了前端项目结构，其中包含了基本的操作功能，如路由处理以及数据的基本交互等。

但是基于 Vue.js 框架开发的项目是单页面应用，主要通过组件化方式将视图剥离，组件之间通过父子关联关系，完成数据从父组件到子组件的传递。如果要在多个平行的组件之间完成数据共享，则需要通过公共状态管理模块来实现，目前比较流行的实现方式是使用 Vuex 组件。前端项目的整体架构如图 11.14 所示。

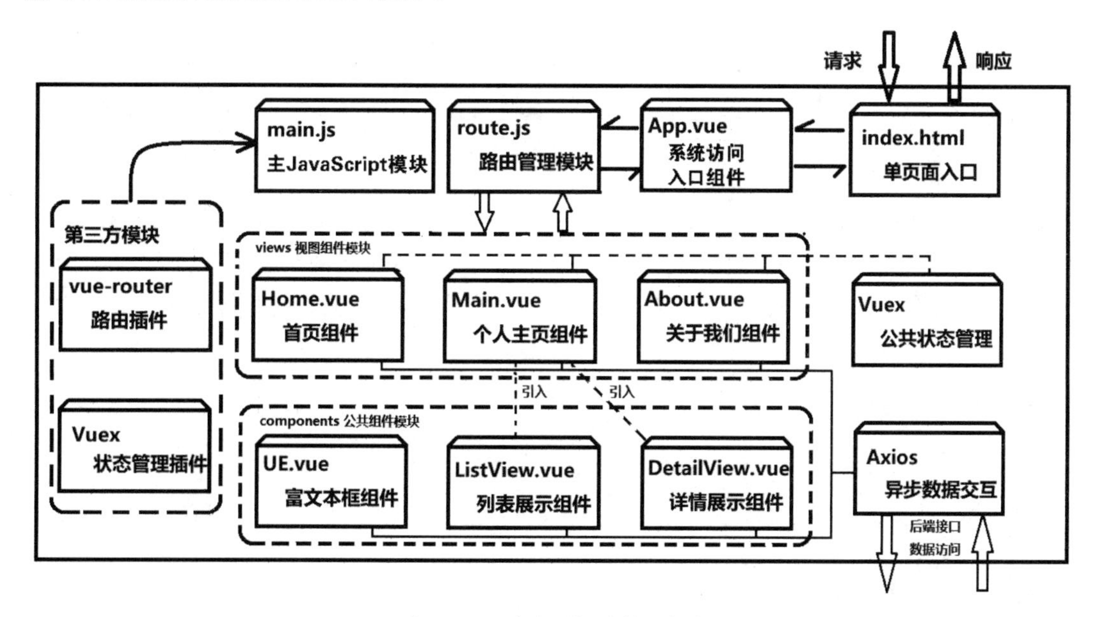

图 11.14　前端项目的整体架构

在项目开发过程中会涉及各种第三方插件的管理，以及项目整体结构的搭建，本节我们将针对项目的完整构建过程进行详细介绍。

1. 项目依赖管理

在基于 Vue.js 框架进行项目构建时，可以通过执行脚手架命令模块提供的插件管理命令，将第三方功能插件添加到项目中，并自动完成插件的配置管理。

```
vue add 插件名称
```

同时 Vue.js 框架还提供了对应的界面化相关操作功能。执行如下命令，可以启动项目信息配置管理界面：

```
vue ui
```

项目信息配置管理界面如图 11.15 所示，可以在该界面上预览项目信息，管理项目中的各种依赖库和插件。

图 11.15　项目信息配置管理界面

Vue.js 框架提供的脚手架命令在一定程度上使项目管理变得更加方便和快捷。由于在图书管理系统的前端项目架构中需要包含公共数据状态管理、不同请求的路由映射以及与后端数据的交互，同时在 Vue.js 的基础上进行界面元素开发需要第三方界面开发框架，所以应执行如下命令安装依赖的插件。

```
> vue add router          # 安装 Router 路由插件
......
> vue add vuex            # 安装 Vuex 公共数据状态管理插件
......
> vue add axios           # 安装 Axios 异步数据交互插件
  Installing vue-cli-plugin-axios...
Already up-to-date
Resolving: total 1, reused 1, downloaded 0, done
✓  Successfully installed plugin: vue-cli-plugin-axios
  Invoking generator for vue-cli-plugin-axios...
⚓  Running completion hooks...
✓  Successfully invoked generator for plugin: vue-cli-plugin-axios
```

```
......
>vue add element-ui     # 安装 Element-ui 视图插件
  Installing vue-cli-plugin-element-ui...
Already up-to-date
Resolving: total 1, reused 1, downloaded 0, done
✓  Successfully installed plugin: vue-cli-plugin-element-ui
? Use scss theme? Yes
? ElementUi i18n options None
  Invoking generator for vue-cli-plugin-element-ui...
✓  Successfully invoked generator for plugin: vue-cli-plugin-element-ui
```

至此，项目中需要的各种依赖关系配置完成。接下来就可以在前端项目中开始界面的开发和路由的关联了。

2. 项目路由映射分析

在图书管理系统中，我们需要根据详细设计过程中展现的业务流程进行视图组件的定义，通过不同视图组件之间的业务关联关系完成整体路由映射的设计。

在图书管理系统中，普通会员的主要业务操作是访问系统首页、查询图书信息和个人借阅信息，这三部分业务对应的视图组件可以直接使用图书管理员视图组件，以达到组件复用的目的。图书管理系统路由组件的定义及路由映射关系如图 11.16 所示。

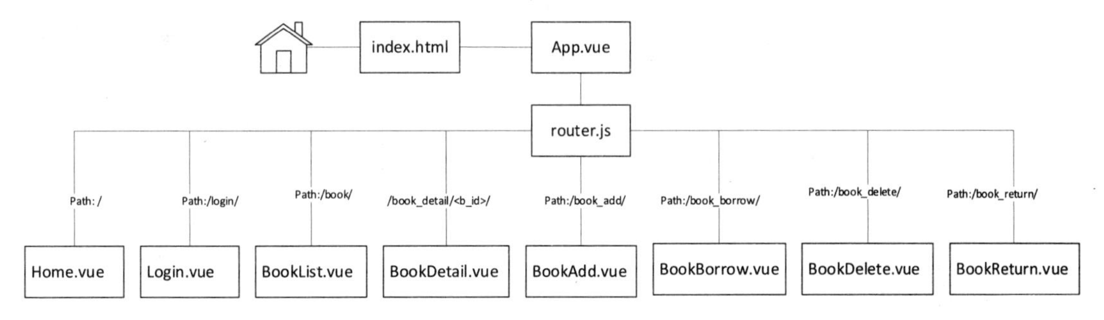

图 11.16　图书管理系统路由组件的定义及路由映射关系

在 SPA（单页面应用）项目的业务处理过程中，通过不同的组件和路由映射关系，完成与业务对应的路由分析及定义。各组件描述如下。

- App.vue：系统访问入口组件。
- Home.vue：系统首页组件。
- Login.vue：系统用户登录组件。
- BookList.vue：图书查询列表组件。
- BookDetail.vue：图书查询详情组件。
- BookAdd.vue：新增图书组件。
- BookBorrow.vue：借阅图书组件。

- BookDelete.vue：图书下架组件。
- BookReturn.vue：归还图书组件。

3. 构建项目首页

图书管理系统首页主要提供数据查询的主要分类信息，以及快速登录或者查看个人借阅信息的视图组件，所以其功能较为简单。

编辑/library_management/src/views/Home.vue，代码如下：

```
<template>
    <div class="home container">
        <img alt="Vue logo" src="../assets/logo.png">
        <el-row>
            <el-col>
                <el-input placeholder="请输入搜索关键字......"
                        v-model="inputx" class="input-with-select">
                    <el-button slot="append" icon="el-icon-search">
                    </el-button>
                </el-input>
            </el-col>
        </el-row>
        <el-row class="intro">
            <el-col :span="3"><router-link to="/">用户登录</router-link></el-col>
            <el-col :span="3"><router-link to="/">个人信息</router-link></el-col>
            <el-col :span="3"><router-link to="/">借阅查询</router-link></el-col>
            <el-col :span="3"><router-link to="/">逾期查询</router-link></el-col>
            <el-col :span="2"><router-link to="/"></router-link></el-col>
        </el-row>
    </div>
</template>
<style scoped>
    /* 视图组件内嵌样式 */
    .home{width: 800px; margin: 0 auto; }
    .intro{margin-top: 20px; }
    .router-link-active{text-decoration: none; color:#333; }
    .router-link-active:hover{color:seagreen; }
    .el-select .el-input {width: 130px; }
    .input-with-select .el-input-group__prepend {background-color: #fff; }
</style>
<script>
    // 引入公共 CSS 文件
    import "@/static/css/common.css"
    // 组件配置
    export default {
        name: 'home',
        data() {
            return {
                inputx: '',
            }
```

```
        }
    }
</script>
```

进入项目主目录下，执行如下命令启动项目：

```
> npm run serve
程序加载启动
98% after emitting CopyPlugin
 DONE  Compiled successfully in 311ms
  App running at:
  - Local:   http://localhost:8080/
  - Network: http://192.168.1.104:8080/
```

项目启动成功后，会提示绑定本地路径和网络路径。打开浏览器访问项目首页，效果如图 11.17 所示。

图 11.17　图书管理系统项目首页

完成项目整体结构的搭建后，就实现了基本的操作功能，后续就是在此基础上完成项目的具体功能组件的开发，以及完善业务流程的细节。

11.2.3　图书管理员及普通会员登录功能

目前图书管理系统没有开放注册功能，所有用户都是通过系统管理员添加的。在业务处理过程中，需要区分图书管理员和普通会员的登录区别。图书管理员和普通会员登录成功后，虽然跳转到相同的项目首页，但是为他们展示的操作选项不同。

编辑系统用户登录组件/library_management/src/views/Login.vue，通过 ElementUI 的表单组件完善登录表单。代码如下：

```
<template>
    <div>
        <!-- Element UI 行列布局 -->
        <el-row>
            <el-col>
                <!-- Element UI 卡片效果 -->
```

```
                <el-card shadow="always">
                    <div slot="header" class="clearfix">
                        <span class="lm_title">图书管理系统会员登录</span>
                    </div>
                    <el-form :model="dynamicValidateForm"
                            ref="dynamicValidateForm"
                            label-width="100px"
                            class="demo-dynamic">
                        <el-form-item prop="username"
                            label="账号" :rules="[{ required: true,
                            message: '请输入账号', trigger: 'blur' },]">
                        <el-input v-model="dynamicValidateForm.username">
                            </el-input>
                    </el-form-item>
                        <el-form-item label="密码"
                                prop="password"
                                :rules="[{ required: true, message: '请输入密码',
                                trigger: 'blur' },]">
                            <el-input type="password"
                                v-model="dynamicValidateForm.password"
                                autocomplete="off"></el-input>
                            </el-form-item>
                            <el-form-item>
                                <el-radio v-model="dynamicValidateForm.radio"
                                            label="1">图书管理员</el-radio>
                                <el-radio v-model="dynamicValidateForm.radio"
                                            label="2">会员</el-radio>
                        </el-form-item>
                        <el-form-item>
                            <el-button type="primary"
                                @click="submitForm('dynamicValidateForm')">
                                提交</el-button>
                            <el-button @click="resetForm('dynamicValidateForm')">
                                重置</el-button>
                        </el-form-item>
                    </el-form>
                </el-card>
            </el-col>
        </el-row>
    </div>
</template>
<style scoped>
    /* 视图组件内嵌样式 */
    .el-card{width: 500px; margin: 200px auto; }
    .lm_title{font-weight: bolder; }
</style>
```

在组件中对视图展示的部分数据进行声明完成绑定操作，同时针对表单提交和表单重置处理方法进行封装，完成登录表单的整体处理。编辑 Login.vue，代码如下：

```
<script>
    export default {
        data() {
            return {                                    // 定义表单数据
                dynamicValidateForm: {                  // 表单对象数据
                    username: '',                       // 账号
                    password: '',                       // 密码
                }
            };
        },
        methods: {
            submitForm(formName) {                                  // 表单提交处理方法
                this.$refs[formName].validate((valid) => {    // 数据验证
                    if (valid) {
                        alert('submit!');
                    } else {
                        console.log('error submit!!');
                        return false;
                    }
                });
            },
            resetForm(formName) {                                   // 表单重置处理方法
                this.$refs[formName].resetFields();
            },
        }
    }
</script>
```

接下来配置路由管理，添加路由映射关系。项目中的路由模块是项目主目录下的 router.js 文件，编辑该文件中的 routers 配置，添加路由映射关系如下：

```
......
{
    path: '/login',
    name: 'login',
    component: () => import('./views/Login.vue')
},
......
```

重构系统首页组件，将用户登录业务与系统首页的登录链接相关联。编辑 Home.vue，代码如下：

```
<el-col :span="3"><router-link to="/login">用户登录</router-link></el-col>
```

启动项目，访问系统首页并单击“用户登录”，可以看到如图 11.18 所示的登录界面。

图 11.18　系统用户登录界面

在登录界面中，我们使用测试数据对登录功能进行模拟。编辑系统登录组件中的表单提交处理方法，在表单数据验证通过之后，添加一个用户数据对象模拟登录用户，并将该登录用户数据存储到公共状态管理组件 Vuex 中进行管理。编辑/library_management/src/views/Login.vue，代码如下：

```
......
submitForm(formName) {
    this.$refs[formName].validate((valid) => {
        if (valid) {
            # 模拟验证登录用户数据
            var _user = {
                username: "damu",
                nickname: "大牧莫邪",
                extension: {
                    phone: "18625372606",
                    email: "1007821300@qq.com",
                    status: 2
                }
            };
            # 将登录用户数据存储到 Vuex 的 state 状态变量中
            this.$store.state.user = _user;
            alert('submit!');
            this.$router.push("/");
        } else {
            console.log('error submit!!');
            return false;
        }
    });
},......
```

重构系统首页组件，对图书管理员和普通会员的操作界面进行优化处理，使不同角色的用户登录系统后展示不同的操作选项。编辑/library_management/src/views/Home.vue，代码如下：

```
......
        <!-- 页面数据搜索部分  -->
        <el-col :span="24">
        <el-input placeholder="请输入搜索关键字......" v-model="inputx"
class="input-with-select">
            <el-select style="width: 130px;" v-model="select"
slot="prepend" placeholder="-请选择条件-">
                <el-option label="书籍" value="1"></el-option>
                <el-option label="作者" value="2"></el-option>
            </el-select>
        <el-button slot="append" @click="search()" icon="el-icon-search"></el-button>
        </el-input>
      </el-col>
    </el-row>
        <div v-if="current_user">
            <!- - 普通会员操作选项数据 -->
            <el-row class="intro" v-if="current_user.extension.status == 2">
                <el-col :span="4">
                    <span>用户:{{current_user.nickname}}</span>
                </el-col>
                <el-col :span="3">
                    <router-link to="/">个人信息</router-link>
                </el-col>
                <el-col :span="3">
                    <router-link to="/">借阅查询</router-link>
                </el-col>
                <el-col :span="3">
                    <router-link to="/">逾期查询</router-link>
                </el-col>
                <el-col :span="2">
                    <router-link to="/"></router-link>
                </el-col>
            </el-row>
            <!- - 图书管理员操作选项数据 -->
            <el-row class="intro" v-else>
                <el-col :span="4">
                    <span>管理员:{{current_user.nickname}}</span>
                </el-col>
                <el-col :span="3">
                    <router-link to="/">新增书籍</router-link>
                </el-col>
                <el-col :span="3">
                    <router-link to="/">会员查询</router-link>
                </el-col>
                <el-col :span="3">
                    <router-link to="/">借阅统计</router-link>
                </el-col>
                <el-col :span="3">
```

```
            <router-link to="/">逾期统计</router-link>
        </el-col>
    </el-row>
</div>
......
```

重构完成后，启动项目，首页显示如图 11.19 所示，普通会员可以正常查询图书信息。

图 11.19 图书管理系统项目首页

单击“用户登录”，进入登录界面，可以选择以哪种角色登录系统。以图书管理员角色登录系统后，在首页中除了可以查询图书信息，还可以进行会员信息、借阅统计信息以及逾期统计信息的查询，如图 11.20 所示。

图 11.20 图书管理员登录系统后的首页效果

以普通会员角色登录系统后，在首页中除了可以查询图书信息，还可以快捷完成个人信息、图书借阅信息以及逾期信息的查询，如图 11.21 所示。

图 11.21　普通会员登录系统后的首页效果

前端项目中的不同身份用户完成系统的登录认证并通过测试后，等待服务端完成用户登录的数据接口，最后通过业务联调，即可实现前后端业务的对接。

11.2.4　图书信息查询界面设计及路由分析

图书管理系统的核心功能是查询图书信息。图书信息的查询方式有两种，分别是按照书名模糊查询和通过作者查询。

1. 首页条件搜索功能

编辑系统首页组件/library_management/src/views/Home.vue，将查询条件添加到首页的搜索组件中。代码如下：

```
<el-row>
    <el-col :span="24">
        <el-input placeholder="请输入搜索关键字......" v-model="inputx"
            class="input-with-select">
            <el-select style="width: 130px;" v-model="select"
            slot="prepend" placeholder="-请选择条件-">
                <el-option label="书籍" value="1"></el-option>
                <el-option label="作者" value="2"></el-option>
            </el-select>
            <el-button slot="append" @click="search()" icon="el-icon-search">
            </el-button>
        </el-input>
    </el-col>
</el-row>
```

效果如图 11.22 所示，可以在查询图书信息时选择查询条件。

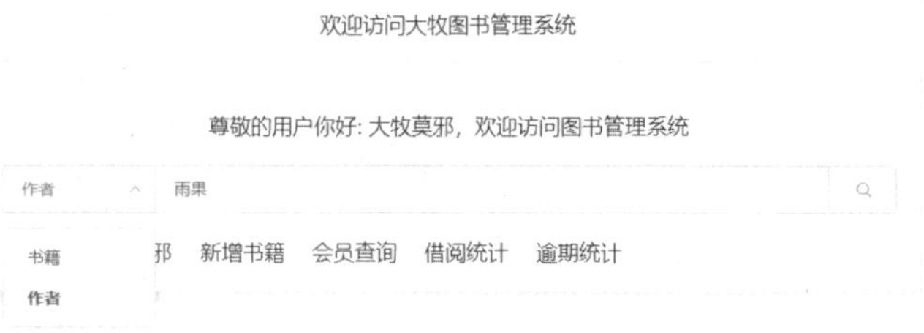

欢迎访问大牧图书管理系统

尊敬的用户你好: 大牧莫邪，欢迎访问图书管理系统

作者 雨果

书籍 作者

邪 新增书籍 会员查询 借阅统计 逾期统计

图 11.22 选择查询条件

2. 图书信息查询

在信息查询流程中，通过路由导航链接将搜索参数交给下一个数据展示组件进行处理。在图书管理系统中，我们定义了图书查询列表组件/src/views/BookList.vue，在组件中接收数据并模拟查询效果。编辑 BookList.vue，添加视图代码如下：

```
<template>
    <!-- 图书信息查询结果视图组件 -->
    <div>
        <el-card class="box-card">
            <div slot="header" class="clearfix">
                <span v-if="$route.params.condition == 1">
                    您搜索书籍的关键字是：{{bookname}}
                </span>
                <span v-else>您搜索作者的关键字是：{{bookname}}</span>
                <el-button style="float: right; padding: 3px 0"
                        type="text" @click="go_home()">返回首页</el-button>
            </div>
            <el-table :data="books" stripe style="width: 100%">
                <el-table-column prop="name" label="书籍名称" width="180">
                </el-table-column>
                <el-table-column prop="author" label="作者" width="180">
                </el-table-column>
                <el-table-column prop="stock" label="库存">
                </el-table-column>
                <el-table-column prop="borrow" label="外借">
                </el-table-column>
                <el-table-column prop="surplus" label="剩余">
                </el-table-column>
                <el-table-column fixed="right" label="操作" width="100">
                    <template slot-scope="scope">
                        <el-button @click="check_book(scope.row.name)" type="text"
size="small">查看</el-button>
                    </template>
                </el-table-column>
            </el-table>
        </el-card>
    </div>
</template>
```

在上述视图模板中，我们将接收到的搜索关键字数据存放在 bookname 变量中，这样就可以在组件的生命周期钩子函数中调用并获取数据，赋值给组件变量 books 后，通过组件方法发送请求获取数据，在页面中进行渲染展示。编辑 BookList.vue，添加数据处理方法如下：

```
<script>
    export default {
        name: 'BookList',                       // 组件名称
        data() {                                // 组件变量 & 数据定义
            return {
                bookname: this.$route.params.book_name,
                books: [],
            }
        },
        methods: {                              // 组件处理方法
            ……
            get_books() {                       // 组件从服务端获取数据的方法
                this.books = [{                 // 模拟后台获取数据
                        name: "悲惨世界",
                        author: "维克多·雨果",
                        stock: 20,
                        borrow: 12,
                        surplus: 8
                    },{name: "巴黎圣母院",
                        author: "维克多·雨果",
                        stock: 10,
                        borrow: 2,
                        surplus: 8
                    },] },
        },
        mounted() {                             // 生命周期钩子函数，在组件渲染时调用
            this.get_books();
        }
    }
</script>
```

完善首页查询的路由映射关系，将 BookList.vue 和首页查询请求进行关联。启动项目，按照条件进行查询，查询结果如图 11.23 所示。

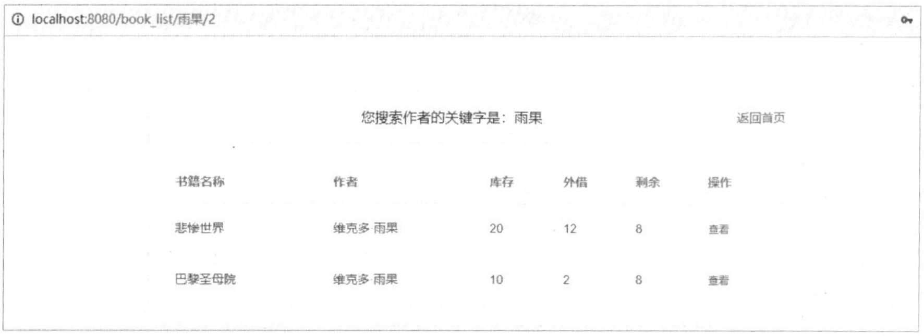

localhost:8080/book_list/雨果/2

您搜索作者的关键字是：雨果　　返回首页

书籍名称	作者	库存	外借	剩余	操作
悲惨世界	维克多 雨果	20	12	8	查看
巴黎圣母院	维克多 雨果	10	2	8	查看

图 11.23　查询结果

3. 查看图书信息

按照条件查询得到具体的图书信息列表，可以看到如图 11.23 所示的结果。这是基本的图书统计信息，通过统计信息只能了解到在当前系统中图书的基本借阅情况。如果要查看某本图书的借阅情况，则需要单击“查看”链接，查询该图书在当前系统中的详细登记信息。

我们定义借阅图书组件/src/views/BookBorrow.vue，主要用于渲染展示图书在图书馆中的分布信息。代码如下：

```
<template>
    <!-- 借阅图书查询视图组件 -->
    <div class="container">
        <el-card class="box-card">
            <div slot="header" class="clearfix">
                <span>您查看的书籍是：{{bookname}}</span>
                <el-button style="float: right; padding: 3px 0"
                    type="text" @click="go_home()">返回首页</el-button>
            </div>
            <el-table :data="areas" stripe style="width: 100%">
                <el-table-column prop="name" label="图书馆" width="180">
                </el-table-column>
                <el-table-column prop="floor" label="楼层" width="180">
                </el-table-column>
                <el-table-column prop="room" label="区域">
                </el-table-column>
                <el-table-column prop="subject" label="专题">
                </el-table-column>
                <el-table-column prop="shelf" label="书架">
                </el-table-column>
                <el-table-column prop="layer" label="层数">
                </el-table-column>
                <el-table-column prop="borrow" label="外借">
                </el-table-column>
                <el-table-column fixed="right" label="操作" width="100">
                    <template slot-scope="scope">
                        <el-button @click="check_book(scope.row)"
                            type="text" size="small">编辑</el-button>
                    </template>
                </el-table-column>
            </el-table>
        </el-card>
    </div>
</template>
```

在视图部分详细展示了图书在图书馆中的分布信息。除了为普通会员展示图书的分布信息，还可以为图书管理员添加编辑信息，通过编辑进行图书借阅登记。

在服务端接口开发完成之前，我们需要模拟数据进行测试。在借阅图书组件中定义方法，模拟后台返回的数据，代码如下：

```
<script>
    ……
```

```
    export default {
        name: 'BookBorrow',                                    // 组件名称
        data () {                                              // 组件数据
            return {
                bookname: this.$route.params.book_name,
                areas: []
            }
        },
        methods: {                                             // 组件处理方法
            ......
            get_book_info() {                                  // 获取图书信息的处理方法
                this.areas = [                                 // 模拟查询获取图书所在区域的数据
                    {
                        "name": '1 号馆',
                        "floor": '2 楼',
                        "room": 'A 区',
                        "subject": '理工科',
                        "shelf": '3 号',
                        "layer": '2 层',
                        "borrow": '借出'
                    },
                    {
                        "name": '1 号馆',
                        "floor": '3 楼',
                        "room": 'C 区',
                        "subject": '文史科',
                        "shelf": '1 号',
                        "layer": '3 层',
                        "borrow": '未借'
                    },] },
        },
        mounted() {                     // 生命周期钩子函数，在组件渲染时调用
            this.get_book_info();
        }
    }
</script>
```

在首页中查询到图书统计信息后，可以继续查看图书在图书馆中的分布信息，结果如图 11.24 所示。

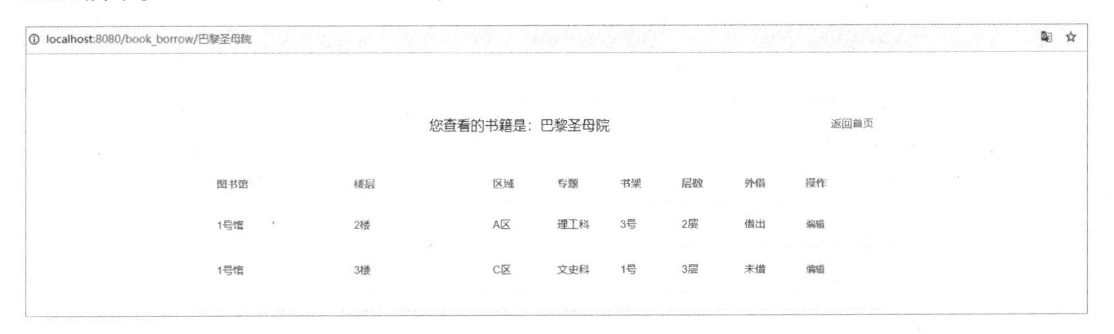

图 11.24　查看图书在图书馆中的分布信息

至此，图书管理系统的基本组件构建及核心路由分析完成。后续的新增图书及借阅图书处理与具体的业务逻辑关联，在开发完成后端数据接口后进行完善，最后进行前后端项目联调，完成整体功能的开发。

11.3 基于 Django 的后端项目构建

我们基于 Django 框架进行后端项目结构的快速搭建，并使用 Django rest_framework 框架进行数据接口的开发。

11.3.1 项目初始化结构

我们使用 Django 框架提供的内建命令自动构建后端项目，并安装项目依赖的第三方模块。打开命令窗口，执行如下命令，安装项目依赖的模块：

```
pip install django                              # 安装 django 框架依赖模块
pip install django-restframework                # 安装 django-restframework 依赖模块
pip install pillow django-filter                # 安装其他第三方依赖模块
```

在项目中，我们通过用户模块管理图书管理员对象和普通会员对象，通过图书模块添加图书存放区域信息及图书其他信息。执行命令如下：

```
django-admin startproject library_management           # 创建图书管理系统服务端项目
cd library_management
django-admin startapp users                            # 创建用户模块
django-admin startapp books                            # 创建图书模块
```

在子项目中，我们需要创建模块文件，以方便子项目的路由映射关联及数据序列化操作。完善后的服务端项目文件结构如下：

```
|-- library_management/                 # 项目主目录
    |-- users/                          # 用户模块
        |-- migrations/                 # 数据同步文件夹
        |-- admin.py                    # 后台管理模块
        |-- models.py                   # 数据模型模块
        |-- serializers.py              # 数据模型序列化模块（新增）
        |-- urls.py                     # 用户子路由模块（新增）
        |-- views.py                    # 视图处理模块
        |-- ……
    |-- books/
        |-- ……                          # 文件结构与用户模块 users 的类似
    |-- library_management/             # 根管理项目
        |-- settings.py                 # 项目配置模块
        |-- urls.py                     # 主路由模块
        |-- ……
    |-- manage.py
```

11.3.2　数据类型定义

根据项目的详细设计，我们对与用户相关的图书管理员及用户类型进行开发，通过继承系统内建 django.contrib.auth.models.User 类型，完成对系统中用户的声明定义。在用户类型中添加用户头像字段作为扩展属性，同时添加用户的类型属性作为区分图书管理员和普通会员的字段。编辑用户子项目中的数据模型模块 users/models.py，代码如下：

```
# users/models.py
from django.db import models
from django.contrib.auth.models import User
class LibraryUser(User):
    """图书管理系统用户"""
    USER_TYPE = (
        ("0", "图书管理员"),
        ("1", "会员")
    )
    header_img = models.ImageField(verbose_name="用户头像",
        upload_to='static/images/headers/', default='static/images/headers/default.jpg')
    status = models.CharField(verbose_name="用户类型", max_length=10,
        choices=USER_TYPE)
    class Meta:
        verbose_name = "平台用户"
        verbose_name_plural = verbose_name
```

在系统中用户模块操作较为简单，不需要定义复杂的数据模型，而图书类型作为系统中的核心功能，它涉及大量的相关业务，需要与其他多个图书相关类型进行关联。编辑 books/models.py，添加图书相关类型，抽取类型中的公共属性，定义基础类型如下：

```
# books/models.py
from django.db import models
from uuid import uuid4
class BaseModel(models.Model):
    """基础类型"""
    # 编号
    id = models.UUIDField(verbose_name = "编号", primary_key=True, default=uuid4)
    # 添加时间
    date_created = models.DateTimeField(verbose_name="添加时间", auto_now_add=True)
    # 修改时间
    date_updated = models.DateTimeField(verbose_name="修改时间", auto_now=True)
    # 备注信息
    remark = models.TextField(verbose_name="备注信息", blank=True, null=True)
    class Meta:
        # 定义抽象类型
        abstract = True
```

定义图书存放区域类型，通过自关联操作方式，实现多级存放地点的关联。再定义图书专题类型，用于对图书进行不同门类的区分。代码如下：

```
# books/models.py
```

```
class BookSubject(BaseModel):
    """图书专题"""
    # 专题名称
    name = models.CharField(verbose_name="专题名称", max_length=50)
    # 专题封面
    cover = models.ImageField(verbose_name="专题封面",
        upload_to="static/images/cover/", default='static/images/cover/default.jpg')
    class Meta:
        verbose_name = "书籍专题"
        verbose_name_plural = verbose_name
    def __str__(self):
        return self.name
class BookArea(BaseModel):
    """图书存放区域"""
    name = models.CharField(verbose_name="存放地点", max_length=200)
    parent = models.ForeignKey(verbose_name='上级地点', to='self', related_name='subs',
        on_delete=models.CASCADE, null=True, blank=True)
    class Meta:
        verbose_name = "书籍存放地点"
        verbose_name_plural = verbose_name
    def __str__(self):
        return self.name
```

最后定义图书类型。在图书类型中，对于比较特殊的作者信息，我们通过多个属性直接添加，其中第一个作者是必须添加的，其他作者是可选的。代码如下：

```
# books/models.py
class Book(BaseModel):
    """图书"""
    STATUS = (
        ("1", "可借"),
        ("2", "借出"),
    )
    name = models.CharField(verbose_name="书籍名称", unique=True, max_length=200)
    author = models.CharField(verbose_name="作者", max_length=200)
    author2 = models.CharField(verbose_name="第二作者", max_length=200,
        null=True, blank=True)
    author3 = models.CharField(verbose_name="第三作者", max_length=200,
        null=True, blank=True)
    author4 = models.CharField(verbose_name="第四作者", max_length=200,
        null=True, blank=True)
    area = models.ManyToManyField(verbose_name="存放地点",
        to=BookArea, related_name='books')
    stock = models.IntegerField(verbose_name="库存数量", default=1)
    borrowed = models.IntegerField(verbose_name="借出数量", default=0)
    surplus = models.IntegerField(verbose_name="剩余数量", default=1)
    status = models.CharField(verbose_name="是否可借", choices=STATUS, default="1",
    max_length=5, null=True, blank=True)
    class Meta:
        verbose_name = "书籍"
```

```
        verbose_name_plural = verbose_name
    def __str__(self):
        return self.name
```

至此，项目中依赖的核心数据类型声明完成。通过这些类型之间的关联操作，可以实现图书管理系统的核心业务处理逻辑。

11.3.3 序列化数据接口开发

数据类型声明完成后，在项目中添加 Django rest_framework 支持。编辑项目配置文件/library_management/settings.py，在 INSTALLED_APPS 配置选项中添加对应的功能配置：

```
# library_management/settings.py
INSTALLED_APPS = [
    ……
    'rest_framework',       # Django rest_framework 支持
    'django_filters',       # Django rest_framework 接口条件过滤支持
    'users',                # 系统用户模块
    'books',                # 系统图书模块
]
```

编辑在应用项目中创建的序列化模块，分别处理用户相关数据的序列化和图书相关数据的序列化。编辑 users/serializers.py，代码如下：

```
# users/serializers.py
from rest_framework import serializers
from .models import LibraryUser
class LibraryUserSerializer(serializers.ModelSerializer):
    """图书管理系统用户序列化类型"""
    class Meta:
        model = LibraryUser         # 关联数据模型
        fields = '__all__'          # 关联所有字段属性
```

编辑 books/serializers.py，添加图书相关数据的序列化处理代码，如下所示：

```
# books/serializers.py
from rest_framework import serializers, permissions
from .models import Book, BookSubject, BookArea
class BookSubjectSerializer(serializers.ModelSerializer):
    """图书专题序列化类型"""
    class Meta:
        model = BookSubject             # 关联数据模型
        fields = ['name', 'cover']      # 关联所有字段属性
class BookAreaSerializer(serializers.ModelSerializer):
    """图书存放地点序列化类型"""
    class Meta:
        model = BookArea                # 关联数据模型
        fields = '__all__'              # 关联所有字段属性
class BookSerializer(serializers.ModelSerializer):
    """图书序列化类型"""
```

```
    # 外键字段，指定关联序列化类型
    area = serializers.SlugRelatedField(many=True, read_only=True, slug_field='name')
    class Meta:
        model = Book                          # 关联数据模型
        fields = '__all__'                    # 关联所有字段属性
```

在完成数据序列化方式的定义后，接下来就可以通过视图处理模块和路由模块，完成数据接口的开发。

11.3.4 用户查询接口

对于用户查询接口，我们通过 Django rest_framework 框架提供的 ViewSets 视图集来直接处理。编辑视图处理模块 users/views.py，添加视图集处理代码如下：

```
# users/views.py
from rest_framework import viewsets, permissions
from .models import LibraryUser
from .serializers import LibraryUserSerializer
class LibraryUserView(viewsets.ReadOnlyModelViewSet):
    """图书管理系统用户查询及展示视图集"""
    queryset = LibraryUser.objects.all()              # 关联数据查询集
    serializer_class = LibraryUserSerializer          # 关联数据序列化
```

将视图集添加到路由映射关系中，并注册到 Django 的路由系统中。编辑路由模块 users/urls.py，添加路由映射关系代码如下：

```
# users/urls.py
from django.urls import path, include
from rest_framework import routers
from . import views
app_name = 'users'
router = routers.DefaultRouter()                        # 定义默认的路由对象
router.register(r'users', views.LibraryUserView)        # 注册视图组件
urlpatterns = [
    path(r'', include(router.urls)),                    # 添加路由映射关系
]
```

在项目主路由中，注册添加用户模块子路由。编辑/library_management/urls.py，代码如下：

```
# library_management/urls.py
from django.contrib import admin
from django.urls import path, include
urlpatterns = [
    path('admin/', admin.site.urls),
    path('users/', include('users.urls')), # 用户模块子路由
]
```

在图书管理系统中添加图书管理员和会员数据，启动项目并访问用户查询接口，就能获取到用户数据，如图 11.25 所示。

127.0.0.1:8000/users/users/

Django REST framework

```
GET /users/users/

HTTP 200 OK
Allow: GET, HEAD, OPTIONS
Content-Type: application/json
Vary: Accept

[
    {
        "id": 2,
        "password": "mouwenbin",
        "last_login": null,
        "is_superuser": false,
        "username": "mouwenbin",
        "first_name": "牟文斌",
        "last_name": "大牧莫邪",
        "email": "",
        "is_staff": false,
        "is_active": true,
        "date_joined": "2019-04-27T01:53:19Z",
        "header_img": "http://127.0.0.1:8000/users/users/static/images/headers/2.jpg",
        "status": "0",
        "groups": [],
        "user_permissions": []
    },
```

图 11.25　访问用户查询接口获取到用户数据

另外，也支持通过用户编号查询指定用户的数据，如图 11.26 所示。

图 11.26　通过用户编号查询指定用户的数据

当用户查询接口开发完成后，在图书管理系统中只需要完成数据访问即可，添加和维护用户数据及图书数据的操作主要由系统管理员完成。当项目的核心功能开发完后，可以根据需求进行功能的扩展。

11.3.5 用户登录接口

通常需要为系统提供的数据接口添加对应的访问权限，以保证服务端数据接口的可用性和安全性。在用户视图处理模块中添加登录权限认证功能，编辑 users/views.py 中的用户视图集 LibraryUserView，添加登录权限认证代码如下：

```
permission_classes = [permissions.IsAuthenticated,] # 登录权限认证
```

再次访问项目中的用户查询接口，这时它已经不能正常提供数据了，如图 11.27 所示。

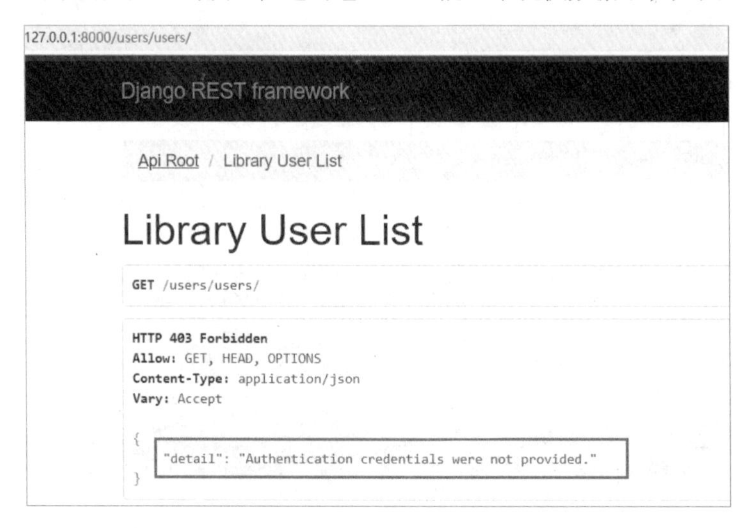

图 11.27 访问数据接口受到限制

在项目主路由中，使用 Django rest_framework 框架内建的用户身份认证功能完成系统用户的认证操作。编辑 library_management/urls.py，添加路由映射关系代码如下：

```
path("api-auth/", include('rest_framework.urls', namespace='rest_framework'))
```

打开 Postman 测试工具，我们首先使用 GET 请求方式访问用户登录接口，获取登录身份令牌数据，如图 11.28 所示。

GET http://127.0.0.1:8000/api-auth/lo ● + ••• No Environment

GET http://127.0.0.1:8000/api-auth/login/ Send

Name	Value	Domain	Path	Expires	HttpOnly	Secure
csrftoken	NKxGcvD1nulc4M11rkrk42oE5VmlpXw4QQltfzjS5ymfyGPK89gCJylSWdNjyo8y		/	Sat, 25 Apr 2020 02:17:56 GMT	false	false

图 11.28 访问用户登录接口获取登录身份令牌数据

使用从服务端获取的令牌数据，添加对应的账号和密码，接下来使用 POST 请求方式提交数据到登录接口，完成用户登录，如图 11.29 所示。

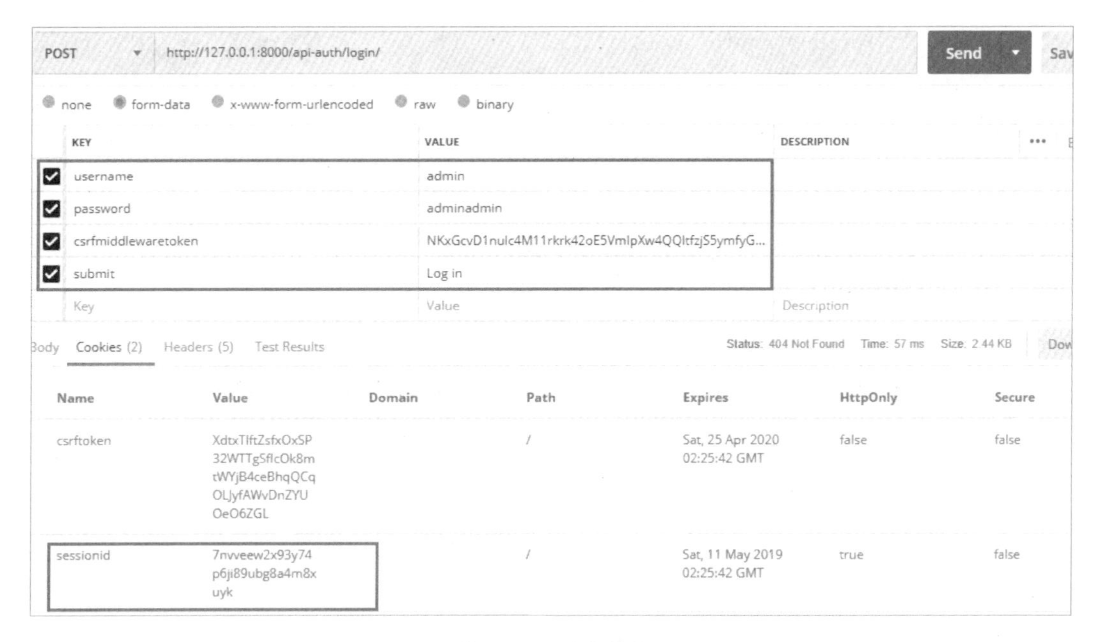

图 11.29　用户登录

用户登录成功后，登录接口返回登录用户对应的 sessionid 数据，标记当前用户的登录状态。

11.3.6　图书查询接口

在图书类型的序列化接口中已经完成了与图书相关的存放区域、图书专题数据的序列化关联操作，我们通过 ViewSets 视图集为图书数据添加查询接口。编辑图书子项目的视图处理模块 books/views.py，添加视图集数据如下：

```
# books/views.py
class BookViewSet(viewsets.ModelViewSet):
    """图书相关视图集"""
    queryset = models.Book.objects.all()                     # 查询集
    serializer_class = serializers.BookSerializer            # 关联数据序列化
    permission_classes = [permissions.IsAuthenticated,]      # 权限认证处理
    filter_backends = [DjangoFilterBackend,]                 # 指定多条件过滤
    filter_fields = ['name', 'author']                       # 指定过滤字段
```

在图书模块的路由中，添加图书查询接口的路由对象，将路由对象注册到图书模块中。编辑 books/urls.py，代码如下：

```
# books/urls.py
from django.urls import path, include
from rest_framework import routers
from . import views
app_name = 'books'
router = routers.DefaultRouter()                             # 创建路由对象
router.register(r"books", views.BookViewSet)                 # 注册图书查询接口
urlpatterns = [
```

```
    path("", include(router.urls)),                      # 注册路由映射
]
```

在主路由模块中添加关联映射，编辑 library_management/urls.py，添加路由映射关系代码如下：

```
path('books/', include('books.urls')),
```

启动项目，用户登录后，访问图书查询接口，可以直接获取到所有图书数据，如图 11.30 所示。

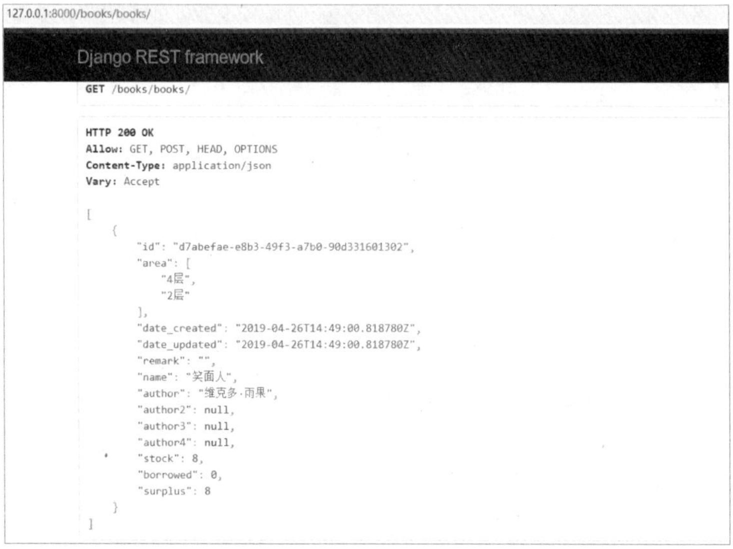

```
127.0.0.1:8000/books/books/
Django REST framework
GET /books/books/

HTTP 200 OK
Allow: GET, POST, HEAD, OPTIONS
Content-Type: application/json
Vary: Accept

[
    {
        "id": "d7abefae-e8b3-49f3-a7b0-90d331601302",
        "area": [
            "4层",
            "2层"
        ],
        "date_created": "2019-04-26T14:49:00.818780Z",
        "date_updated": "2019-04-26T14:49:00.818780Z",
        "remark": "",
        "name": "笑面人",
        "author": "维克多·雨果",
        "author2": null,
        "author3": null,
        "author4": null,
        "stock": 8,
        "borrowed": 0,
        "surplus": 8
    }
]
```

图 11.30　访问图书查询接口获取到所有图书数据

使用图书名称进行条件过滤，可以直接通过图书名称查询到对应的图书数据，如图 11.31 所示。

```
127.0.0.1:8000/books/books/?name=笑面人
Django REST framework
GET /books/books/?name=%E7%AC%91%E9%9D%A2%E4%BA%BA

HTTP 200 OK
Allow: GET, POST, HEAD, OPTIONS
Content-Type: application/json
Vary: Accept

[
    {
        "id": "d7abefae-e8b3-49f3-a7b0-90d331601302",
        "area": [
            "4层",
            "2层"
        ],
        "date_created": "2019-04-26T14:49:00.818780Z",
        "date_updated": "2019-04-26T14:49:00.818780Z",
        "remark": "",
        "name": "笑面人",
        "author": "维克多·雨果",
        "author2": null,
        "author3": null,
        "author4": null,
        "stock": 8,
        "borrowed": 0,
        "surplus": 8
    }
]
```

图 11.31　根据图书名称查询图书数据

通过第一作者名称，也可以查询图书数据，如图 11.32 所示。

```
127.0.0.1:8000/books/books/?author=朱自清

Django REST framework

GET /books/books/?author=%E6%9C%B1%E8%87%AA%E6%B8%85

HTTP 200 OK
Allow: GET, POST, HEAD, OPTIONS
Content-Type: application/json
Vary: Accept

[
    {
        "id": "15448c60-bb7c-4743-a004-6899742a538d",
        "area": [
            "4层"
        ],
        "date_created": "2019-04-27T03:09:37.693393Z",
        "date_updated": "2019-04-27T03:09:37.693393Z",
        "remark": "",
        "name": "朱自清诗选",
        "author": "朱自清",
        "author2": null,
        "author3": null,
        "author4": null,
        "stock": 3,
        "borrowed": 0,
        "surplus": 3
    }
]
```

图 11.32　根据第一作者名称查询图书数据

另外，还支持通过图书编号查询图书数据，如图 11.33 所示。

```
127.0.0.1:8000/books/books/15448c60-bb7c-4743-a004-6899742a538d/

Django REST framework

GET /books/books/15448c60-bb7c-4743-a004-6899742a538d/

HTTP 200 OK
Allow: GET, PUT, PATCH, DELETE, HEAD, OPTIONS
Content-Type: application/json
Vary: Accept

{
    "id": "15448c60-bb7c-4743-a004-6899742a538d",
    "area": [
        "4层"
    ],
    "date_created": "2019-04-27T03:09:37.693393Z",
    "date_updated": "2019-04-27T03:09:37.693393Z",
    "remark": "",
    "name": "朱自清诗选",
    "author": "朱自清",
    "author2": null,
    "author3": null,
    "author4": null,
    "stock": 3,
    "borrowed": 0,
    "surplus": 3
}
```

图 11.33　通过图书编号查询图书数据

使用 Django rest_framework 框架提供的视图集完成图书的查询功能后，已经可以保障平台项目的基本功能支持，在后续的前后端项目的功能联调中，我们将根据实际需要来完善细节功能。

11.3.7 图书存放区域查询接口

图书查询接口已经完成，但是在实现图书借阅前，需要知道图书的具体存放地点，也就是需要平台提供数据接口完成图书存放区域信息的查询。打开图书视图处理模块，添加视图集支持的数据接口。编辑 books/view.py，代码如下：

```
# books/views.py
class BookAreaViewSet(viewsets.ModelViewSet):
    """图书存放区域"""
    queryset = models.BookArea.objects.all()                          # 查询集
    serializer_class = serializers.BookAreaSerializer                 # 关联数据序列化
    filter_backends = [DjangoFilterBackend,]                          # 指定多条件过滤
    filter_fields = ['books']                                         # 自定义过滤条件
```

在图书子路由模块中，添加图书存放区域视图集的路由映射关系。编辑 books/urls.py，代码如下：

```
router.register(r"areas", views.BookAreaViewSet)      # 注册图书存放区域查询接口
```

查询图书存放区域主要有两种方式，一是根据图书编号查询指定图书的所有存放地点信息；二是通过地点编号查询图书存放地点信息。通过图书编号查询，显示如图 11.34 所示。

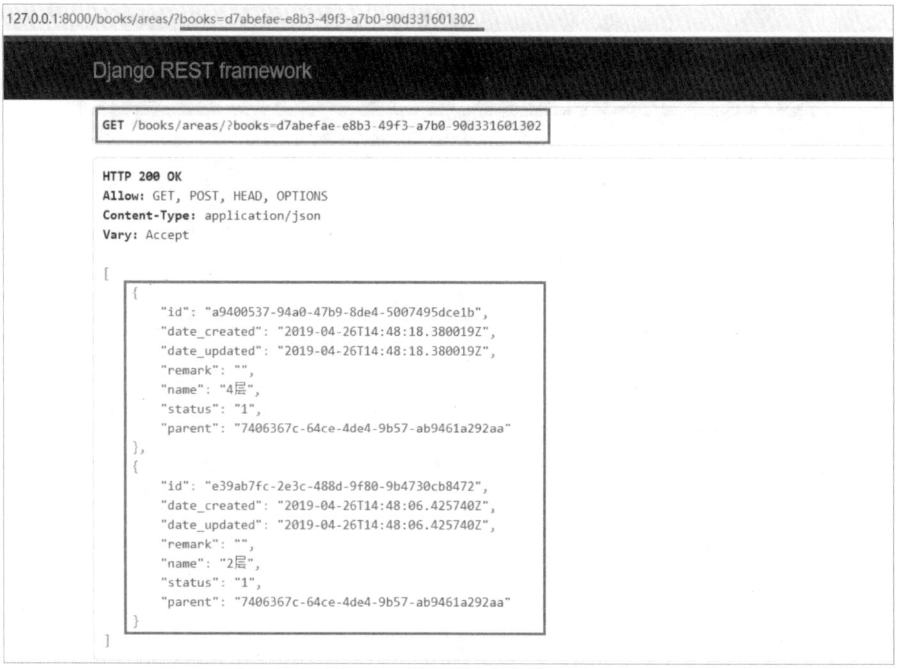

```
127.0.0.1:8000/books/areas/?books=d7abefae-e8b3-49f3-a7b0-90d331601302

Django REST framework

GET /books/areas/?books=d7abefae-e8b3-49f3-a7b0-90d331601302

HTTP 200 OK
Allow: GET, POST, HEAD, OPTIONS
Content-Type: application/json
Vary: Accept

[
    {
        "id": "a9400537-94a0-47b9-8de4-5007495dce1b",
        "date_created": "2019-04-26T14:48:18.380019Z",
        "date_updated": "2019-04-26T14:48:18.380019Z",
        "remark": "",
        "name": "4层",
        "status": "1",
        "parent": "7406367c-64ce-4de4-9b57-ab9461a292aa"
    },
    {
        "id": "e39ab7fc-2e3c-488d-9f80-9b4730cb8472",
        "date_created": "2019-04-26T14:48:06.425740Z",
        "date_updated": "2019-04-26T14:48:06.425740Z",
        "remark": "",
        "name": "2层",
        "status": "1",
        "parent": "7406367c-64ce-4de4-9b57-ab9461a292aa"
    }
]
```

图 11.34 根据图书编号查询到指定图书的所有存放地点信息

通过地点编号查询，显示如图 11.35 所示。

图 11.35　根据地点编号查询到图书存放地点信息

但是通过地点编号查询图书存放区域，只是给出了当前对象的数据，表现并不是很友好，不能确定这里的 4 层属于图书馆哪个馆所的第几层楼、什么区域以及几号书架，数据接口处理并不是很完善。于是，修改序列化模块，对层级关系进行继承优化。编辑 books/serializers.py，重构序列化代码如下：

```
# books/serializers.py
class CommonBookAreaSerializer(serializers.ModelSerializer):
    """图书存放区域序列化类型公共父类：馆所"""
    class Meta:
        model = BookArea
        fields = ['id', 'parent', 'name']
class PPParentBookAreaSerializer(CommonBookAreaSerializer):
    """图书存放区域序列化类型：楼层"""
    pass
class PParentBookAreaSerializer(CommonBookAreaSerializer):
    """图书存放区域序列化类型：区域"""
    parent = PPParentBookAreaSerializer()
class ParentBookAreaSerializer(CommonBookAreaSerializer):
    """图书存放区域序列化类型：书架"""
    parent = PParentBookAreaSerializer()
class BookAreaSerializer(CommonBookAreaSerializer):
    """图书存放区域序列化类型：具体地址"""
    parent = ParentBookAreaSerializer()
```

完善后，重新根据地点编号查询图书存放区域，得到如图 11.36 所示的详细信息。

```
127.0.0.1:8000/books/areas/a9400537-94a0-47b9-8de4-5007495dce1b/

Django REST framework

GET /books/areas/a9400537-94a0-47b9-8de4-5007495dce1b/

HTTP 200 OK
Allow: GET, PUT, PATCH, DELETE, HEAD, OPTIONS
Content-Type: application/json
Vary: Accept

{
    "id": "a9400537-94a0-47b9-8de4-5007495dce1b",
    "parent": {
        "id": "7406367c-64ce-4de4-9b57-ab9461a292aa",
        "parent": {
            "id": "70fe2409-5724-43e0-b920-5271d25b5939",
            "parent": {
                "id": "a69e74e8-ddd0-4b01-aa88-e21ed1131b2e",
                "parent": null,
                "name": "图书馆1馆",
                "status": "1"
            },
            "name": "A区",
            "status": "1"
        },
        "name": "1号书架",
        "status": "1"
    },
    "name": "4层",
    "status": "1"
}
```

图 11.36　图书存放区域详细信息

至此，服务端与图书相关的查询接口已经全部定义完成。服务端提供了完善的数据支持，用户在前端页面中可以完成图书借阅数据的查询操作。

11.3.8 图书借阅处理接口重构

图书借阅的处理方式较为简单，根据项目详细设计文档中确定的图书借阅流程规范，将存放地点和具体图书进行绑定，这样就可以通过修改存放地点，间接完成图书借阅业务。

在项目中，我们已经添加了与图书存放地点相关的访问数据接口，对于图书借阅业务的处理，通过修改具体地点的 status 属性来完成，如图 11.37 所示。

图 11.37　图书借阅流程中的模块关联

在项目中，我们对图书存放区域和图书进行了多对多关联，如果直接修改图书存放区域的可借属性，则会对该区域存放的其他图书的借阅产生影响，所以我们需要针对这一部分的代码进行重构。功能重构或者流程重构，是在项目开发过程中针对频繁的需求变动采用的一种操作方式。

在图书借阅流程中重构图书与存放地点之间的关联关系，形成多对一关联，然后对借阅方式进行单独定义，声明借阅类型存储借阅相关数据，可以在类型中声明借阅的图书信息、借阅人信息、借阅时间、归还时间、是否逾期等。

编辑图书数据模型模块 books/models.py，重构图书数据类型 Book，代码如下：

```
# books/models.py
class Book(BaseModel):
    """图书"""
    STATUS = (
        ("1", "可借"),
        ("2", "借出"),
    )
    name = models.CharField(verbose_name="书籍名称", max_length=200)
    author = models.CharField(verbose_name="作者", max_length=200)
    author2 = models.CharField(verbose_name="第二作者", max_length=200,
                               null=True, blank=True)
    author3 = models.CharField(verbose_name="第三作者", max_length=200,
                               null=True, blank=True)
    author4 = models.CharField(verbose_name="第四作者", max_length=200,
                               null=True, blank=True)
    area = models.ForeignKey(verbose_name="存放地点", to=BookArea,
                             on_delete=models.CASCADE)
    status = models.CharField(verbose_name="是否可借", choices=STATUS, default="1",
                             max_length=5, null=True, blank=True)
```

新增借阅数据类型 BookBorrow，操作代码如下：

```
# books/models.py
class BookBorrow(BaseModel):
    """借阅数据类型"""
    book = models.ForeignKey(verbose_name="借阅的书籍", to=Book,
                             on_delete=models.CASCADE)
    users = models.ForeignKey(verbose_name="借阅人", to=User,
                              on_delete=models.CASCADE)
    area = models.ForeignKey(verbose_name="存放地点", to=BookArea,
                             on_delete=models.CASCADE)
    time_borrowed = models.DateTimeField(verbose_name="借阅时间",
                             auto_now_add=True)
    time_ended = models.DateTimeField(verbose_name="归还时间", auto_now=True)
```

添加图书借阅类型的序列化操作，在序列化模块 books/serializers.py 中完善序列化代码如下：

```
# books/serializers.py
class BookBorrowSerializer(serializers.ModelSerializer):
    """借阅对象序列化类型"""
    # 外键序列化处理
    book = BookSerializer()
    area = BookAreaSerializer()
    user = LibraryUser()
    class Meta:
```

```
        models = BookBorrow              # 关联数据模型
        fields = '__all__'               # 关联属性字段
```

编辑视图处理模块 books/views.py，通过 Django rest_framework 框架内建的 ViewSets 添加数据接口访问支持，代码如下：

```
# books/views.py
class BookBorrowViewSet(viewsets.ModelViewSet):
    """图书借阅"""
    queryset = models.BookBorrow.objects.all()                   # 查询集
    serializer_class = serializers.BookBorrowSerializer          # 序列化类型
    filter_backends = [DjangoFilterBackend,]                     # 指定多条件过滤
    filter_fields = ['user', 'book', 'area']                     # 指定过滤条件
```

针对图书借阅进行接口测试，通过 POST 请求方式提交更新数据，完成图书借阅的处理过程，如图 11.38 所示。

127.0.0.1:8000/books/borrow/adf36d6e-1dda-4a7b-b0ac-64142d4f0c8e/

Django REST framework


```
HTTP 200 OK
Allow: GET, PUT, PATCH, DELETE, HEAD, OPTIONS
Content-Type: application/json
Vary: Accept

{
    "id": "adf36d6e-1dda-4a7b-b0ac-64142d4f0c8e",
    "book": {
        "id": "3b88422d-f0b4-456c-b298-56cf137cad5c",
        "area": {
            "id": "aab3d0d7-70b8-4d37-a53b-0ae6b02f9219",
            "parent": {
                "id": "92b33685-1c71-4151-9c9d-6f2f756e6c4f",
                "parent": {
                    "id": "99895f43-c775-43b5-81c2-1de8e9d507ed",
                    "parent": {
                        "id": "9366d4f7-3d04-4e04-a971-8a65c86b37f4",
                        "parent": null,
                        "name": "图书馆1馆"
                    },
                    "name": "A区"
                },
                "name": "1号书架"
            },
            "name": "1层"
        },
        "date_created": "2019-04-27T06:11:55.703829Z",
        "date_updated": "2019-04-27T06:11:55.703829Z",
        "remark": "",
        "name": "巴黎圣母院",
        "author": "维克多.雨果",
```


图 11.38　新增的图书借阅数据

11.4　业务功能联调

前后端功能联调，核心是需要协调好前后端通过接口交互数据的标准格式，主要参照前端网页中渲染展示的数据确定交互数据的字段。修改前端项目视图组件中的数据获取方式，将原始的获取模拟数据的方式修改为从后端项目中异步获取数据，如图 11.39 所示。

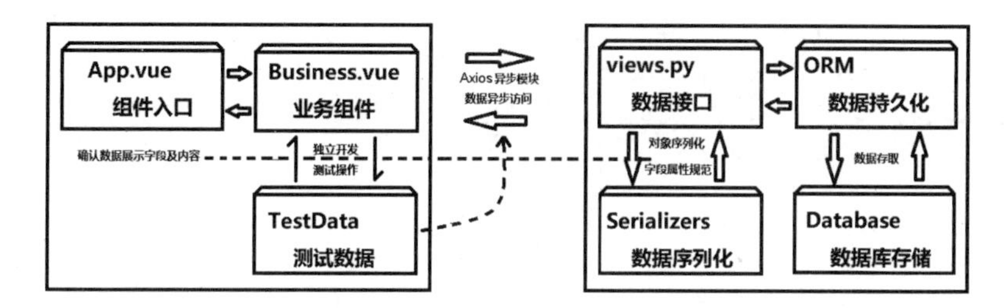

图 11.39　前后端数据交互方式及联调示意图

本节将针对核心业务中的部分接口联调进行介绍，并详细讲解联调步骤，以方便读者在企业项目开发中进行参考。

11.4.1　图书检索功能调测

图书管理系统项目中的功能较多，我们将针对核心的图书检索查询、用户登录和图书借阅等功能进行操作，分别按照固定的处理步骤进行规范整理。

1. 接口确认

项目接口分调用端和服务端，其中调用端是前端项目中的请求发起部分，也就是我们声明获取测试数据部分的代码；服务端是我们开发的后端数据接口。

首先确定后端图书数据访问接口，如果开发流程严格遵循开发规范，则可以从项目的接口描述文档中直接查询接口；如果是其他情况，没有形成对应的开发文档，那么就需要和后端开发人员进行沟通确认接口。图书检索业务中的接口信息如表 11.1 所示。

表 11.1　图书检索业务中的接口信息

接口地址	http://127.0.0.1:8000/books/books/
请求方式	GET
输入参数	name：图书名称 author：作者名称 必须包含至少一个参数，作为图书查询条件
返回结果	books 包含检索的图书数据列表
注意事项	无

2. 前端改造

在前端项目中首先确定获取操作数据的位置，定位并改造 BookList.vue 组件。编辑获取数据的方法，重构代码如下：

```
# /src/views/BookList.vue
get_books() {
    // 模拟后台获取数据
    // this.books = [{
    //         name: "悲惨世界",
```

```
    //         author: "维克多·雨果",
    //         stock: 20,
    //         borrow: 12,
    //         surplus: 8
    //     },
    var _this = this;
    var url = null;
    if (this.$route.params.condition == 1) {
        // 根据图书名称查询
        url = "http://127.0.0.1:8000/books/books/?name="+this.bookname;
    } else {
        // 根据图书作者查询
        url = "http://127.0.0.1:8000/books/books/?author="+this.bookname;
    }
    axios.get("http://127.0.0.1:8000/books/books/?name="+this.bookname)
        .then(function(response) {
            console.log(response);
            this.book = response.data;
        })
        .catch(function(error) {
            console.log(error);
        });
},
```

3. 联调完善

完成前后端数据异步交互接口的定义后，首先启动服务端项目，然后启动前端 Vue.js 项目，测试根据图书名称进行检索，显示如图 11.40 所示的错误信息。

图 11.40　调测错误信息

显示 Access-Control-Allow-Origin 同源限制，一般是后端项目的同源限制。同源策略本身是保护平台数据的一种技术手段，要求必须是相同域名的调用者才能正确访问项目中的数据，否则返回 403 禁止访问的错误，并且提示 Access-Control-Allow-Origin 限制。

4. 解决问题

Django 项目提供了第三方模块 django-cors-headers 用于处理同源限制的问题，执行如下命令安装 django-cors-headers 模块：

```
pip install django-cors-headers
```

将该模块注册到图书管理系统项目中，编辑配置文件/library_management/settings.py，在 INSTALLED_APPS 配置选项中添加如下代码：

```
INSTALLED_APPS = [
    ……
    'corsheaders',
    ……
]
```

模块中的核心功能是 CorsMiddleware 中间件提供的，所以需要将该中间件添加到系统中间件配置的第一个位置，代码如下：

```
# settings.py
MIDDLEWARE = [
    'corsheaders.middleware.CorsMiddleware',
……
]
```

有了 django-cors-headers 中间件的支持，就可以通过编辑配置选项，根据实际需要进行访问限制。比如模块提供给所有人访问的公共数据接口，可以通过 CORS_ORIGIN_ALLOW_ALL=True 进行配置；如果只是本地开发的供前端项目调用的接口，则可以通过 CORS_ORIGIN_WHITELIST 白名单的方式允许本地指定 IP 地址或域名进行访问。配置如下：

```
# settings.py
CORS_ORIGIN_ALLOW_ALL = True          // 配置允许所有调用者使用
'''
CORS_ORIGIN_WHITELIST = (             // 配置允许指定调用者使用
    'example.com',
    'localhost:8000',
    '127.0.0.1:9000'
)
'''
```

配置完成后，我们重新调用接口，可以看到如图 11.41 所示的结果，可以正常查询到图书数据了。

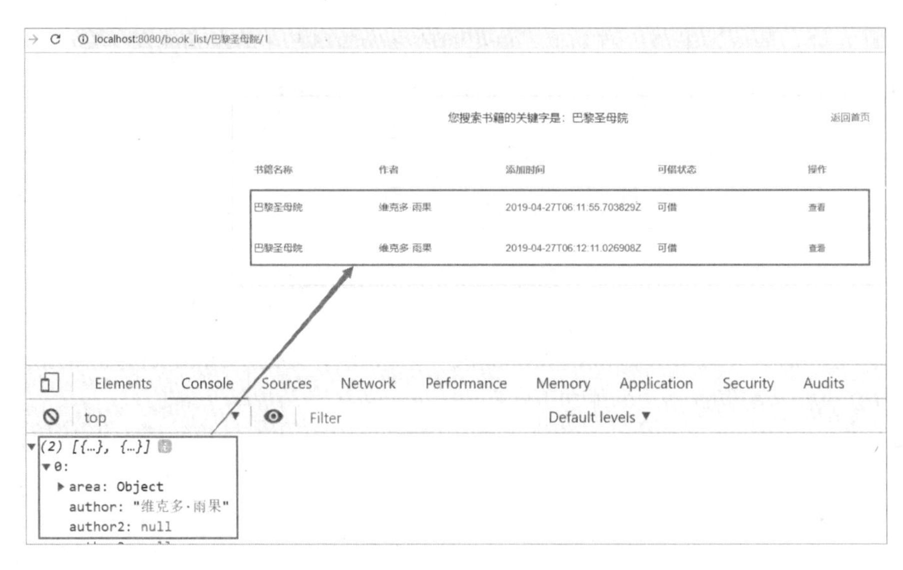

图 11.41　可以正常查询到图书数据

11.4.2　用户登录功能调测

在完成了数据检索操作后，还需要用户通过身份认证登录后才能正常借阅图书。本节主要完成用户登录功能的前后端联调。

用户在首页单击“用户登录”，进入登录页面，在登录页面中向服务器发送请求，获取跨域令牌数据。用户在登录页面中填写账号和密码，然后单击“提交”按钮，通过 Axios 发送异步请求到服务器完成登录操作。最后根据不同的用户角色，返回到首页并展示不同的菜单，如图 11.42 所示。

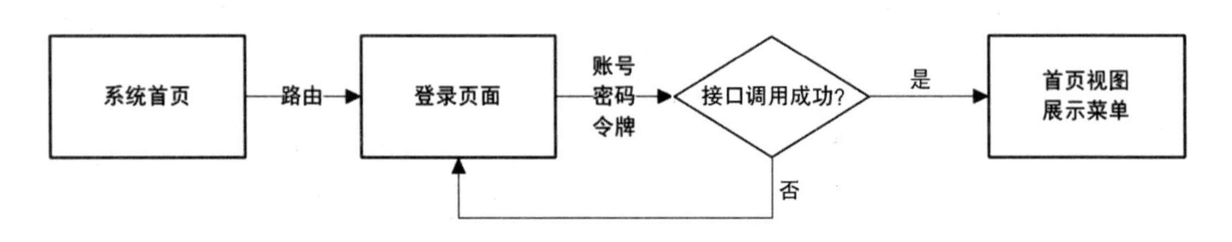

图 11.42　用户登录功能联调

在前后端分离开发模式下，登录身份认证有两种不同的实现方式，分别是通过 Django rest_framework 框架内建的 api-auth 实现和使用 JWT（JSON-Web-Token）实现。在企业项目开发中，比较推荐使用后者。

本节将对 api-auth 实现方式进行讲解，11.4.3 节将对 JWT 实现方式进行阐述。

1. 接口确认

参考 11.4.1 节中介绍的接口确认方式，我们获取到的后端用户登录接口信息如表 11.2 所示。

表 11.2　后端用户登录接口信息

接口名称	http://127.0.0.1:8000/api-auth/login/
请求方式	POST
输入参数	username：登录账号（必选） password：登录密码（必选） csrfmiddlewaretoken：令牌参数（必选） submit：提交方式（必选）
返回数据	JavaScript 登录数据
注意事项	无

2. 前端改造

首先在前端项目的登录视图组件中添加异步数据请求操作，获取服务器的令牌数据。我们从响应数据中直接提取令牌数据，方便在登录业务中发送身份认证请求时使用。

改造登录视图组件，添加令牌数据的获取操作。编辑/src/views/Login.vue，添加方法如下：

```
get_csrf_token() {
    // 发送请求，获取服务器数据
    var _this = this;
    axios.get("http://127.0.0.1:8000/api-auth/login/")
        .then(function(response) {
            // 正则匹配，获取令牌数据
            var _reg = /<input\s+type="hidden"\s+name=
                                    "csrfmiddlewaretoken"\s+value="(.*?)">/ig;
            var _csrf = response.data.match(_reg)[0];
            var _reg2 = /value="(.*?)"/;
            _this._csrf_token = _csrf.match(_reg2)[1];
        }).catch(function(error) {
            console.log(error);
        });
},
```

在组件生命周期钩子函数 mounted 中，添加 get_csrf_token()方法的调用，即可完成对令牌数据的请求操作。

3. 联调完善

对登录页面处理完成后，就可以通过表单提交登录数据执行身份认证操作了。向服务端接口提交数据，在登录业务的身份认证接口中可以通过 status 属性直接区分图书管理员和普通会员，关闭登录视图组件中的用户角色选择。编辑/src/views/Login.vue 重构表单提交方法，代码如下：

```
submitForm(formName) {
    var _this = this;
    this.$refs[formName].validate((valid) => {
        if (valid) {
            // var _user = {
```

```
                //     username: "damu",
                //     nickname: "大牧莫邪",
                //     extension: {
                //         phone: "18625372606",
                //         email: "1007821300@qq.com",
                //         status: 1
                //     }
                // };
                // 接口调用
                this.$axios({
                    method: "POST",
                    url: "http://127.0.0.1:8000/api-auth/login/",
                    data: {
                            username: _this.dynamicValidateForm.username,
                            password: _this.dynamicValidateForm.password,
                            submit: _this.dynamicValidateForm.submit,
                            csrfmiddlewaretoken:
                                    _this.dynamicValidateForm.csrfmiddlewaretoken,
                        },
                }).then(function(response) {
                    alert('submit!');
                    console.log(response);
                }).catch(function(error) {
                    console.log(error);
                });
        } else {
            console.log('error submit!!');
            return false;
        }
    });},
```

完善代码之后进行调测，如果出现登录失败的情况，则可以通过抓包请求的方式进行分析。如图 11.43 所示，将表单数据封装在 Request Payload 中进行提交，服务端获取数据失败，导致接口返回错误。

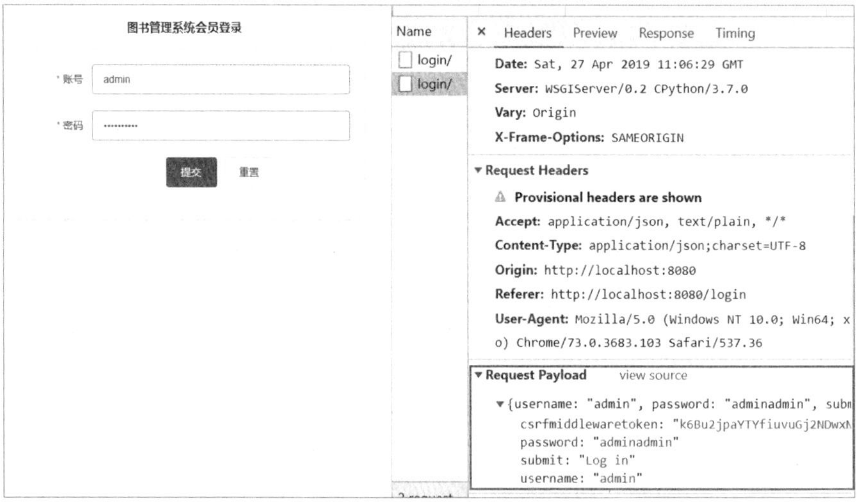

图 11.43　表单数据提交失败

4. 解决问题

针对表单数据提交失败的情况，我们通过为 Axios 发送请求配置进行处理，在请求头中添加提交数据格式的限制，代码如下：

```
// 接口调用
this.$axios({
    method: "POST",
    url: "http://127.0.0.1:8000/api-auth/login/",
    headers: {
        'Content-type': 'application/x-www-form-urlencoded'
    },
    data: {
            username: _this.dynamicValidateForm.username,
            password: _this.dynamicValidateForm.password,
            submit: _this.dynamicValidateForm.submit,
            csrfmiddlewaretoken:
                                _this.dynamicValidateForm.csrfmiddlewaretoken,
        },
}).then(function(response) {
    alert('submit!');
    console.log(response);
}).catch(function(error) {
    console.log(error);
});
```

再次提交数据，请求数据已经从 Request Payload 封装转换成了正常的表单 Form Data 提交，但是数据被错误地进行了封装，如图 11.44 所示。

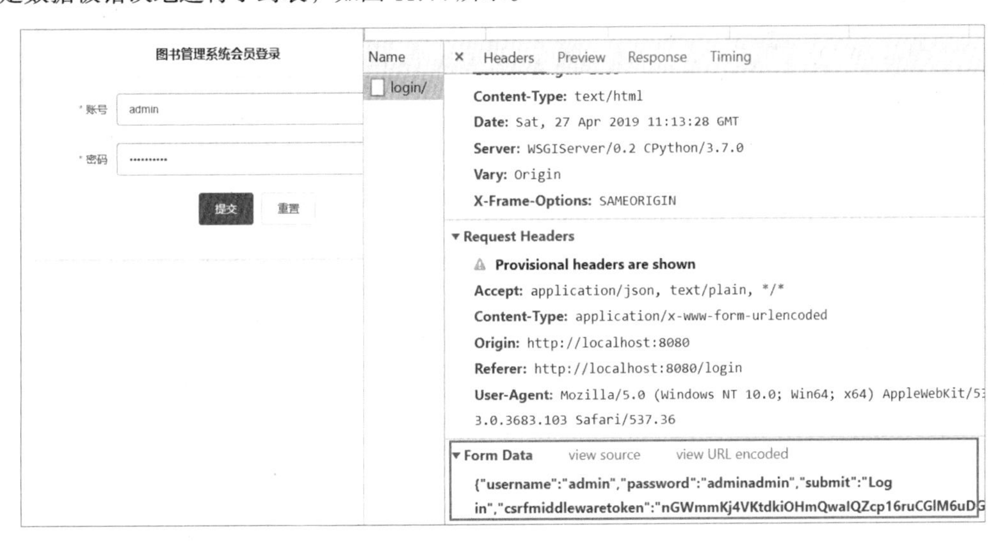

图 11.44　表单数据封装错误

针对上述问题，我们使用第三方模块 qs 来处理。首先通过 npm 管理器安装 qs：

```
npm install qs -save
```

在项目的 main.js 核心模块中引入 qs，并将 qs 注册到 Vue 原型中使用。代码如下：

```
import qs from 'qs'
Vue.prototype.$qs = qs
```

重构登录视图组件中的参数处理部分，核心处理代码如下：

```
// 接口调用
var _params = this.$qs.stringify({
    username: _this.dynamicValidateForm.username,
    password: _this.dynamicValidateForm.password,
    submit: _this.dynamicValidateForm.submit,
    csrfmiddlewaretoken: _this.dynamicValidateForm.csrfmiddlewaretoken,
});
this.$axios({
    method: "POST",
    url: "http://127.0.0.1:8000/api-auth/login/",
    headers: {
        'Content-type': 'application/x-www-form-urlencoded'
    },
    data: params
}).then(function(response) {
    alert('submit!');
    console.log(response);
}).catch(function(error) {
    console.log(error);
});
```

完善上述代码后，正常提交登录数据，就可以完成登录业务请求，如图 11.45 所示。

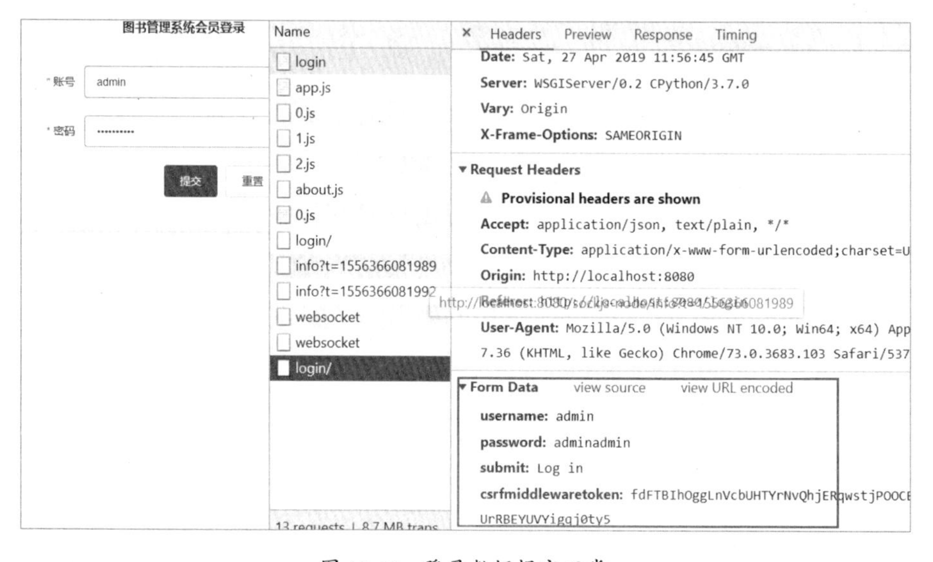

图 11.45 登录数据提交正常

登录后跳转到首页，在首页根据用户的 status 属性展示图书管理员菜单或者普通会员菜单。

11.4.3　JWT 认证

JWT（JSON-Web-Token）是前后端分离开发模式下用户身份认证功能最常见的实现方式。首先在 Django 项目环境中安装依赖模块：

```
pip install djangorestframework-jwt
```

修改配置文件，添加 JWT 认证配置。打开 settings.py，添加配置代码如下：

```
# Django djangorestframework-jwt 配置
REST_FRAMEWORK = {
    # 配置默认的认证方式：基于账号和密码认证
    'DEFAULT_AUTHENTICATION_CLASSES': (
        'rest_framework.authentication.BasicAuthentication',  // 基本功能认证模块
        'rest_framework.authentication.SessionAuthentication',// 基于会话认证模块
        "rest_framework_jwt.authentication.JavaScriptONWebTokenAuthentication",
                                                              // 基于令牌认证模块
    )
}
```

在主路由中添加 djangorestframework-jwt 的认证路由，通过路由提供身份认证数据接口如下：

```
from rest_framework_jwt.views import obtain_jwt_token
…
urlpatterns = [
    ……
    path('api-token-auth/', obtain_jwt_token),
    ……
]
```

后端配置完成，测试 JWT 认证数据接口，如图 11.46 所示。

图 11.46　JWT 认证数据接口测试

在前端项目中打开登录视图组件，重构代码，完善接口的登录流程。编写获取登录令牌数据的方法，代码如下：

```
get_csrf_token() {
    ......
    axios.get("http://127.0.0.1:8000/api-token-auth/")
        .then(function(response) {
            ......
        }).catch(function(error) {
            console.log(error);
        });
},
```

从响应数据中提取令牌数据的代码和 11.4.2 节中的相同。从响应数据中提取到令牌数据之后，重构表单数据提交认证部分的代码如下：

```
// 接口调用
......
this.$axios({
    method: "POST",
    url: " http://127.0.0.1:8000/api-token-auth/",
    headers: {
        'Content-type': 'application/x-www-form-urlencoded'
    },
    data: params
}).then(function(response) {
    ......
});
```

重启前端项目，访问登录视图组件并填写登录信息，提交后结果如图 11.47 所示，显示已经正常获取到服务端返回的令牌数据了。

图 11.47　正常获取到服务端返回的令牌数据

根据登录情况，需要将当前登录用户信息和 token（令牌）数据保持到全局状态变量中，以便后续其他业务功能请求接口数据时进行用户身份认证。

修改登录视图组件中的 methods 方法，添加根据账号获取当前用户信息的方法，并在该方法中添加登录认证记录的令牌数据。代码如下：

```
record_user(username) {
    var _this = this;
    this.$axios({
        method: 'get',
        url: 'http://127.0.0.1:8000/users/users/?username=' + username,
        headers: { // 在 headers 中添加令牌数据，访问服务端需要认证的接口
            "Authorization": "JWT " + _this.$store.state.token
        }
    }).then(function(response){
        _this.$store.state.user = response.data;
    }).catch(function(errors){
        console.log(errors);
    })
}
```

重构登录认证成功后的代码，记录令牌数据及当前登录用户信息，代码如下：

```
// 登录成功
console.log(response.data.token);
// 记录令牌数据
_this.$store.state.token = response.data.token;
// 记录登录用户信息
_this.record_user(_this.dynamicValidateForm.username);
console.log(_this.$store.state.user);
// 跳转到首页
_this.$router.push("/");
```

完成上述操作后，再次执行登录流程，登录成功后显示效果如图 11.48 所示。

图 11.48　登录成功后显示效果

11.4.4 图书借阅功能调测

用户通过身份认证登录系统后，核心的业务是借阅图书，核心的操作是对存放在某个地点的某本图书的状态进行更改，同时新增借阅图书的信息，方便图书借阅信息查询。

借阅功能主要操作的是借阅数据类型，在借阅数据处理过程中，根据用户选择借阅的图书创建借阅对象，然后修改图书的状态为“借出”，如图 11.49 所示。

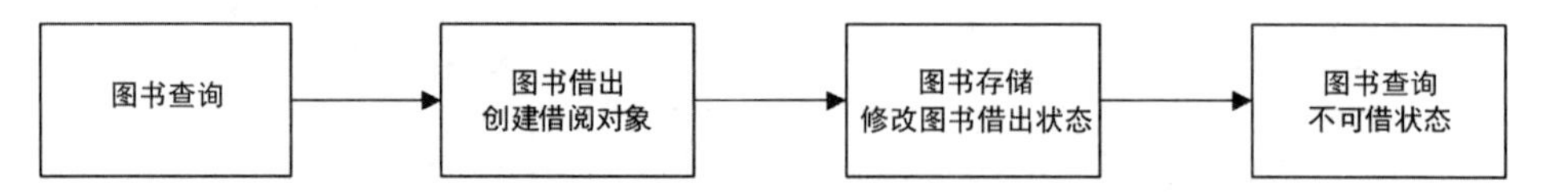

图 11.49 图书借阅处理流程

使用 Postman 测试图书借阅接口，在参数中添加图书编号、存放地点编号和用户编号，创建借阅对象，如图 11.50 所示。

图 11.50 图书借阅接口测试

编辑图书列表模块，为图书查询视图模块添加借出操作并关联相关的处理函数，在函数中完成图书的借阅。编辑图书查询列表组件/src/views/BookList.vue，代码如下：

```
book_borrowed(book_id, area_id) {
    var _this = this;
    // 发送异步请求，创建借阅对象，完成数据提交
    var _params = _this.$qs.stringify({
        "book": book_id,
        "area": area_id,
        "user": _this.$store.state.user.id
    })
    // 发送异步请求，创建借阅对象数据
    this.$axios({
```

```
        method: 'post',
        url: 'http://127.0.0.1:8000/books/borrow/',
        headers: {
            "Authorization": "JWT " + _this.$store.state.token
        },
        data: _params
    }).then(function() {
        // 图书借阅完成，更改图书状态
        var _params = _this.$qs.stringify({
            "status": "2"
        });
        // 发送异步请求，更改图书借阅状态
        _this.$axios({
            method: "post",
            url: "http://127.0.0.1:8000/books/books/" + book_id,
            headers: {
                "Authorization": "JWT " + _this.$store.state.token
            },
            data: _params
        }).then(function(response) {
            // 重新路由组件
            alert("图书借阅成功");
            _this.$router.push("/");
        })
    }).catch(function(error) {
        console.log(error);
    });
}
```

登录系统后查询图书，在查询列表中完成某本图书的借阅操作，如图 11.51 所示。

您搜索书籍的关键字是：巴黎圣母院　　返回首页

书籍名称	作者	添加时间	存放地点	可借状态	操作
巴黎圣母院	维克多·雨果	2019-04-27T06:11:55.703829Z	图书馆1馆A区1号书架1层	可借	借出
巴黎圣母院	维克多·雨果	2019-04-27T06:12:11.026908Z	图书馆1馆A区1号书架2层	可借	借出

图 11.51　图书查询及借阅

在此基础上，对图书的其他相关功能进行完善。目前项目中的图书管理员用户和普通会员用户都是通过系统管理员直接在后台管理系统中增加的，如图 11.52 所示。

项目中的图书数据，同样通过后台管理系统进行增加并维护。在操作过程中，图书专题、图书存放地点以及图书之间的关联关系都由系统管理员进行维护，如图 11.53 所示。

图 11.52　后台用户管理

图 11.53　图书相关数据管理

至此，图书管理系统的核心管理功能开发完成，在实际应用时需要考虑具体图书馆的个性化要求及限制，开发并完善图书相关数据的维护功能，最终实现一套适合具体应用场景的图书管理系统。

11.5　本章小结

本章通过对图书管理系统项目的开发，从整体上介绍了前后端分离开发的架构模式，对于企业项目的前后端协同开发有一定的参考作用。熟悉前后端分离开发的架构模式，并掌握项目开发及功能联调的常规步骤，以及解决问题的过程，是作为一个程序员提升技术架构能力的开始，也是拥有成熟的项目经验并快速掌握企业项目架构的开端。完成本章的学习后，有助于读者更快地参与到企业项目的开发工作中。